21世纪高等学校规划教材 | 计算机科学与技术

数据结构教程

（第二版）

王少波　张志　编著

清华大学出版社
北京

内容简介

"数据结构"是计算机及信息管理专业的必修课程。

本书是作者在总结三十多年数据结构教学经验的基础上编写而成。全书共 9 章，内容涵盖数据结构的基本概念、线性表和串、栈和队列、树和二叉树、图、数组和矩阵、排序、查找、文件。本书采用 C++ 程序设计语言对算法进行描述。本书不仅介绍了数据结构的相关理论，而且运用大量的实际案例充实教材的内容，力求既有理论深度，又有实用价值。附录 A 中还给出了数据结构课程实践中用到的 VC++6.0 编译环境介绍；附录 B 给出本课程实践内容及要求；附录 C 给出实践报告范本。每章都提供相关习题并附有部分习题答案。

本书是按高等院校对计算机及信息管理专业本科四年制教学大纲的要求编写的教材，也可以作为其他相关专业的教材，还可以作为计算机科技工作者的参考书。

本书封面贴有清华大学出版社防伪标签，无标签者不得销售。
版权所有，侵权必究。举报：010-62782989，beiqinquan@tup.tsinghua.edu.cn。

图书在版编目（CIP）数据

数据结构教程/王少波，张志编著. —2 版. —北京：清华大学出版社，2017（2023.1重印）
（21 世纪高等学校规划教材·计算机科学与技术）
ISBN 978-7-302-47683-2

Ⅰ. ①数… Ⅱ. ①王… ②张… Ⅲ. ①数据结构—教材 Ⅳ. ①TP311.12

中国版本图书馆 CIP 数据核字（2017）第 155285 号

责任编辑：闫红梅　战晓雷
封面设计：傅瑞学
责任校对：焦丽丽
责任印制：曹婉颖

出版发行：清华大学出版社
　　　网　　址：http://www.tup.com.cn，http://www.wqbook.com
　　　地　　址：北京清华大学学研大厦 A 座　　邮　编：100084
　　　社 总 机：010-83470000　　邮　购：010-62786544
　　　投稿与读者服务：010-62776969，c-service@tup.tsinghua.edu.cn
　　　质量反馈：010-62772015，zhiliang@tup.tsinghua.edu.cn
　　　课件下载：http://www.tup.com.cn，010-83470236
印 装 者：三河市龙大印装有限公司
经　　销：全国新华书店
开　　本：185mm×260mm　　印　张：26.5　　字　数：644 千字
版　　次：2011 年 7 月第 1 版　　2017 年 10 月第 2 版　　印　次：2023 年 1 月第 5 次印刷
印　　数：3501～4000
定　　价：69.00 元

产品编号：074844-02

出版说明

随着我国改革开放的进一步深化,高等教育也得到了快速发展,各地高校紧密结合地方经济建设发展需要,科学运用市场调节机制,加大了使用信息科学等现代科学技术提升、改造传统学科专业的投入力度,通过教育改革合理调整和配置了教育资源,优化了传统学科专业,积极为地方经济建设输送人才,为我国经济社会的快速、健康和可持续发展以及高等教育自身的改革发展做出了巨大贡献。但是,高等教育质量还需要进一步提高以适应经济社会发展的需要,不少高校的专业设置和结构不尽合理,教师队伍整体素质亟待提高,人才培养模式、教学内容和方法需要进一步转变,学生的实践能力和创新精神亟待加强。

教育部一直十分重视高等教育质量工作。2007年1月,教育部下发了《关于实施高等学校本科教学质量与教学改革工程的意见》,计划实施"高等学校本科教学质量与教学改革工程"(简称"质量工程"),通过专业结构调整、课程教材建设、实践教学改革、教学团队建设等多项内容,进一步深化高等学校教学改革,提高人才培养的能力和水平,更好地满足经济社会发展对高素质人才的需要。在贯彻和落实教育部"质量工程"的过程中,各地高校发挥师资力量强、办学经验丰富、教学资源充裕等优势,对其特色专业及特色课程(群)加以规划、整理和总结,更新教学内容、改革课程体系,建设了一大批内容新、体系新、方法新、手段新的特色课程。在此基础上,经教育部相关教学指导委员会专家的指导和建议,清华大学出版社在多个领域精选各高校的特色课程,分别规划出版系列教材,以配合"质量工程"的实施,满足各高校教学质量和教学改革的需要。

为了深入贯彻落实教育部《关于加强高等学校本科教学工作,提高教学质量的若干意见》精神,紧密配合教育部已经启动的"高等学校教学质量与教学改革工程精品课程建设工作",在有关专家、教授的倡议和有关部门的大力支持下,我们组织并成立了"清华大学出版社教材编审委员会"(以下简称"编委会"),旨在配合教育部制定精品课程教材的出版规划,讨论并实施精品课程教材的编写与出版工作。"编委会"成员皆来自全国各类高等学校教学与科研第一线的骨干教师,其中许多教师为各校相关院、系主管教学的院长或系主任。

按照教育部的要求,"编委会"一致认为,精品课程的建设工作从开始就要坚持高标准、严要求,处于一个比较高的起点上。精品课程教材应该能够反映各高校教学改革与课程建设的需要,要有特色风格、有创新性(新体系、新内容、新手段、新思路,教材的内容体系有较高的科学创新、技术创新和理念创新的含量)、先进性(对原有的学科体系有实质性的改革和发展,顺应并符合21世纪教学发展的规律,代表并引领课程发展的趋势和方向)、示范性(教材所体现的课程体系具有较广泛的辐射性和示范性)和一定的前瞻性。教材由个人申报或各校推荐(通过所在高校的"编委会"成员推荐),经"编委会"认真评审,最后由清华大学出版社审定出版。

目前，针对计算机类和电子信息类相关专业成立了两个"编委会"，即"清华大学出版社计算机教材编审委员会"和"清华大学出版社电子信息教材编审委员会"。推出的特色精品教材包括：

(1) 21世纪高等学校规划教材·计算机应用——高等学校各类专业，特别是非计算机专业的计算机应用类教材。

(2) 21世纪高等学校规划教材·计算机科学与技术——高等学校计算机相关专业的教材。

(3) 21世纪高等学校规划教材·电子信息——高等学校电子信息相关专业的教材。

(4) 21世纪高等学校规划教材·软件工程——高等学校软件工程相关专业的教材。

(5) 21世纪高等学校规划教材·信息管理与信息系统。

(6) 21世纪高等学校规划教材·财经管理与应用。

(7) 21世纪高等学校规划教材·电子商务。

(8) 21世纪高等学校规划教材·物联网。

清华大学出版社经过三十多年的努力，在教材尤其是计算机和电子信息类专业教材出版方面树立了权威品牌，为我国的高等教育事业做出了重要贡献。清华版教材形成了技术准确、内容严谨的独特风格，这种风格将延续并反映在特色精品教材的建设中。

清华大学出版社教材编审委员会
联系人：魏江江
E-mail：weijj@tup.tsinghua.edu.cn

前言

本书是按高等院校计算机专业及信息管理专业本科四年制教学计划"数据结构"课程教学大纲要求编写的教材,还可以作为计算机科技工作者及其相关专业人员的参考书。在学习本书知识前,要求读者具备 C++ 程序设计的知识。

"数据结构"已成为一门比较成熟的课程。它是计算机系统软件和应用软件研制者的必修课程。数据结构和算法是计算机基础性研究内容之一,掌握这个领域的知识对于利用计算机资源高效地开发计算机程序是非常必要的。

数据结构理论的应用范围已经深入到编译系统、操作系统、数据库、人工智能、信息科学、系统工程、计算机辅助设计及信息管理领域。数据结构主要解决非数值计算应用问题。

从理论上讲:数据结构的概念严谨、抽象;每种数据结构类型描述层次清晰可见——概念层、逻辑定义层、物理存储层、运算实现层;每种数据结构类型描述反映了实现问题的思想、实现的前提以及不同实现方式的特点和优劣。

数据结构描述的内容看上去如同程序,但不是程序,它是程序设计思想的抽象化、一般化,它不依赖于某种物理设备甚至某种语言系统,学习者通过"数据结构"课程不仅能获得专业知识,而且能学到一种思维方式。

从实践上讲,数据结构是建立在抽象化描述基础之上的实践性理论,这门学科只有赋予实践的内容才具有完备性,具体化是该学科的又一特点。在计算机系统中全面体现着数据结构的作用,系统框架结构的构建、程序实现的精巧化都融入了数据结构的理论思想和技术。

本书叙述了各种基本数据结构的概念,包括数据结构的逻辑定义、物理实现及其相应运算,并举例说明怎样用这些抽象的概念来解决实际问题。通过本书的学习不仅能正确地掌握数据结构的基本理论,并能运用这些理论来解决实际问题。

本书是编者集多年从事计算机软件设计实践及讲授"数据结构"课程的体会,并参考分析了国内外数据结构书籍文献编写而成的。本书采用广泛使用的 C++ 语言描述算法,并进行了适当的算法复杂性分析。

"数据结构"课程不但理论性很强,同时实践性也很强。本书在每一章的最后都安排了适量的习题,供读者练习。

本书共分 9 章,介绍了数据结构的基本概念及线性表和串、栈和队列、树和二叉树、图、数组和矩阵、排序、查找、文件的数据结构、算法及其应用案例。

本书由王少波、张志编著。王少波负责编写第 1、2、3、4、7 章及附录,张志负责编写第 5、6、8、9 章,全书由王少波负责统稿。

在成书过程中,编者参考了有关书籍,在此向这些书籍的作者表示感谢。

由于编者水平有限,书中可能存在不妥与疏漏之处,恳请读者不吝指教。

编　者

2017 年 6 月

目 录

第1章　绪论 ……………………………………………………………………………… 1

1.1　什么是数据结构 …………………………………………………………………… 2
　　1.1.1　数据结构相关事例 …………………………………………………………… 2
　　1.1.2　数据结构的定义 ……………………………………………………………… 5
1.2　数据结构的相关概念 ……………………………………………………………… 6
　　1.2.1　数据和信息 …………………………………………………………………… 6
　　1.2.2　数据元素 ……………………………………………………………………… 6
　　1.2.3　结构类型 ……………………………………………………………………… 7
　　1.2.4　静态存储空间分配回收和动态存储空间分配回收 ………………………… 10
1.3　数据类型、抽象数据类型和数据结构 …………………………………………… 11
　　1.3.1　类和数据类型 ………………………………………………………………… 11
　　1.3.2　抽象数据类型 ………………………………………………………………… 12
　　1.3.3　数据结构、数据类型和抽象数据类型 ……………………………………… 13
1.4　算法及算法分析、算法描述 ……………………………………………………… 13
　　1.4.1　算法和程序 …………………………………………………………………… 13
　　1.4.2　程序性能和算法效率 ………………………………………………………… 15
　　1.4.3　算法分析 ……………………………………………………………………… 16
　　1.4.4　算法描述 ……………………………………………………………………… 20
习题1 …………………………………………………………………………………… 23

第2章　线性表和串 ……………………………………………………………………… 27

2.1　线性表的定义 ……………………………………………………………………… 27
　　2.1.1　线性表的逻辑结构 …………………………………………………………… 27
　　2.1.2　线性表的抽象数据类型 ……………………………………………………… 28
2.2　线性表的顺序存储及操作 ………………………………………………………… 28
　　2.2.1　线性表顺序存储 ……………………………………………………………… 28
　　2.2.2　线性表顺序存储结构下的操作实现 ………………………………………… 31
2.3　简单链表存储结构及操作 ………………………………………………………… 35
　　2.3.1　简单链表的存储 ……………………………………………………………… 35
　　2.3.2　简单链表的操作实现 ………………………………………………………… 38
2.4　双向链表 …………………………………………………………………………… 45
　　2.4.1　双向链表的存储 ……………………………………………………………… 45

  2.4.2 双向链表类定义 …………………………………………………… 46
  2.4.3 双向链表的操作 …………………………………………………… 47
2.5 单向循环链表和双向循环链表 ……………………………………………… 52
  2.5.1 单向循环链表的存储 ……………………………………………… 52
  2.5.2 双向循环链表的存储 ……………………………………………… 53
2.6 模拟指针方式构造简单链表 ………………………………………………… 54
  2.6.1 模拟链表的存储空间的构建 ……………………………………… 54
  2.6.2 在模拟链表空间上构建简单链表 ………………………………… 57
2.7 多重链表 ……………………………………………………………………… 60
2.8 链表应用 ……………………………………………………………………… 62
  2.8.1 结点移至表首运算 ………………………………………………… 62
  2.8.2 链表的逆向运算 …………………………………………………… 63
  2.8.3 多项式的相加运算 ………………………………………………… 64
  2.8.4 十字链表结构的应用 ……………………………………………… 69
  2.8.5 一个较复杂的机票售票系统的数据结构方案 …………………… 71
2.9 串 ……………………………………………………………………………… 72
  2.9.1 串的定义 …………………………………………………………… 73
  2.9.2 串的逻辑结构及运算 ……………………………………………… 73
  2.9.3 串的顺序存储结构 ………………………………………………… 74
  2.9.4 串的链式存储结构 ………………………………………………… 74
2.10 线性表基本算法的程序实现 ……………………………………………… 75
  2.10.1 顺序存储结构线性表程序实现 ………………………………… 75
  2.10.2 带表头结点的简单链表程序实现 ……………………………… 80
习题 2 ………………………………………………………………………………… 91

第 3 章 堆栈和队列 …………………………………………………………………… 94

3.1 堆栈的定义 …………………………………………………………………… 94
  3.1.1 堆栈的逻辑结构 …………………………………………………… 94
  3.1.2 堆栈的抽象数据类型 ……………………………………………… 94
3.2 堆栈的顺序存储及操作 ……………………………………………………… 95
  3.2.1 堆栈顺序存储 ……………………………………………………… 95
  3.2.2 顺序存储结构堆栈的运算实现 …………………………………… 96
3.3 堆栈的链式存储及操作 ……………………………………………………… 98
  3.3.1 堆栈的链式存储 …………………………………………………… 98
  3.3.2 链式栈类的定义 …………………………………………………… 99
  3.3.3 链式栈类运算的实现 ……………………………………………… 99
3.4 多个栈共享邻接空间 ………………………………………………………… 101
3.5 堆栈的应用 …………………………………………………………………… 102
  3.5.1 检验表达式中括号的匹配 ………………………………………… 102

        3.5.2 表达式的求值 …………………………………………………………… 104
        3.5.3 背包问题求解 …………………………………………………………… 106
        3.5.4 地图四染色问题求解 …………………………………………………… 109
    3.6 队列的定义 …………………………………………………………………… 114
        3.6.1 队列的逻辑结构 …………………………………………………………… 114
        3.6.2 队列的抽象数据类型 ……………………………………………………… 115
    3.7 队列的顺序存储及操作 ………………………………………………………… 116
        3.7.1 队列的顺序存储 …………………………………………………………… 116
        3.7.2 顺序存储结构下队列的运算实现 ………………………………………… 119
    3.8 队列的链式存储及操作 ………………………………………………………… 121
        3.8.1 队列的链式存储 …………………………………………………………… 121
        3.8.2 链式队列模板类的定义 …………………………………………………… 122
        3.8.3 链式队列的操作 …………………………………………………………… 122
    3.9 队列的应用 …………………………………………………………………… 124
        3.9.1 列车重排 …………………………………………………………………… 124
        3.9.2 投资组合问题 ……………………………………………………………… 129
    3.10 堆栈和队列基本算法的程序实现 …………………………………………… 134
        3.10.1 堆栈顺序存储结构程序实现 …………………………………………… 134
        3.10.2 队列顺序存储结构程序实现 …………………………………………… 139
    习题 3 …………………………………………………………………………………… 144

第 4 章 树和二叉树 ……………………………………………………………………… 146
    4.1 树、森林的概念 ……………………………………………………………… 146
        4.1.1 树的定义 …………………………………………………………………… 146
        4.1.2 树的术语 …………………………………………………………………… 147
    4.2 二叉树定义及性质 …………………………………………………………… 148
        4.2.1 二叉树的定义 ……………………………………………………………… 148
        4.2.2 二叉树的性质 ……………………………………………………………… 150
        4.2.3 二叉树的抽象数据类型 …………………………………………………… 152
    4.3 二叉树的存储结构 …………………………………………………………… 152
        4.3.1 二叉树的顺序存储 ………………………………………………………… 152
        4.3.2 二叉树的链式存储 ………………………………………………………… 153
    4.4 二叉树链式存储结构下的操作 ……………………………………………… 154
        4.4.1 二叉树的操作概念 ………………………………………………………… 154
        4.4.2 二叉树的前序、中序、后序遍历操作 …………………………………… 157
        4.4.3 二叉树的层次遍历运算 …………………………………………………… 165
    4.5 线索树 ………………………………………………………………………… 168
        4.5.1 线索树的概念 ……………………………………………………………… 168
        4.5.2 二叉线索树的操作 ………………………………………………………… 172

4.6 一般树的表示和遍历 ··· 181
　　4.6.1 一般树的二叉链表示及其与二叉树的关系 ··· 181
　　4.6.2 二叉树、一般树及森林的关系 ··· 182
　　4.6.3 一般树的遍历概念 ·· 183
　　4.6.4 一般树的运算 ·· 184
4.7 树的应用 ·· 186
　　4.7.1 分类二叉树 ·· 186
　　4.7.2 堆树 ·· 192
　　4.7.3 树的路径长度和赫夫曼树 ·· 203
4.8 二叉树基本算法的程序实现 ··· 214
习题 4 ··· 219

第 5 章　图 ·· 223

5.1 图的概念 ·· 223
　　5.1.1 图的定义 ·· 223
　　5.1.2 图的术语 ·· 223
　　5.1.3 图的抽象数据类型 ·· 226
5.2 图的存储结构 ··· 227
　　5.2.1 邻接矩阵表示法 ·· 227
　　5.2.2 邻接表表示法 ·· 230
　　5.2.3 十字链表 ·· 234
　　5.2.4 邻接多重表 ·· 235
5.3 图的遍历 ·· 237
　　5.3.1 深度优先搜索遍历 ·· 237
　　5.3.2 宽度优先搜索遍历 ·· 240
　　5.3.3 图的连通性 ·· 242
5.4 最小生成树 ·· 244
　　5.4.1 生成树 ·· 244
　　5.4.2 最小代价生成树 ·· 245
5.5 最短路径 ·· 248
　　5.5.1 单源最短路径 ·· 248
　　5.5.2 任意两个顶点之间的路径 ·· 251
5.6 拓扑排序 ·· 254
　　5.6.1 有向无环图 ·· 254
　　5.6.2 AOV 网的概念 ·· 255
　　5.6.3 AOV 网的算法 ·· 256
5.7 关键路径 ·· 258
　　5.7.1 AOE 的概念 ·· 258
　　5.7.2 关键路径的概念 ·· 258

    5.7.3 关键路径的算法 ··· 259
  习题 5 ·· 262

第 6 章 数组、矩阵和广义表 ·· 266

  6.1 数组的定义 ·· 266
    6.1.1 数组的逻辑结构 ··· 267
    6.1.2 数组的抽象数据类型 ··· 268
  6.2 数组的顺序表示及运算 ·· 269
    6.2.1 数组的顺序存储结构 ··· 269
    6.2.2 数组顺序存储结构描述 ··· 271
    6.2.3 数组顺序存储结构下的操作 ··· 273
  6.3 矩阵的存储及操作 ·· 274
    6.3.1 矩阵的定义及操作 ··· 274
    6.3.2 矩阵的顺序存储 ··· 274
    6.3.3 特殊矩阵的压缩存储及操作 ··· 275
    6.3.4 稀疏矩阵的压缩存储及操作 ··· 277
  习题 6 ·· 291

第 7 章 排序 ·· 294

  7.1 排序的基本概念 ·· 294
  7.2 待排序数据对象的存储结构 ·· 296
  7.3 插入排序 ·· 297
    7.3.1 直接插入排序 ··· 297
    7.3.2 折半插入算法 ··· 299
    7.3.3 希尔排序 ··· 300
  7.4 交换排序 ·· 302
    7.4.1 冒泡排序 ··· 302
    7.4.2 快速排序 ··· 304
  7.5 选择排序 ·· 308
    7.5.1 直接选择排序 ··· 308
    7.5.2 堆排序 ··· 309
    7.5.3 树形选择排序 ··· 310
  7.6 归并排序 ·· 310
  7.7 基数排序 ·· 314
    7.7.1 用二维数组表示桶 ··· 316
    7.7.2 用链式存储结构实现桶 ··· 317
  7.8 内部排序方法比较 ·· 321
  7.9 外排序 ··· 322
    7.9.1 外部排序 ··· 322

7.9.2 多路平衡归并 ……………………………………………………………… 324
习题 7 ………………………………………………………………………………… 328

第 8 章 查找 …………………………………………………………………………… 331

8.1 查找的概念 …………………………………………………………………………… 331
8.2 静态查找技术 ………………………………………………………………………… 332
    8.2.1 顺序查找 ……………………………………………………………………… 333
    8.2.2 二分查找 ……………………………………………………………………… 334
    8.2.3 分块查找 ……………………………………………………………………… 337
8.3 动态查找技术 ………………………………………………………………………… 340
    8.3.1 平衡二叉树 …………………………………………………………………… 340
    8.3.2 B 树 …………………………………………………………………………… 351
    8.3.3 B＋树 ………………………………………………………………………… 358
8.4 哈希表的查找 ………………………………………………………………………… 359
    8.4.1 基本概念 ……………………………………………………………………… 359
    8.4.2 构造哈希函数的方法 ………………………………………………………… 360
    8.4.3 哈希冲突的解决方法 ………………………………………………………… 362
    8.4.4 哈希表的查找 ………………………………………………………………… 364
    8.4.5 哈希算法 ……………………………………………………………………… 365
    8.4.6 哈希表的查找分析 …………………………………………………………… 368
习题 8 ………………………………………………………………………………… 369

第 9 章 文件 …………………………………………………………………………… 372

9.1 外部存储设备 ………………………………………………………………………… 372
    9.1.1 磁带 …………………………………………………………………………… 372
    9.1.2 磁盘 …………………………………………………………………………… 373
    9.1.3 光盘 …………………………………………………………………………… 374
    9.1.4 闪存 …………………………………………………………………………… 374
9.2 基本概念 ……………………………………………………………………………… 375
9.3 顺序文件 ……………………………………………………………………………… 376
9.4 索引文件 ……………………………………………………………………………… 377
9.5 索引顺序文件 ………………………………………………………………………… 378
9.6 直接存取文件 ………………………………………………………………………… 380
9.7 倒排文件 ……………………………………………………………………………… 380
习题 9 ………………………………………………………………………………… 381

附录 A　VC++6.0 编译环境介绍 …………………………………………………… 383

附录 B　实践内容及要求 …………………………………………………………… 398

附录 C　数据结构课程实验报告格式范本 ………………………………………… 402

参考文献 ……………………………………………………………………………… 410

第1章 绪论

计算机是一门研究信息表示和处理的科学。信息表示包括组成信息的元素之间的相互关系(逻辑顺序)和信息元素在计算机中的存储方式(物理顺序)。信息处理是根据解决实际问题的需要对信息加工计算的过程。

在计算机领域中,一般所讨论的"计算"有别于通常数学概念中的计算。在计算机领域中,通常将计算又称为"运算"或"操作"。运算或操作的内涵不仅包括传统意义上的四则运算和各种函数运算(公式化运算),而且包括数据存取、插入、删除、查找、排序和遍历等运算。

从第一台电子计算机问世以来,计算机的应用主要包括两个方面:数值计算和非数值计算。计算机发展的初期,计算机主要为数值计算服务,其特点是计算过程复杂,数据类型相对简单,数据量相对较少。

随着计算机的应用深入到各个领域,大数据时代的应用方面也不再限于数值计算,更多地表现为非数值计算应用,非数值计算应用的特点表现为计算过程相对简单,数据类型相对复杂,数据的组织排列结构从某种意义上决定着非数值计算应用的有效性,数据的组织排列结构成为处理和解决数据处理问题的核心。不同的数据组织排列结构对问题的解决产生很大的影响,甚至是决定性的影响。

数值计算主要是指对一个或一组数据进行较复杂的四则运算、函数运算或迭代运算等。运算过程表现为数据处理的深入性,一般运算的原始数据对象较少。数据类型一般是数值型数据(整型、浮点型)。**数值计算的程序设计主要围绕程序设计技巧,是典型地以程序为中心的设计过程。**

非数值计算主要是指对类型较为复杂的大量数据进行内在联系的分析,根据处理的需要,合理地将数据按一定结构顺序进行组织存储,并完成对数据处理的程序描述。在非数值计算中,一般所处理的数据对象的类型较为复杂,通常是描述一个实体的若干个属性值的集合(结构类型或记录类型)。另外,数据具备大量性。由于处理的数据具备大量性特征,所以移动全部或部分数据将消耗大量的时间或空间。还有,对数据进行较复杂四则运算、函数运算等相对较少,较多地是对数据进行"管理"的运算,如存取、查找、排序、插入、删除、更新、统计分析等。

解决非数值计算问题,仅仅依赖程序设计的技巧已经无法达到目的,必须对这些被加工的大量数据的组织形式加以研究,针对要解决的问题,找出最佳的数据组织形式,并与合理、优秀的程序设计技巧相配合,才能达到高效处理大量数据的目的。所以,**非数值计算问题是以复杂的数据为中心,研究数据的合理组织形式,并设计出基于合理数据组织结构下的高效程序。**

1.1 什么是数据结构

数据结构是随着计算机科学的发展而建立起来的围绕非数值计算问题的一门科学。在处理非数值计算问题时,首先要建立问题的数据模型,然后设计相应的算法。数据模型包含数据的组成结构,数据间的关联方式,以对数据实施相应运算后,数据组成结构的完整性。数据组成结构的完整性是指不因对数据运算而改变数据模型的性质,运算方法本身是在保证数据组成结构的完整性的前提下,以相同规律进行的。

1.1.1 数据结构相关事例

为了说明什么是数据结构,先讨论现实生活中的几个例子。

案例1:电话号码簿的使用及字典的使用。

当用户拿起一本厚厚的电话号码簿,查找自己需要的单位或个人的电话号码时,一定是从电话号码簿的分类目录开始,查找相应的大类别,然后根据所查找到的大类别后面指定的页码,翻到大类别的起始页,再从特定的大类别中查找小类别,从检索到的小类别下面顺序地找到用户所要的单位或个人的电话号码,如图1.1所示。

行业名称	页码
党政机关	7
大学	12
企业	25
⋮	⋮
旅游	32
⋮	⋮

1

行业名称	页码
省委	55
市委	127
区委	224
⋮	⋮

7

行业名称	页码
综合大学	325
理工类大学	327
人文类大学	334
⋮	⋮

12

单位名称	电话
省委办公厅一处	88060001
省委办公厅二处	88060002
⋮	⋮

55

单位名称	电话
市委办公一处	85800203
市委办公二处	85800105
⋮	⋮

127

单位名称	电话
华中科技大学	87870001
武汉大学	86880206
⋮	⋮

325

图1.1 电话号码簿

大、小类别可以看作电话号码簿的目录或索引。如果电话号码簿缺少类别索引,而是按照电话安装先后的顺序进行排列或毫无规律地排列,用户会使用这样的电话号码簿吗?如果电话号码簿只记载着一个部门的十几部或几十部电话,还需要分类吗?

问题就是数据量的多少。少量数据的查找无须考虑数据的组织形式,而大量数据如果没有合理的组织形式,查找过程就只能顺序地进行,效率低下,从而导致用户无法接受。在合理的数据组织结构下,用户会按照从大类别到小类别,然后在确定的小范围内顺序检索到所需要的信息。我们将检索过程称为检索的算法,每次检索都是按照同一规律进行的。电话号码簿的变更不会改变其数据的分类结构和数据的检索算法。

可见,这个问题的数据模型是对数据的两级分类索引结构,相应检索算法是"先大类,后小类",然后在小类中顺序查找。无论是检索还是变更,都要保证数据模型本身的完整性。

类似地,当用户在一本厚厚的汉语字典中查找某一个汉字时,首先必须知道所使用的字典的编码方法,然后才能按照偏旁部首或者拼音等相应的编码方法较快地查到需要查找的汉字。用户能如此顺利地在几万个汉字中找到所需要的汉字,是因为字典中的每一个汉字都是按偏旁部首或者拼音的规律严格地安排在它应处的页行(编码)上。倘若不按某一规律,将几万个汉字任意安排,用户为了查找某一个汉字就不得不从字典的第一页开始逐页地查找了。

可以看出,查找效率与字典中汉字的排列规律相关,也就是与数据组织形式密切相关。自然,对于不同的数据组织形式,必须采用相应的查找办法才能达到提高效率的目的。

案例 2:车厢调度问题。

有若干个发往同一方向不同城市的货车车厢以随机的次序到达货站的进车道,如图 1.2 和图 1.3,整个货站由 3 部分构成:进车道(入轨)、出车道(出轨)和调度道(缓冲轨,中间多条车道)。

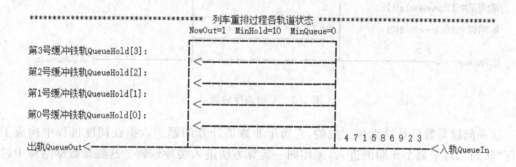

图 1.2　车厢调度转轨(初态)

由于货车的车厢从当前货站发往不同目的地,所以,货车发出本站时,列车的尾部所挂接的车厢应该是发往距本货站最近的车厢,这样可以保证到达某车站时从尾部"甩下"若干到站的车厢。

可问题是,不同的货运委托用户的车厢是以随机的次序到达货站的进车道(入轨),为了便于说明,假设发往较远站点的车厢的编号比发往较近站点的车厢的编号要小,从图 1.2 中可以看到进车道(入轨)上是不同的货运委托用户的车厢到达的次序。这些车厢发出本站前应调整它们的次序,调整为小编号在前,大编号在后的排列次序,即出车道(出轨)上的次序。

为实现调整过程,货运站就可以通过调度车道(缓冲轨)完成,调度车道由若干条缓冲铁轨组成,调度过程可描述如下:

(1) 将入轨上第一个车厢任选意一个缓冲铁轨进入,一般选择第一个缓冲铁轨。例如,编号为 4 的车厢进入 0 号缓冲铁轨。

(2) 后面到达的车厢如果其编号大于或等于已停放了车厢的每个缓冲铁轨上的最后一

个车厢的编号,则选择与当前进入车厢编号最接近的缓冲铁轨进入。例如,编号为7的车厢进入0号缓冲铁轨,放在4号车厢的后面,因为7>4。

(3) 如果下一个从入轨上进入的车厢编号正好比出轨上最后一个进入的车厢编号大1,则可将入轨上的这节车厢直接放到出轨上。例如,编号为1的车厢进入时,可以直接放到出轨上。

(4) 如果下一个从入轨上进入的车厢编号小于已停放了车厢的每个缓冲铁轨上的最后一个车厢的编号,则另选择一个没有停放车厢的缓冲铁轨进入。例如,编号为5的车厢进入1号缓冲铁轨,因为5<8。

图1.3是编号为8的车厢进入后的状态。8号车厢进入时,因为8>7且8>5,选择接近的编号7所在的缓冲铁轨,编号为8的车厢进入0号缓冲铁轨,放在7号车厢的后面。如果8号车厢放在5号车厢的后面,下一个6号车厢就不能放在5号车厢的后面了,只能选择一个新的缓冲轨道进入了。多占用一个缓冲轨道,调度失败的可能性就会增加。

图1.3 车厢调度转轨

这一问题是数值计算无法完成的,它属于非数值计算问题。数据在调度过程中构成了有序"队列",对于每个车厢的进入,采用同一运算方法进入缓冲铁轨。这就是数据结构中讨论的"队列"结构问题,即从一头进入,从另一头出去。

案例3:某省各城市之间要架设电话通信线路,要保证各城市间互通,又要使架设成本最少。就是数据结构中讨论的图结构的应用——最小生成树。

图1.4中给出了各城市之间的距离,要实现各城市间互通,就要城市之间都有线路连接,要使成本最少,就要选择较近的城市之间架设线路,因此应该采用的架设结构如图1.5所示。

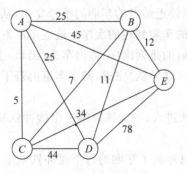

图1.4 城市连接及距离

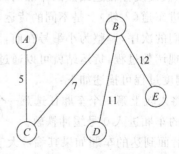

图1.5 最小生成树

本案例中,数据的组织结构称为"图"结构,算法过程称为求取"最小生成树"。

可以看到,算法过程就是保留连接线路中值最小的连接线路,且保证任何一城市都至少与另一个城市相连接。这样既保证了城市之间"连通",又使"连通"成本最小。

这个问题中数据的组成结构是由顶点(城市)集合和边(线路)集合构成的,求得的结果中,顶点(城市)集合没有发生改变,边(线路)集合减少了,但整个数据结构仍然是"图"结构。

对上述 3 个案例归纳可以发现:

第 1 个案例中,数据可以看作由 3 个表存放,表与表之间的关系是由每个表项中的页码关联的,每个表中的数据之间的关系是由前后存放的次序进行关联的。检索时,前两个表之间利用页码指向跳跃查找,在第 3 张表中则顺序查找。这个问题涉及大量数据,所以在处理中要合理排列数据。

第 2 个案例中,数据在进车道是按照先来排在前,后来排在后,不允许中间插入的原则形成一个队列。在调度过程中,将进车道中的队列分散到不同的缓冲铁轨,每个缓冲铁轨又是一个有序的子队列。最后,再形成一个有序的完整队列进入出车道。每个队列中元素以进入的先后进行关联。这个问题的处理中总是从队列的一端进入数据,从另一端移出数据。

第 3 个案例中,数据是由两个集合组成,"顶点"集合中存放着顶点名称,"边"集合中存放着边的长度和边所关联的是哪两个顶点,两个集合中的数据可以是无序的;运算过程是找出较小的边,且保证保留的边使所有顶点间"连通",但不形成环形路。

从上面的 3 个案例可以看出,这些案例的模型都无法用数学公式、方程或函数来解决,它们都是非数值计算的问题。

1.1.2 数据结构的定义

综上所述,可以这样给数据结构这门学科下个定义:**数据结构就是研究大量数据在计算机中存储的组织形式,并定义且实现对数据相应的高效运算,以提高计算机的数据处理能力的一门科学。**

对该定义需要说明的是,数据的组织形式(结构)具有两个层面:

一个是与计算机本身无关的逻辑组织结构,简称逻辑结构,它由数据的值、数据与数据之间的关联方式两个部分组成。如电话号码簿中"大类名、大类所指的页码""小类名、小类页码""单位名、单位的电话号码"是数据的值,数据间的关联是由大类所指的页码和小类页码共同实现的。

另一个是将具有逻辑组织结构的数据在计算机的存储介质上如何存放的物理组织结构,简称物理结构。如电话号码簿中,每一张表内的数据可以在存储介质上连续地按顺序存放,但表与表之间是在非连续的存储介质上分开存放的。

"运算"或"操作"是数据结构讨论内容的一个核心问题。不同的实际问题具有不同的处理要求,所有的处理都要求事先定义,并用计算机的某种语言给予描述,这就是算法设计。

算法不仅要实现问题的要求,而且应该是高效地完成。低效的算法无法满足用户的需求或根本不能运用于实际。用一个高效的处理算法设计的程序结合高速运算的计算机可以最大程度地满足用户处理要求,而一个低效的处理算法设计的程序即使运用高速运算的计算机也不能满足用户的处理要求。

对实际问题的处理能力不仅取决于计算机硬件本身的处理能力,更多地取决于对数据结构的合理组织以及相应的处理算法的优劣。

1.2 数据结构的相关概念

为了更好地描述数据结构的内容，本书中将用到许多术语，对相关的术语在本节中给出确切的含义，以便在今后的学习中能有统一的概念。

1.2.1 数据和信息

在计算机中，数据这个名词的含义异常广泛，可以认为它是描述客观事物的数字、字符，以及所有能输入到计算机中并能为计算机所接受的符号集合的总称。

数据是一个抽象的概念，它是一组符号的集合。数据是计算机程序加工的对象。随着 IT 技术的发展，现实信息越来越丰富，信息在计算机中转换后成为数字符号表示的数据，形成计算机可存储并操作的数据。数据是一个集合的概念，组成这个集合的个体就是数据元素。

1.2.2 数据元素

数据元素是数据结构中一个非常重要的基本概念。数据元素就是数据集合中的个体，是数据组成的基本单位。数据通常由若干个数据元素组成，数据元素是不可再分的最小单位。在数据存储组织中，它是基本的处理单位。

例如在商品信息的描述中，如图 1.6 所示，每个商品数据就是一个数据元素，商品数据元素的构成是商品名、商品编号、商品价格、商品数量，其中商品价格又可以再分为出厂价格、批发价格、零售价格。

图 1.6　商品数据元素

构成商品数据元素的每个项目称为数据项（data item），有的数据项由单一的数据类型组成，称为原子项，而有的数据项又可再分为若干个子数据项，称为组合项，商品价格就是一个组合项。

数据元素是数据结构理论中较为抽象的概念，在具体描述中通常又表达为记录、结点或顶点。在计算机的高级语言中又可以有不同的表述，如 C++ 语言中定义为结构类型（structure type）或定义为类（class type），在数据库理论中定义为元组（tuple）。

在数据元素的多个数据项中能起标识作用的数据项称为关键字或关键码（key）。所谓标识作用即确定或识别数据元素的作用。例如商品数据元素中，商品编号是唯一能标识某一商品数据的数据项,它就是商品数据元素的关键字。关键码如能唯一标识一数据元素,又称为主关键码或主键,反之称为次关键码或次键。

1.2.3 结构类型

数据结构中讨论的结构类型分为两个层面:一是逻辑层面的数据结构,简称逻辑结构;另一个是物理层面的数据结构,简称物理结构。

1. 逻辑结构

逻辑结构描述数据元素与数据元素之间的关联方式,简称为关系,表示的是事物本身的内在联系、逻辑次序。

逻辑结构又可以分为线性结构和非线性结构两大类。

线性结构的特点表现为数据元素之间存在前后次序,排在某个数据元素 b 前面的数据元素 a 称为 b 的直接前驱元素,而数据元素 b 则称为数据元素 a 的直接后继元素。对于某个数据元素,如果存在直接前驱元素或直接后继元素,则都是唯一的。

线性结构中数据元素之间的正逆关系都是"一对一"的。线性结构又可再分为线性表、堆栈、队列等。

非线性结构的特点表现为数据元素不一定存在确定的前后次序,甚至是无序的,数据元素之间存在从属或互为从属的关系或离散关系。非线性结构又可再分为树形结构、图状或网状结构、纯集合结构。

在树形结构中,数据元素之间存在着"一对多"的关系。某个数据元素 e(结点)可能有多个分支,每个分支所连接的数据元素从属于数据元素 e(多个数据元素从属于一个数据元素)。

在图或网状结构中,数据元素之间存在着"多对多"的关系。例如城市间的公路问题,每个城市数据元素与多个城市数据元素相邻接,这些邻接数据元素相互之间不存在从属关系或理解为相互从属。

在纯集合结构中,数据元素具有"同属于一个集合"的关系。

纯集合结构和集合结构是不同的。纯集合结构中只有数据元素本身,而不存在数据元素之间的连接关系;集合结构中除了有数据元素本身组成的子集外,还存在数据元素之间的连接关系所组成的关系子集。

所以说,所有逻辑结构类型都可以看作集合结构类型或集合结构类型的特例。例如,在集合结构中去掉一些"关系",使每个数据元素连接为"一对一",这时,集合结构就变成为线性结构。

2. 物理结构

物理结构也称为存储结构,是逻辑结构的数据元素在计算机的物理存储空间上的映像,映像不仅包含数据元素本身,而且包含着数据元素之间的关联方式,即关系的映像。

映像表现为两种方式:**顺序映像和非顺序映像**。

1) 顺序映像

顺序映像是指数据元素在一块连续的物理存储空间上存储,物理存储空间只用于存放数据元素本身,数据元素之间的关联以两个数据元素存储的相邻关系来表示或通过某个函数来表示。或者说,利用数据元素在存储空间上的相对位置来表示数据元素之间的逻辑关系。

如一组成绩信息数据,每个数据元素由姓名和成绩两个数据项构成:

{{彭亮,97},{王明,95},{李智,90},{刘丹,88},{肖象,78}}

逻辑上,数据元素是按成绩从高至低的顺序排列,即按成绩从高至低关联,在物理存储空间上的存储映像如图1.7所示。

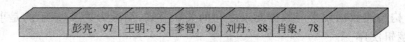

图1.7 成绩信息的顺序映像

顺序映像中,数据元素存储的空间是连续的,每个数据元素以相邻方式存储,相邻的两个数据元素左边元素的成绩大于右边的元素成绩。数据元素的前驱和后继关系是以数据元素存储的空间相邻性表示的。如要查找第 i 名的成绩,则从第 i 个空间中可以得到。

再如,有一个下三角矩阵,如图1.8所示。在物理存储空间上存放为如图1.9所示,数据元素存储的空间是连续的,每个数据元素以相邻方式存储,数组元素按行优先法则存储。例如要查找第 i 行第 j 列($1 < i \leq 5, 1 \leq j < 5$)数据元素,则从第(($i-1$) * ($i-2$))/2 + j 个数据元素空间中可以得到,即数据元素关系函数为

$$f(i,j) = ((i-1)(i-2))/2 + j$$

图1.8 下三角矩阵

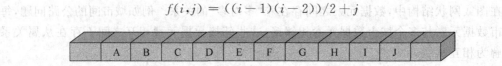

图1.9 下三角矩阵的顺序映像

从上面两个问题中可以看出,数据元素顺序地映像在连续的存储的空间上,特别是矩阵从逻辑上看有行列之分,但在物理存储空间上无行列之分,逻辑上的行列关系是通过 $f(i,j)$ 函数来表示的,$f(i,j)$ 函数的值就是物理存储介质上某个空间的地址。

顺序映像的最大优点就是空间的利用率达到最高,但是,一旦要在顺序映像中间插入数据元素或删除数据元素,就必须移动大量数据元素,这种移动数据的运算在计算机中是相当耗时的。

2) 非顺序映像

非顺序映像是指数据元素在物理存储空间上非连续地存储,物理存储空间不仅存放数据元素本身,而且为实现数据元素之间的关联,在每个数据元素存储的相邻空间中存储该数据元素关联的另一个或多个数据元素的起始地址。也可以说数据元素之间的关系是由附加链接或指针地址来表示的。

成绩信息的物理映像如图 1.10 所示。

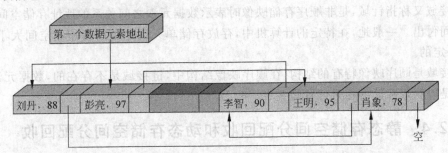

图 1.10 成绩信息的非顺序映像

非顺序映像存储结构中,数据元素的逻辑结构一般在物理空间上不是以物理空间的相邻来表现的,而是在每个数据元素本身所占用空间的相邻空间中存放该数据元素所关联的另一个或多个数据元素的地址,通常将这个空间称为链地址空间。最后一个数据元素的链地址空间指向空地址。可以看出,数据元素在物理存储上是离散的,且物理顺序不一定与逻辑顺序保持一致。

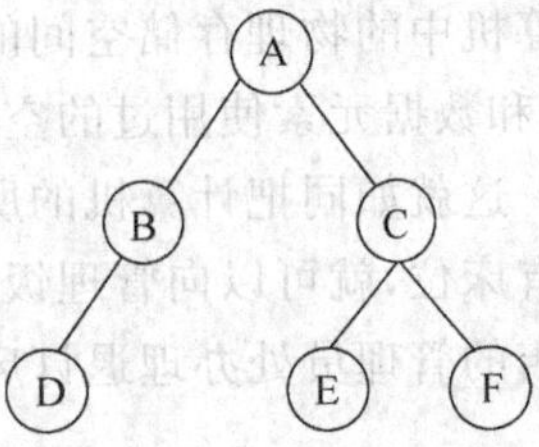

再如,有一个不超过二分支的树,如图 1.11 所示,数据元素 A 与数据元素 B、C 关联,可以认为 A 是 B 和 C 的父亲,B 和 C 是 A 的孩子,其他数据元素可以类似地说明。该逻辑结构在物理存储空间上的映像如图 1.12 所示。

图 1.11 二分支的树逻辑结构

这棵树在物理存储空间上的映像是离散的,物理空间上除存储每个数据元素本身外,还利用两个物理空间存储该数据元素所关联的孩子数据元素,没有孩子的数据元素的链地址空间指向空地址。

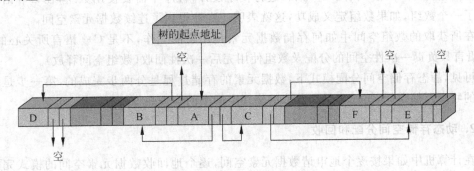

图 1.12 树的存储结构

3. 数据域和链接域

1) 数据域

数据域是物理存储空间中存储数据元素中数据值的空间,例如在成绩问题中,存储姓名和成绩两个数据项,所占用的空间大小(字节数)依实际应用的数据元素中包含的信息量的大小而定。

2) 链接域

链接域又称指针域,是非顺序存储映像时表示数据元素之间关系的地址存储空间,是额外的空间付出。一般地,在特定的计算机中,存放存储单元的地址所占用的空间大小(字节数)是一定的。

链接域是顺序映像特有的结构,在顺序映像结构中,链接域是不存在的,数据元素之间的关系是以物理存储的相对位置隐含表示的。

1.2.4 静态存储空间分配回收和动态存储空间分配回收

上面对数据结构的逻辑结构和物理结构已做了较详细的讨论,但未涉及物理存储空间的存储管理。存储管理不是研究某种数据结构,而是为满足各种数据结构对存储的不同要求,研究数据元素的空间分配、回收的方法和机制。

计算机的物理存储空间是有限的宝贵资源,对于每个空间的使用都要保证有效、合理。计算机中的物理存储空间的使用包括两个方面:分配和回收,即数据元素对空间的使用(分配)和数据元素使用过的空间的释放(回收)。

这就如同把计算机的所有物理存储空间看成饭店中的床位。某旅客入住时,只要饭店还有床位,就可以向管理饭店的管理员申请床位(分配);当用旅客离开饭店时,就要到管理饭店的管理员处办理退订床位(回收)手续。

1. 静态存储空间分配和回收

在计算机中如果按一次性申请连续数据元素空间,一次性回收全部数据元素空间的模式完成空间的分配,而不处理零星地分配或回收,就将这种方式称为静态存储空间分配和回收。在静态存储空间分配模式下,数据元素的物理映像可能是顺序映像,也可能是非顺序映像。

实际中,如果某用户使用C++语言进行程序设计,程序中需要使用数组,在C++语言中定义了一个数组,如果数组定义成功,这就表明一次性得到了连续数据元素空间。

在所获取的数组空间中如何存储数据元素是用户的工作,不是C++语言所关心的事。C++语言只负责一次性空间的分配及数组使用完后一次性回收(数组空间释放)。

可见,静态存储空间分配模式下,数据元素的存储过程是分两步完成的,第一步是获取连续的物理存储空间,第二步是在获取的物理空间上的物理映像。

2. 动态存储空间分配和回收

在计算机中如果按逐个地申请数据元素空间,逐个地回收数据元素空间的模式完成空间的分配或回收,就将这种方式称为动态存储空间分配。在动态存储空间分配模式下,数据元素的物理映像是非顺序映像,这是因为逐个获取的数据元素空间在物理上不一定是连续的。这种逐个地获取或回收反映了"动态性"。

实际中,如果某用户使用C++语言进行程序设计,程序中需要若干个变量空间,在C++语言中利用malloc()函数或new申请变量空间(动态空间申请),如果某变量空间不再使用,则利用free()函数或delete释放变量空间(动态空间释放),即C++语言负责逐个空间的分配及逐个空间的回收。

可见,动态存储空间分配模式下,数据元素的存储过程是一步完成的,即,在获取单个物理存储空间的同时完成数据元素在物理空间上的映像。

对上面的两种获取物理空间的模式进行分析后,我们引入存储池的概念,在计算机中将所有的物理存储空间称为存储池。对于操作系统而言,整个内存和外存都是存储池;C++语言管理内存空间存储池,完成在内存中数组的定义或数组释放,使用 new 和 delete 实现变量空间的动态申请或变量空间的动态释放。

在计算机系统中,操作系统、数据结构、编译原理、高级语言等都涉及物理存储空间的分配和回收,统称为存储管理。不同的是,每个学科的侧重点不同,概括地说,计算机系统中的存储管理分为 3 个不同的层次:

(1) 进程所需要的存储空间由操作系统分配,一旦进程结束,操作系统就回收进程所使用的存储空间。

(2) 数据元素存储空间由某个进程进行分配或回收。例如编译进程为变量、数组等进行存储空间的分配和回收。

(3) 数据元素存储空间由数据结构管理系统进行分配或回收。这类存储空间的管理问题是数据结构研究的范畴。

1.3 数据类型、抽象数据类型和数据结构

1.3.1 类和数据类型

抽象和具体是人们生活中常见的问题。例如,"水果"就是一种抽象,它是苹果、梨、西瓜等的一种总结,事实上,"苹果"又是"富士""国光""金帅"等多个具体品种的再总结。所有的水果又具有共同的特性:植物类,维生素含量高,味道酸甜等。

再如,计算机的冯·诺依曼结构是由运算器、控制器、存储器、输入设备、输出设备构成的,这就是计算机结构的抽象,大型计算机的运算器和控制器结构与微型计算机的运算器和控制器结构是不同的,而不同微型计算机的运算器和控制器结构又是更具体的。无论是何种计算机,运算器和控制器的作用都是相同的,只是微型计算机中的运算器、控制器在制作时被集成在一个芯片上。

事实上,一个系统是由多个对象构成的,往往存在多个具有共同特性的对象,表示为 $O_1, O_2, \cdots, O_n$,这些对象都具有特性 $P_1, P_2, \cdots, P_m$,则具有特性 $P_1, P_2, \cdots, P_m$ 的对象便是 $O_1, O_2, \cdots, O_n$,对象的一个抽象。在计算机语言中,这样的抽象称为类或数据类型。换言之,类或数据类型是一组具有共同特性的对象的抽象。

类或数据类型的具体含义是,它描述了一组数据和在这组数据上的操作或运算及其操作或运算的接口。

一组数据是具有相同特性的数据集,例如,整数构成一个数据集,字符构成另一个数据集。数据集的个体可以由单数据项组成,也可以由多数据项组成。

类或数据类型的操作或运算具有限制性。例如,整数类可以进行加、减、乘、除、乘方运算,字符类可以进行字符串连接、求子字符串、求子符串在主串中的位置序号运算。

操作或运算的接口是约定在该类或数据类型上定义的一组运算或操作的各个运算名称,明确各个运算分别要有多少个参数及其参数的含义和顺序。

在面向对象式语言的程序中,程序中有一个或多个类或数据类型,在程序运行时,根据需要事先创建该类或数据类型的各个对象,即具体实例。例如在 C++语言中用数据类型 int 定义整型变量 a 并赋值,a 就是一个对象。

因此,类或数据类型是静态的概念,所创建的该类或数据类型的各个对象是动态的概念。

1.3.2 抽象数据类型

抽象数据类型(Abstract Data Type,ADT)是指不涉及数据值的具体表示,只涉及数据值的值域,操作或运算与具体实现无关,只描述操作或运算所满足的抽象性质的数据类型和接口。

抽象数据类型从数学意义上讲,是一个形式系统,抽象数据类型中的操作或运算是一种数学函数,表达的是一种操作或运算的功能,而用具体程序设计语言的语句来实现必然会以特定的方式表示。用具体程序设计语言实现时,首先要给出具体数据结构的表示,然后要在对象式语言中给出函数名或过程名及其相应参数,并给出操作或运算的具体语句序列。

也可以理解为底层数据类型是顶层抽象数据类型的具体实现。底层运算是顶层运算的细化,底层运算为顶层运算服务。为了将顶层算法与底层算法隔开,使二者在设计时不会互相牵制、互相影响,必须对二者的接口进行一次抽象。让底层只通过这个接口为顶层服务,顶层也只通过这个接口调用底层的运算。以 C++语言程序调用为例,调用语句只要给出被调用函数的函数名、实参,无须了解被调用函数的实现编码,这就是一种顶层的"抽象",而函数本身的语句编码就是底层的具体实现。例如 C++语言中的字符串连接函数:

```
char * strcat(char * destin, char * source)
```

该函数就是相对于函数编码的抽象表达。调用时只要了解函数名是 strcat,函数的参数是 char * destin 和 char * source 的字符指针类型,连接结果是 * destin 所指的字符串,结果存放在该字符串中, * source 所指的字符串放在 * destin 前面。函数参数中,char * destin 参数必须出现在 char * source 的前面。而函数本身的语句编码一般用户可以不了解,对大多数用户来说是一个"黑箱",语句编码就是底层的具体实现内容。这里需要说明的是,在这里用 C++语言函数例子所表示的还不是真正意义上的"抽象",抽象数据类型是不依赖任何语言表达方式的,但可以用某种或某几种语言表示同一个抽象数据类型。

由此可见,类或数据类型描述了一组数据对象的共同特征,是面向对象式程序设计语言的基本成分,是抽象数据类型在面向对象式程序设计语言中的具体实现。可以说,抽象数据类型是类或数据类型概念的引申和发展。

使用抽象数据类型将给算法和程序设计带来很多优越性:顶层算法或主程序的设计与底层算法或子程序的设计被隔开,使得在进行顶层设计时不必考虑它所用到的数据和运算的具体表示和实现;反之,在进行底层数据表示和运算实现时,只要按照抽象数据类型定义的结构(名称和参数)实现,不必考虑它什么时候被引用。这样做,算法和程序设计的复杂性降低了,有利于迅速开发出程序的原型,减少在开发过程中的差错。编写的程序自然地呈现模块化,而且,抽象数据类型的表示和实现都可以封装起来,便于移植和重用,为自顶向下逐步求精和模块化设计提供了一种有效的方法和工具。

1.3.3 数据结构、数据类型和抽象数据类型

数据结构作为计算机科学与技术领域的一门学科,从狭义的理解,它用来反映一个数据的内部构成,即一个数据由哪些成分数据构成。

数据是按照数据结构分类的,具有相同数据结构的数据属同一类。同一类数据的全体称为一个数据类型,数据类型用来说明一个数据在数据分类中的归属,这个归属限定了该数据的变化范围和运算。不仅如此,数据结构还定义了数据的逻辑结构和物理存储结构及其相应的物理存储映像。

简单数据类型对应于简单的数据结构,构造数据类型对应于复杂的数据结构。在复杂的数据结构里,允许成分数据本身具有复杂的数据结构。在构造数据类型中成分数据允许有不同的结构,因而允许属于不同的数据类型。

可见,数据结构是一个或多个数据类型的结构体,抽象数据类型的含义又可理解为数据结构的进一步抽象。即把数据结构和数据结构上的运算或操作捆在一起,进行封装。对于抽象数据类型,除了必须描述它的数据结构外,还必须描述定义在它上面的运算或操作(过程或函数)。

1.4 算法及算法分析、算法描述

计算机是人们进行信息处理的工具,人们要确定解决什么问题,如何解决问题,再利用计算机及其软件进行规划设计。

从数学的角度而言,可以把解决问题看作定义函数,并利用定义的函数完成计算。函数是输入和输出之间的一种映射关系,函数的输入就是计算机程序中的参数,可以是一个值或多个值,这些值经过函数式的计算,将产生相应的输出,不同的输入可以产生不同的输出,但对于同样的输入,函数的计算输出一定是相同的。

同一个问题的解决函数可能不止一种,对同一个问题利用不同的函数运算,就是对相同的输入经过不同的运算方法进行处理。但不同函数的运算结果应该是相同的。

1.4.1 算法和程序

1. 算法

算法是指解决问题的方法或过程。算法可以理解为函数的另一种表述,所以,一个给定的算法解决一个特定的问题。算法也可以描述如下。

算法(algorithm)是非空的、有限的指令序列,遵循它就可以完成某一确定的任务。它有五大特征:

(1) 有穷性。一个算法在执行有限步骤之后必须终止。

有穷性说明的是,解决问题的运算步骤是可以完全写出的。

(2) 确定性。一个算法所给出的每一个计算步骤必须是精确定义的,无二义性。

确定性说明的是,算法中所执行的下一步是确定的,也可以进行选择,但选择过程必须

是可控的和确定的。

(3) 可行性。算法中要执行的每一个步骤都可以在有限时间内完成。

可行性说明的是,算法中的每一步完成的时间是受限的,从另一个角度说,每一个步骤都应该是足够基本的操作。

(4) 有输入。算法一般有一组作为加工对象的量值,即一组输入变量。

有输入说明的是,算法中的输入量是算法所需的初始数据,具有 0 个或多个。有的算法表面上看没有输入量(无参数),而实际上输入量已经嵌入算法,这种算法通常是完成不受输入影响的特定工作。

(5) 有输出。算法一般有一个或多个信息输出,它是算法对输入量的执行结果。

有输出说明的是,算法至少有一个输出,且要求算法给出的输出是所期望的结果。

2. 算法与程序的差异

算法和程序是两个既相关又不同的概念,因此在现实中常常被人们不加区别地混用。

程序是使用某种程序设计语言对一个算法或多个算法的具体实现。

同一个算法可以使用不同的设计语言实现,所以可能有许多程序对应同一算法。

算法必须提供足够的细节才能转化为程序,算法是可终止的,但程序不一定,程序可在无外来干涉情况下一直执行下去,程序可以既无输入又无输出。通常说的"死"循环的程序是一个"正确"的程序,但是,一定是一个错误的算法。

操作系统是一个程序,而不是一个算法,它可以在不发出停止命令的情况下无限地运行下去。但操作系统所完成的每一个功能就是要解决的一个问题,每一个问题由操作系统程序的一部分(即算法)来实现,必须在有限步骤、有限时间内结束,并得到输出结果。

下面是一个程序的例子,程序整体由 3 个部分组成:

第一部分是包含说明和函数向前引用的说明。

第二部分是程序在的主程序,由这部分控制整个程序执行的逻辑,其中就调用了一个算法 factorial(),用于求 $n!$ 的问题,并输出计算结果。

第三部分是完成 $n!$ 具体求解的过程,也称为 $n!$ 的求解算法。

```
# include <iostream.h>
int factorial(int n);                //这是向前引用的函数说明
int main()
{                                    //这是主程序
    int  n = 6;
    int  result;
    result = factorial(n);
    cout <<" result = "<< result << endl;
    return 0;
}
int factorial(int n)
{                                    //这是算法(函数),是程序的一部分,是核心
    int y = 1;
    for (int i = 1; i < n; i++)
    {
        y = y * i;
```

```
        }
        return y;
}
```

可以看出，算法只是程序的一部分，在 C++ 语言中称为函数。算法是程序解决问题的核心。

1.4.2 程序性能和算法效率

所谓**程序性能**，是指运行一个程序所需要的时间多少和空间大小。

测量程序性能的方法有两种：一是直接执行程序，即实验法；二是分析法，分析程序编码的优劣。

在编制程序时，首先应该根据要解决的问题和数据性质选择一个恰当的数据组织结构和针对该组织结构的好的算法。在相同数据组织结构下，对同一问题的不同算法首先要求具有相同的处理结果，但不同算法的处理能力可能是不同的。

实际中，有些程序不能完全满足用户的全部要求，如有些用户限定程序运行时间的上限，程序运行一旦达到上限，就被强制结束，即运行时间过长；有些程序需求空间太大，系统资源无法满足，或随着运行过程的持续对空间的需求不断增大，最终导致空间被耗尽。

可见，程序的好坏是由算法的优劣所决定的。衡量程序的性能就是从空间复杂性和时间复杂性两方面衡量算法的性能。

那么，如何衡量一个算法的好坏呢？

衡量一个算法的好坏，从根本上讲，就是衡量算法能否有效利用计算机的资源。具体说，好的算法首先应确保算法满足 1.4.1 节的 5 个性质，此外，通常还有考虑以下 3 个方面。

(1) 算法所编制的程序在计算机中运行时占有内存容量的大小（也要考虑占辅存容量的多少），即空间特性。

(2) 算法所编制的程序在计算机中运算时所消耗的时间，即时间特性。

(3) 算法是否易理解，是否易于转换成任何其他可运行的语言程序以及是否易于调试。

1. 空间复杂性

程序所需要的空间主要由以下 3 个部分组成。

1) 指令空间

指令空间是指用来存储经过编译之后的程序指令所需的空间。编译之后的程序指令所需的空间的大小与编译器相关，不同的编译器所产生的指令空间大小是不同的，即使采用相同的编译器，所产生的程序指令的所需空间大小也可能不一样。例如，对编译代码是否优化所产生的指令所需空间就不一样。当然，使用不同类型的机器系统，所产生的指令所需空间也是不同的。

指令空间一般不是数据结构所讨论的问题。

2) 数据空间

数据空间是指用来存储所有常量和变量所需要的空间。数据空间分成两部分：

(1) 存储常量和简单变量所需要的空间。

如某程序中给定了整型常量 100,则该常量将占用一定的存储字节。程序中还定义了整型变量 k,用于循环控制,则系统需也要为 k 变量分配一定的存储字节。

(2) 存储复合变量所需要的空间。

这一部分空间又由两部分组成:一是数据结构定义的数据元素信息本身存储所需存储空间,二是动态分配的空间。

3) 环境栈空间

环境栈用来保存函数调用和返回时需要的信息。包括返回地址、局部变量的值、参数的值。调用或递归的层次越深,所需要的环境栈空间就越大,这一部分的空间是可变部分。例如,求 $n!$ 算法如采用递归方式,则递归层次说明如下:

```
Factorial(n)
    Factorial(n-1)
        Factorial(n-2)
            ⋮
            Factorial(1)
                Factorial(0)
```

递归过程中,需要递归栈来保留递归过程中的中间结果数据,每一层递归的数据都要保存,因此,递归次数越多,需要的栈空间也就越大。

2. 时间复杂性

一个程序在计算机上运算所消耗的时间主要取决下述因素:

(1) 程序运行时所需要输入的数据总量消耗时间。

(2) 对源程序进行编译所需要的时间。

(3) 计算机执行每条指令所需要的时间。

(4) 程序关键指令重复执行的次数。

上面 4 个因素中,前两个取决于问题本身数据量多少,第三个因素取决于计算机的硬、软件系统的客观条件。因此,一般把第四个因素作为分析算法时间效率的重点来讨论。

分析第四个因素主要可从两个方面估算:

(1) 找出一个或多个关键操作,确定这些关键操作所需要的执行时间。

(2) 确定程序执行步骤的次数,特别是执行关键操作的次数。

什么是关键操作呢?程序执行过程中,数据的比较、变量的赋值(数据移动)、过程或函数的调用都是程序的关键性步骤,尤其是变量的赋值(数据移动)、过程或函数的调用步骤对程序时间复杂性影响较大。如果数据频繁移动,就会造成大量时间耗费在读写数据上。

执行关键操作的次数是决定程序时间效率的决定性因素。

在程序中影响关键操作次数的程序结构主要是循环结构,所以在分析程序时间复杂性时重点分析循环过程及位于循环过程中的关键性步骤。

1.4.3 算法分析

算法分析不同于对直接执行程序的实验法,算法本身是程序的部分代码,所以在算法分析时只能分析算法中关键的部分,而忽略相对次要的算法操作步骤,把注意力集中在某些关键的操作上。不同操作的难易程度是不同的。

例 1:

```
z1 = 0;
for (int y = 1;y < 10;y++)
{
    z1 = y + 10;
}
```

例 2:

```
z2 = 0;
for (int y = 1;y < 10;y++)
{
    z2 = y * y + 100;
}
```

z1、z2 计算量是不同的,z1 相对 z2 计算量较小。可是,在算法分析时,将计算 z1 或 z2 都认为是一个操作步骤,而循环次数才是关键。这样做是为了突出分析的重点,忽略细节。

为此,引入语句频度(frequency count)的概念。所谓语句频度,即操作步骤或语句重复执行的次数。为描述算法的时间复杂性,可以将复杂性用函数 $T(n)$ 表示,n 表示算法中处理数据对象的数量或问题的规模的度量,如一个算法的时间复杂性是

$$T(n) = 2n^3 + 3n^2 + 2n + 1$$

当 n 足够大时,有 $T(n) \approx 2n^3$,或者 $g(n) = 2n^3$。

因为当 n 足够大时,$2n^3$ 的复杂度大大超过 $3n^2+2n+1$,或者说,$T(n)$ 数量级与 n^3 数量级相同,所以,当 n 足够大时,可以忽略复杂性函数中复杂性较低的部分,而只用复杂性高的部分表示。

为此用大写字母 O 表示函数 $T(n)$ 的上限函数,即当 n 足够大时的函数,记为 $O(g(n)) = O(n^3)$。

下面给出几种典型的复杂性函数的表示(a,b,c 为已知数):

常数函数:$O(g(n)) = O(9+12) = O(1)$。
线性函数:$O(g(n)) = O(an+b) = O(n)$。
对数函数:$O(g(n)) = O(an \log_2 n + bn) = O(n \log_2 n)$。
平方函数:$O(g(n)) = O(an^2 + bn) = O(n^2)$。
指数函数:$O(g(n)) = O(a^n + bn^2 + cn) = O(a^n)$。

常数函数是指算法的复杂性与算法中处理数据对象的数量无关,例如:

$$T(n) = 15$$
$$T(n) = 20056$$

两个 $T(n)$ 函数中,无论 n 的值如何,函数值始终为一个常量,这时认为算法的复杂性是 $O(1)$,注意,不是 $T(n)$ 函数的常量值。

以上不同级别的复杂性函数存在着以下关系:

$$O(1) < O(\log_2 n) < O(n) < O(n \log_2 n) < O(n^2) < O(a^n)$$

例如,两个 $n \times n$ 的矩阵相乘,其算法可描述如下:

```
void matrix-product(int a[][],int b[][],int c[][],int n);
{
    for ( i = 1;i <= n;i++)                    //重复次数:n+1
        for ( j = 1;j <= n;j++)                //重复次数:n(n+1)
        {
            c[i][j] = 0;                       //重复次数:n²
            for ( k = 1;k <= n;k++)            //重复次数:n²(n+1)
                c[i][j] = c[i][j] + a[i][k] * b[k][j];   //重复次数:n³
        }
}
```

其中,每一语句的频度如上述算法注释所示。整个算法中所有语句的频度之和可作为该算法执行时间的度量,记作

$$T(n) = (n+1) + n(n+1) + n^2 + n^2(n+1) + n^3$$
$$= 2n^3 + 3n^2 + 2n + 1$$

显然,它是矩阵阶 n 相乘运算频度的函数,并且当 n 足够大时,有 $T(n)$ 数量级 $O(n^3)$。
再如,下面有 3 个简单的程序段。

(a) x = x + 1;
(b) for (i = 1;i <= n;i++)
      { x = x + 1;}
(c) for (i = 1;i <= n;i++)
      for (j = 1;j <= n;j++)
        { x = x + 1;}

假定(a)中语句 x=x+1 不在任何的循环中,则语句频度为 1,其执行时间是一个常数,因此,其时间复杂性是常量级,即 $O(1)$。

在(b)中,同一语句 x=x+1 执行了 n 次,其频度为 n,其时间复杂性依赖于 n,所以,时间复杂性为 $O(n)$。

在(c)中,语句 x=x+1 执行了 $n \times n$ 次,频度为 n^2,其时间复杂性依赖于 n^2,因此,时间复杂性为 $O(n^2)$。

下面给出几个函数时间复杂性的曲线图,如图 1.13 所示,从图中可以看出,由于算法的复杂性不同,随着 n 的变化,算法的频度会相差很大,如果每步操作执行的时间是一定的,由于频度的不同,算法执行的时间也会有很大的差异。

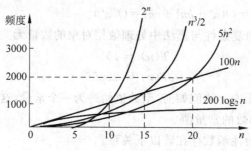

图 1.13 各种数量级的 $T(n)$

一个算法的时间复杂性是反映算法性能的重要指标。对于某一问题而言,算法时间复杂性的数量级越低,则说明算法的效率越高。也许有人说,现代计算机发展速度快得惊人,算法的效率无足轻重。然而,事实并非如此。在今天,问题需要处理的数据量越来越大,算法效率的高低对所能处理的数据量的多少有决定性的作用。当输入量急剧增加时,如果没有高效率的算法,单纯依靠提高计算机的速度,有时是无法达到要求的。

可以通过下述实例来说明这个问题。设有 5 个算法 A1、A2、A3、A4、A5,它们的时间复杂性如表 1.1 所示,其中给出了 1 秒、1 分和 1 小时内这 5 个算法所能解决的输入量上界。从这里不难得到一个直观的概念:由于算法时间复杂性的数量级不同,它们在相同的时间里所能处理的输入量上限相差是极为悬殊的。

表 1.1 在某一时间内不同算法所能处理的输入量上限

算法	时间复杂性	1 秒能处理的最大输入量	1 分能处理的最大输入量	1 小时能处理的最大输入量
A1	n	1000	6×10^4	3.6×10^6
A2	$n \log_2 n$	140	4893	2.0×10^5
A3	n^2	31	244	1897
A4	n^3	10	39	153
A5	2^n	9	15	21

当计算机的速度成倍提高时,例如假定下一代计算机的速度是当代计算机的速度的 10 倍或 1 万倍,我们来分析一下上面这 5 个算法所能处理的输入量的大小有何变化。表 1.2 说明了由于计算机速度的提高给每个算法所带来的处理能力的改变情况。算法 A1 和 A2 在计算机的速度提高到 10 倍或 1 万倍后,同一时间里所能处理的输入量几乎也增加到 10 倍或 1 万倍;而算法 A3 和 A4 就差一些,最差的是算法 A5,即使计算机的速度提高 1 万倍,算法 A5 在某一时间内所能处理的输入量不过比原来增加 13 个左右,真是微不足道。

表 1.2 计算机速度提高到 10 倍和 1 万倍的效果

算法	时间复杂性	原来单位时间内能处理的最大输入量	提高到 10 倍后单位时间内能处理的最大输入量	提高到 1 万倍后单位时间内能处理的最大输入量
A1	n	S_1	$10 S_1$	$10000 S_1$
A2	$n \log_2 n$	S_2	对大的 S_2 接近于 S_2	当 $10 \log_2 S_2 > \log_2 9000$ 时超过 $9000 S_2$
A3	n^2	S_3	$3.16 S_3$	$100 S_3$
A4	n^3	S_4	$2.15 S_4$	$21.54 S_4$
A5	2^n	S_5	$S_5 + 3.32$	$S_5 + 13.32$

由表 1.2 不难推出这样的结果:对于算法 A5 而言,一台高速计算机在 1 分内所能处理的输入量只不过是一台速度为其万分之一的低速计算机 1 分内所能处理的输入量的两倍。

由以上例子可以看出,随着计算机应用的发展和要求处理的信息量越来越大,分析算法效率,设计出高效的算法也越来越重要。

程序运行所占的存储量也是问题规模的函数,它和时间复杂性类似,我们以空间复杂性作为它的度量。

从主观上说,我们希望能选择一个既不占很多存储单元,运行时间又短且简明易读的算法。然而,实际上不可能做得十全十美,时间性和空间性往往是一对矛盾。许多程序中数据经过压缩节省了存储空间,然而运行时解压缩的过程又需要额外的时间;再如,物理上顺序映像可以节省空间,但一旦进行插入或删除运算时,就造成数据元素的移动,时间效率就会大大降低。

往往是,一个看起来很简单的程序其运行时间要比复杂的程序慢得多,而一个运行时间较短的程序可能占用内存单元较多。

若待解决的问题数据量大,而所使用的计算机存储容量又较小,则相应算法应着重考虑如何节省内存单元。因此,在不同的情况下应有不同的偏重选择。

算法应力求简明易读,易于转换成上机程序。

在本书中,主要讨论算法的时间特性,针对某些问题再详细讨论空间特性。

1.4.4 算法描述

算法需要用一种语言来描述,这种语言可以是计算机程序设计语言,也可以是人们生活中使用的文字语言,为了便于阅读和转换为计算机上能够执行的程序,通常采用一种高级程序设计语言来描述算法,本书用类 C++ 语言来描述算法,并作如下使用规定。

1. 数据元素结构的表示用类型定义

(1) 使用 C++ 结构类型定义数据元素描述如下:

```
struct ElementType
{
    Item1Type item1;
    Item2Type item2;
        ⋮
    Item3Type item3;
};
```

定义 C++ 结构类型时,结构成员默认是全局变量(public)。

(2) 使用 C++ 类定义数据元素描述如下:

```
class ElementType
{
    Item1Type item1;
    Item2Type item2;
        ⋮
    Item3Type item3;
};
```

定义 C++ 类时,结构成员默认是私有变量(private)。

2. 算法函数的描述

(1) 输入语句格式如下：

cin≫输入变量；

例如输入一个数据到 searchkey 中：

cin≫ searchkey；

(2) 输出语句格式如下：

cout≪输出变量；

例如输出 searchkey 的值：

cout≪ searchkey≪ endl；

(3) 赋值语句格式如下：

变量 = 表达式；

(4) 条件语句格式如下：

```
if (条件表达式)
{
    <语句序列>
}
```

或者

```
if (条件表达式)
{
    <语句序列 1>
}
else
{
    <语句序列 2>
}
```

(5) 循环语句格式如下：

```
while (条件表达式)
{
    <语句序列>
}
```

或者

```
do
{
    <语句序列>
}while (条件表达式)
```

或者

```
for(循环变量 = 初值;条件表达式;步长表达式)
{
    <语句序列>
}
```

(6) 返回语句格式如下：

```
return (返回表达式);
```

(7) 函数定义。

一般 C++ 函数定义格式如下：

```
<函数类型><函数名>(函数形式参数表)
{   //算法说明
    <语句序列>
}
```

C++模板函数定义格式如下：

```
template<class T>
<函数类型><函数名>(函数形式参数表)
{   //算法说明
    <语句序列>
}
```

C++模板类函数定义格式如下：

```
template<T>
<函数类型><类名><T>::<函数名>(函数形式参数表)
{   //算法说明
    <语句序列>
}
```

例如，下面的模板类算法中，template < class T >是模板定义。模板类函数 InsertElementLinearList 隶属于 LinearList < T >模板类，此函数返回值类型是 bool 类型，此函数有两个形式参数，一个是 int 类型的变量 k，另一个是模板类型< T >的引用变量 newvalue。

```
template<class T>
bool LinearList<T>::
InsertElementLinearList(int k, T &newvalue)
{
    if (k < 0 || k > length)
        return false;
    if (length == MaxSpaceSize)
        return false;
    for (int i = length-1; i >= k; i--)
        element[i+1] = element[i];
    element[k] = newvalue;
    length++;
    return true;
}
```

调用函数格式如下：

<函数名>（函数实际参数表）；

3. 内存空间的动态分配和释放

C++风格的分配空间和释放空间描述如下。

（1）分配空间：

指针变量 = new 数据类型；

例如，要申请一个 int 类型的空间并由 p 指针指向该空间，则申请语句如下：

p = new int；

（2）释放空间：

delete 指针变量；

例如，要释放一个 p 所指的空间，则释放语句如下：

delete p；

除以上说明的语句外，算法中使用的语句基本上与 C++ 或 C 语言中是一致的，如有特别之处，将在书中说明。

习题 1

一、单选题

1. 研究数据结构就是研究（   ）。
   A. 数据的逻辑结构
   B. 数据的逻辑结构和存储结构
   C. 数据的存储结构
   D. 数据的逻辑结构、存储结构及其数据在运算上的实现
2. 下面关于算法的说法正确的是（   ）。
   A. 算法最终必须由计算机程序实现
   B. 为解决某问题的算法与为该问题编写的程序含义是相同的
   C. 算法的可行性是指指令不能有二义性
   D. 以上几个都是错误的
3. 计算机中的算法指的是解决某一个问题的有限运算序列，它必须具备 5 个特性：输入、输出、（   ）。
   A. 可执行性、可移植性和可扩充性   B. 可执行性、无二义性和确定性
   C. 确定性、有穷性和稳定性   D. 易读性、稳定性和确定性
4. 根据数据元素之间关系的不同特性，以下 4 类基本逻辑结构反映了 4 类基本数据组

织形式。其中错误的是(　　　)。
  A. 集合中任何两个数据之间都有逻辑关系,但组织形式松散
  B. 线性结构中结点按逻辑关系依次存储成一行
  C. 树形结构具有分支、层次特性,其形态有点像自然界中的树
  D. 图结构中各个结点按逻辑关系互相缠绕,任何两个结点都可以邻接
 5. 从逻辑上可以把数据结构分成(　　　)。
  A. 动态结构和静态结构　　　　　　B. 紧凑结构和非紧凑结构
  C. 线性结构和非线性结构　　　　　　D. 内部结构和外部结构
 6. 与数据元素本身的形式、内容、相对位置、个数无关的是数据的(　　　)。
  A. 存储结构　　　B. 存储实现　　　C. 逻辑结构　　　D. 运算实现

单选题答案:
1. D 2. D 3. B 4. B 5. C 6. C

二、填空题

1. 一个数据结构在计算机中的_____称为存储结构。
2. 对于给定的 n 个元素,可以构造出的逻辑结构有_____或_____。
3. 线性结构中元素之间存在_____关系,树形结构中元素之间存在_____关系,图结构中元素存在_____关系。
4. 数据结构是研究数据的_____和_____以及它们之间的相互关系,对这种结构定义相应的运算,并设计出相应的_____。
5. 数据的_____结构与数据元素本身的内容和形式无关。
6. 一个算法具有 5 个特性:_____、_____、_____、输入、输出。
7. 算法的时间复杂性是指该算法所求解问题_____。
8. 从逻辑关系上讲,数据结构主要分为两大类,它们是_____和_____。

填空题答案:
1. 映像
2. 集合、线性结构、树形结构、图结构,线性结构和非线性结构
3. 一对一,一对多,多对多
4. 物理结构,逻辑结构,算法
5. 逻辑
6. 有穷性、确定性、可行性
7. 规模
8. 线性结构,非线性结构

三、判断题

1. 顺序存储方式只能用于存储线性结构。(　　　)
2. 数据元素是数据的最小单位。(　　　)
3. 算法可以用不同的语言描述,如果用 C++语言高级语言描述,算法实际上就是程序了。(　　　)

4. 算法只能用高级程序设计语言描述，如用 C++语言描述。（　）
5. 数据结构是带有结构和关系的数据元素的集合。（　）
6. 数据的逻辑结构是指各数据元素之间的逻辑关系，是用户根据需要建立的。（　）
7. 数据的物理结构是指数据在计算机内实际的存储形式。（　）

判断题答案：
1. 错　2. 错　3. 错　4. 错　5. 对　6. 对　7. 对

四、简答题和算法题

1. 计算机中的"计算"一词与数学中的"计算"有什么不同。
2. 数据结构主要讨论哪方面的运算？
3. 数值运算与非数值运算围绕的中心点有什么不同？
4. 说明数据结构中数据元素的概念。
5. 试比较顺序存储结构和链式存储结构的优劣。
6. 试述数据结构的定义。
7. 简述结构类型的组成。
8. 简述顺序存储和动态存储的特点。
9. 简述算法效率的评价内容。
10. 简述静态存储分配和动态存储分配的特点。
11. 简述算法和程序的关系。
12. 什么是逻辑结构？逻辑结构分为哪些？
13. 什么是物理结构？物理结构分为哪些？
14. 什么是数据域和链接域？
15. 程序性能主要从哪几个方面分析？
16. 算法效率主要从哪几个方面分析？
17. 时间性分析中，影响算法时间效率的主要方面是什么？
18. 某单位职工都有一张职工登记表，设想在任何组合的条件下（如只知道姓名，知道姓名和单位，知道姓名和性别等），如何存放这些登记表，以便能用最快的速度找到某个人的登记表。
19. 某班本学期开设政治、数学、英语、数据结构和计算机原理 5 门课程，n 个学生平均成绩分优、良、及格和不及格 4 个等级。90 分（含）以上为优，80 分至 89 分为良，60 分到 79 分为及格，60 分以下为不及格。用 C 语言写出统计分析算法。
20. 写出求斐波那契序列的迭代算法。
21. 对下面两个算法进行效率分析。

算法 1：

```
void BubbleSort(ElementType element[], int n)
{   //外部函数.用冒泡排序法对 element[]数组中的 n 个数据排序
    int i,j;
    bool change;
    change = true;
    ElementType temp;
```

```
        j = n - 1;
        while (j > 0 && change)
        {
            change = false;
            for (i = 0; i < j; i++)
                if(element[i].key > element[i + 1].key)
                {
                    temp = element[i];
                    element[i] = element[i + 1];
                    element[i + 1] = temp;
                    change = true;
                }
            j--;
        }
    }
```

算法 2：

```
void product(int a[][], int b[][], int n, int m);
{
    for ( i = 1; i <= n; i++)
        for ( j = i; j <= m; j++)
            a[i][j] = a[i][j] * b[j][j];
}
```

第 2 章 线性表和串

2.1 线性表的定义

线性表(linear list)是一种逻辑结构和物理结构相对简单,应用十分广泛的数据结构。称之为线性表,是因为在逻辑上,构成这种数据结构的数据元素之间有着线性关系。

2.1.1 线性表的逻辑结构

线性表是有限元素$(e_0,e_1,\cdots,e_i,\cdots,e_{n-1})$的有序序列的集合。

其中,在有限元素序列中,e_i是$(0 \leqslant i \leqslant n-1)$表中的元素,每个元素具有相同的特性,表中元素占用空间大小相同(记为 size),n是线性表的长度(n是有穷自然数)。当$n=0$时,表为空;当$n>0$时,e_0是第一个元素,e_{n-1}是最后一个元素。

这里所说的"有序"是指线性表中元素之间的相互逻辑位置关系。也就是说,元素e_{i-1}一定在元素e_i之前,e_{i-1}是e_i的直接前驱元素;且e_i仅此一个直接前驱元素;而元素e_i一定在元素e_{i+1}之前,称e_{i+1}是e_i的直接后继元素,且e_i仅此一个直接后继元素。而且,线性表中除第一个元素外,其他每个元素仅有一个直接前驱元素;除最后一个元素外,其他每个元素也仅有一个直接后继元素。i是元素e_i在线性表中位置的标号,也称为下标或相对地址。

每个数据元素e_i的具体内容或结构在不同的情况下是不同的,它可以是一个数、一个字符、一个字符串,也可以是一个记录,甚至还可以是更为复杂的数据信息。无论数据元素结构是什么,都被视为"原子",因为数据元素本身的内容或结构与线性表结构无关。

线性表中的数据元素可以由所描述对象的各种特征的数据项组成,这些数据项可以是任何数据类型,数据项之间彼此独立。这种情况下,数据元素类型通常称为结构类型或记录类型。由多个结构或记录构成的线性表也可以称为文件(file)。例如,学生信息(如表 2.1 所示)可以构成线性表形式的一个文件。表中每个学生的信息由多个数据项构成(学号、姓名、性别、年龄、籍贯),每个学生的信息对应一个数据元素结构或记录类型。

表中每一行表示的是一个学生的信息,就是线性表中的一个数据元素,多个数据元素排列为一个线性表。数据元素按学生学号从小到大排列,这就是数据元素的有序关系。

综上所述,在实际应用中,线性表中的元素可以具有广泛的含义,但是同一个线性表中,所有的数据元素都具有相同的特征,即它们具有相同的数据类型,且元素长度(size)相同。

表 2.1 学生信息

学号	姓名	性别	年龄	籍贯
2003050712	肖象	男	18	河北
2003050713	李明	女	17	湖北
2003050714	刘辉	男	18	宁夏
⋮	⋮	⋮	⋮	⋮

2.1.2 线性表的抽象数据类型

对于一个线性表,可以定义很多运算,在此只对几种主要运算进行讨论。对于每一种数据结构运算的算法描述都与其存储结构有密切的关系,这也是学习"数据结构"课程要牢记的要点。

在计算机中存储一个线性表可以采用顺序映像和非顺序映像两种方式。顺序映像又称为线性表的顺序存储结构,非顺序映像又称为线性表的链式存储结构。

线性表的抽象数据类型(ADT)可描述如下:

ADT LinearList
{
 Data: 有限元素($e_0, e_1, \cdots, e_i, \cdots, e_{n-1}$)的有序序列的集合。
 Relation: e_{i-1}是e_i的直接前驱元素,e_{i-1}一定在元素e_i之前;e_{i+1}是e_i的直接后继元素,e_{i+1}一定在元素e_i之后。而且,每个元素仅有一个直接前驱元素,也仅有一个直接后继元素。
 Operation:
  Creat(MaxListSize)   //构造空线性表,其中有 MaxListSize 个空间
  Destroy()   //删除线性表
  GetElement(k, result)   //在线性表中取第 k 个元素,存入 result 中
  Search(searchkey)   //在线性表中查找元素或元素关键字为 searchkey 的元素
  Insert(k, newvalue)   //在线性表第 k 个数据元素之后插入数据元素 newvalue
  Delete(k)   //在线性表中删除第 k 个数据元素
  Length()   //求线性表长度
  GetElementAddress()   //获取线性表首地址
  IsEmpty()   //判断线性表中有无元素
}

2.2 线性表的顺序存储及操作

2.2.1 线性表顺序存储

1. 线性表顺序存储概念

线性表顺序存储方式是将线性表中的数据元素按数据元素的逻辑顺序连续地存放于计算机存储器中相邻的单元,从而保证线性表数据元素逻辑上的有序性。

线性表顺序存储结构如图 2.1 所示。线性表顺序存储结构由 3 部分组成:

(1) 可用于存储所有数据元素的空间 element,它又由若干个数据元素空间组成。

(2) 记录线性表中已存放的数据元素个数的空间 length，这个值小于等于可用的元素空间。

(3) 存放线性表可用元素空间总数的空间 MaxSpaceSize。

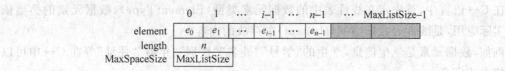

图 2.1 线性表顺序存储结构

element 是数据元素存储的空间，是一个复合结构，它是由若干个数据元素存放的空间（即元素空间）组成。也可以理解为是程序设计中定义的一维数组，element 就是数组的数组名或数组的起始地址存放的空间，数组元素就是数据元素空间，数组元素的下标就是数据元素存放的相对地址。

length 是一个简单结构，为整数类型，记录线性表中已存放的数据元素个数，这个值小于等于线性表可用的元素空间总数 MaxSpaceSize 的值。当 length＜MaxSpaceSize 时，线性表未满，还有空间可用于存放数据元素；当 length==MaxSpaceSize 时，线性表已满，再没有空间可用于存放数据元素。

MaxSpaceSize 空间是一个简单结构，为整数类型，记录线性表可用元素空间总数 MaxListSize，这个值通常是一个常量，是建立线性表时给定的值。这个值也是线性表事先约定的最大空间个数。

线性表占用的第一个存储单元的地址就是线性表的首地址，也是线性表中第一个数据元素（e_0）的首地址。

这里"首地址"有两种理解：一是相对于线性表本身，是线性表的始点，即"0 号地址"，这就是通常所说的相对地址；二是相对于计算机的物理存储空间，线性表存放的空间只是物理存储空间中的一部分，所以，从计算机物理存储空间看，线性表的始点则是一个物理地址，一般记为 location(e_0)，通常称为绝对地址或基地址。

由于线性表的每个数据元素长度相同（为 size），所以，只要知道线性表的第一个元素的物理地址（location(e_0) 的值）和数据元素的长度 size，表中元素 e_i 的（$i=0,1,2,\cdots$）的物理地址则可以由下面的公式求出：

$$\text{location}(e_i) = \text{location}(e_0) + i \times \text{size}$$

请注意：这个公式中元素序号由 0 开始，若元素序号是由 j 开始安排，则上面的公式应改为

$$\text{location}(e_i) = \text{location}(e_j) + (i-j) \times \text{size}$$

有了这个确定顺序存储结构线性表中元素 e_i 的地址公式，可以很快地求出元素 e_i 的地址，实现线性表中任意元素 e_i 的快速存取，其算法时间复杂度 $O(1)$，元素 e_i 的地址计算与线性表的长度无关。

由此可知，线性表的顺序存储结构具有很高的存取效率，是一种高效的直接存取存储结构。

2. 线性表顺序存储结构类的定义

在高级语言中,可以借用一维数组这种数据类型来描述线性表的顺序存储结构。

在 C++ 语言中,首先定义线性表中的数据元素类型(ElementType),数据元素的类型依附于实际应用,是线性表数据空间(element)中存放的内容。

例如,数据元素是学生信息,学生的"学号""姓名""性别""年龄""住址"等在 C++ 中可以用结构方式定义:

```
struct STUDENT
{
    char number[10];
    char name[8];
    char sex[2];
    int age;
    char place[20];
};
```

数据元素结构中的数据项(C++ 中的结构成员)number(学号)、name(姓名)、sex(性别)、age(年龄)、place(住址)的长度和类型不相同,但线性表中的每个数据元素的类型是相同的,每个数据元素占用相同的字节数。

如果线性表是前面所述学生信息组成的,则其数据元素结构类型(ElementType)可用 C++ 语言描述为:

```
#define STUDENT ElementType
```

LinearList 是用 STUDENT 学生数据元素结构类型描述的顺序存储线性表类。

然后定义线性表模板类:

```
template<class ElementType>
class LinearList
{   //定义顺序存储结构线性表类,线性表数据元素存放于 element[0..length-1]
public:
    LinearList(int MaxListSize = 10);          //构造函数,创建空线性表
    ~LinearList(){delete []element; };         //析构函数,释放数据元素空间
    int LengthLinearList(){return length;};    //求顺序存储线性表长度
    boolGetElementAddressLinearList(){return element;};
    //返回顺序存储线性表中 element 空间的首地址
    boolGetElementLinearList(int k,ElementType &result);
    //在顺序存储线性表中查找第 k 个元素,存入 result
    int SearchElementLinearList(char * searchkey);
    //在顺序存储线性表中查找值为 searchkey(字符类型)的元素,返回元素位置
    int SearchElementLinearList(int searchkey);
    //在顺序存储线性表中查找值为 searchkey(数值型)的元素,返回元素位置
    boolInsertElementLinearList(int k, ElementType &newvalue);
    //插入值为 newvalue 的元素到顺序存储线性表中第 k 个元素之后
    bool DeleteElementLinearList(int k);
    //删除顺序存储线性表中的第 k 个元素
private:
```

```
    ElementType  * element;                    //数据元素存放空间
    int          length;                       //数据元素的个数
    int          MaxSpaceSize;                 //线性表存放元素的最大空间个数
};
```

2.2.2 线性表顺序存储结构下的操作实现

下面讨论顺序存储结构下线性表的几种主要操作或运算。

1. 构造空线性表

使用 LinearList 模板类的构造函数构造空线性表。空线性表是指线性表中没有一个数据元素，但数据元素的空间和线性表结构存在，如图 2.2 所示。

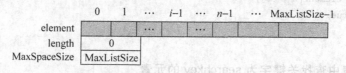

图 2.2 线性表顺序存储结构空表

空线性表产生后，就存在一个 ElementType 类型的数组 element，大小是 MaxListSize 的值，线性表中只有存放数据元素的空间，所以线性表长度 length 为 0。

不难分析，算法的时间复杂性是 $O(1)$。

构造空线性表算法(构造函数)LinearList：

```
template<class ElementType>
LinearList<ElementType>::
LinearList(int MaxListSize)
{   //构造函数.定义最大表长 MaxSpaceSize、数据空间 element、长度初值 length
    MaxSpaceSize = MaxListSize;
    element = new ElementType[MaxSpaceSize];
    length = 0;
}
```

2. 显示输出线性表中的所有数据元素值

输出线性表 L 中所有数据元素函数 DisplayElementsLinearList：

```
template<class ElementType>
bool LinearList<ElementType>::
void DisplayElementsLinearList()
{   //逐个地输出线性表 L 中的数据元素
    for (int i = 0; i < length; i++)
        cout << element[i] << endl;
}
```

不难分析，算法的时间复杂性是 $O(\text{length})$。

3. 线性表中取第 k 个数据元素

由于数据元素空间 element 是从 0 下标开始的，所以，取第 k 个元素，就是将下标为 $k-1$ 的数组元素取到，采用引用参数 &result 方式，不仅可以作为输出数据的管道，更重要的是可以提高调用效率。不难分析，算法的时间复杂性是 $O(1)$。

在线性表中将第 k 个元素取至 result 中的算法 GetElementLinearList：

```
template<class ElementType>
bool LinearList<ElementType>::
GetElementLinearList(int k,ElementType &result)
{    //在线性表中查找第 k 个元素,存入 result 中,如不存在返回 false,找到返回 true
     if (k<1 || k>length) return false;
     result = element[k - 1];
     return true;
}
```

4. 在线性表中查找关键字为 searchkey 的元素

数据元素的查找可以分为已知数据元素的位置（存储地址或下标地址），或已知数据元素的值（关键字），或已知数据元素取值范围等条件的查找。数据元素被找到后，返回值可以是找到的数据本身，也可以是找到的数据元素的地址。在数据结构中，一般不讨论数据元素找到后如何利用，那是实际问题，而只要完成"找到"即可。所以，为了提高算法效率，在算法中查找条件一般不要用值传递方式，而通常用地址传递方式，即引用参数。返回值一般以返回地址方式描述。

在线性表中查找元素 x 的算法 SearchElementLinearList：

```
template<class ElementType>
int LinearList<ElementType>::
SearchElementLinearList(char * searchkey)
{    //在顺序存储线性表中查找关键字值为 searchkey(是字符、字符串)的元素
     //如果找到,返回所找元素所在的位置(下标);如果未找到,返回 -1
     for (int i = 0; i<length; i++)
         if (!strcmp(element[i].key, searchkey)) return i;
     return -1;
}
```

如果关键字为数值类型，则算法如下：

```
template<class ElementType>
int LinearList<ElementType>::
SearchElementLinearList(int searchkey)
{    //在顺序存储线性表中查找关键字值为 searchkey(是数值型)的元素
     //如果找到,返回该元素所在的位置(下标);如果未找到,返回 -1
     for (int i = 0; i<length; i++)
         if (element[i].key == searchkey) return i;
     return -1;
}
```

在实现查找算法时,由于数据元素存储在 0 起点的数组中,所以,当查找不成功时,只能返回数组下标以外的值,在算法中约定为 -1。算法中的查找条件是 searchkey,即某个数据元素的关键字值。

最差的情况是要查找的数据元素存储在线性表的最后一个空间中,所以算法的时间复杂性是 $O(\text{length})$。

5. 线性表中第 k 个数据元素之后插入新元素运算

它是指在线性表的元素 e_{k-1}(第 k 个数据元素)和元素 e_k(第 $k+1$ 个数据元素)之间插入一个新的元素(值为 newvalue)。

为了实现插入,首先需要将元素 e_k 及以后的所有元素都要向后移动一个元素的位置,即原来的元素 e_k 变成元素 e_{k+1},原来的元素 e_{k+1} 变成元素 e_{k+2},……,原来的元素 e_{n-1} 变成元素 e_n。移动以后,空出 e_k 元素的存储单元才能存入新的元素 newvalue。需要注意,实现元素的插入是有前提条件的,就是要求在线性表的元素 e_{n-1} 后面还有空闲的存储单元可以使用,否则插入是无法进行的。插入后线性表的长度加一。插入前后的线性表如图 2.3 和图 2.4 所示。

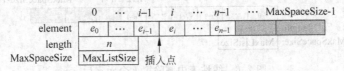

图 2.3　线性表中插入新元素前

图 2.4　线性表中插入新元素后

根据上述分析,可以给出在顺序存储线性表中第 k 个元素位置后面插入一个新的元素 newvalue 的算法 InsertElementLinearList:

```
template < class ElementType >
bool LinearList < ElementType > ::
InsertElementLinearList(int k, ElementType &newvalue)
{   //插入值为 newvalue 的元素到顺序存储线性表中第 k 个数据元素之后,并返回 true
    //如果不存在第 k 个元素或顺序存储线性表空间已满,则返回 false
    if (k < 0 || k > length)
        return false;
    if (length == MaxSpaceSize)                     //判断顺序存储线性表是否满
        return false;
    for (int i = length - 1; i >= k; i -- )         //插入点后的数据后移
        element[i + 1] = element[i];
    element[k] = newvalue;                          //新数据元素插入
    length ++ ;                                     //顺序存储线性表长度加 1
    return true;
}
```

对插入算法进行分析,运算中存在数据元素的移动,这在顺序存储线性表结构中是不可避免的,最差的情况是插入点在第一个数据元素的前面,这将移动原来的所有数据元素,所以,该算法的时间复杂性是 $O(\text{length})$。

6. 在线性表中删除第 k 个数据元素运算

一般说来,删除运算是指需要删除线性表中的第 k 个数据元素,即删除 e_{k-1}。删除的办法是:将 e_{k-1} 后的所有元素 $e_k,\cdots,e_{n-1}$ 依次向前移动一个元素的位置,然后修改线性表的长度为 length-1,如图 2.5 和图 2.6 所示。

图 2.5　线性表中删除第 k 个元素前

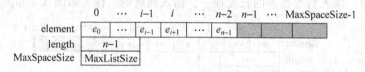

图 2.6　线性表中删除第 k 个元素后

在顺序存储线性表的删除运算中,由于物理空间是静态的,所以不用专门进行存储空间的释放,事实上,移动数据元素的同时,在逻辑上,被删除元素的空间同时已被释放了,释放到线性表数据元素尾端,即线性表中删除前最后一个数据元素的空间。

线性表中删除第 k 个数据元素的算法 DeleteElementLinearList:

```
template<class ElementType>
bool LinearList<ElementType>::
DeleteElementLinearList(int k)
{   //删除顺序存储线性表中第 k 个数据元素并返回 true
    //如果不存在第 k 个元素,返回 false
    if (k < 1 || k > length) return false;
    {
        for (int i = k; i < length; i++)
            element[i-1] = element[i];
        length--;
        return true;
    }
}
```

对删除算法进行分析可以知道,运算中同样存在数据元素的移动,这在顺序存储线性表结构中也是不可避免的,最差的情况是删除的数据元素在最前面,这将移动原来的 length-1 个数据元素,所以,该算法的时间复杂性是 $O(\text{length})$。

分析上述插入和删除两个算法可以发现:线性表顺序存储方式下,由于相邻元素之间是紧邻的,而无可利用的"空闲"空间。因此,进行元素的插入或删除运算时,有大量元素移动,移动元素的多少取决于插入或删除元素的位置,而这种大量元素的移动是十分费时的,所以对于频繁地执行插入或删除运算的线性表,是不适合采用顺序存储方式的。

2.3 简单链表存储结构及操作

2.2 节介绍了线性表的顺序存储方式,在这种存储方式下,逻辑关系上相邻的两个数据元素在物理存储位置上也相邻。因此,只要知道第一个元素的位置(即下标),则可以利用寻址公式高效地存取一个元素。但是,通过其插入、删除算法的分析也可以看出,它存在着一些缺点:

(1) 在插入或删除的过程中有着大量元素的移动,运算时间效率较低。
(2) 在为线性表预先分配空间时(静态空间分配),必须按最大表长 MaxListSize 空间分配,因而造成存储空间得不到充分利用。
(3) 表的空间不容易扩充。

本节要讨论链式存储结构方式下线性表的结构和相关运算。前面讨论过,实现链式存储结构时,物理存储空间的分配可以是动态存储空间分配,也可以是静态存储空间分配。

2.3.1 简单链表的存储

1. 简单链表的存储概念

简单链表也称为单链表。

线性表的链式存储结构的特点是用物理上不一定相邻的存储单元来存储线性表的数据元素,为了保证线性表数据元素之间逻辑上的连续性,存储元素 e_i 时,除了存储它本身的信息内容以外,还必须附加一个指针域(也叫链接域)来存放元素 e_i 的直接后继元素 e_{i+1} 的存储地址。通过这个指针域中存储的地址值,就可以实现数据元素之间的先后逻辑关系。

2. 简单链表的存储结构及类的定义

在动态链式结构中,数据元素是由两部分构成的,一是数据元素的数据域,二是数据元素的指针域(链接域),如图 2.7 所示。链接域指向下一个数据元素存储空间的起始地址。在动态链式结构中,数据元素又称为结点。

图 2.7 数据元素及表头结点结构

在 C++语言中,动态存储空间分配方式下线性表的数据元素类型定义如下:

```
template<class ElementType>
class SimpleChainNode
```

```
{   //简单链表数据元素结点结构模板类定义
    pubic:
        ElementType                    data;           //数据域
        SimpleChainNode<ElementType>   *link;          //链接域
};
```

当某个结点后面没有结点时(无后继结点),该结点的 link 值为空(用 NULL、0 或符号 ∧ 表示),在这个结构定义中描述的是数据元素的存储结构,整个线性表是由多个这样的结点组成的,每个结点之间用指针值进行链接。

一个链表除了数据元素结点外,一般还可以另外定义一个特殊的结点,通常将这个特殊结点称为表头结点,表头结点也是由两部分组成的,即数据域和链接域,如图 2.8 所示。表头结点的数据域可以与数据结点的数据域的类型不同,用于存放线性表的有关"综合"信息。表头结点的链接域指向链表中第一个数据元素结点的起始地址,其类型是指向数据结点的指针类型,与数据元素结点的链接域类型是一致的。

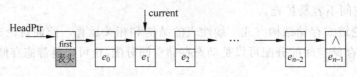

图 2.8 简单链表

表头结点结构定义如下:

```
template<class HeadType>
class SimpleHeadNode
{   //简单链表表头数据元素结点结构模板类定义
    public:
        HeadType                              Hdata;
        SimpleChainNode<class ElementType>    *first;
};
```

定义 current 是指向数据元素的指针:

`SimpleChainNode<ElementType> *current;`

定义 HeadPtr 是指向数据元素表头的指针:

`SimpleHeadNode<HeadType> *HeadPtr;`

可以引用 current->data 表示当前数据元素的值,引用 current->link 表示下一个数据元素的地址。current 的值就是动态分配给某个数据结点空间的起始地址,即某个结点在存储器中的存储地址。

HeadPtr 是指向表头结点的指针变量,注意,HeadPtr 指针变量的类型与 current 指针的类型是不同的,因为数据元素结点和表头结点的结构是不同的,而表头结点的链接域 first 的类型与数据元素结点的链接域 link 的类型是相同的,只是变量名不同。

将表头结点及若干个数据结点链在一起,组成一个链接表,称为简单链表。由于每个结点的箭头均指向"前方",故也称为简单向前链表或线性链表。

一个带表头的简单链表实际上是由表头来表示的,也就是说只要表头结点存在,无论链表中是否存在数据结点,这个链表就存在。如果只有表头结点存在,这个链表就是一个空链表或空线性表,即表长为 0 的线性表。因此,可以定义一个表头类型的指针变量,这个变量非空,也就是意味着简单链表的存在。

下面给出简单链表(带表头结点)类——SimpleChainList 模板类的定义:

```
template<class HeadType,class ElementType>
class SimpleChainList
{       //线性表链式存储结构——简单链表模板类 SimpleChainList 的定义
public:
    SimpleChainList();                              //构造函数
    ~SimpleChainList();                             //析构函数
    int LengthSimpleChainList() const;              //求简单链表长度
    SimpleHeadNode<HeadType> * GetHeadPtrSimpleChainList(){return HeadPtr;};
           //返回链表表头的指针 HeadPtr
    void PutValueSimpleHeadNode(HeadType headValue)
                             {HeadPtr->Hdata = headValue;};
           //使用已知值 headValue 给表头结点 Hdata 域赋值
    SimpleChainNode<ElementType> * GetFirstPtrSimpleChainList(){return HeadPtr->first;};
           //获取简单链表中第一个结点指针 first 值
    bool GetElementSimpleChainList(int k,ElementType &result);
           //在简单链表中查找第 k 个元素,存入 result 中(多态函数)
    bool GetElementSimpleChainList(SimpleChainNode<ElementType> * current,ElementType
           &result);
           //在简单链表中查找 current 指针所指的数据元素,存入 result 中(多态函数)
    SimpleChainNode<ElementType> * SearchElementSimpleChainList(int searchkey);
           //查找关键字值为 searchkey(数值型)的元素,返回元素指针(多态函数)
    SimpleChainNode<ElementType> * SearchElementSimpleChainList(char * searchkey);
           //查找关键字值为 searchkey(字符型)的元素,返回元素指针,多态函数
    bool InsertElementSimpleChainList(int k, ElementType &newvalue);
           //插入值为 newvalue 的元素到简单链表中第 k 个数据元素之后
    bool InsertElementFrontSimpleChainList
           (ElementType &newvalue, SimpleChainNode<ElementType> * InsertPtr);
           //插入值为 newvalue 的元素到简单链表中 InsertPtr 指针所指数据元素之前
    bool DeleteElementSimpleChainList(int k);
           //删除简单链表中第 k 个数据元素(多态函数)
    bool DeleteElementSimpleChainList(SimpleChainNode<ElementType> * DeletePtr);
           //删除简单链表中 DeletePtr 指针所指数据元素(多态函数)
// *********** 应用函数
    void DestroyElementsSimpleChainList();
           //删除简单链表中所有数据结点,并释放结点空间,保留表头结点
    bool MoveElementFirstSimpleChainList(int k);
           //在简单链表中将第 k 个数据元素移至链表表首
    void InvertSimpleChainList();                   //对简单链表逆向
    void InvertDisplaySimpleChainList(SimpleChainNode<ElementType> * p);
           //递归方式逆向输出简单链表中的所有元素
// *********** 显示输出函数
    void DisplaySimpleChainList(SimpleChainList<HeadType,ElementType> &AppList);
```

```
                //显示输出链表的所有数据元素的值
        void DisplayElementSimpleChainList(ElementType result);
                //显示输出链表的数据元素 result 的值
private:
    SimpleHeadNode<HeadType> * HeadPtr;          //表头结点的指针
};
```

2.3.2 简单链表的操作实现

1. 利用动态存储分配构造简单链表

构造简单链表由简单链表类的构造函数实现。构造一个简单链表就是构造一个空链表，即产生一个仅有表头结点的链表，表头结点的链接域 first 的值首先设为空(NULL)值，表头结点的数据域填入表头的相应数据，并返回(带回)表头结点的结点指针。

构造带表头的简单链表算法 SimpleChainList 如下：

```
template<class HeadType,class ElementType>
SimpleChainList<HeadType,ElementType>::
SimpleChainList()
{   //构造函数.申请表头结点元素空间,表头结点链接域为空
    HeadPtr = new SimpleHeadNode<HeadType>;
    HeadPtr->first = NULL;
}
```

表头结点数据域的值可以使用 PutValueSimpleHeadNode(HeadType headValue)类函数(操作)，将已知的 headValue 赋值给表头结点的数据域 Hdata。

2. 删除链表中所有数据结点及表头结点并释放结点空间

删除链表中所有数据结点及表头结点并释放结点空间就是完全删除链表。首先是删除链表中的数据元素的结点，然后再删除链表的表头结点。

这个算法就是简单链表类的析构函数，由于简单链表中的结点空间是动态申请的，所以在简单链表类中，就要由空间释放的析构函数完成空间的回收。

删除链表并释放结点空间的析构函数~SimpleChainList 如下：

```
template<class HeadType,class ElementType>
SimpleChainList<HeadType,ElementType>::
~SimpleChainList()
{   //析构函数.删除链表中所有数据结点及表头结点,并释放结点空间
    SimpleChainNode<ElementType> * current;
    current = HeadPtr->first;
    while (HeadPtr->first)
    {   //删除链表中所有数据结点,并释放结点空间
        current = current->link;
        delete HeadPtr->first;
        HeadPtr->first = current;
    }
```

```
        delete HeadPtr;                    //删除链表表头结点
}
```

如果还是以 length 表示链表的长度,不难分析,算法的时间复杂性是 $O(length)$。

3. 求简单链表长度

简单链表的长度就是链表中结点的个数(不包括表头结点)。求长度的过程就是推进链表的指针通过每一个数据元素结点,同时计数。

求简单链表长度算法 LengthSimpleChainList 如下:

```
template<class HeadType,class ElementType>
int SimpleChainList<HeadType,ElementType>::
LengthSimpleChainList() const
{   //求简单链表中数据元素结点数(链表长度)
    SimpleChainNode<ElementType> *current = HeadPtr->first;
    int len = 0;                           //计数器 len 初值为 0
    while (current)
    {   //推进指针,并计数
        len++;
        current = current->link;
    }
    return len;
}
```

4. 在简单链表中查找数据元素结点

算法中设定一个指针 current,用于指向链表中的一个数据结点,另设一个计数器 index,记载指针 current 已经指向链表中的第几个数据结点。当 index 的值等于 k 值时,表示已经找到了第 k 个数据元素。

当 current 为空时,指针已经指到了链表的最后一个结点的后面,说明不存在第 k 个数据结点,查找失败。

在简单链表中查找数据元素的算法 GetElementSimpleChainList 如下:

```
template<class HeadType,class ElementType>
bool SimpleChainList<HeadType,ElementType>::
GetElementSimpleChainList(int k,ElementType &result)
{   //将简单链表第 k 个元素值取至 result 中带回.如不存在则返回 false,如存在则返回 true
    if (k < 1) return false;
    SimpleChainNode<ElementType> *current = HeadPtr->first;
    int index = 1;
    while (index < k && current)
    {   //查找第 k 个数据元素
        current = current->link;
        index++;
    }
    if (current)
    {
        result = current->data;            //将值取至 result 中返回
```

```
        return true;
    }
    return false;                              //k 值太大,不存在第 k 个结点
}
```

5. 在简单链表中查找关键字为 searchkey 的数据元素

这是已知数据元素关键字值 searchkey 的查找。在实现查找算法时,当查找成功时,返回所查结点的地址。当查找不成功时,在算法中约定返回 NULL。所以。这个算法的类型是指向数据结点的指针类型。

已知的数据元素关键字有两种类型:字符(字符串)型和数值型,所以这个查找算法是一个多态算法(函数)。

在简单链表中查找关键字为 searchkey 的数据元素的算法 SearchElementSimpleChainList 如下:

```
template<class HeadType,class ElementType>
SimpleChainNode<ElementType> * SimpleChainList<HeadType,ElementType>::
SearchElementSimpleChainList(int searchkey)
{//在简单链表中查找数据元素关键字为 searchkey(数值型)的元素
//如果找到,返回元素所在的地址; 如果未找到,返回 NULL
    SimpleChainNode<ElementType> * current = HeadPtr->first;
    while (current && current->data.key != searchkey )
        current = current->link;
    if (current)
        return current;
    else
        return NULL;
}

template<class HeadType,class ElementType>
SimpleChainNode<ElementType> * SimpleChainList<HeadType,ElementType>::
SearchElementSimpleChainList(char searchkey[])
{//在简单链表中查找数据元素关键字为 searchkey(字符或字符串)的元素
//如果找到,返回元素所在的地址; 如果未找到,返回 NULL
    SimpleChainNode<ElementType> * current = HeadPtr->first;
    while (current && !strcmp(current->data.key,searchkey ))
        current = current->link;
    if (current)
        return current;
    else
        return NULL;
}
```

查找时最差的情况是要查找的数据元素存储在最后一个结点中,所以,算法的时间复杂性是 $O(length)$,length 是简单链表的长度。

查找成功时,返回的是数据元素的结点指针,而不是数据元素的序号。因为在动态存储结构中,数据元素没有存储在连续的存储空间中,通过数据元素的序号是无法直接取得数据

元素的。

6. 在简单链表中第 k 个数据元素之后中插入新元素

在动态存储分配方式下链表的某个结点（current 所指结点）之后插入一个数据结点。图 2.9 是在数据元素结点 current 后面插入一个 q 所指结点。

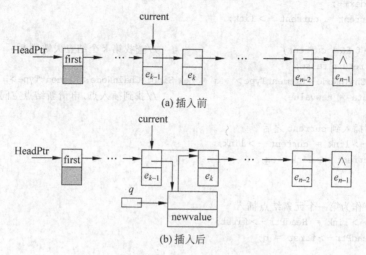

图 2.9 简单链表插入 q 指向新结点

当找到 current 后，在 current 后面插入一个新的元素 q 时，只要先申请到空白结点 q，将新结点数据值 newvalue 填入其中，然后分别修改原结点 current 和新结点 q 的链接域即可。

```
q = new SimpleChainNode
q -> data = newvalue;
q -> link = current -> link;
current -> link = q;
```

问题是并不知道第 k 个结点的地址 current，要在链表的第 k 个结点后面插入一个元素结点（值为 newvalue），就需要从第一个结点开始跟踪链表的数据元素结点，找出第 k 个元素结点的地址，由 current 指针指向该结点，然后完成新数据元素结点的插入。

如果插入的数据元素结点作为链表的第一个元素结点，需要作特别地处理。即新插入的数据元素结点的链接域的值指向原来的第一个数据结点，即由表头结点链接域的值填入，链表表头链接域的值修改为新元素结点的地址。

```
q -> link = HeadPtr -> first;
HeadPtr -> first = q;
```

简单链表中第 k 个数据元素之后中插入新元素的算法 InsertElementSimpleChainList 如下：

```
template < class HeadType, class ElementType >
bool SimpleChainList < HeadType, ElementType >::
InsertElementSimpleChainList( int k, ElementType &newvalue)
{ //在简单链表中第 k 个数据元素之后中插入新元素(值为 newvalue)
```

```cpp
//如果不存在第 k 个元素,则返回 false
    if (k < 0) return false;
    int index = 1;
    SimpleChainNode < ElementType > * current = HeadPtr->first;
    while (index < k && current)
    {   //查找第 k 个结点
        index++;
        current = current -> link;
    }
    if (k > 0 && ! current)                    //查找第 k 个结点失败判断
        return false;
    SimpleChainNode < ElementType > * q = new SimpleChainNode < ElementType >;
    q -> data = newvalue;                      //找到插入点,申请新结点空间并赋值
    if (k)
    {   //插入到 current 之后
        q -> link = current -> link;
        current -> link = q;
    }
    else
    {   //作为第一个元素结点插入
        q -> link = HeadPtr -> first;
        HeadPtr -> first = q;
    }
    return true;
}
```

如果已知插入点的指针,在插入点后面插入新结点,这是最简单的情况,算法的时间复杂性是 $O(1)$。

上面的算法是在第 k 个结点后面插入,所以要从第一个结点开始查找,直到找到第 k 个结点,算法的时间复杂性是 $O(k)$。

如果已知插入点的指针,要在插入点前面插入新结点,这时就要从链表表头开始,先找到插入点的直接前驱结点,然后再插入新结点。如果插入点是第 n 个结点,算法的时间复杂性是 $O(n)$。

如果插入点的指针是 InsertPtr,找插入点的直接前驱结点(current)的主要算法步骤如下:

```cpp
ChainNode * current = HeadPtr -> first;
while (current -> link != InsertPtr && current)
//找 InsertPtr 的直接前驱结点
    current = current -> link;
```

对插入算法进行分析可以知道,运算中不存在数据元素的移动,这在顺序存储线性表结构中是不可能的,所以,在链表中插入数据元素非常快捷,时间主要是花费在查找上,没有数据元素的移动。实际中,如果某个事务数据管理中,经常有数据的插入或删除操作,就应该使用链表结构来组织数据结构。

7. 从简单链表中删除第 k 个数据元素

在动态存储分配方式下,删除链表的某个结点(current 所指结点)。如图 2.10 所示,只

要将 current 的直接前驱元素（q 指向）找到，然后对 q 的链接域作下述修改：

```
q->link = current->link;
```

就可以删除结点 current。实际上，它是将 current 的直接前驱结点（q 指向）的链接指针指向 current 的直接后继元素结点。将链表中的被删除结点从链表中断开后，再将删除的结点空间释放。

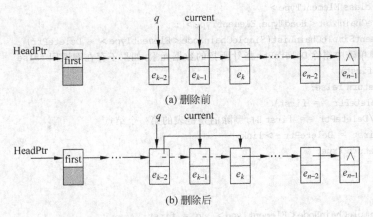

图 2.10　删除链表中结点

删除简单链表中第 k 个数据结点的算法 DeleteElementSimpleChainList 如下：

```
template<class HeadType,class ElementType>
bool SimpleChainList<HeadType,ElementType>::
DeleteElementSimpleChainList(int k)
{   //在简单表中删除第 k 个数据元素,如果不存在第 k 个元素则返回 false
    if (k<1 || !HeadPtr->first)          //k 值太小或链表为空
        return false;
    SimpleChainNode<ElementType> * current = HeadPtr->first;
    if (k == 1)                           //删除的是链表的第一个结点
        HeadPtr->first = current->link;
    else
    {
        SimpleChainNode<ElementType> *q = HeadPtr->first;
        for (int index = 1; index < k - 1 && q; index++)
            q = q->link;                  //q 指向第 k-1 个结点
        if (!q || !q->link) return false;
            //q 为空时,不存在第 k-1 个结点; q->link 为空时,不存在第 k 个结点
        current = q->link;                //current 指向第 k 个结点
        q->link = current ->link;
    }
    delete current;                       //释放 current 指向的结点的空间
    return true;
}
```

8. 从简单链表中删除 DeletePtr 指针所指的数据元素结点

如果已知条件是要删除的结点的指针 DeletePtr，就要从链表表头开始查找 DeletePtr

的直接前驱结点的指针 q,然后删除 DeletePtr 所指的结点。

这个算法与删除第 k 个结点只是已知条件不同,实现目标一样。所以,此算法与删除第 k 个结点是多态函数(算法)。

在简单表中删除 DeletePtr 指针所指数据元素的算法 DeleteElementSimpleChainList 如下:

```
template<class ElementType>
bool SimpleChainList<HeadType,ElementType>::
DeleteElementSimpleChainList(SimpleChainNode<ElementType> * DeletePtr)
{   //在简单表中删除 DeletePtr 指针所指的数据元素,如果不存在则返回 false
    if (! first)
        return false;
    if (DeletePtr == first)
    {   //DeletePtr == first 时,删除的是链表的第一个结点
        first = DeletePtr->link;
        return true;
    }
    else
    {
        SimpleChainNode<ElementType> * q = first;
        while (q->link!= DeletePtr && q)    //推进 q,指向 DeletePtr 指向结点的前驱
            q = q->link;
        if (!q)
            return false;                    //q 为空时,不存在 DeletePtr 指向的结点,插入失败
        q->link = DeletePtr ->link;          //删除
        delete DeletePtr;                    //释放 DeletePtr 指向的结点的空间
    }
    return true;
}
```

简单链表的实现还有一种结构,即简单链表中没有表头结点,只有数据元素构成的一种结点,如图 2.11 所示。这种简单链表的结构更加简化,也是常见的一种结构。

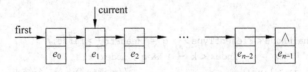

图 2.11　不带表头结点的简单链表

不带表头结点的简单链表中的数据元素结点与带表头的简单链表中的数据元素结点在结构上没有区别。

简单链表模板类定义中,由于没有表头结点,所以,类中定义的指向结点的指针不再是指向表头结点的指针 HeadPtr,而是指向数据元素结点的指针,并定义指向简单链表中的第一个结点的指针为 first,初值为 NULL。

不带表头结点的 SimpleChainList 模板类定义如下:

```
template<class ElementType>
class SimpleChainList
```

```
{   //线性表链式存储结构——简单链表模板类 SimpleChainList 的定义
public:
    SimpleChainList(){first = NULL;};
    //构造函数: first 初值为空,不再申请表头结点
    ~SimpleChainList();                                 //析构函数
    int LengthSimpleChainList() const                   //求简单链表的长度
    SimpleChainNode<ElementType> * GetHeadPtrSimpleChainList()
            {return first;};                            //返回链表的头指针 first
    …
private:
    SimpleChainNode<ElementType> * first;
    //这里指针的类型不是表头结点,而是数据元素结点
};
```

不带表头结点的简单链表的算法也要相应调整,算法中不再有 HeadPtr 指针,替代它的是 first 指针。例如,下面是求简单链表中数据元素结点数(链表长度)的算法:

```
template<class ElementType>
int SimpleChainList<ElementType>::
LengthSimpleChainList() const
{//求简单链表中数据元素结点数(链表长度)
    SimpleChainNode<ElementType> * current = first;
    //current 指针初值的赋值发生了变化,不再是 current = HeadPtr->first;
    int len = 0;
    while (current)
    {
        len++;
        current = current->link;
    }
    return len;
}
```

没有表头结点的简单链表的其他算法请读者参考带表头结点的简单链表算法修改。

2.4 双向链表

2.4.1 双向链表的存储

前面讨论了简单链表,这种链表的结点只有一个链接域,如果已知一个结点的指针地址 current,要找它的直接后继结点是十分简单的事,可是要找其直接前驱结点的地址,就不得不从表头开始追踪,算法效率不高。如果为每个链表结点再设一个链接域,存储其直接前驱结点的地址,则解决了这个问题,这就是双向链表。

双向链表数据元素结点类定义如下:

```
template<class ElementType>
class DoubleChainNode
{   //双向链表数据元素结点结构类定义
public:
```

```
    ElementType                          data;
    DoubleChainNode<ElementType>         *prelink;
    DoubleChainNode<ElementType>         *nextlink;
};
```

双向链表结点结构如图 2.12 所示,双向链表如图 2.13 所示。其中,nextlink 指向 current 的直接后继结点,prelink 指向 current 的直接前驱结点。链表中最后一个结点的 nextlink 域为 NULL,第一个结点的 prelink 域为 NULL。

图 2.12 双向链表结点结构

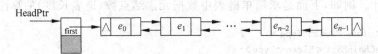

图 2.13 双向链表(带表头结点)

这样定义后,某结点直接前驱结点地址由该结点的 prelink 指向,不须从表头开始追踪,提高了运算效率。由这样定义的结点组成的链表称为双向链表,因为它的每个结点均有向前、向后的指针。

双向链表同样可以有表头结点,表头结点的链接域仍然为 first,与简单链表的 first 不同之处是它指向一个双向链表的结点。表头结点的结构类型定义如下:

```
template<class HeadType>
class DoubleHeadNode
{   //双向链表表头数据元素结点结构类定义
public:
    HeadType                             Hdata;
    DoubleChainNode<ElementType>         *first;
};
```

在描述双向链表的算法时应注意其特殊性。例如,访问双向链表中的第 k 个元素,由于只涉及双向链表的一个指针(向前指针 nextlink),算法与简单链表一样。而对于插入和删除算法,需要考虑两个方向的链接域的修改。

2.4.2 双向链表类定义

双向链表模板类的定义与简单链表模板类的定义相似。下面是双向链表模板类的定义:

```
template<class HeadType,class ElementType>
class DoubleChainList
{   //双向链表模板类 DoubleChainList 的定义
  public:
```

```
    DoubleChainList();                              //构造函数
    ~DoubleChainList();                             //析构函数
    int LengthDoubleChainList() const ;             //求双向链表长度
    void DestroyElementsDoubleChainList();
        //删除双向链表中所有数据结点,并释放结点空间,保留表头结点
    void PutValueDoubleHeadNode(HeadType &headValue)
        {HeadPtr -> Hdata = headValue;};            //使用值 headValue 给表头结点 Hdata 域赋值
    Double HeadNode < HeadType > * GetHeadPtrDoubleChainList(){return HeadPtr;};
        //获取双向链表中表头结点指针 HeadPtr 的值
    Double ChainNode < ElementType > * GetFirstPtrDoubleChainList()
        {return HeadPtr -> first;};                 //获取双向链表中第一个结点指针 first 的值
    bool GetElementDoubleChainList(int k,ElementType &result);
        //在双向链表中查找第 k 个元素,存入 result 中(多态函数)
    bool GetElementDoubleChainList(DoubleChainNode < ElementType >
                                 * current,ElementType &result);
        //在双向链表中查找 current 指针所指的数据元素,存入 result 中(多态函数)
    DoubleChainNode < ElementType > * SearchElementDoubleChainList(int searchkey);
        //在双向链表中查找关键字值为 searchkey(数值型)的元素,返回元素位置(指针)
    bool InsertElementDoubleChainList(int k, ElementType &newvalue);
        //插入值为 newvalue 的元素到双向链表中第 k 个数据元素之后
    bool DeleteElementDoubleChainList(int k); //删除双向链表中第 k 个数据元素
private:
    Double HeadNode < HeadType > * HeadPtr;         //表头结点的指针
};
```

2.4.3 双向链表的操作

1. 在双向链表中第 k 个数据元素之后插入元素

图 2.14 是在双向链表的 current 指针所指结点(current 所指结点存在直接前驱和直接后继结点)后面插入一个 q 指针所指的新结点(值为 newvalue)的状态图。

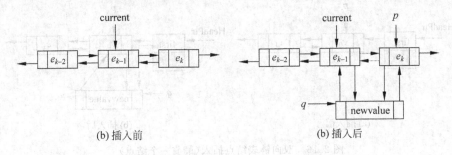

(b) 插入前　　　　　　　　　　　　(b) 插入后

图 2.14　双向链表结点插入(中间结点)

这种情形也是最常见的情形。大多数情况下,插入点两边都有结点存在。插入运算的核心是 3 个结点和 4 个链接域的修改,一定要注意首先处理新结点的两个链接域。

核心步骤如下:

```
q->nextlink = current -> nextlink;      //新结点后继指针指向插入点直接后继
```

```
q->prelink = current;              //新结点的前驱指针指向插入点结点
p->prelink = q;                    //新结点的后继结点指针指向新结点
current->nextlink = q;             //插入点结点后继指针指向新结点
```

图 2.15 是在双向链表的 current 指针所指结点（current 所指结点存在直接前驱结点，但是没有直接后继结点，即 current 指针所指结点是双向链表的最后一个结点）后面插入一个 q 指针所指的新结点（值为 newvalue）的状态图。

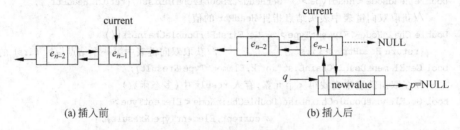

图 2.15 双向链表结点插入（最后一个结点）

作为最后一个结点插入，因为后面没有结点，新结点的 nextlink 的值为 NULL，当然也没有后继结点指向新结点。

核心步骤如下：

```
q->nextlink = current->nextlink;   // = NULL
q->prelink = current;              //新结点的前驱指针指向插入点结点
current->nextlink = q;             //插入点结点后继指针指向新结点
```

图 2.16 是在双向链表的 current 指针所指结点（current 所指结点没有直接前驱，存在直接后继结点，即 current 指针所指结点是双向链表的第一个结点）后面插入一个 q 指针所指的新结点（值为 newvalue）的状态图。作为第一个结点插入时，涉及表头结点指针 first 的修改，如果原来链表中没有一个结点，插入结点既是第一个结点，又是最后一个结点。作为第一个结点插入的结点 prelink 链接域的值为 NULL。

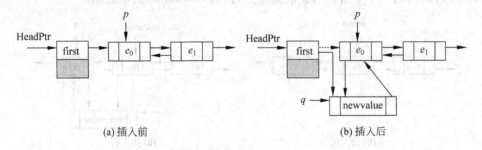

图 2.16 双向链表结点插入（最前一个结点）

核心步骤如下：

```
q->nextlink = HeadPtr->first;      //新结点后继指针指向插入点直接后继
q->prelink = NULL;                 //新结点的前驱指针指向 NULL
p->prelink = q;                    //p 非空时，新结点的后继结点指针指向新结点
//p 为空时，新结点既是进入链表的第一个结点，又是最后一个结点，此步操作不做
HeadPtr->first = q;                //插入点结点后继指针指向新结点
```

下面给出在双向链表的第 k 个元素结点后面插入一个元素 newvalue 的算法。插入过程是：首先从表头开始查找到第 k 个数据元素的结点，然后用 current 指针指向第 k 个结点，完成插入。

```
template < class HeadType, class ElementType >
bool DoubleChainList < HeadType, ElementType >::
InsertElementDoubleChainList( int k, ElementType &newvalue )
{//在双向链表中第 k 个数据元素之后中插入新元素(值为 newvalue)
 //如果不存在第 k 个元素,则返回 false
    if (k < 0) return false;
    int index = 1;
    DoubleChainNode < ElementType > * current = HeadPtr -> first;
    while (index < k && current)
    {   //查找第 k 个结点
        index++;
        current = current -> nextlink;
    }
    if (k > 0 && ! current) return false;
    DoubleChainNode < ElementType > *q = new DoubleChainNode < ElementType >;
    q -> data = newvalue;
    if (k)
    {   //插入在 current 之后, current 指向的是中间的结点或最后结点
        q -> nextlink = current -> nextlink;
        q -> prelink = current;
        DoubleChainNode < ElementType > * p = current -> nextlink;
        if (p)                              //p == NULL 时,作为最后一个结点插入
            p -> prelink = q;               //新结点的后继结点指针指向新结点
        current -> nextlink = q;            //插入点结点后继指针指向新结点
    }
    else
    {   //作为第一个元素结点插入
        q -> nextlink = HeadPtr -> first;   //新结点后继指针指向第一个结点
        q -> prelink = NULL;                //新结点的前驱指针为 NULL
        DoubleChainNode < ElementType > * p = HeadPtr -> first;
        if (p)              //p == NULL 时,插入的结点既是第一个结点又是最后一个结点
            p -> prelink = q;               //原来第一个结点的前驱指针指向新结点
        HeadPtr -> first = q;               //表头结点的指针指向新结点
    }
    return true;
}
```

2. 在双向链表中删除第 k 个数据元素结点

图 2.17 是删除双向链表中第 k 个数据元素结点，即 current 指针所指的结点。删除前，current 指针所指结点存在直接前驱结点和直接后继结点。这种情形时，涉及 q 所指结点后继指针的修改和 current 指针所指结点的后继结点的前驱指针修改。

核心步骤如下：

```
q -> nextlink = p;
```

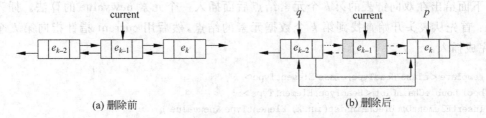

(a) 删除前　　　　　　　　　　(b) 删除后

图 2.17　双向链表结点删除（中间结点）

```
p->prelink = q;
```

图 2.18 是删除双向链表中第 k 个数据元素结点，即 current 指针所指的结点。删除前，current 指针所指结点存在直接前驱结点，但是没有直接后继结点。这种情形时，涉及 q 所指结点的后继指针修改。

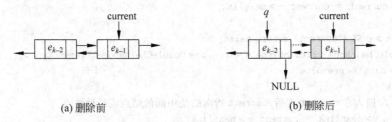

(a) 删除前　　　　　　　　　　(b) 删除后

图 2.18　双向链表结点删除（最后一个结点）

核心步骤如下：

```
q->nextlink = NULL;
```

图 2.19 是删除双向链表中第 k 个数据元素结点，即 current 指针所指的结点。删除前，current 指针所指结点是链表中的第一个结点。这种情形时，涉及表头结点指针 first 的修改。

核心步骤如下：

```
p->prelink = NULL;
HeadPtr->first = p;
```

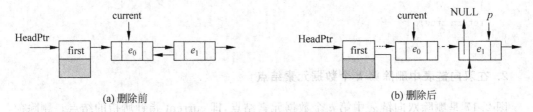

(a) 删除前　　　　　　　　　　(b) 删除后

图 2.19　双向链表结点删除（第一个结点）

下面给出在双向链表中删除第 k 个元素结点的算法。删除过程是：首先从表头开始查找到第 k 个数据元素的结点，然后用 current 指针指向第 k 个结点，完成删除。

```
template < class HeadType, class ElementType >
bool DoubleChainList < HeadType, ElementType > ::
DeleteElementDoubleChainList( int k)
{   //在简单表中删除第 k 个数据元素,如果不存在第 k 个元素则返回 false
    DoubleChainNode < ElementType > * p;
    if (k < 1 || ! HeadPtr -> first)           //k 值太小或链表为空
        return false;
    DoubleChainNode < ElementType > * current = HeadPtr -> first;
    if (k == 1)                                 //删除的是链表中的第一个结点
    {
        p = current -> nextlink;
        if (p)                                  //p 为真,链表存在第二个结点
            p -> prelink = NULL;
        HeadPtr -> first = p;
    }
    else
    {
        DoubleChainNode < ElementType > * q = HeadPtr -> first;
        for (int index = 1; index < k && q; index++)
            q = q -> nextlink;                  //q 指向第 k - 1 个结点
        if (!q)
            return false;
        //q 为空时,不存在第 k - 1 个结点; q->nextlink 为空时,不存在第 k 个结点
        current = q;                            //current 指向第 k 个结点
        q = current -> prelink;
        p = current -> nextlink;
        q -> nextlink = p;
        if (p)                                  //p 为真,删除的不是最后一个结点
            p -> prelink = q;
    }
    delete current;                             //释放被删除结点 current 的空间
    return true;
}
```

显然,在双向链表中插入或删除结点的算法的时间复杂性为 $O(k)$。

如果已知插入点或删除点的指针 current,那么,无论插入或删除,都没有查找第 k 个元素结点的过程,这样算法可大大简化,只是已给算法步骤中的一部分,算法的复杂性为 $O(1)$。可见,与单链表相比,双向链表能提高运算效率,但每个结点都多使用了一个链接域的存储空间,是用空间换取时间。实际应用中选择哪一种结构,需根据具体客观条件和各方面的因素权衡利弊,决定取舍。

双向链表的实现还有一种结构,即双向链表中没有表头结点,只有数据元素构成的一种结点,如图 2.20 所示。这种双向链表的结构更加简化,也是常见的一种结构。

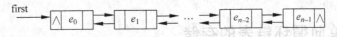

图 2.20 不带表头结点的双向链表

不带表头的双向链表中的数据元素的结点与带表头的双向链表中的数据元素的结点在

结构上没有区别。

双向链表模板类定义中,由于没有表头结点,所以,类中定义的指向结点的指针不再是指向表头结点的指针 HeadPtr,而是指向数据元素结点的指针,并定义指向双向链表中的第一个结点的指针为 first,初值为 NULL。

不带表头结点的双向链表 DoubleChainList 模板类定义如下:

```
template<class ElementType>
class DoubleChainList
{   //线性表链式存储结构——简单链表模板类 DoubleChainList 的定义
public:
    DoubleChainList(){first = NULL;};
        //构造函数: first 初值为空,不再申请表头结点
    ~DoubleChainList();                              //析构函数
    int LengthDoubleChainList() const                //求双向链表的长度
    DoubleChainNode<ElementType> * GetHeadPtrDoubleChainList(){return first;};
                                                     //返回链表的头指针 first
    …
private:
    DoubleChainNode<ElementType> * first;
        //这里指针的类型不是表头结点,而是数据元素结点
};
```

不带表头结点的双向链表的算法也要相应调整,算法中不再有 HeadPtr 指针,替代它的是 first 指针。例如下面是求双向链表中数据元素结点数(链表长度)的算法:

```
template<class ElementType>
int DoubleChainList<ElementType>::
LengthDoubleChainList() const
{   //求双向链表中数据元素结点数(链表长度)
    DoubleChainNode<ElementType> * current = first;
        //current 指针初值的赋值发生了变化,不再是 current = HeadPtr->first;
    int len = 0;
    while (current)
    {
        len++;
        current = current->link;
    }
    return len;
}
```

没有表头结点的双向链表的其他算法请读者参考带表头结点的双向链表算法修改。

2.5 单向循环链表和双向循环链表

2.5.1 单向循环链表的存储

前面介绍了简单链表,简单链表最后一个结点的链接域的值始终为空,若将最后一个结点的链接域值定义为指向开头(表头结点或第一个数据结点),则形成一个环,称为单向循环

链表或称为循环链表。如图 2.21 所示。

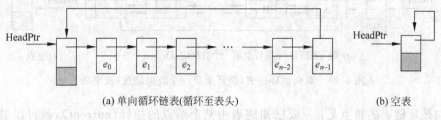

(a) 单向循环链表(循环至表头)　　　　　　　　(b) 空表

图 2.21　单向循环链表(循环至表头)及空表

由图 2.21 可见，循环链表的最后一个结点的链域指向表头结点，而循环链表为空时表头结点指针指向自身。但是，这种结构在实现时却会出现问题，因为表头结点的结构和数据元素结点的结构是不同的，表头的 first 是指向数据元素类型(SimpleChainNode)结点的指针类型，而数据元素的 link 也是指向数据元素类型(SimpleChainNode)结点的指针类型，所以最后一个结点的 link 是无法指向表头结点(SimpleHeadNode 类型)的。同样地，当循环链表为空时，表头的 first 也是无法指向自身的。

由图 2.22 可见，循环链表的最后一个结点的链接域指向第一个数据元素结点，而循环链表为空时表头结点指针为空(与简单链表的空状态没有区别)。这种结构在实现时就不会出现问题。

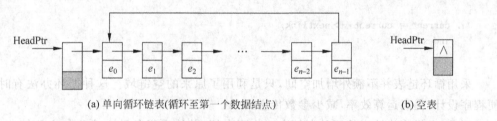

(a) 单向循环链表(循环至第一个数据结点)　　　　　　(b) 空表

图 2.22　单向循环链表(循环至第一个数据结点)和空表

循环链表的特点是：只要已知链表中某个结点的指针(current)，就可以从该指针开始"周游"循环链表中的所有结点，这时不需要知道链表表头结点的指针。

判断指针指向链表的最后一个结点的方法是

current->link == HeadPtr->first;

判断指针指向链表的第一个结点的方法是

current == HeadPtr->first;

2.5.2　双向循环链表的存储

使双向链表中最后一个结点的直接后继链接域(nextlink)指向表头结点或链表中的第一个数据元素结点，这样形成一个双向环，称为双向循环链表，如图 2.23 所示。

由图 2.23 可见，双向循环链表的最后一个结点的链接域指向第一个数据元素结点，而循环链表为空时表头结点指针为空(与简单链表的空状态没有区别)。这种结构在实现时就不会出现问题。

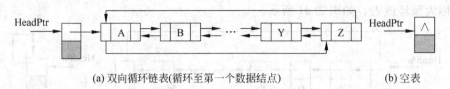

(a) 双向循环链表(循环至第一个数据结点)　　　　　　(b) 空表

图 2.23　双向循环链表(循环至第一个数据结点)及空表

双向循环链表的特点是：只要已知链表中某个结点的指针(current)，就可以通过该指针"周游"双向循环链表中的所有结点，这时不需要知道链表表头结点的指针。

判断指针指向链表的最后一个结点的方法是

current->nextlink == HeadPtr->first;

判断指针指向链表的第一个结点的方法是

current == HeadPtr->first;

另外，如从给定的结点指针 p 处开始访问其后的第 k 个结点，则搜寻的过程为

```
current = p->nextlink;
int index = 1;
while (current!= p &&index < k)
{
    current = current->nextlink;
    index++;
};
```

采用循环链表并不额外增加空间，只是利用了原来的空链域。这种循环办法有时能方便程序设计，提高运算效率，减少参数传递。

至此，已经将线性表的两种存储方式作了介绍，并给出了各种方式下的主要算法，还有一些其他算法，只要概念清楚和具有一定的程序设计水平，就不难写出。

2.6　模拟指针方式构造简单链表

2.6.1　模拟链表的存储空间的构建

利用动态存储分配构造链表虽然有许多优点，然而，很多高级语言没有提供动态申请(new)和动态归还(delete)存储空间的功能。这时，可以在静态存储分配方式下，由用户来构造相应的申请(new)和归还(delete)存储空间的功能，从而实现线性表的链式存储结构。

所谓模拟指针(simulated pointer)方式构造简单链表，也称为利用静态存储分配构造简单链表。在这种结构下，存储空间从一个事先定义的数组中申请，使用后又将使用过的空间归还到数组中，链表中的空间不是由系统分配的，而是由用户自己分配的，每个数据元素空间是数组中的一个数组元素，所以，指针的值也不是存储空间的物理地址，而是数组的下标。因此，也将这种链表的指针称为模拟指针。

为了实现指针的模拟，需要设计用于释放和分配结点空间的过程。首先，定义一个足够

大的数组(node),称为存储池(storage pool),当前未使用的结点空间将被放入这个存储池中。开始时,这个存储池中包含了所有数组元素空间:

```
node[ 0 : MaxSpaceSize - 1 ]
```

数据元素的结点仍然由两个部分组成:数据域和链接域。存储池中的所有可用空间采用链表方式"链"在一起,由一个称为 avail ableptr 的指针指向,如图 2.24(a)所示。

初始状态时,可将定义的 node 数组中任何一个数组元素空间作为起点,图 2.24(a)中是以 0 下标的空间作为起点,每个数组元素与其后面的数组元素"链"在一起,即在每个数组元素的链接域中填入下一个数组元素的下标,最后一个数组元素的链接域中填入"空"(约定为-1)。

		node	
		数据域	链接域
avail ableptr→	0		1
	1		2
	2		3
	3		4
	4		5
	5		6
	6		7
	7		8
	8		9
	9		10
	10		11
	11		12
	12		13
	13		14
	14		15
	15		16
	16		17
	17		18
	18		19
	19		20
	20		21
	21		22
	22		23
	23		24
	24		-1

(a) 空表

		node	
		数据域	链接域
	0	B2	-1
	1	A5	15
	2		11
L3→	3	C1	24
L2→	4	B1	0
	5	C3	21
	6		-1
avail ableptr→	7		10
	8	A3	12
	9	C5	14
	10		2
	11		13
	12	A4	1
	13		19
	14	C6	-1
	15	A6	23
L1→	16	A1	20
	17		18
	18		22
	19		17
	20	A2	8
	21	C4	9
	22		6
	23	A7	-1
	24	C2	5

(b) 包含3个链表

图 2.24 模拟链表结构

对存储池中的空间,定义使用 NewNodeSimulationChainSpace()过程从这个存储池中每次取一个结点空间(一个数组元素空间),使用 DeleteNodeSimulationChainSpace()过程将使用过的空间归还到存储池中。这两个操作等价于 C++中动态申请存储空间过程(new)和释放存储空间过程(delete)。

申请空间时,就到这个存储池链表中取一个结点(删除一个结点);释放空间时,就是将一个使用过的结点插入到这个存储池链表中。

下面是存储池的模拟链表空间类的定义：

```cpp
template<class ElementType>
class SimulationChainSpace
{  //定义顺序存储结构模拟链表空间类 SimulationChainSpace
    friend SimulationChainList<ElementType>;
public:
    SimulationChainSpace(int MaxSpaceSize = 25);        //构造函数
    ~SimulationChainSpace(){ delete []node;};           //析构函数,释放元素空间
    int NewNodeSimulationChainSpace();
    //模拟链表分配结点空间,相当于 C++系统的 new 运算
    void DeleteNodeSimulationChainSpace(int &i);
    //模拟链表释放结点空间,相当于 C++系统的 delete 运算
private:
    SimulationChainNode<ElementType>* node;    //指向数组(存储池)的指针
    int MaxSpaceSize;                           //存储池大小
    int availableptr;                           //指向存储池链表的第一个结点
};
```

整个存储池的核心部分是一个由 node 指向的数组；另外，用 MaxSpaceSize 记载存储池的大小，即 node 数组的大小；用 availableptr(图 2.24(a)中 avail)指向存储池链表(未用空间)的第一个结点，availableptr 在逻辑上被看作指针，但由于是静态分配的空间，所以空间的地址是整型。

为了简便高效地实现空间的分配和归还，对 availableptr 所指的存储池进行操作时，无论是申请空间或释放空间，都在 availableptr 所指的链表的表头删除或插入结点。

1. 模拟链表空间的初始化

模拟链表空间的初始化过程就是定义一个数组，并将整个数组链成一个存储池。其基本思想是，将定义的结点数组的链接域从第一个元素开始逐个地链接到下一结点元素，即结点 link 域的值以下一个元素的下标赋值，而最后一个结点的 link 域以-1 赋值。

模拟链表空间的初始化算法 SimulationChainSpace 如下：

```cpp
template<class ElementType>
SimulationChainSpace<ElementType>::
SimulationChainSpace(int SimSpaceSize)              //构造函数
{//构造函数.定义顺序存储线性表空间大小 MaxSpaceSize
 //申请元素空间 node,定义长度初值 length
    MaxSpaceSize = SimSpaceSize;
    node = new SimulationChainNode<ElementType>[MaxSpaceSize];
    availableptr = 0;                               //模拟空间(存储池)可用空间的起始地址下标
    for (int i = 0; i <= MaxSpaceSize - 1; i++)
        node[i].link = i + 1;                       //i 下标的空间链接到下一个空间
    node[MaxSpaceSize - 1].link = -1;               //最后一个空间的链接为-1
}
```

2. 模拟链表空间中结点空间的分配

当需要结点空间时，则在这个可用空间链表的表头"摘取"一个结点，"摘取"结点的思想

是:将 availableptr 链表第一结点作为一个可用结点空间取走(从 availableptr 链表中删除),可用空间链表表头指针指向 availableptr 链表的下一结点。

模拟链表空间分配结点空间算法 NewNodeSimulationChainSpace 如下:

```
template<class ElementType>
int SimulationChainSpace<ElementType>::
NewNodeSimulationChainSpace()
{   //模拟链表分配结点空间,相当于 C++ 系统的 new 运算
    if (availableptr == -1) return -1;
    int i = availableptr;                    //分配第一个结点空间
    availableptr = node[i].link;             //availableptr 指向下一个可用结点空间
    return i;
}
```

3. 模拟链表空间中结点空间的释放

当发生删除时,释放的结点仍要归还到可用结点链表中去,归还(释放)结点的基本思想是:将被删结点作为一个可用结点插入到可用结点链表 availableptr 中,作为第一结点。

模拟链表释放结点空间算法 DeleteNodeSimulationChainSpace 如下:

```
template<class ElementType>
void SimulationChainSpace<ElementType>::
DeleteNodeSimulationChainSpace( int &i)
{   //模拟链表释放结点空间,相当于 C++ 系统的 delete 运算
    node[i].link = availableptr;
        //释放的 i 地址结点的链接域指向可用空间链表的第一个结点
    availableptr = i;                        //可用空间链表头指针修改为释放结点的地址
    i = -1;                                  //i 置为不可用值
}
```

模拟链表空间类的算法核心是获取可用的空间存储池,将存储池的元素空间链接为一个可用空间链表,并提供从存储池链表中获取元素空间的运算和回收元素空间的运算。定义了这个类就可以在存储池空间中建立应用链表。

图 2.24(b)表示在存储池中存放着 3 个应用链表和一个 availableptr 指向的存储池链表的情况。这 3 个应用链表的数据分别是

L1: A1,A2,A3,A4,A5,A6,A7
L2: B1,B2
L3: C1,C2,C3,C4,C5,C6

由此可知,从某个应用链表表头指针 L 开始追踪,到达 link 域内容为-1 的结点,就到达了这个应用链表的表尾。

模拟链表与前面讲述的链表所不同的是链接域 link 的类型不是指针类型,而是整型(因为数组的下标是整型)。

2.6.2 在模拟链表空间上构建简单链表

类似于前面讨论的简单链表的构建,应用链表的结点包含数据域和链接域两部分。模

拟空间上的应用链表链接域的类型与前面讨论的链接域类型不同,链接域不再是绝对地址的指针,而是相对地址的指针,即 int 类型的指针,实际上是 node[] 的数组下标。

因此,可以定义模拟空间上的简单链表的结点结构如下:

```
template<class ElementType>
class SimulationChainNode
{
public:
    ElementType data;
    int         link;                          //链接域定义为 int 类型,为相对地址指针
};
```

基于模拟链表空间的简单链表类定义如下:

```
template<class ElementType>
class SimulationChainList
{   //定义基于模拟链表空间的简单链表类
public:
    SimulationChainList(){first = -1;}         //构造函数
    ~SimulationChainList() { DestroySimulationChainList();};           //析构函数释放空间
    int LengthSimulationChainList() const;     //求模拟简单链表长度
    void DestroySimulationChainList();         //删除模拟简单链表
    int GetFirstPtrSimulationChainList(){return first;};
      //获取模拟链表头结点指针 first
    int GetAvailablePtrSimulationChainSpacer(){return SimSpace.availableptr;};
      //获取可用空间链表头结点指针 availableptr
    bool GetElementSimulationChainList(int k,ElementType &result);
      //查找第 k 个数据元素,存放到 result 中
    bool SearchElementSimulationChainList(int SearchKey, ElementType &result);
      //查找关键字 SearchKey 的数据元素,存放到 result 中
    bool InsertElementSimulationChainList(int k, ElementType &newvalue);
      //插入值为 newvalue 的数据元素到第 k 个数据元素的后面
    bool DeleteElementSimulationChainList(int k, ElementType &result );
      //删除第 k 个元素,其值存放到 result 中带回
private:
    int first;                                 //指向简单链表第一个结点的指针
    static SimulationChainSpace<ElementType> SimSpace;      // 定义模拟链表空间对象
};
```

基于模拟链表空间上的简单链表各种运算的算法与前面所述的动态存储分配方式下链表运算的算法相似,只是由于是利用数组实现静态存储分配,因而算法的具体描述需要按数组的表示方法描述而已。

1. 基于模拟链表空间的删除简单链表的运算

删除简单链表的运算 DestroySimulationChainList 如下:

```
template<class ElementType>
void SimulationChainList<ElementType>::
```

```
DestroySimulationChainList()
{   //删除简单链表的所有结点
    int currentptr;
    while (first != -1)
    {
        currentptr = SimSpace.node[first].link;
        SimSpace.DeleteNodeSimulationChainSpace( first );   //调用释放空间运算
        first = currentptr;
    }
}
```

2. 基于模拟链表空间求简单链表长度的运算

求简单链表长度的运算 LengthSimulationChainList 如下：

```
template <class ElementType>
int SimulationChainList <ElementType>::
LengthSimulationChainList() const
{
    int currentptr = first,                              //简单链表表头指针 first
    int len = 0;                                         //计数器清零
    while (currentptr != -1) {
        currentptr = SimSpace.node[currentptr].link;     //推进指针
        len++;
    }
    return len;
}
```

3. 在基于模拟链表空间的简单链表中第 k 个结点后面插入结点

在模拟链表空间中可能已存在多个简单链表，每个简单链表都有一个表头指针 first，分别指向不同的简单链表的第一个结点，例如图 2.24(b)中就存在着 3 个链表，如要在其中一个链表的第 k 个元素后面插入一个新元素 newvalue，首先从该链表的表头开始查找第 k 个数据元素，如找到，插入 newvalue 值的结点，插入时，利用模拟链表空间类已定义的分配结点空间算法 NewNodeSimulationChainSpace()申请一个结点空间，填入新结点的值，插入新结点到相应的简单链表中。

在简单链表中第 k 个结点后面插入结点的算法 InsertElementSimulationChainList 如下：

```
template <class ElementType>
bool SimulationChainList <ElementType>::
InsertElementSimulationChainList(int k, const ElementType &newvalue)
{   //模拟链表空间中，第 k 个数据元素之后中插入结点元素值 newvalue 的运算
    if (k < 0 || GetAvailablePtrSimulationChainSpace() == -1) return false ;
    int currentptr = first;
    for (int index = 1; index < k && currentptr != -1; index++)
        //查找第 k 个数据元素
        currentptr = SimSpace.node[currentptr].link;
    if (k > 0 && currentptr == -1) return false;
    int q = SimSpace.NewNodeSimulationChainSpace();       //获取一个结点空间
    SimSpace.node[q].data = newvalue;
    if (k)
```

```
        {   //插入在第 k 个结点之后
            SimSpace.node[q].link = SimSpace.node[currentptr].link;
            SimSpace.node[currentptr].link = q;
        }
        else
        {   //k = 0 插入在第一个位置,作为链表首结点
            SimSpace.node[q].link = first;
            first = q;
        }
        return true;
}
```

4. 在基于模拟链表空间的简单链表中删除第 k 个结点

在简单链表中删除第 k 个结点的算法 DeleteElementSimulationChainList 如下：

```
template<class ElementType>
bool SimulationChainList<ElementType>::
DeleteElementSimulationChainList( int k, ElementType &result )
{   //模拟链表空间中,删除简单链表第 k 个数据元素
    if (k < 1 || first == -1) return false;
    int currentptr = first;
    if (k == 1) //
        first = SimSpace.node[first].link;                              //删除的是第一个结点
    else
    {   //用 q 指向第 k 个结点的直接前驱
        int q = first;
        for (int index = 1; index < k - 1 && q != -1; index++)
            //查找第 k-1 个结点
            q = SimSpace.node[q].link;
        if (q == -1 || SimSpace.node[q].link == -1)                     //判断是否存在第 k 个结点
            return false;
        currentptr = SimSpace.node[q].link;
        SimSpace.node[q].link = SimSpace.node[currentptr].link;         //删除链接的修改
    }
    result = SimSpace.node[currentptr].data;
    SimSpace.DeleteNodeSimulationChainSpace(currentptr);
        //将被删除结点空间加入到模拟链表空间中
    return true;
}
```

以上讨论了静态存储分配下基于模拟链表空间的简单链表的几种主要运算,其他运算的算法也类似于动态存储方式下的链表运算算法,限于篇幅不再给出。

2.7 多重链表

前面介绍了简单链表、循环链表、双向循环链表、模拟链表。可以得出一个结论：链接域越多,空间代价就越大,但同时数据的操作效率也就越高。简单链表只有一个链接域,为了查找某一特定的元素,需要从表头结点开始沿着每个结点的链接域"扫描"。当然,可以将链表中的数据元素按某一特征值排序以加快查找速度。但是,一个链表中只能按某一特征

值排序,如果对于同一文件中的数据,不同的用户需要按不同的特征值排序,这时采用一个简单链表就无能为力了,每个用户都以不同顺序的简单链表重复地构造同一文件,这是不切合实际的,那样数据的冗余度太大。这时,就要构建多重链表结构。

下面用一个实例来说明什么是多重链表以及它们的使用方法。

某学校的人事部门需要用计算机来对全校教职员工进行管理,对于管理方案提出下列要求:

(1) 由于学校人员经常调动,需要所采用的数据结构便于插入和删除运算。

(2) 需要经常按性别(sex)、政治面貌(belief)、职称(duty)进行统计。

(3) 当给出一个人名时,能比较迅速地查到其登记表,了解其各方面的情况。

对于这样一个人事管理系统,为了实现经常插入和删除记录的需要,很自然地想到要用一个链表,将每个职工记录作为一个结点,链接在这个链表之中。

这样,将全校教职员工的记录串在一个链表之中,倘若需要统计某类人员的人数,如需要统计女性、民主党派的教授人数,采用这种简单链表的办法,即使在全校万余名教职员工(也就是说链表有一万多个结点)中只有一个符合上述条件的人,也需要将整个链表中一万多个记录全部一一读出,进行比较、判别,这种办法效率低下是很明显的。

能不能将具有某一特征的人员各自组成一个链表呢?如果这样做,则按性别、政治面貌、职称3个特征为条件,组成三大类共10个链表:性别表{男性表、女性表}、政治面貌表{共产党员表、民主党派表、无党派人士表}、职称表{教授表、副教授表、讲师表、助教表、教辅人员表}。

这样,当需要统计某类特征的人员时,扫描某类链表即可。可以减少读记录的个数,提高效率。但是,这种办法将使得每一个人的记录必须有3个映像(结点),分别处于性别、政治面貌、职称链表之中。显然,从存储角度上来说这是十分浪费的,况且插入和删除运算需要同时在3个链表上进行也不方便。因而这种多链表的方案也不足取。

解决这个问题比较好的办法是一个记录同时处于3个链表之中,让3个链表共享一个结点,即采用所谓共享结构。这种办法下,对于上述人员的记录可以定义为如图2.25所示。这种定义的办法使得人员的记录同时作为3个链表的元素,所以也称之为共享元素。现在以调查5个人的情况为例,来表示这种结构。

| 姓名 |
| namelink |
| 性别 |
| sexlink |
| 政治面貌 |
| belieflink |
| 职称 |
| dutylink |

图2.25 员工记录结构

这5个人的情况如下:

黄强　　{男,民主党派,教授}

张玉　　{女,共产党员,副教授}

李永　　{男,讲师,无党派}

赵志　　{女,教辅人员,共产党员}

周明　　{男,讲师,民主党派}

在这种情况下各个链表包含的人员情况如下:

性别表　　　男性表　　　　【黄强,李永,周明】

　　　　　　女性表　　　　【张玉,赵志】

政治面貌表　共产党员表　　【张玉,赵志】

	民主党派表	【黄强,周明】
	无党派表	【李永】
职称表	教授表	【黄强】
	副教授表	【张玉】
	讲师表	【李永,周明】
	助教表	【空】
	教辅人员表	【赵志】

以上 5 个人员构成的共享结构如图 2.26 所示。由图 2.26 可知,采用这种结构,统计、查找具有某一特征的人员是比较容易的,只要扫描有该特征的链表即可,具有较高的效率。然而,比起采用简单链表的结构来说,查找效率的提高是以牺牲存储空间为代价的,因为每个记录增加了 3 个链域,它们需要占用存储空间。换句话说,只有存储空间允许,才能采用这种办法。

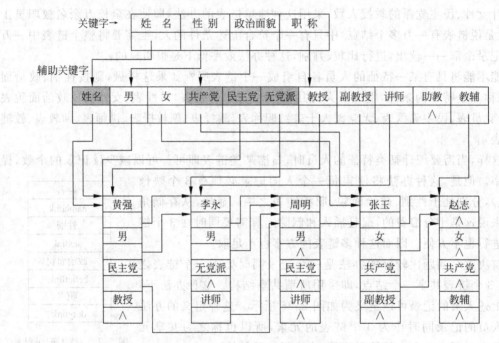

图 2.26 多重链表的共享结构

另外,如果只知道姓名,不知道其他特征,还是需要扫描整个姓名链表。

以上介绍了共享结构,它是多重链表的一个例子。因为在每一个数据元素结构中有几个链接域,使之处于多个简单链表之中,故称多重链表。

2.8 链表应用

2.8.1 结点移至表首运算

实际应用中,一个数据被使用过后,可能下次还会再次优先使用。例如,输入汉字时,一个不太常用的汉字不在首屏上,一旦使用过一次后,接下来或许又会再使用它,用户不希望再翻多屏才取到该字,如果每个汉字都以链表中的一个结点存储,同编码的汉字存储在一个链表中,而第一屏只能显示链表的前面若干个汉字结点,这时,我们就希望使用过的汉字马上被前移至第一个结点位置(或前移一个位置),这样会在输入汉字时大大提高速度。类似这种问题还有许多,要解决这类问题,就要将链表中被查找过的结点先从链表中删除(删除后不释放),再插入到链表的表首(或指定位置)。

这种处理思想就是根据结点的使用(潜在)概率来决定结点存放的位置,如果不能取得每个结点的(潜在)概率,也可以采用前移一个位置的方法,使用得越多,前移得越多。

下面给出的是在简单链表中将第 k 个数据结点移至表首运算的算法 MoveElementFirstSimpleChainList,该算法是带表头结点简单链表类的一个函数。

```
template<class HeadType,class ElementType>
bool SimpleChainList<HeadType,ElementType>::
MoveElementFirstSimpleChainList(int k)
{   //在简单链表中将第k个数据元素移至链表表首
    if (k<1 || ! HeadPtr->first)        //k值太小或链表为空
        return false;
    SimpleChainNode<ElementType> * current = HeadPtr->first;
    if (k == 1)
        return true;                    //第k个结点是链表中第一个结点,直接返回
    else
    {
        SimpleChainNode<ElementType> * q = HeadPtr->first;
        for (int index = 1; index < k - 1 && q;index++)
            q = q->link;
        if (!q || !q->link)
                                        //若q空,则不存在第k-1个结点;若q->link空,则不存在第k个结点
            return false;
        current = q->link;              //current 指向第k个结点
        q->link = current ->link;       //删除第k个结点
    }
    current->link = HeadPtr->first;     //被删除结点current指向第一个结点
    HeadPtr->first = current;           //表头指针指向被删除结点current
    return true;
}
```

2.8.2 链表的逆向运算

链表逆向也是链表运算中一个典型的例子。在实现链表逆向时,一要使算法高效,二要使用尽可能少的空间。

实现逆向时,首先从链表的表头开始将指针向表尾方向推进,可以设 3 个指针,分别指向连续的 3 个结点;

然后,对中间一个结点的链接域的值进行修改,使其指向它的直接前驱结点,再将 3 个指针向尾部推进一个结点位置,重复此过程,直到最前面的指针指向空。

实际算法实现时,可以利用表头的指针,再设两个指针 current 和 p,p 指在最靠近表尾

结点的指针,current 指向当前修改链接域的结点,表头的 first 指向 current 的前驱结点,如图 2.27 所示。

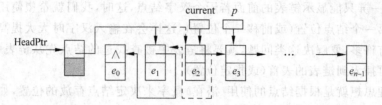

图 2.27 简单链表逆向过程

简单链表逆向的算法 InvertSimpleChainList 如下：

```
template<class HeadType,class ElementType>
void SimpleChainList<HeadType,ElementType>::
InvertSimpleChainList()
{   //对简单链表逆向
    SimpleChainNode<ElementType> * p = HeadPtr->first;
    SimpleChainNode<ElementType> * current ;
    HeadPtr->first = NULL;
    while (p)
    {
        current = p;
        p = p->link;
        current->link = HeadPtr->first;
        HeadPtr->first = current;
    }
}
```

2.8.3 多项式的相加运算

多项式的算术运算已经成为链表处理的一个经典问题。下面用简单链表结构来表示一个多项式的算法,实现两个多项式相加的运算。设多项式为

$$p_n(x) = a_n x^n + a_{n-1} x^{n-1} + \cdots + a_1 x + a_0$$

其中,$a_i (i=0,1,2,\cdots,n)$ 是系数。在计算机中表示一个多项式时,使用一块连续的存储空间来存放各项系数(包括零系数在内)当然是可以的,如图 2.28 所示。

系数a_i	a_n	a_{n-1}	a_{n-2}	...	a_1	a_0
指数	n	$n-1$	$n-2$	...	1	0

图 2.28 静态存储多项式结构

但是,如果多项式的系数有许多为零时,此种方式下存储为零的系数和对应指数就是无意义的,也非常浪费存储资源。因此,必须研究使用链表结构来表示一个多项式。

设一个多项式有 m 个非零项,那么用 $m+1$ 个结点(其中一个表头结点)的向前链表就能够唯一地确定这个多项式。在此链表中,每个结点设立 3 个域：指数域、系数域和链接

域，分别用 exp、coef、link 表示，可以定义为

```
# define PolyNode ElementType
# define HeadPoly HeadType
struct PolyNode                        //实例数据元素类型的定义
{
    int      exp;                      //指数
    float    coef;                     //系数
    PolyNode *link;
};

struct HeadPoly                        //实例数据元素表头结点数据域值的类型定义
{
    char polyomialname[20];            //多项式名称
};
```

设有两个多项式 L1 和 L2 如下：

$$L1: \quad 5x^{200}+3x^{100}+2x^5$$
$$L2: \quad 4x^{150}-3x^{100}+1x^5+7x^3+2$$

求两式相加之和。

多项式链表的结构如图 2.29 所示。

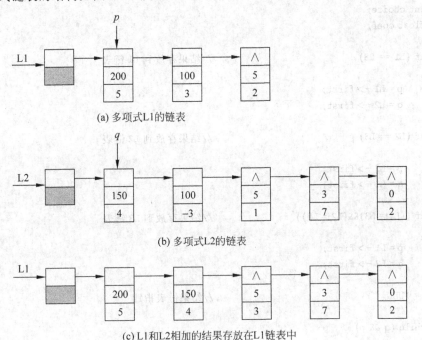

(a) 多项式L1的链表

(b) 多项式L2的链表

(c) L1和L2相加的结果存放在L1链表中

图 2.29　多项式链表 L1 和 L2 相加

两个多项式相加的运算就是两个链表的合并运算。因此，可以设立两个链指针 p、q，分别指向两个多项式中的一个结点，其运算规则如下：

(1) 若两个指针分别所指的结点中指数域的值相等，则两个系数域的值相加，形成结果结点系数域的值，并同时把两指针都指向下一个结点。

- 当结果结点的系数为零时,舍弃这个结果结点。
- 当结果结点的系数不为零时,结果结点放入结果链表中,并同时把两指针都指向下一个结点。

(2) 若两个指针分别所指的结点指数域的值不相等,多项式指数大的结点作为结果结点放入结果链表中,并将多项式指数值较大的指针指向下一个结点,多项式指数值小的指针不动。

(3) 重复步骤(1)、(2),直到其中一个链表的结点全部移到结果链表中,转(4)。

(4) 对另一个链表中还没有移到结果链表中的结点,逐一地全部移到结果链表中。

两个多项式相加的结果可以存放于新链表中,也可存放于原来两个链表中的一个中。

下面给出多项式链表 L1 和 L2 相加的算法 AddPolyL,相加结果可以存放在 L1、L2 或 L3 中。

```
template<class HeadType,class ElementType>
void SimpleChainList<HeadType,ElementType>::
AddPolyL(SimpleHeadNode *L1,
        SimpleHeadNode *L2,
        SimpleHeadNode *L3 )
{   //多项式链表 L1 和 L2 相加,相加结果可以存放在 L1、L2 或 L3 中
    SimpleChainNode *p, *q, *r, *x;
    int choice;
    float coef;

    if (L1 == L3)                        //结果存放到 L1 链表
    {
        p = L1->first;
        q = L2->first;
    }
    if (L2 == L3)                        //结果存放到 L2 链表
    {
        p = L2->first;
        q = L1->first;
    }
    if ((L1!=L3)&&(L2!=L3))              //结果存放到 L3 链表
    {
        p = L1->first;
        q = L2->first;
    }
    r = NULL;                            //结果链表指针

    while (q && p)
    {
        if (p->data.exp > q->data.exp) choice = 1;
        if (p->data.exp == q->data.exp) choice = 2;
        if (p->data.exp < q->data.exp) choice = 3;
        switch (choice)
        {
        case 1:
            {
```

```
        if ((L1 == L3) || (L2 == L3))    //结果存放在 L1 或 L2 链表
        {
            r = p;
            p = p -> link;
        }
        else
        {    //结果存放在 L3 链表的处理
            x = new SimpleChainNode;
            x -> data.coef = p -> data.coef;
            x -> data.exp = p -> data.exp;
            x -> link = NULL;
            if (r)
                r -> link = x;
            else
                L3 -> first = x;        //作为第一个结点插入
            r = x;
            p = p -> link;
        }
        break;
    }
    case 2:
    {
        if ((L1 == L3) || (L2 == L3))    //结果存放在 L1 或 L2 链表
        {
            p -> data.coef = p -> data.coef + q -> data.coef;
            if (p -> data.coef == 0)
            {    //两个结点系数相加的结果为 0,输出该结点
                if (r)
                    r -> link = p -> link;
                else                    //如果合并系数的结点是第一个结点
                {    //调整表头结点指针值 first 指向下一个结点
                    if (L1 == L3) L1 -> first = p -> link;
                    if (L2 == L3) L2 -> first = p -> link;
                }
                delete p;
                if (L1 == L3)
                    p = L1 -> first;    //第一个结点删除后,调整 p 指针指向
                if (L2 == L3)
                    p = L2 -> first;    //第一个结点删除后,调整 p 指针指向
            }
            else
            {
                r = p;
                p = p -> link;
            }
            q = q -> link;
        }
        else
        {    //存入 L3 表的处理
            coef = p -> data.coef + q -> data.coef;
            if (coef)
```

```cpp
            {    //合并系数非 0 时,插入一个新结点到结果链表 L3 中
                x = new SimpleChainNode;
                x->data.coef = coef;
                x->data.exp = p->data.exp;
                x->link = NULL;
                if (r)
                    r->link = x;
                else
                    L3->first = x;
                r = x;
            }
            p = p->link;
            q = q->link;
        }
        break;
    }
    case 3:
    {
        x = new SimpleChainNode;
        x->data.coef = q->data.coef;
        x->data.exp = q->data.exp;

        if ((L1 == L3) || (L2 == L3))    //结果存放在 L1 或 L2 链表
        {
            x->link = p;
            if (r)
                r->link = x;
            else
            {
                if (L1 == L3)
                    L1->first = x;    //作为第一个结点插入,调整 first 指针指向
                if (L2 == L3)
                    L2->first = x;    //作为第一个结点插入,调整 first 指针指向
            }
        }
        else
        {    //结果存放到 L3 链表
            x->link = NULL;
            if (r)
                r->link = x;
            else
                L3->first = x;        //作为第一个结点插入,调整 first 指针指向
        }
        r = x;
        q = q->link;
        break;
    }
    }//end switch (choice)
}//end while (q && p)
while(q)
{//p 表为空,q 表非空,q 表中的结点移动到 r 结果表中
```

```
    //if(r==L1->first || r==L2->first )只有一个多项式,移动到r结果表中
        x = new SimpleChainNode;
        x->data.coef = q->data.coef;
        x->data.exp = q->data.exp;
        x->link = NULL;
        if (r == NULL)
        {
            if (L3 == L1) L1->first = x;
            if (L3 == L2) L2->first = x;
            else L3->first = x;
        }
        else
            r->link = x;
        r = x;
        q = q->link;
    }//end while (q)
    if ((L3!=L1)&&(L3!=L2))
        while (p)
        {   //结果存放到 L3 链表
            x = new SimpleChainNode;
            x->data.coef = p->data.coef;
            x->data.exp = p->data.exp;
            x->link = NULL;
            if (r == NULL)
                L3->first = x;
            else
                r->link = x;
            r = x;
            p = p->link;
        }//end while (p)
}
```

上述算法主要运行时间花费在指数的比较和系数的相加上。如果 L1 和 L2 多项式长度分别为 m、n,算法的时间复杂性为 $O(m+n)$。

2.8.4 十字链表结构的应用

十字链表是一种动态存储结构,它的应用主要是为了解决稀疏矩阵存储问题。十字链表能够有效地解决数组中非零元素的位置或个数经常变动,一个大数组中只有少量非零元素的存储问题。

在十字链表中,每个结点由 5 个数据域组成:

- row、col、val 分别表示元素的行、列、数据值。
- down(下域)链接同一列中下一个非零元素指针。
- right(右域)链接同一行中下一个非零元素指针。

每一行的非零元素链接成带表头结点的循环链表,每一列的非零元素链接成带表头结点的循环链表。因此,每个非零元素既是第 i 行循环链表中的一个结点,又是第 j 列循环链表中的一个结点,故称为十字链表。

设有以下稀疏矩阵：

$$\begin{array}{c} \ 1\ \ \ 2\ \ \ 3\ \ \ 4 \\ \begin{array}{c}1\\2\\3\end{array}\left[\begin{array}{cccc}3 & 0 & 0 & 5\\0 & -1 & 0 & 0\\2 & 0 & 0 & 0\end{array}\right]\end{array}$$

其结构如图 2.30 所示。

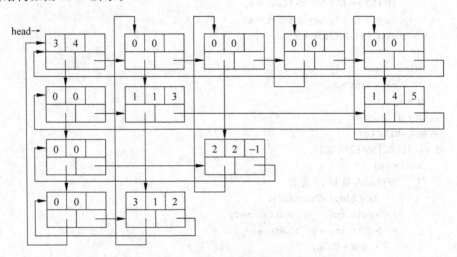

图 2.30　稀疏矩阵的十字链表结构

结点定义如下：

```
struct NODE
{
    int row;
    int col;
    valtype val;
    NODE * down;
    NODE * right;
};
```

图中有 3 种性质的结点。

(1) 表示任意一个非零元素 a_{ij} 的结点。

行域存放非零元素 a_{ij} 所在的行，即 i 值；列域存放非零元素 a_{ij} 所在的列，即 j 值；值域存放非零元素 a_{ij} 的值。

右域指向同一行中下一个非零元素，因每一行为一个循环链表，当无下一个非零元素时，则指向该行表头结点。

下域指向同一列中下一个非零元素，因每一列为一个循环链表，当无下一个非零元素时，则指向该列表头结点。

(2) 表示每一行(列)的表头结点。

行域、列域的值均为 0。

行表头结点右域指向下一个行表头结点，最后一个行表头结点右域指向整个十字链表的表头结点。

列表头结点下域指向下一个列表头结点,最后一个列表头结点下域指向整个十字链表的表头结点。

行表头结点下域指向该列中第一个非零结点,因每一列为一个循环链表,当无非零元素时,则指向该列的行表头结点(自身)。

列表头结点右域指向该行中第一个非零结点,因每一行为一个循环链表,当无非零元素时,则指向该行的列表头结点(自身)。

(3) 整个十字链表的表头结点。

行域存放稀疏矩阵的行数,列域存放稀疏矩阵的列数,右域指向第一个行表头结点,下域指向第一个列表头结点,值域不使用。

稀疏矩阵的十字链表存储结构给处理带来了许多方便,但同时处理算法却较为复杂。

2.8.5 一个较复杂的机票售票系统的数据结构方案

较大的机场每日航班有很多飞行方向,机票预售多天。下面讨论这样较复杂的机票售票系统的数据结构方案。

假定首都机场每天都有飞往全国各地共 30 个城市的航班 1~3 个,售票处预售 5 天的飞机票。要求计算机能实现 5 天内机票情况的查询、预订、退票以及打印某航班售票情况和旅客姓名。对于这样一个应用系统,可以采用图 2.31 所示的数据结构方案来实现。

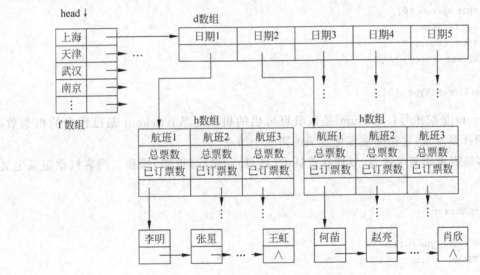

图 2.31 一种机票预售系统数据结构方案

用一个数组 f 存放飞行方向和指向日期数组指针 fptr。f 数组的元素和数组本身可以这样定义:

```
struct FlyElementType
{
    char         address[25];
    DateElementYype fptr;
```

```
};
FlyElementType f[30];
```

f 数组共有 30 个元素,元素本身有两个域:address 存放飞行目的地,而 fptr 是指向飞机所飞目的地的日期数组 d 的指针。由于可以预售 5 天的机票,所以每一个飞行方向要占用 5 个记录时间的数组单元。d 数组共应有 30×5=150 个单元。d 数组的元素和数组可以定义如下:

```
struct DateElementType
{
    char data[8];
    NumberElementType dptr;
};
DateElementType d[5];
```

d 数组的元素是一个记录,它由两个域组成,data 域存放机票日期,dptr 域指向存放对应日期可乘航班信息的数组 h。

数组 h 是航班数组,由于每天飞往各地可能有 1~3 班飞机,为了处理上方便,可以按每天飞往各地都有 3 个航班预留数组空间,所以 h 数组的总长度为 30×5×3=450 个单元。航班数组的元素和数组可以定义如下:

```
struct NumberElementType
{
    char airnum[10];
    int ticksum;
    int tickout;
    Ticket * hptr;
};
NumberElementType h[3];
```

其中,airnum 是航班号;ticksum 是该航班可供的机票总数;tickout 是已售出的机票数;hptr 是指针型变量,它指向乘客信息表的第一个结点。

乘客链表采用简单链表,以便执行插入(订票)和删除(退票)操作。乘客机票记录定义如下:

```
struct Ticket
{
    ElementType data;
    Ticket * link;
};
```

其中,data 为乘客信息,link 域指向后继结点的指针域。

2.9 串

将串的讨论安排在本章中,是因为串是一种特殊的线性表,其特殊性表现在这种线性表的元素类型是字符类型。当然,在数据结构的很多书中将串作为独立的一种数据类型来讨论或专门作为一章。从这点上讲,串这种数据结构一定有它的特殊性,串总是以整体结构作为处理对象的,而不像对线性表的处理中以线性表的数据元素作为处理对象。计算机处理的大量非数值问题中,串的应用是最广泛的,在串的存储、串的基本操作等方面有其特有的方法。

2.9.1 串的定义

串的特殊性表现在它是以数据元素为字符的线性表,通常称串为字符串。串或字符串定义如下:

串或字符串是由零个或多个字符组成的有限序列。一般记为

$$String = "c_0 c_1 \cdots c_{n-1}" \quad (n \geqslant 0)$$

其中,由引号引起来的部分"$c_0 c_1 \cdots c_{n-1}$"是字符串 String 的线性表数据内容。$c_i (0 \leqslant i \leqslant n-1)$ 是字符集中的一个字符。n 是字符串中字符的个数,称为字符串的长度。零个字符的串称为空串,其长度为零。

另外,在各种字符组成的字符串中还有一种特殊的字符串——空白串或空格串。所谓空白串或空格串是指由空格字符组成的字符串,字符串的长度大于 0。也就是说,空白串或空格串中只有空格字符,且至少有一个。这个特殊的字符串不同于空串,空串中没有字符存在,长度为 0。而空白串或空格串含有字符,但只有一种字符——空格符,长度不为 0。

2.9.2 串的逻辑结构及运算

由于字符串实质上就是线性表,虽然是特殊的线性表,但其特殊性只是数据元素的类型,对数据元素之间的关系没有影响,所以字符串的逻辑结构与线性表是一样的,即:对于字符串 $String = "c_0 c_1 \cdots c_{n-1}" (n \geqslant 0)$,$c_0$ 只有一个后继 c_1,c_{n-1} 只有一个前驱 c_{n-2},除 c_0 和 c_{n-1} 外,其他 c_i 有且仅有一个前驱 c_{i-1} 和一个后继 c_{i+1}。由于对字符串的操作通常是以字符串的整体作为对象的,所以,在实际应用中,对字符串中字符之间的这种逻辑关系的关注程度不如对一般线性表元素之间逻辑关系的关注程度高。

对字符串的基本操作可以有串的生成、串的复制、串的比较、串的连接、串的替换、串的插入、串的删除、串的匹配、求串的长度、求串的子串、判断一个串是否为空串等。

一般地,在高级程序设计语言中,对这些串的基本操作都有相应的标准函数。

下面是串的部分操作简介

(1) 串的连接运算。串的连接就是将两个串中一个串的头与另一个串的尾相连接。

char * strcat(String &S1, String&S2);

例如,S1="abc",S2="uvwxyz",则 S1="abcuvwxyz",这里,对于 strcat(&S1,&S2) 操作是将 S2 的头与 S1 的尾相连接得到串 S1。

(2) 串的比较运算。串的比较就是比较两个串是否完全相同。当两个串相等时返回 0 值;当第一个串小于第二个串时,返回负值;当第一个串大于第二个串时,返回正值。以

ASCII 码从两个串的第一个字符开始比较,一直进行到串的结尾或发现两个不相等的字符为止。

```
int strcmp(String &S1, String &S2);
```

(3) 求串的长度运算。求串中所包含的字符个数。

```
int strlen(String &S1);
```

2.9.3　串的顺序存储结构

字符串的顺序存储结构就是为每个定义的字符串分配一个固定长度的连续存储区域,将字符串中的字符依次存放在这块连续的存储区域中的各个单元里。

字符串的顺序存储结构如图 2.32 所示。其中,element 是一维数组空间,有 MaxSpaceSize 个元素空间,元素类型为字符型,用来存放字符串中的字符。MaxSpaceSize 的值表示存放字符串最多可使用的空间数。length 的值记录已存放字符串的实际长度。

图 2.32　字符串的顺序存储结构

2.9.4　串的链式存储结构

字符串还可以以链式存储结构存储。字符串的链表有其特别之处。
方式一:串的链式存储结构中一个结点存放一个字符,如图 2.33 所示。

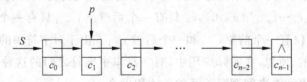

图 2.33　结点中包含 1 个字符的串链表

方式二:串的链式存储结构中一个结点存放多个字符,如图 2.34 所示。

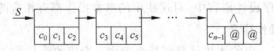

图 2.34　结点中包含 3 个字符的串链表

当链表的结点大小大于 1 时,由于字符串的长度不一定正好是结点大小的整数倍,所以,链表的最后一个结点不一定全被字符串的值占满,此时,可用一个特殊的符号,即该字符串值中不可能出现的符号进行填充,例如图 2.34 最后一个结点中的@符号。

有关串的内容非常丰富,限于篇幅不在本书内讨论,有兴趣的读者可以参考其他书籍。

2.10 线性表基本算法的程序实现

2.10.1 顺序存储结构线性表程序实现

顺序存储结构线性表程序由 3 个部分组成：
- 实例数据元素类型定义的头文件 AppData_LinearList.h。
- 顺序存储线性表模板类 LinearList 定义头文件 linearlist_Class.h。
- 顺序存储结构线性表主程序 LinearList.cpp。

顺序存储结构线性表 AppData_LinearList.h 实例数据元素类型定义的头文件如下：

```cpp
#define STUDENT ElementType            //实例数据元素句柄化
class STUDENT                          //实例数据元素类型的定义
{
    public:
    char number[10];
    char name[8];
    char sex[3];
    int age;
    char place[20];
};
```

顺序存储线性表存储结构模板类头文件 linearlist_Class.h 如下：

```cpp
//2------- 顺序存储线性表存储结构模板类 LinearList 的定义
template<class ElementType>
class LinearList
{   //定义顺序存储结构线性表类,线性表数据存放于 element[0..length-1]
    public:
    LinearList(int MaxListSize = 10);              //构造函数
    ~LinearList(){delete []element;};              //析构函数,释放元素空间
    int LengthLinearList(){return length;};        //求顺序存储线性表长度
    bool GetElementAddessLinearList(){return element;};
    //返回顺序存储线性表中 element 空间的首地址
    bool GetElementLinearList(int k,ElementType &result);
    //在顺序存储线性表中查找第 k 个元素,存入 result 中
    int SearchElementLinearList(char *searchkey);
    //在顺序存储线性表中查找值为 searchkey(字符类型)的元素,返回元素地址
    int SearchElementLinearList(int searchkey);
    //在顺序存储线性表中查找值为 searchkey(数值型)的元素,返回元素地址
    bool InsertElementLinearList(int k, ElementType &newvalue);
    //插入值为 newvalue 元素到顺序存储线性表中第 k 个数据元素之后
    bool DeleteElementLinearList(int k);
    //在顺序存储线性表中查找第 k 个元素,存入 result 中
    void DisplayElementLinearList(ElementType result);
    //显示输出数据元素的值
    void DisplayLinearList(LinearList<ElementType> &AppList);
    //显示输出线性表中的所有数据元素的值
```

```cpp
    private:
        ElementType  *element;
        int          length;
        int          MaxSpaceSize;
};
template <class ElementType>
LinearList <ElementType>::
LinearList(int MaxListSize)
{   //构造函数
    //定义顺序存储线性表空间大小 MaxSpaceSize,申请元素空间 element,定义长度初值 length
    MaxSpaceSize = MaxListSize;
    element = new ElementType[MaxSpaceSize];
    length = 0;
}

template <class ElementType>
bool LinearList <ElementType>::
GetElementLinearList(int k,ElementType &result)
{   //顺序存储线性表中查找第 k 个元素,存入 result 中。如不存在返回 false,找到返回 true
    if (k < 1 || k > length) return false;
    result = element[k - 1];
    return true;
}
template <class ElementType>
int LinearList <ElementType>::
SearchElementLinearList(char *searchkey)
{   //在顺序存储线性表中查找值为 searchkey 的元素。
    //如果找到,返回元素所在的位置(下标);如果未找到,返回 -1
    for (int i = 0; i < length; i++)
        if (!strcmp(element[i].place , searchkey)) return i;
    return -1;
}
template <class ElementType>
int LinearList <ElementType>::
SearchElementLinearList(int searchkey)
{   //顺序存储线性表中查找值为 searchkey 的元素
    //如果找到,返回元素所在的位置(下标);如果未找到,返回 -1
    for (int i = 0; i < length; i++)
        if (element[i].key == searchkey) return i;
    return -1;
}
template <class ElementType>
bool LinearList <ElementType>::
InsertElementLinearList(int k, ElementType &newvalue)
{   //插入值为 newvalue 的元素到顺序存储线性表中第 k 个数据元素之后,并返回 true
    //如果不存在第 k 个元素或顺序存储线性表空间已满,则返回 false
    if (k < 0 || k > length )
        return false;
    if (length == MaxSpaceSize)              //判断顺序存储线性表是否满
        return false;
    for (int i = length-1; i >= k; i--)      //插入点后的数据后移
```

```cpp
            element[i+1] = element[i];
        element[k] = newvalue;              //新数据元素插入
        length ++;                          //顺序存储线性表长度加1
        return true;
    }
}
template < class ElementType >
bool LinearList < ElementType >::
DeleteElementLinearList( int k )
{   //删除顺序存储线性表中第 k 个数据元素并返回 true; 如果不存在第 k 个元素,返回 false
    if (k < 1 || k > length) return false;
    {
        for (int i = k; i < length; i++)
            element[i-1] = element[i];
        length--;
        return true;
    }
}
//2------ end 顺序存储线性表结构模板类 LinearList 的定义结束

//3------ 主程序应用函数的定义
template < class ElementType >
void LinearList < ElementType >::
DisplayElementLinearList(ElementType result)
{   //输出顺序存储线性表中的第 k 个数据元素,此算法不属于模板类 LinearList
    cout << result.number <<"     ";
    cout << result.name <<"      ";
    cout << result.sex <<"   ";
    cout << result.age <<"    ";
    cout << result.place << endl;
}


template < class ElementType >
void LinearList < ElementType >::
DisplayLinearList(LinearList < ElementType > &AppList)
{   //输出顺序存储线性表中的所有数据元素,此算法不属于模板类 LinearList
    //算法的参数类型是模板 LinearList 类型,对象(实例)使用引用变量
    ElementType result;
    cout <<"              number   name   sex  age   place"<< endl;
    cout <<"              ------   ----   ---  ---   -----"<< endl;
    for (int i = 1; i <= AppList.LengthLinearList(); i++)
    {
//      cout << element[i] << endl;
        AppList.GetElementLinearList(i,result);
        cout <<"ELEMENT - "<< i <<":";
        DisplayElementLinearList(result);
    }
    cout << endl << endl;
}
//3------ end 主程序应用函数的定义结束
```

顺序存储结构线性表主程序 LinearList.cpp 如下:

```cpp
#include <iostream>
#include <cstring>
#include <cstdlib>
using namespace std;
#include "AppData_LinearList0.h"
#include "linearlist0_ClassData.h"
int main()
{
    int         MaxListSize = 20;
    int         i,k,choice;
    ElementType newvalue,result;
    char number[][8] = {"","10001","10002","10003","10004","10005","10006","10007",
        "10008"};
    char name[][8] = {" ","学01","学02","学03","学04","学05","学06","学07","学08"};
    char sex[][8] = {" ","男","男","女","男","男","女","女","男"};
    char place[][8] = {" ","wwww1","wwww2","wwww3","wwww4","wwww5","wwww6","wwww7",
        "wwww8"};
    int age[] = {0,101,102,103,104,105,106,107,108};
    LinearList<ElementType> AppList(MaxListSize);
    for (i = 8; i >= 1; i--)               //利用插入算法建立实例顺序存储线性表的实验数据
    {
        strcpy(newvalue.number,number[i]);
        strcpy(newvalue.name,name[i]);
        strcpy(newvalue.sex,sex[i]);
        newvalue.age = age[i];
        strcpy(newvalue.place,place[i]);
        AppList.InsertElementLinearList(0, newvalue);
            //在顺序存储线性表的最前面插入数据元素
    }

    //假设一个新数据元素值newvalue
    strcpy(newvalue.number,"99999");
    strcpy(newvalue.name,"天使");
    strcpy(newvalue.sex,"中");
    newvalue.age = 999;
    strcpy(newvalue.place,"天堂");
    while (true)
    {
        cout<<"           顺序存储线性表顺序存储的运算"<<endl;
        cout<<" ****************************************** "<<endl;
        cout<<"      0--------- 退出"<<endl;
        cout<<"      1--------- 输出顺序存储线性表中的所有元素"<<endl;
        cout<<"      2--------- 在顺序存储线性表中查找第k个元素"<<endl;
        cout<<"      3--------- 查找关键字searchkey(住址)的元素"<<endl;
        cout<<"      4--------- 插入新元素到第k个元素后面"<<endl;
        cout<<"      5--------- 在顺序存储线性表中删除第k个元素"<<endl;
        cout<<" ****************************************** "<<endl;
        cout<<"请选择处理功能: "; cin>>choice;
        system("cls");                       //调用清屏指令
```

```cpp
//---------- 输出顺序存储线性表中的所有数据元素
cout << endl <<"此操作前顺序存储线性表状态:"<< endl << endl;
AppList.DisplayLinearList(AppList);
switch(choice){
case 0:
{   //退出
    system("cls");                        //清屏
    return 0;
}
case 1:
{   //1--------- 输出顺序存储线性表中的所有元素
    cout <<" *** 输出顺序存储线性表中的所有元素"<< endl << endl;
    AppList.DisplayLinearList(AppList);
    break;
}
case 2:
{   //2--------- 在顺序存储线性表中查找第 k 个元素
    cout <<" *** 在顺序存储线性表中查找第 k 个元素"<< endl << endl;
    cout <<"查找第几个元素? "; cin >> k;
    cout <<" ***** 查找结果如下: "<< endl;
    if(AppList.GetElementLinearList(k,result))
    {
        cout <<"ELEMENT - "<< k <<" :";
        AppList.DisplayElementLinearList(result);
    }
    else
        cout <<"ERROR k 值的范围不对! 无此元素! ERROR"<< endl << endl;
    break;
}
case 3:
{   //3------- 在顺序存储线性表中查找符合查找关键字 searchkey 的元素
    cout <<" ************ 查找关键字 searchkey 的元素"<< endl << endl;
    char searchkey[8];
    cout <<"输入查找关键字 searchkey(住址)的值: ";
    cin >> searchkey;                     //键盘输入查找关键字的值 searchkey
    k = AppList.SearchElementLinearList(searchkey);
    cout << endl <<" ***** 查找结果如下: "<< endl;
    if(k!= -1)//k 是查找运算执行后返回的地址值.k 为 -1 时表示空
    {
        AppList.GetElementLinearList(k+1,result);
        cout <<"ELEMENT - "<< k+1 <<" :";
        AppList.DisplayElementLinearList(result);
    }
    else
        cout <<"ERROR 无此关键字的元素! ERROR"<< endl << endl;
    break;
}
case 4:
{   //4------- 在顺序存储线性表中插入新元素到第 k 个元素后面
    cout <<" * 线性表中插入新元素到第 k 个元素后面"<< endl << endl;
    cout <<"插入到第几个元素后面? ";        cin >> k;
```

```cpp
            cout<<"输入要插入的元素的各值："<<endl;
            cout<<"    学号:"<<newvalue.number<<"    ";     //cin>>x.number;
            cout<<"    姓名:"<<newvalue.name  <<"    ";     //cin>>x.name;
            cout<<"    性别:"<<newvalue.sex   <<"    ";     //cin>>x.sex;
            cout<<"    年龄:"<<newvalue.age   <<"    ";     //cin>>x.age;
            cout<<"    住址:"<<newvalue.place <<endl;       //cin>>x.place;
            if(AppList.InsertElementLinearList(k,newvalue))
            {
                cout<<"插入元素到第"<<k<<"个元素后的线性表结果："<<endl;
                AppList.DisplayLinearList(AppList);
            }
            else
                cout<<"找不到插入点,k值范围不对或空间不足!ERROR"<<endl<<endl;
            break;
        }
        case 5:
        {   //5-------- 在顺序存储线性表中删除第k个元素
            cout<<" *** 在线性表中删除第k个元素 *** "<<endl<<endl;
            cout<<"删除第几个元素? ";
            cin>>k;
            if(AppList.DeleteElementLinearList(k))
            {
                cout<<"删除元素后的顺序存储线性表结果："<<endl;
                AppList.DisplayLinearList(AppList);
            }
            else
                cout<<"找不到要删除的结点,k值范围不对!ERROR"<<endl<<endl;
            break;
        }
    }                                           //end switch
    cout<<"顺序存储线性表长度："<<AppList.LengthLinearList()<<endl;
    system("pause");                            //调用暂停指令,便于查看结果
    system("cls");                              //调用清屏指令
}                                               //end while(true)
return 0;
}
```

2.10.2 带表头结点的简单链表程序实现

带表头结点的简单链表程序由3个部分组成：
- 实例数据元素类型定义的头文件 AppData_SimpleChainList.h。
- 简单链表存储结构模板类 LinearList 定义头文件 SimpleChainList.h。
- 简单链表结构线性表主程序 SimpleChainList.cpp。

带表头结点的简单链表实例数据元素类型定义头文件 AppData_SimpleChainList.h 如下：

```cpp
#define HEADSTUDENT HeadType
#define STUDENT     ElementType         //实例数据元素句柄化
#define age         key                 //实例数据元素句柄化
#define name        key1                //实例数据元素句柄化
```

```cpp
class HEADSTUDENT                          //实例数据元素表头类型的定义
{
public:
    char nameclass[20];
    int  number;
    char place[20];
};

class STUDENT                              //实例数据元素类型的定义
{
public:
    char number[8];
    char name[8];
    char sex[3];
    int  age;
    char place[20];
};
```

带表头结点的简单链表模板类定义头文件 SimpleChainList.h 如下：

```cpp
//-------- 数据元素结构定义
template < class HeadType > class SimpleHeadNode;
template < class HeadType, class ElementType > class SimpleChainList;
template < class ElementType >
class SimpleChainNode
{   //简单链表数据元素结点结构类定义
public:
    ElementType                    data;
    SimpleChainNode< ElementType > * link;
};
template < class HeadType >
class SimpleHeadNode
{   //简单链表表头数据元素结点结构类定义
public:
    HeadType                           Hdata;
    SimpleChainNode< class ElementType > * first;
};
//-------- end 数据元素结构定义结束
//-------- 线性表链式存储结构——简单链表模板类 SimpleChainList 的定义
template < class HeadType, class ElementType >
class SimpleChainList
{   //线性表链式存储结构——简单链表模板类 SimpleChainList 的定义
public:
    SimpleChainList();                 //构造函数
    ~SimpleChainList();                //析构函数
    int LengthSimpleChainList() const ; //求简单链表长度
    void PutValueSimpleHeadNode(HeadType &headValue)
        {HeadPtr -> Hdata = headValue;};   //已知值 headValue 给表头结点 Hdata 域赋值
    SimpleHeadNode< HeadType > * GetHeadPtrSimpleChainList(){return HeadPtr;};
```

```cpp
        //返回链表头的指针 HeadPtr
    SimpleChainNode<ElementType> * GetFirstPtrSimpleChainList()
        {return HeadPtr->first;};           //获取简单链表中第一个结点指针 first 值
//******* 查找函数
    bool GetElementSimpleChainList(int k,ElementType &result);
        //在简单链表中查找第 k 个元素,存入 result 中(多态函数)
    bool GetElementSimpleChainList(SimpleChainNode<ElementType> * current,
        ElementType &result);
        //在简单链表中查找 current 指针所指的数据元素,存入 result 中(多态函数)
    SimpleChainNode<ElementType> * SearchElementSimpleChainList(int searchkey);
        //查找关键字值为 searchkey(数值型)的元素,返回元素位置(指针)
    SimpleChainNode<ElementType> * SearchElementSimpleChainList(char * searchkey);
        //查找关键字值为 searchkey(字符型)的元素,返回元素位置(指针)
//******* 插入、删除函数
    bool InsertElementSimpleChainList(int k, ElementType &newvalue);
        //插入值为 newvalue 的元素到简单链表中第 k 个数据元素之后
    bool InsertElementFrontSimpleChainList(ElementType &newvalue,
        SimpleChainNode<ElementType> * InsertPtr);
        //插入值为 newvalue 的元素到简单链表中 InsertPtr 指针所指数据元素之前
    bool DeleteElementSimpleChainList(int k);
        //删除简单链表中第 k 个数据元素(多态函数)
    bool DeleteElementSimpleChainList(SimpleChainNode<ElementType>* DeletePtr);
        //删除简单链表中 DeletePtr 指针所指数据元素(多态函数)
//*********** 应用函数
    void DestroyElementsSimpleChainList();
        //删除简单链表中所有数据结点,并释放结点空间.保留表头结点
    void DisplaySimpleChainList(SimpleChainList<HeadType,ElementType> &AppList);
        //显示输出链表的所有数据元素的值
    void DisplayElementSimpleChainList(ElementType result);
        //显示输出链表的数据元素 result 的值
private:
    SimpleHeadNode<HeadType> * HeadPtr;                         //表头结点的指针
};
template<class HeadType,class ElementType>
SimpleChainList<HeadType,ElementType>::
SimpleChainList()
{   //构造函数.定义线性表空间大小 MaxSize,申请元素空间 element,定义线性表长度初值 length
    HeadPtr = new SimpleHeadNode<HeadType>;
    HeadPtr->first = NULL;
}
template<class HeadType,class ElementType>
SimpleChainList<HeadType,ElementType>::
~SimpleChainList()
{   //析构函数.删除链表中所有数据结点及表头结点,并释放结点空间
    SimpleChainNode<ElementType> * current;
    current = HeadPtr->first;
    while (HeadPtr->first)
    {   //删除链表中所有数据结点,并释放结点空间
        current = current->link;
        delete HeadPtr->first;
        HeadPtr->first = current;
```

```cpp
        }
        delete HeadPtr;
}
template <class HeadType, class ElementType>
int SimpleChainList<HeadType, ElementType>::
LengthSimpleChainList() const
{   //求简单链表中数据元素结点数(链表长度)
    SimpleChainNode<ElementType> * current = HeadPtr->first;
    int len = 0;
    while (current)
    {
        len++;
        current = current->link;
    }
    return len;
}
template <class HeadType, class ElementType>
bool SimpleChainList<HeadType, ElementType>::
GetElementSimpleChainList(int k, ElementType &result)
{   //将简单链表第 k 个元素值取至 result 中带回. 如不存在返回 false, 如存在返回 true
    if (k < 1) return false;
    SimpleChainNode<ElementType> * current = HeadPtr->first;
    int index = 1;
    while (index < k && current)
    {   //查找第 k 个数据元素
        current = current->link;
        index++;
    }
    if (current)
    {
        result = current->data;
        return true;
    }
    return false;                      //k 值太大, 不存在第 k 个结点
}
template <class HeadType, class ElementType>
bool SimpleChainList<HeadType, ElementType>::
GetElementSimpleChainList(SimpleChainNode<ElementType> * current, ElementType &result)
{   //将简单链表第 k 个元素值取至 result 中带回. 如不存在返回 false, 如存在返回 true
    if (!current) return false;
    result = current->data;
    return true;
}
template <class HeadType, class ElementType>
SimpleChainNode<ElementType> * SimpleChainList<HeadType, ElementType>::
SearchElementSimpleChainList(int searchkey)
{//简单链表中查找数据元素关键字为 searchkey(年龄)的元素
 //如果找到返回元素所在的地址; 如果未找到返回 NULL
    SimpleChainNode<ElementType> * current = HeadPtr->first;
    while (current && current->data.key != searchkey )
        current = current->link;
```

```cpp
        if (current)
            return current;
        else
            return NULL;
}
template < class HeadType, class ElementType >
SimpleChainNode < ElementType > * SimpleChainList < HeadType, ElementType >::
SearchElementSimpleChainList(char searchkey[ ])
{   //在简单链表中查找数据元素关键字为 searchkey(年龄)的元素
    //如果找到,返回元素所在的地址;如果未找到,返回 NULL
    SimpleChainNode < ElementType > * current = HeadPtr -> first;
    while (current && ! strcmp(current -> data.key, searchkey))
    //strcmp(current -> data.place, searchkey)
        current = current -> link;
    if (current)
        return current;
    else
        return NULL;
}
template < class HeadType, class ElementType >
bool SimpleChainList < HeadType, ElementType >::
InsertElementSimpleChainList(int k, ElementType &newvalue)
{   //在简单链表中第 k 个数据元素之后中插入新元素(值为 newvalue)
    //如果不存在第 k 个元素,则返回 false
    if (k < 0) return false;
    int index = 1;
    SimpleChainNode < ElementType > * current = HeadPtr -> first;
    while (index < k && current)
    {   //查找第 k 个结点
        index++;
        current = current -> link;
    }
    if (k > 0 && ! current) return false;
    SimpleChainNode < ElementType > * q = new SimpleChainNode < ElementType >;
    q -> data = newvalue;
    if (k)
    {   //插入在 current 之后
        q -> link = current -> link;
        current -> link = q;
    }
    else
    {   //作为第一个元素结点插入
        q -> link = HeadPtr -> first;
        HeadPtr -> first = q;
    }
    return true;
}
template < class HeadType, class ElementType >
bool SimpleChainList < HeadType, ElementType >::
InsertElementFrontSimpleChainList(ElementType &newvalue, SimpleChainNode < ElementType > *
    InsertPtr)
```

```cpp
{   //在简单链表中 InsertPtr 指针所指数据元素之前中插入新元素(值为 newvalue)
    if (!InsertPtr) return false;
    SimpleChainNode<ElementType> *current = HeadPtr->first;
    if(InsertPtr!=HeadPtr->first)
    {   //InsertPtr 不是头结点指针时,推进指针 current 直到 current = InsertPtr,查找结点
        while (current && current->link!=InsertPtr)
        {   //查找 InsertPtr 指针指向的结点
            current = current->link;
        }
        if (!current) return false;         //current 为 NULL,查找失败,不存在此结点
    }
    SimpleChainNode<ElementType> *q = new SimpleChainNode<ElementType>;
    //申请插入新数据空间
    q->data = newvalue;                     //新数据值赋值到数据空间中
    if (InsertPtr == HeadPtr first)
    {   //InsertPtr == HeadPtr first 时,作为第一个元素结点插入
        q->link = HeadPtr first;
        first = q;
    }
    else
    {   //InsertPtr!= HeadPtr first 时,插入在 current 之后
        q->link = current->link;
        current->link = q;
    }
    return true;
}
template<class HeadType,class ElementType>
bool SimpleChainList<HeadType,ElementType>::
DeleteElementSimpleChainList(int k)
{   //在简单表中删除第 k 个数据元素,如果不存在第 k 个元素则返回 false
    if (k<1 || ! HeadPtr->first)             //k 值太小或链表为空
        return false;
    SimpleChainNode<ElementType> *current = HeadPtr->first;
    if (k == 1)                              //删除的是链表中第一个结点
        HeadPtr->first = current->link;
    else
    {
        SimpleChainNode<ElementType> *q = HeadPtr->first;
        for (int index = 1; index < k - 1 && q ; index++)
            q = q->link;                     //q 指向第 k-1 个结点
        if (!q || !q->link)
        //q 为空时,不存在第 k-1 个结点; q->link 为空时,不存在第 k 个结点
            return false;
        current = q->link;                   //current 指向第 k 个结点
        q->link = current->link;
    }
    delete current;                          //释放被删除结点 current 的空间
    return true;
}
template<class HeadType, class ElementType>
bool SimpleChainList<HeadType,ElementType>::
```

```cpp
DeleteElementSimpleChainList(SimpleChainNode<ElementType> *DeletePtr)
{   //在简单链表中删除 DeletePtr 指针所指数据元素,如果不存在返回 false
    if (!first) return false;
    if (DeletePtr == HeadPtr->first)
    {   //DeletePtr == HeadPtr->first 时,删除的是链表中第一个结点
        HeadPtr->first = DeletePtr->link;
        return true;
    }
    else
    {
        SimpleChainNode<ElementType> *q = HeadPtr->first;
        while (q->link!= DeletePtr && q)    //推进 q,指向 DeletePtr 指向结点的前驱
            q = q->link;
        if (!q)                             //q 为空时,不存在 DeletePtr 指向的结点,插入失败
            return false;
        q->link = DeletePtr->link;          //插入
        delete DeletePtr;                   //释放被删除结点的空间
    }
    return true;
}
template<class HeadType,class ElementType>
void SimpleChainList<HeadType,ElementType>::
DisplayElementSimpleChainList(ElementType result)
{   //输出简单链表中的数据元素,此算法不属于模板类 SimpleChainList
    cout << result.number <<"    ";
    cout << result.name <<"    ";
    cout << result.sex <<" ";
    cout << result.age <<" ";
    cout << result.place << endl;
}
template<class HeadType,class ElementType>
void SimpleChainList<HeadType,ElementType>::
DisplaySimpleChainList(SimpleChainList<HeadType,ElementType> &AppList)
{   //输出简单链表中的所有数据元素,此算法不属于模板类 SimpleChainList
    //算法的参数类型是模板 SimpleChainList 类型,对象(实例)使用引用变量
    SimpleChainNode<ElementType> *current;
    SimpleHeadNode<HeadType> *HeadPtr;
    HeadPtr = AppList.GetHeadPtrSimpleChainList();
    cout <<" ----- 表头结点信息 ------ "<< endl;
    cout <<"  班级      人数     教室"<< endl;
    cout << HeadPtr->Hdata.nameclass <<" "
         << HeadPtr->Hdata.number <<"人 "
         << HeadPtr->Hdata.place << endl;
    cout <<" ------------------------ "<< endl;
    current = HeadPtr->first;
    cout <<"HeadPtr->first--»";
    while (current)
    {
        current = current->link ;
        cout <<"link"<<" --->";
    }
```

```cpp
        cout <<"NULL"<< endl;
        current = HeadPtr->first;
        cout <<"                    ";
        while (current)
        {
            cout << current->data.number<<" ";
            current = current->link;
        }
        cout << endl;
        current = HeadPtr->first;
        cout <<"                    ";
        while (current)
        {
            cout << current->data.name<<"    ";
            current = current->link;
        }
        cout << endl;
        current = HeadPtr->first;
        cout <<"                    ";
        while (current)
        {
            cout << current->data.sex<<"   ";
            current = current->link;
        }
        cout << endl;
        current = HeadPtr->first;
        cout <<"                    ";
        while (current)
        {
            cout << current->data.age<<"     ";
            current = current->link;
        }
        cout << endl;
        current = HeadPtr->first;
        cout <<"                    ";
        while (current)
        {
            cout << current->data.place<<" ";
            current = current->link;
        }
        cout << endl << endl << endl;
}
```

带头结点的简单链表主程序 SimpleChainList.cpp 如下：

```cpp
#include <iostream.h>
#include <cstring>
#include <stdlib.h>
#include "AppData_SimpleChainList.h"
#include "SimpleChainList.h"
int main()
```

```cpp
{
    SimpleChainNode<ElementType> *p;
    SimpleHeadNode<HeadType> *HeadPtr;
    ElementType newvalue,result;
    HeadType ClassInformation = {"信管 1500",40,"文泰 999"};
    charnumber[][8] =
    {" ","10001","10002","10003","10004","10005","10006","10007","10008"};
    charname[][8]    =
    {" ","第一","第二","第三","第四","第五","第六","第七","第八"};
    charsex[][8]     =
    {" ","男","男","女","男","男","女","女","男"};
    charplace[][8] =
    {" ","wwww1","wwww2","wwww3","wwww4","wwww5","wwww6","wwww7","wwww8"};
    int age[] ={0,101,102,103,104,105,106,107,108};
    int k,choice;
    int start,end;
//A------- 构造简单链表
    SimpleChainList<HeadType,ElementType> AppList;
    HeadPtr = AppList.GetHeadPtrSimpleChainList();
    AppList.PutValueSimpleHeadNode(ClassInformation);              //为表头结点数据域赋值

//B------- 初始化为 8 个来自数组值的简单链表

    for (int i = 8; i>=1; i--)              //利用插入算法建立实例简单链表的实验数据
    {
        strcpy(newvalue.number,number[i]);
        strcpy(newvalue.name,name[i]);
        strcpy(newvalue.sex,sex[i]);
        newvalue.age = age[i];
        strcpy(newvalue.place,place[i]);
        AppList.InsertElementSimpleChainList(0, newvalue );
        //从简单链表的最前面插入数据元素
    }
    //假设一个新数据元素值 newvalue
    strcpy(newvalue.number,"99999");
    strcpy(newvalue.name,"天使");
    strcpy(newvalue.sex,"中");
    newvalue.age = 999;
    strcpy(newvalue.place,"wwwww");
    while (true)
    {
        cout << endl;
        cout <<" **** 简单链表(SimpleChainList)的运算"<< endl;
        cout <<" *    1-------- 输出简单链表中的所有元素 "<< endl;
        cout <<" *    2-------- 计算简单链表长度"<< endl;
        cout <<" *    3-------- 在简单链表中查找第 k 个元素"<< endl;
        cout <<" *    4-------- 查找符合查找关键字 searchkey(年龄)的元素"<< endl;
        cout <<" *    5-------- 插入新元素到第 k 个元素后面"<< endl;
        cout <<" *    6-------- 在简单链表中删除第 k 个元素"<< endl;
        cout <<" *    0-------- 退出"<< endl;
        cout <<" ***************************************************** "<< endl;
```

```cpp
cout<<"请选择处理功能: "; cin>>choice;
system("cls");                           //调用清屏指令
//---------- 输出简单链表中的所有数据元素
cout<<endl<<" *** 此操作前简单链表状态 *********** "<<endl<<endl;
cout<<"简单链表长度: "<<AppList.LengthSimpleChainList()<<endl;
AppList.DisplaySimpleChainList(AppList);
switch(choice){
case 1:
{   //1---------- 输出简单链表中的所有元素
    cout<<" *** 输出简单链表中的所有元素 ************* "<<endl<<endl;
    cout<<"简单链表长度: "<<AppList.LengthSimpleChainList()<<endl;
    AppList.DisplaySimpleChainList(AppList);
    break;
}
case 2:
{   //2---------- 计算简单链表长度
    cout<<" ************ 计算简单链表长度 *********** "<<endl<<endl;
    cout<<"简单链表长度 = "<<AppList.LengthSimpleChainList()<<endl<<endl;
    break;
}
case 3:
{   //3---------- 在简单链表中查找第k个元素
    cout<<" *** 在简单链表中查找第k个元素 ********** "<<endl<<endl;
    cout<<"查找第几个元素?"; cin>>k;
    if (AppList.GetElementSimpleChainList(k,result))
    {
        cout<<"Element - "<<k<<" :";
        AppList.DisplayElementSimpleChainList(result);
    }
    else
        cout<<"ERROR k值的范围不对！无此元素！ERROR"<<endl<<endl;
    break;
}
case 4:
{   //4----------- 在简单链表中查找符合查找关键字searchkey(年龄)的元素
    cout<<" *** 查找符合查找关键字searchkey的元素"<<endl<<endl;
    //char searchkey[8];
    int searchkey;
    cout<<"输入查找关键字searchkey(年龄): ";
    cin>>searchkey;                  //从键盘输入查找关键字的值searchkey
    p = AppList.SearchElementSimpleChainList(searchkey);
    cout<<endl<<" ***** 查找结果如下 ****** "<<endl;
    if(p)
    {
        AppList.GetElementSimpleChainList(p,result);
        AppList.DisplayElementSimpleChainList(result);
    }
    else
        cout<<"ERROR 无此关键字的元素！ERROR"<<endl<<endl;
    break;
}
```

```cpp
            case 5:
            {   //5-----------在简单链表中插入新元素到第k个元素后面
                cout<<" *** 在简单链表中插入新元素到第k个元素后面"<<endl<<endl;
                cout<<"插入第几个后面? "; cin>>k;
                cout<<"输入要插入的元素的各值: "<<endl;
                cout<<"    学号:"<<newvalue.number<<"    ";      //cin>>x.number;
                cout<<"    姓名:"<<newvalue.name<<"    ";        //cin>>x.name;
                cout<<"    性别:"<<newvalue.sex<<"    ";         //cin>>x.sex;
                cout<<"    年龄:"<<newvalue.age<<"    ";         //cin>>x.age;
                cout<<"    住址:"<<newvalue.place<<endl<<endl;   //cin>>x.place;
                if (AppList.InsertElementSimpleChainList(k, newvalue))
                {
                    cout<<" *** 插入元素到第"<<k<<"个元素后面的结果"<<endl;
                    cout<<"简单链表长度 = "<<AppList.LengthSimpleChainList()<<endl<<endl;
                    AppList.DisplaySimpleChainList(AppList);
                }
                else
                    cout<<"ERROR    找不到插入点,k值范围不对!ERROR"<<endl<<endl;
                break;
            }
            case 6:
            {   //6----------在简单链表中删除第k个元素
                cout<<" *** 在简单链表中删除第k个元素 ********** "<<endl<<endl;
                cout<<"删除第几个元素: "; cin>>k;
                if (AppList.DeleteElementSimpleChainList( k ))
                {
                    cout<<" ********* 删除元素后的简单链表结果 ******** "<<endl;
                    cout<<"简单链表长度 = "<<AppList.LengthSimpleChainList()<<endl<<endl;
                    AppList.DisplaySimpleChainList(AppList);
                }
                else
                    cout<<"找不到要删除的结点,k值范围不对!ERROR"<<endl<<endl;
                break;
            }

            case 0:
            {   //0-------退出链表操作
                system("cls");                      //清屏
                return 0;
            }
            }                                       //end switch
            cout<<endl<<endl;
            system("pause");                        //调用暂停指令,便于查看结果
            system("cls");                          //调用清屏指令

        }                                           //end while(true)
    return 0;
    }
```

习题 2

一、单选题

1. 某线性表中最常用的操作是在最后一个元素之后插入一个元素和删除第一个元素，则采用（　　）存储方式最节省运算时间。
   A. 单链表
   B. 仅有头指针的单循环链表
   C. 双链表
   D. 有尾指针的单循环链表

2. 单链表的主要优点是（　　）。
   A. 便于随机查询
   B. 存储密度高
   C. 逻辑上相邻的元素在物理上也是相邻的
   D. 插入和删除比较方便

3. 线性表采用链式存储时，其地址（　　）。
   A. 必须连续
   B. 一定不连续
   C. 部分连续
   D. 连续与否均可

4. 线性表中最常用的操作是取第 i 个元素的前趋元素，采用（　　）存储方式最节省时间。
   A. 顺序表
   B. 单链表
   C. 双链表
   D. 单循环链表

单选题答案：
1. D　2. D　3. D　4. A

二、多选题

1. 以下关于线性表的说法错误的是（　　）。
   A. 每个元素都有一个直接前驱和一个直接后继
   B. 线性表中至少要有一个元素
   C. 表中诸元素的排列顺序必须是由小到大或由大到小
   D. 除第一个和最后一个元素外，其余每个元素都有且仅有一个直接前驱和直接后继

2. 以下说法错误的是（　　）。
   A. 顺序存储方式的优点是存储密度大且插入、删除运算效率高
   B. 链表的每个结点中都恰好包含一个指针
   C. 线性表的顺序存储结构优于链式存储结构
   D. 顺序存储结构属于静态结构，而链式结构属于动态结构

3. 以下说法正确的是（　　）。
   A. 对循环链表来说，从表中任一结点出发都能通过前后移操作扫描整个循环链表
   B. 对简单链表来说，只有从头结点开始才能扫描表中全部结点
   C. 双链表的特点是找结点的前趋和后继都很容易

D. 对双链表来说,结点中既存放其前趋结点指针,也存放其后继结点指针

4. 以下说法正确的是( )。
   A. 求表长、定位这两种运算在采用顺序存储结构时实现的效率不比采用链式存储结构时实现的效率低
   B. 顺序存储的线性表可以直接存取
   C. 由于顺序存储要求连续的存储区域,所以在存储管理上不够灵活
   D. 线性表的链式存储结构优于顺序存储结构

5. 便于插入和删除操作的是( )。
   A. 单链表   B. 顺序表   C. 双链表   D. 循环链

6. 从表中任一结点出发都能扫描整个链表的是( )。
   A. 单链表   B. 顺序表   C. 双链表   D. 循环链表

7. 双向链表的主要优点是( )。
   A. 不再需要头指针
   B. 已知某结点位置后很容易找到其直接前驱结点
   C. 在进行插入、删除运算时能保证链表不断开
   D. 从表中任一结点出发都能扫描整个链表

8. 对顺序表的优缺点,以下说法正确的是( )。
   A. 无须为表示结点间的逻辑关系而增加额外的存储空间
   B. 可以方便地随机取表中的任一结点
   C. 插入和删除运算较为方便
   D. 由于要求占用连续空间,所以存储分配只能预先进行(静态分配)

多选题答案:
1. ABC 2. ABC 3. BCD 4. ABC 5. ACD 6. CD 7. BD 8. ABD

三、填空题

1. 顺序存储结构使线性表中逻辑上相邻的数据元素在物理位置上也相邻。因此,这种表便于_____存取。

2. 对一个线性表分别进行遍历和逆置运算,其最好的时间复杂性量级分别为_____和_____。

3. 在线性表的顺序存储中,元素之间的逻辑关系是通过_____决定的,链表式存储中,元素之间的逻辑关系是通过_____决定的。

4. 单链表(简单链表)表示法的基本思想是用_____表示结点间的逻辑关系。

5. 表头结点的 first 域值是链表中_____个数据元素结点的存储地址。

6. 表长为 0 的线性表称为_____。

填空题答案:

1. 直接

2. $O(n)$,$O(n)$

3. 物理存储位置,链指针

4. 链指针

5. 第一
6. 空表

四、简答题和算法题

1. 试分析线性表的特征。
2. 试编写从 n 个顺序存取的线性表元素中删除中间点元素的程序。
3. 某公司的仓库有一批电视机,按价格从低到高构成一个简单链表结构的账目文件,存储在计算机中,链表的每个结点包含单价及相应价格的电视机的数量。现又有 h 台价格为 m 的电视机入库,试写出修改其账目文件的算法。
4. 用简单链表存储一个整数序列 $a_1, a_2, \cdots, a_n$,然后按逆序 $a_n, a_{n-1}, \cdots, a_2, a_1$ 打印出该序列,试设计其算法。
5. 有两个简单链表 L 和 K,试写出将这两个链表合并为一个链表的算法(合并的结果可以实现存储在 L、K 或 M 中)。
6. 试给出交换链表两结点的算法。
7. 试写出简单链表排序的算法。
8. 描述以下 3 个概念的区别:表头指针、表头结点、第一元素结点指针。
9. 线性表有两种存储表示结构:顺序表和链表。试分析两种存储表示各有哪些主要优缺点。
10. 空白串与空串有何区别?

第 3 章 堆栈和队列

本章介绍计算机程序设计中应用非常广泛的数据结构：堆栈和队列。逻辑上讲，堆栈和队列应属于线性表的范畴，只是与线性表相比，它们的运算受到了严格的限制（故也称为限定性线性表）。之所以将它们单独讨论，是由于它们在程序设计中具有重要性。

3.1 堆栈的定义

3.1.1 堆栈的逻辑结构

堆栈（简称栈）是一个线性表，其数据元素只能从这个有序集合的同一端插入或删除，这一端称为堆栈的栈顶（top），而另一端称为堆栈的栈底（bottom）。

用第 2 章学到的知识来理解，也可以说，堆栈是限定只能在表头（或表尾）进行插入和删除运算的线性表。表头（或表尾）是开放运算的栈顶，另一端是封闭运算的栈底。

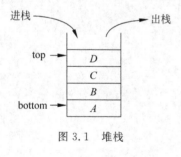

图 3.1 堆栈

现在用实例来说明这个定义的含义。如图 3.1 所示，它是一个栈，依次往栈中压入 4 个元素 A、B、C、D。则 A 在栈的最底下，B 在 A 的上面，C 在 B 的上面，D 又压在 C 的上面。若要访问这 4 个元素中除 D 外的元素只能先取出 D，才能取到 C，只有取出 C 之后，才能取出 B，最后才能取出 A。取出这 4 个元素的顺序是 D、C、B、A，与放入时的顺序恰好相反，故也称栈为后进先出表或先进后出表，简称 LIFO(Last In First Out)或 FILO(First In Last Out)表。

3.1.2 堆栈的抽象数据类型

堆栈的抽象数据类型如下：

```
ADT Stack
{
Data：是一个只能从同一端插入或删除限定性的线性表($e_0$,$e_1$,…,$e_{n-1}$)。
Relation：堆栈的一端($e_{n-1}$)称为栈顶(top)，而另一端($e_0$)称为栈底(bottom)。
Operation:
CreatStack(MaxStackSize)        //构造大小为 MaxStackSize 的空堆栈
IsEmpty()                       //判断堆栈是否为空，如果为空返回 true,否则返回 false
```

```
    IsFull()              //判断堆栈是否为满,如果为满返回 true,否则返回 false
    GetTop(result)        //返回栈顶元素
    Push(newvalue)        //向堆栈中压入元素值 newvalue
    Pop(result)           //从堆栈中弹出元素
}
```

压入运算也称进栈(或入栈)操作。它是将数据元素插入到堆栈的栈顶,相当于线性表的插入运算(InsertElement),即在线性表的末端插入一个元素。

弹出运算也称为出栈操作。它是将堆栈的栈顶元素取出,相当于线性表的删除运算(DeleteElement),即删除线性表的最后一个元素。

判栈空运算的作用是判断堆栈是否为空。为空时,若再执行弹出运算操作就是一个错误,发生这种情况称为下溢(underflow)。

判栈满运算的作用是判断堆栈是否已满(即预留的空间已被元素充满),若满,再执行压入堆栈运算就是一个错误,称为上溢(overflow)。

返回栈顶数据元素,即取出堆栈的栈顶上的元素值,但不删除栈顶上的元素,相当于查找线性表的最后一个数据元素。

如同线性表一样,堆栈也有顺序存储和链式存储两种存储方式。在不同的存储方式下,上述运算的执行过程是不相同的,下面就两种不同的存储方式讨论堆栈运算的实现。

3.2 堆栈的顺序存储及操作

3.2.1 堆栈顺序存储

1. 堆栈顺序存储概念

堆栈顺序存储方式,是将堆栈中的数据元素依次地存放于存储器相邻的单元,来保证堆栈数据元素逻辑上的有序性。

堆栈结构中,element 是堆栈数据存放空间,其中的第一个存储单元就是堆栈中栈底元素(e_0)存放的位置。top(top=$n-1$)指向堆栈中所有进栈元素的栈顶元素,即 top 是栈顶元素的地址。MaxSpaceSize 记录堆栈可以存储元素的最大空间值。

由于定义堆栈空间时采用的是数组,所以一般约定下标为 0 的元素空间就是栈底,这样就不用另设一个变量再来记录栈底指针 bottom。

假设堆栈中每个数据元素占用 size 字节空间,由图 3.2 可见,仍然可以像线性表中一样利用公式

$$\text{location}(e_i) = \text{location}(e_0) + i \times \text{size}$$

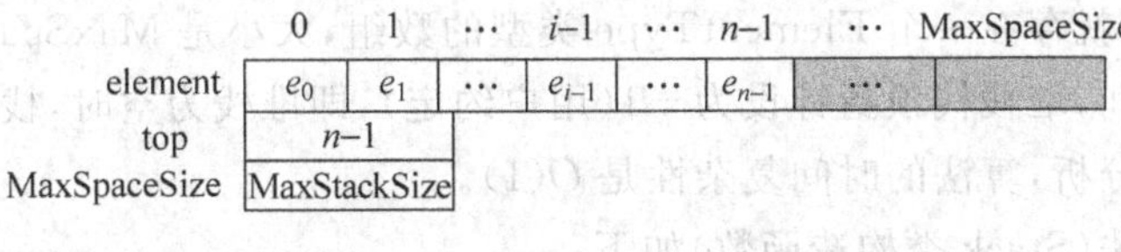

	0	1	...	$i-1$	...	$n-1$	...	MaxSpaceSize-1
element	e_0	e_1	...	e_{i-1}	...	e_{n-1}	...	
top	$n-1$							
MaxSpaceSize	MaxStackSize							

图 3.2 堆栈的顺序存储结构

求取堆栈中元素 e_i 的地址。但是,由于堆栈是一个受限的线性表,所以,一般情况下不做取中间数据元素的运算。

2. 顺序存储结构堆栈类定义

顺序堆栈类定义如下:

```
template<class StackType>
class Stack
{   //顺序存储结构堆栈模板类 Stack 的定义
    public:
        Stack(int MaxStackSize = 20);                    //构造函数
        ~Stack() {delete [] element;}                    //析构函数(释放空间)
        int GetTopAddress(){return top;};                //获取堆栈栈顶指针
        bool IsEmpty() {return top == -1;}               //判断堆栈空
        bool IsFull() {return top >= MaxSpaceSize;}      //判断堆栈满
        bool GetTop(StackType& result) ;                 //获取栈顶元素值,存放到 result
        bool Push(StackType& newvalue);                  //进栈: newvalue 值进栈
        bool Pop(StackType& result);                     //出栈: 出栈值存放到 result
    private:                                             //堆栈数据结构定义
        int top;                                         //堆栈栈顶指针
        int MaxSpaceSize;                                //堆栈空间大小
        StackType * element;                             //堆栈数据元素存放空间
};
```

Stack 模板类是一个顺序存储的堆栈,其中 element 是一个一维数组(静态存储空间),每个数组元素空间用于存放堆栈元素数据值,top 指向堆栈栈顶元素,MaxSpaceSize 记载堆栈可存储的最多数据元素个数。

3.2.2 顺序存储结构堆栈的运算实现

下面讨论顺序存储结构下堆栈的几种主要运算。

1. 构造空堆栈

构造空堆栈是 Stack 模板类的构造函数。所谓空堆栈是指堆栈中没有一个数据元素,但创建了数据元素的空间和堆栈结构,如图 3.3 所示。

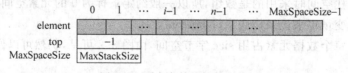

图 3.3 顺序存储堆栈的空栈

空堆栈产生后,就存在一个 ElementType 类型的数组,大小是 MaxSpaceSize,表中只有存放数据元素的空间,堆栈栈顶指针设为 -1(用户约定),即堆栈为空时,栈顶指针指向栈底空间的前面。不难分析,算法的时间复杂性是 $O(1)$。

构造空堆栈算法(Stack 类构造函数)如下:

```
template<class StackType>
```

```
Stack<StackType>::
Stack(int MaxStackSize)
{    ///构造函数,堆栈数据元素存放于element[0..MaxSpaceSize-1]
     MaxSpaceSize = MaxStackSize;
     element = new StackType[MaxSpaceSize];
     top = -1;
}
```

2. 判断堆栈是否为空

所谓堆栈为空,是指堆栈中没有一个数据元素,即栈顶指针 top 指向数据空间的第一个位置(0 下标的空间)的前面(top 的值为-1)。如堆栈不空,top 总是指向栈顶元素(top 的值为非-1)。

判断堆栈是否为空算法 IsEmpty 如下:

```
bool IsEmpty()
{    //判断堆栈是否为空
     if (top == -1) return true;
     return false;
}
```

3. 判断堆栈是否为满

所谓堆栈为满,是指堆栈的数据空间已经全部用完,即栈顶指针 top 指向数据空间的最大下标位置(MaxSpaceSize-1 下标的空间)。如堆栈不满,top 总是指向栈顶元素(top 的值小于 MaxSpaceSize-1)。

判断堆栈是否为满算法 IsFull 如下:

```
bool IsFull()
{    //判断堆栈是否为满
     if (top >= MaxSpaceSize-1) return true;
     return false;
}
```

4. 返回栈顶元素的值

返回堆栈栈顶元素的值,是指将 top 所指的堆栈元素的值取出,但是 top 指针不移动,当然,能够取得栈顶值的前提是栈中有元素存在。

返回栈顶元素值算法 GetTop 如下:

```
template<class StackType>
bool Stack<StackType>::
GetTop(StackType& result)
{    //获取栈顶元素值
     if (IsEmpty()) return false;
     result = element[top];
     return true;
}
```

5. 出栈运算

出栈(又称弹出)运算是将栈顶元素取出,且将栈顶指针 top 向下移动一个位置,即取出 top 所指的元素,然后,top 的值减 1。出栈时,首先要判断堆栈中是否存在元素可取,即先判断栈是否为空,不为空时可以出栈,否则出错。出栈后,top 指针要做相应的移动。注意,这个算法与取栈顶元素值的算法 GetTop 有所不同,两个算法都可以取得栈顶指针所指的元素值,但 GetTop 算法取值后不会移动 top 指针,即栈中元素的个数不发生改变。

出栈(弹出)算法 Pop 如下:

```
template<class StackType>
bool Stack<StackType>::
Pop(StackType& result)
{   //出栈
    if (IsEmpty()) return false;
        result = element[top--];
    return true;
}
```

6. 进栈运算

进栈(又称压入)运算是将一个新元素存储到当前 top 所指的空间的上一个位置,即 top+1 的元素空间中。进栈时,首先要判断堆栈中是否存在元素存放的空间,即先判断栈是否为满,不为满时,newvalue 可以进栈,否则出错。newvalue 进栈前,top 指针要先做相应的移动。

进栈(压入)算法 Push 如下:

```
template<class StackType>
bool Stack<StackType>::
Push(StackType& newvalue)
{   //进栈
    if (IsFull()) return false;
        element[++top] = newvalue;
    return true;
}
```

上面讨论的是堆栈的相关操作,可以看到,堆栈的顺序存储与线性表的结构基本上是一样的,而其操作比线性表的操作更简单。

3.3 堆栈的链式存储及操作

3.3.1 堆栈的链式存储

堆栈的链式存储结构的特点是用物理上不一定相邻的存储单元来存储堆栈的元素,为了保证堆栈元素之间逻辑上的连续性,存储元素时,除了存储它本身的数据内容以外,还附加一个指针域(也叫链域)来指出相邻元素的存储地址。

在 C++语言中,首先定义动态存储空间分配方式下堆栈的数据元素的类型:

```
template<class ElementType>
class ChainNode
{
public:
    ElementType              data;
    ChainNode<ElementType> * link;
};
```

在动态链式结构中,栈结点由两部分构成的,一是数据元素的数据域,二是数据元素的链接域,如图 3.4 所示。链接域指向更靠近栈底的相邻的栈元素存储空间的起始地址,链式栈中的第一个结点就是栈顶元素,最后一个结点就是栈底元素,最后一个结点的链接域的值为空。

图 3.5 给出了一个链式栈的结构,表头链接域 top 始终指向栈顶结点,即链表的第一个结点。对链式栈,一般不存在栈满问题,除非存储空间全部被耗尽;链式栈空表现为链式栈的 top 的值为空,即链表为空。

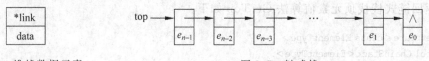

图 3.4　堆栈数据元素　　　　　　　　图 3.5　链式栈
　　　　结点结构

3.3.2　链式栈类的定义

链式栈类的定义如下:

```
template<class ElementType>
class ChainStack
{
    public:
        ChainStack() {top = NULL;}                //构造函数
        ~ChainStack();                            //析构函数
        bool IsEmpty() {return top == NULL;}      //判断堆栈空
        bool GetTop(ElementType& result);         //获取堆栈栈顶元素值
        bool Push( ElementType& newvalue);        //进栈
        bool Pop(ElementType& result);            //出栈
    private:
        ChainNode<ElementType> * top;             //top 指向栈顶结点
};
```

3.3.3　链式栈类运算的实现

1. 析构运算

所谓析构运算,是指删除堆栈中的所有结点,释放所有空间。

析构运算算法~ChainStack 如下：

```
template<class ElementType>
ChainStack<ElementType>::
~ChainStack()
{   //析构函数
    ChainNode<ElementType> *nextPtr;
    while (top)
    {
        nextPtr = top->link;
        delete top;
        top = nextPtr;
    }
}
```

2. 返回链式栈栈顶元素的值

返回链式栈栈顶元素的值，是指将 top 所指的堆栈元素的值取出，但是 top 指针不改变，当然，能够取得栈顶值的前提是栈中有元素存在。

返回链式栈栈顶元素值算法 GetTop 如下：

```
template<class ElementType>
bool ChainStack<ElementType>::
GetTop(ElementType &result)
{   //获取堆栈栈顶元素值
    if (IsEmpty()) return false;
    result = top->data;
    return true;
}
```

3. 链式栈出栈运算

链式栈的出栈运算是将 top 指针所指的结点值取出，且将栈顶指针 top 指向第一个结点的直接后继结点，并将原来的第一个结点空间释放。出栈时，首先要判断堆栈中是否存在元素结点可取，即先判断栈是否为空，不为空时可以出栈，否则出错。注意，这个算法与取栈顶元素值的算法 GetTop 有所不同，两个算法都可以取得栈顶指针所指的元素值，但 GetTop 算法取值后不会改变 top 指针，即栈中元素的个数不发生改变。

链式栈出栈算法 Pop 如下：

```
template<class ElementType>
bool ChainStack<ElementType>::
Pop(ElementType& result)
{   //出栈元素到 result
    if (IsEmpty()) return false;
    result = top->data;
    ChainNode<ElementType> *p = top;
    top = top->link;
    delete p;
```

```
        return true;
    }
```

4. 链式栈进栈运算

进栈运算是将一个新元素 newvalue 的结点压入到链式栈中，作为链表的第一个结点。newvalue 结点进栈后，top 指针则指向它。

链式栈进栈算法 Push 如下：

```
template<class ElementType>
bool ChainStack<ElementType>::
Push( ElementType& newvalue)
{   //newvalue 元素进栈
    ChainNode<ElementType> * p = new ChainNode<ElementType>;
    p->data = newvalue;
    p->link = top;
    top = p;
    return true;
}
```

3.4 多个栈共享邻接空间

以上讨论了单个栈顺序存储结构和动态链式存储结构方式下的实现和运算，它能够有效地控制后进先出的顺序数据处理。但是，仔细分析一下就可以发现，在顺序存储结构方式下，栈内的元素的多少往往受到堆栈 MaxSpaceSize 的限制。单个堆栈或因进栈元素过多造成上溢，或因进栈元素太少造成栈多数情况下不满，剩余空间又得不到充分利用。

实际中，有时候需要同时建立多个栈，则可以将这多个栈巧妙地安排在一起，让多个栈共享同一块存储空间，这样可以节省空间并高效地使用这些存储空间。

现在以两个栈 S1、S2 共享一块连续存储空间为例来说明这个问题。如图 3.6 所示，在同时建立两个栈的情况下，可以在内存开辟一块连续存储空间(一个数组)，存储空间的两头(数组的两端)分别为两个栈的栈底(bottom)。设空间的范围为(0..MaxSpaceSize-1)，则一个栈 S1 从下标 0(S1 栈栈顶)的数组元素空间向 MaxSpaceSize-1 下标方向延伸，而另一个栈 S2 从下标 MaxSpaceSize-1(S2 栈栈顶)的数组元素空间向 0 下标方向延伸。

图 3.6 两栈共享空间

除非空间的总容量耗尽，否则两个栈都不会出现栈满的情况。这样，两个栈都可以独立地向中间区域延伸，也就是说，两个栈的大小不是固定不变，而是可以伸缩的，中间区域可以成为两个栈的共享存储区，互不影响，直到两个栈的栈顶相邻时，才出现栈满。

这种处理思想就如同两栈中间有一个"活塞"一样，而这个"活塞"的厚薄表示两栈还可利用的存储空间大小。

在实际中,若要求使用两个栈,而每个栈的各自容量都不能确定,但两个栈的容量之和是一定时,采用这种方法最有效,它能充分利用存储空间。

对于如图 3.6 所示的这样两个栈共享存储空间的情况,栈的运算基本与一个栈的运算方法是一样的,只需要注意 S2 栈顶的伸缩方向与前面讨论的栈的定义的方向相反。所以,S1 栈的栈空仍为 S1.top=-1,S2 栈的栈空应为 S2.top=MaxSpaceSize。而且 S2 进栈和出栈操作时,栈顶指针 S2.top 的修改正好反过来。元素进栈前 S2.top--,元素出栈后 S2.top++。

另外,在两个栈共享相邻区间的情况下,栈满的条件应是两个栈栈顶相碰。两个栈栈满的条件应定义为

$$S1.top = S2.top - 1 \quad 或 \quad S1.top1 + 1 = S2.top2$$

需要说明的是,只有两个栈的元素类型相同,才能采用两个栈共享相邻的存储空间的办法。关于两栈共享空间的相关算法,本书不再详细讨论,留给读者自己完成。

3.5 堆栈的应用

3.5.1 检验表达式中括号的匹配

在将高级编译语言翻译成低级语言的过程中,编译程序或解释程序所做的第一件工作就是语法正确性检验,其中检验的主要内容之一就是程序中左右括号是否的匹配。如 C++ 语言中使用"{"和"}"作为一组语句的左右匹配符,表达式中"("和")"作为表达式运算时优先级的限定符等。下面就以表达式为例,来实现表达式中括号匹配的正确性检验算法。

为了问题的简化,假设表达式中只出现两种括号:"{"和"}","("和")"。被检验的表达式被看成一个字符串数组,如 expstr[]={(a+b*(c-d)-(x+y)+x*a)}。

在匹配性检验时,从左至右取出字符串中的每个字符。

(1) 如果取出的字符是一个左括号,就将它压入堆栈。

(2) 如果取出的字符不是括号字符,就再取表达式字符串中的下一个字符。

(3) 如果取出的字符是一个右括号,就从堆栈中退出一个左括号,并比较这两个括号:

- 如果取出的右括号是退出的栈顶左括号所对应的右括号,说明这两个括号匹配成功,继续取下一个字符。
- 如果取出的右括号不是退出的栈顶左括号所对应的右括号,说明这两个括号匹配失败,结束匹配过程,并报告出错。

将所有字符全部从字符串中取出(表达式的最后一个字符在实际中是回车符,这里约定为"#"字符)。

如果全部正确匹配,堆栈中应该是空状态,如果堆栈非空,则说明还有左括号未匹配,这时也应该报告出错。

如下面的例子:"{()()}{()#",最后,堆栈中还有一个括号"{"。

如果取出右括号后,堆栈中无出栈左括号与之比较,即堆栈已为空状态时,这时也应该报告出错。

如下面的例子:"{()()}}()#",在匹配过程中,当取出的是第二个"}"时,此时,堆栈已

没有可以出栈的左括号,说明这个"}"无匹配的字符。

下面给出括号的匹配算法 Matching：

```cpp
#define BRACKET StackType
class BRACKET
{
    public:
    char bracket;
};

void Matching (char exp[])
{
    int               MaxStackSize = 30;
    Stack<StackType>  S(MaxStackSize);
    StackType         temp;
    char              ch;
    ch = *exp++;
    temp.bracket = ch;
    while (ch != '#')
    {
        temp.bracket = ch;
        switch (ch)
        {
            case '(':
                {S.Push(temp); break;}
            case '[':
                {S.Push(temp); break;}
            case ')':
                {
                    if (!S.IsEmpty())
                    {
                        S.Pop(temp);
                        ch = temp.bracket;
                        if (ch!= '(')
                            cout<<"ERROR11: 右边是),左边不是("<<endl;
                    }
                    else
                        cout<<"ERROR12: 右边是),左边没有任何括号!"<<endl;
                    break;
                }
            case '}':
                {
                    if (!S.IsEmpty())
                    {
                        S.Pop(temp);
                        ch = temp.bracket;
                        if (ch != '{')
                            cout<<"ERROR21: 右边是},左边不是{"<<endl;
                    }
                    else
```

```
                    cout <<"ERROR22:右边是},左边没有任何括号!"<< endl;
                    break;
            }
        }
        ch = * exp++;
    }
    if (!S.IsEmpty()) cout <<"ERROR3:左边有括号,但右边没有括号了!"<< endl;
}
```

3.5.2 表达式的求值

在将高级编译语言翻译成低级语言的过程中,编译程序或解释程序要做的另一件工作就是表达式的转换。所谓表达式的转换,就是将在高级语言源程序中的表达式转换为另一种书写顺序,以后运算时按转换后的表达计算结果。

在高级语言中,表达式的书写格式只是其最初的表现形式,实际上,表达式的书写格式有多种方式。任何一个表达式都是由操作数(运算对象)、操作符(运算符)、界定符(括号或结束符)组成,其中,操作数和操作符是主要的两个部分,这两个部分可以有 3 种书写顺序:

中缀表达式:〖操作数〗〖操作符〗〖操作数〗。
前缀表达式:〖操作符〗〖操作数〗〖操作数〗。
后缀表达式:〖操作数〗〖操作数〗〖操作符〗。

例如代数式 X÷Y－(A＋B×C)÷D 的表达式有以下 3 种书写顺序:

中缀表达式:X / Y － (A ＋ B * C) / D。
前缀表达式:－ / XY / ＋ A * BCD。
后缀表达式:XY / ABC * ＋ D / －。

这 3 种表达式的书写顺序不同,平常使用的就是中缀表达式。在中缀表达式中,有时为了限定运算次序,需要使用括号来实现,但是,在前缀表达式和后缀表达式中就不需要括号,而是以操作符和运算符的排列顺序来表示运算的顺序。

前缀表达式的运算规则是:连续出现的两个操作数与在它们前面且紧靠它们的运算符构成一个最基本的运算步骤。

后缀表达式的运算规则是:每个运算符与在它之前出现且紧靠它的两个操作数构成一个最基本的运算步骤。后缀表达式中,运算符出现的顺序就是表达式的运算顺序。

下面假设表达式已经被书写成后缀表达式形式,并将表达式存储在一个字符串中,然后从左至右地扫描这个字符串,并利用堆栈,最终求出表达式的结果。

表达式运算的算法思想:从左至右依次从字符串中取出每个字符。若取出的字符为字母,则是一个操作数,将其压入堆栈;否则是一个操作符,从堆栈中退出一个值(第一个操作数),再从堆栈中退出一个值(第二个操作数),将两个操作数与运算符做相应的运算。

假设 Operate(f1,op,f2)返回 f1 和 f2 进行 op 运算的结果,算法中,假设只有加、减、乘、除四种运算符。表达式的求值算法 Evalution 如下:

```
#define DIGITAL StackType
class DIGITAL
{
```

```cpp
    public:
        float value;
};

StackType Operate(StackType f1,char ch,StackType f2)
{
    StackType result;
    switch(ch)
    {
        case '+':
        {
            result.value = f2.value + f1.value;
            break;
        }
        case '-':
        {
            result.value = f2.value - f1.value;
            break;
        }
        case '*':
        {
            result.value = f2.value * f1.value;
            break;
        }
        case '/':
        {
            result.value = f2.value/f1.value;
            break;
        }
    }
    return result;                              //返回计算结果
}
void Evalution(char *suffixexp, StackType &result)
{    //计算后缀表达式的值
    char     ch ;
    StackType x;
    StackType f1,f2;                            //两个进栈操作数定义

    int MaxStackSize = 10;
    Stack < StackType > S(MaxStackSize);        //创建 S 堆栈

    ch = *suffixexp++;           //获取后缀表达式的第一个字符,并准备好获取下一个地址
    while (ch != '#')
    {
        if (!(ch=='+' || ch=='-' || ch=='*' || ch=='/'))
        {
            x.value = (int)ch - 48;             //获取的操作数转换为数值型数据
            S.Push(x);
        }
        else
        {
```

```
            S.Pop(f1);              //第一个操作数出栈
            S.Pop(f2);              //第二个操作数出栈
            x = Operate(f1,ch,f2);  //完成两个操作数的 ch 运算,并返回结构到 x 中
            S.Push(x);              //表达式运算结果重新进栈
        }
        ch = * suffixexp++;
    }
    S.Pop(result);
}
```

3.5.3 背包问题求解

假设有一个能容纳货物总体积为 TotalVolume 的背包,另有 n 个体积分别是 $w_1, w_2, \cdots,$ w_n 的货物,现在要在 n 件货物中选出若干件货物恰好装满背包,求出满足要求的所有解。

实现背包问题的思想是利用尝试回逆法。首先将所有的货物从 0 到 $n-1$ 编号,每个货物的信息包括编号(number)、名称(name)、存放位置(place)、体积(weight),货物存储的信息存放在线性表的 element[] 空间中,以后货物就用货物编号来表示。另外,算法实现时使用一个堆栈 S。

算法的思想如下:

从 0 号货物开始顺序地选取货物,如果可以装入背包(装入后不满),则将该货物的编号进栈(堆栈的数据是暂时确定装入背包的货物编号)。

如果当前选取的 k 编号的货物装不进去(如果装入,则总体积大于 TotalVolume),则选取下一个货物($k+1$ 编号的货物),尝试装入背包。

如果尚未求得解,又已无货物可选,则说明上一个装入的货物不合适,就将堆栈退出一个货物编号,再选取这个退出编号的下一个编号的货物尝试。

每求得一组解,就输出堆栈中的所有物品编号(输出不出栈,只是遍历所有堆栈中的数据),然后,退出栈顶数据,再选取当前退出编号的下一个编号的货物尝试,直到堆栈为空(无出栈数据),且达到最大编号的货物。

假设线性表中货物的体积存放在 w 数组成员中,背包的体积 $T=10$,下面讨论算法过程中各种值的变化状态,如图 3.7 所示。

背包问题求解算法由主算法 Knapsack 和输出一种组合结果算法 TraverseStack 构成。完成求解的算法是 Knapsack。每一种组合解的数据都存放在堆栈 S 中,每求得一个解,就调用 TraverseStack 算法输出所求的组合。

TraverseStack 算法输出时,先将组合数据逐个地从 S 堆栈中出栈,输出对应的货物信息,再将出栈的值进栈保存到 Skeep 堆栈中,出栈输出 S 堆栈的所有组合数据后,再从 Skeep 堆栈恢复数据到 S 堆栈中。完成一个组合方案的求解过程。

背包问题求解算法 Knapsack 如下:

```
#define PRODUCTS ElementType
class PRODUCTS
{   //线性表数据元素的结构,货物信息存放于线性表的 element[]空间
public:
    char number[10];                  //货物编号
```

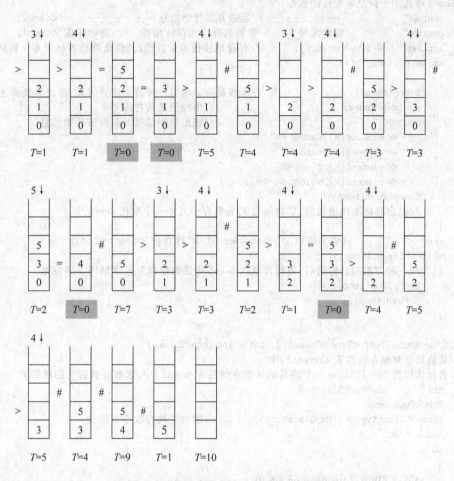

图 3.7 背包求解过程中栈及 T 的变化

```
        char name[10];                  //货物名称
        char place[20];                 //存放位置
        int  weight;                    //货物体积
};
class StackType
{
  public:
    int index;                          //货物编号
};
void TraverseStack(Stack<StackType> &S,ElementType element[])
{   //逐个地输出堆栈中的数据元素(一个货物组合方案).堆栈中的数据只输出,不改变
    //代入的堆栈 S 一定要以引用方式传地址,此输出算法会出栈输出
    //再进栈保存,用于寻找下一个组合.货物信息只输出,不改变
    int     k;
    int     topkeep;
    StackType temp;
```

```cpp
       int        MaxStackSize = 50;
       Stack < StackType > Skeep(MaxStackSize);
//Skeep 堆栈用于暂存 S 堆栈的数据输出 S 堆栈的一个组合方案
//Skeep 堆栈用于恢复 S 堆栈的数据
       cout <<"              -------------- 运送方案货物信息 -------------- "<< endl;
       cout <<"            货物编号       货物名称      存放位置       货物体积"<< endl;
       topkeep = S.GetTopAddress();          //保存堆栈栈顶指针值,其值是堆栈数据元素个数减 1
       while(!S.IsEmpty())
       {
           S.Pop(temp);                      //出栈是为了输出一种货物组合方案,输出后还要还原堆栈
           k = temp.index;                   //出栈值是货物编号 k
           cout <<"            "            //输出货物编号 k 对应的货物信息
               << element[k].number <<"         "
               << element[k].name <<"         "
               << element[k].place <<"         "
               << element[k].weight << endl;
           Skeep.Push(temp);
           //输出后将堆栈出栈值(货物编号 k)先暂存于另外一个堆栈 Skeep 中
       }
       cout <<"         该方案有以上"<< topkeep + 1 <<"件货物"<< endl << endl;
       while(!Skeep.IsEmpty())
       {   //一种方案组合输出后,用暂存堆栈 Skeep 中的数据恢复原来堆栈 S 的数据
           Skeep.Pop(temp);
           S.Push(temp);
       }
}
void Knapsack(ElementType element[], int n, int TotalVolume)
{//货物信息存储在线性表 element[]中
 //背包体积为 TotalVolume,n 个物品的体积存储在 element[]中,求解装满背包的所有解
       int        MaxStackSize = 50;
       StackType temp;
       Stack < StackType > S(MaxStackSize);          //组合结构存放于 S 堆栈
       int k = 0;
       do
       {
           while (TotalVolume > 0 && k < n)
           {   //剩余总体积和货物没有尝试完,继续尝试新组合
               if (TotalVolume - element[k].weight >= 0)
               {   //剩余总体积与要进入当前组合的货物体积之差大于 0 时,货物进入当前组合
                   temp.index = k;
                   S.Push(temp);                     //k 编号的货物进入当前组合
                   TotalVolume = TotalVolume - element[k].weight;
                   //剩余总体积减去 k 编号的货物体积
               }
               k++;
           }
           if (TotalVolume == 0)
             TraverseStack(S,element);              //输出堆栈中已找到的一个货物组合方案的数据
           S.Pop(temp);                             //出栈,准备重新选择其他货物编号进栈
           k = temp.index;
           TotalVolume = TotalVolume + element[k].weight;
           //出栈货物体积还原剩余总体积
           k++;                                     //重新选择其他货物编号
```

```
        } while (!S.IsEmpty() || k != n);
            //堆栈中还原货物存在,或者货物没有试完,继续寻找新组合
}
```

图 3.8 是 TotalVolume=100 时 6 件货物求解的结果,有 4 种方案,每一种方案都是上述算法得出的结果。

```
*************** 背包问题求解 ***************
**************** 货物信息 ****************
    货物编号       货物名称       存放位置       货物重量
    10000         AAAAA         wwww0          20
    10001         BBBBB         wwww1          30
    10002         CCCCC         wwww2          40
    10003         DDDDD         wwww3          50
    10004         EEEEE         wwww4          80
    10005         FFFFF         wwww5          10
***************************************

————— 运送方案货物信息 —————              ————— 运送方案货物信息 —————
货物编号  货物名称  存放位置  货物重量       货物编号  货物名称  存放位置  货物重量
10005    FFFFF    wwww5     10            10003    DDDDD    wwww3     50
10002    CCCCC    wwww2     40            10001    BBBBB    wwww1     30
10001    BBBBB    wwww1     30            10000    AAAAA    wwww0     20
10000    AAAAA    wwww0     20
————————————————————————              ————————————————————————
该方案有以上4件货物                          该方案有以上3件货物

————— 运送方案货物信息 —————              ————— 运送方案货物信息 —————
货物编号  货物名称  存放位置  货物重量       货物编号  货物名称  存放位置  货物重量
10004    EEEEE    wwww4     80            10005    FFFFF    wwww5     10
10000    AAAAA    wwww0     20            10003    DDDDD    wwww3     50
                                          10002    CCCCC    wwww2     40
————————————————————————              ————————————————————————
该方案有以上2件货物                          该方案有以上3件货物
```

图 3.8 背包问题求解结果

3.5.4 地图四染色问题求解

用不多于 4 种颜色为地图染色,使相邻的行政区不重色,是计算机科学中著名的四色定理的典型应用,这个定理的思想是以回溯的算法对一幅给定的地图染色。这种解法不是按照固定的计算法则,而是通过尝试与纠正错误的过程来完成任务的。其典型特征是:尝试可能最终解决问题的各个步骤,并加以记录。而随后当发现某步骤进入"死胡同"、不能解决问题时,就把它取出来删掉,再取一个新的值尝试,直至所有数据都尝试过或者找到所求结果。这种尝试与纠正错误的过程本身就是进栈和出栈的一个典型应用的例子。

下面根据上述思想,结合实例来学习四染色问题的应用。假设已知地图的行政区如图 3.9 所示,

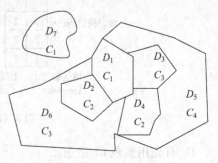

图 3.9 地图的染色

各行政区的名称以 $D_1 \sim D_7$ 来表示，同时用 $C_1 \sim C_4$ 来表示各区的颜色。

染色过程的思想如下：

设当前准备染色的行政区是 D_i，当前准备使用的颜色是 C_j。

从第一号行政区开始逐一染色，每一个区域逐次用颜色 C_1,C_2,C_3,C_4 进行试探，直到所有区域全部被染色。

若用 C_j 颜色为 D_i 行政区染色，则与周围已染色的行政区（进入堆栈的行政区为暂时确定了颜色的区域）不重色，则将该区域的 C_j 和 D_i 进栈（进栈内容为地区编号和颜色编号）；否则依次用下一颜色进行试探。

若对当前处理的地区用 4 种颜色中的任意一种染色，均与已染色的相邻区域发生重色，则需修改当前栈顶（上一个染色地区）的颜色，即出栈回溯，以另一种颜色对出栈的地区重新染色。

实现这个算法时用一个 $n \times n$ 的相邻关系矩阵 r 来描述各地区之间的边界关系，若第 i 号区域与第 j 号区域相邻，则 $r[i][j]=1$，否则 $r[i][j]=0$。关系矩阵如图 3.10 所示。

$$r = \begin{pmatrix} 0 & 1 & 1 & 1 & 1 & 1 & 0 \\ 1 & 0 & 0 & 0 & 0 & 1 & 0 \\ 1 & 0 & 0 & 1 & 1 & 0 & 0 \\ 1 & 0 & 1 & 0 & 1 & 1 & 0 \\ 1 & 0 & 1 & 1 & 0 & 1 & 0 \\ 1 & 1 & 0 & 1 & 1 & 0 & 0 \\ 0 & 0 & 0 & 0 & 0 & 0 & 0 \end{pmatrix}$$

图 3.10 区域相邻的关系矩阵

用栈 S 记载每个区域当前的染色结果，堆栈中的元素记载每个被染色的地区和对应的颜色。

染过色的区域（可能是暂时确定的结果）存放在 S 堆栈中，当前染色的区域要与堆栈中已染色的区域逐一比较是否发生冲突。逐一比较就是要将 S 堆栈中的已染色区域逐一出栈比较，而这些堆栈不是最终出栈，而是为了比较的临时出栈，无论是否发生冲突，临时出栈的数据都要重新再进栈。

在算法中，创建另一个堆栈 Skeep，保存 S 堆栈中临时出栈的数据，比较完成后，再将 Skeep 堆栈中的数据出栈，并进栈到 S 堆栈中，实现 S 堆栈数据的恢复。

图 3.11 为区域 D_1、D_2、D_3 的染色结果（暂时结果）。

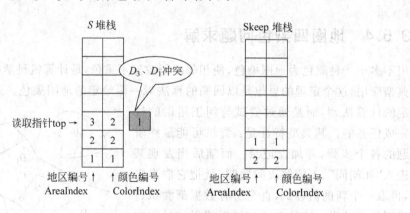

图 3.11 D_1、D_2、D_3 染色堆栈

D_1 首先用颜色 C_1 染色。

D_2 首先用颜色 C_1 染色，与进入堆栈中染过色的 D_1 进行比较，由于 D_2 与 D_1 相邻，所

以不能使用颜色 C_1，调整颜色为 C_2，再为 D_2 染色。

D_3 首先用颜色 C_1 染色，与进入堆栈中染过色的 D_2、D_1 进行比较，由于 D_3 与 D_1 相邻，且同为颜色 C_1，所以不能使用颜色 C_1；调整颜色为 C_2，再与进入堆栈中染过色的 D_2、D_1 进行比较，无冲突，所以为 D_3 使用 C_2 进行染色。

Skeep 的状态是最后一次恢复 S 堆栈前的状态。

图 3.12 为区域 D_4 的染色过程。

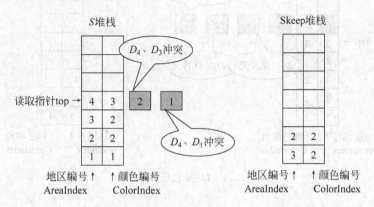

图 3.12 D_4 染色堆栈

D_4 首先用颜色 C_1 染色，与进入堆栈中染过色的 D_3、D_2、$D1$ 进行比较，由于 D_4 与 D_1 相邻，且同颜色 C_1，所以不能使用颜色 C_1；调整颜色为 C_2，再与进入堆栈中染过色的 D_3、D_2、D_1 进行比较，由于 D_4 与 D_3 相邻，且同颜色 C_2，所以不能使用颜色 C_2；调整颜色为 C_3，再与进入堆栈中染过色的 D_3、D_2、D_1 进行比较，无冲突，所以为 D_4 使用 C_3 进行染色。

Skeep 的状态是最后一次恢复 S 堆栈前的状态。

图 3.13 为区域 D_5 的染色过程。

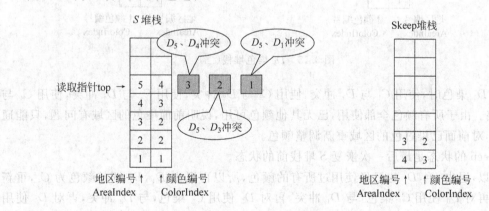

图 3.13 D_5 染色堆栈

D_5 首先用颜色 C_1 染色，与进入堆栈中染过色的 D_4、D_3、D_2、D_1 进行比较，由于 D_5 与 D_1 相邻，且同颜色 C_1，所以不能使用颜色 C_1；调整颜色为 C_2，再与进入堆栈中染过色的 D_4、D_3、D_2、D_1 进行比较，由于 D_5 与 D_3 相邻，且同颜色 C_2，所以不能使用颜色 C_2；调整颜色为 C_3，再与进入堆栈中染过色的 D_4、D_3、D_2、D_1 进行比较，由于 D_5 与 D_4 相邻，且同颜色

C_3，所以不能使用颜色 C_3；调整颜色为 C_4，再与进入堆栈中染过色的 D_4、D_3、D_2、D_1 进行比较，无冲突，所以为 D_5 使用 C_4 进行染色。

Skeep 的状态是最后一次恢复 S 堆栈前的状态。

图 3.14 和图 3.15 为区域 D_6 的染色过程。

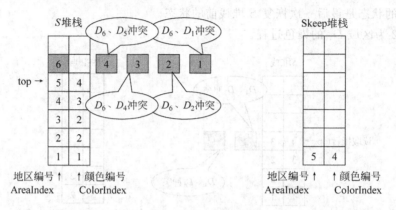

图 3.14 D_6 染色堆栈（一）

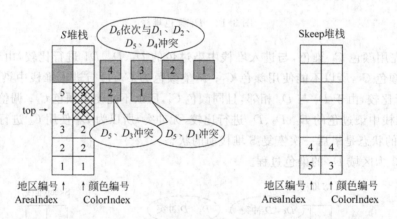

图 3.15 D_6 染色堆栈（二）

为 D_6 染色时，使用 C_1 与 D_1 冲突，使用 C_2 与 D_2 冲突，使用 C_3 与 D_4 冲突，使用 C_4 与 D_5 冲突。由于所有颜色全部使用，已无其他颜色可用，说明前面染色的区域有问题，只能通过出栈，对前面已染过色的区域重新调整颜色。

Skeep 的状态是最后一次恢复 S 堆栈前的状态。

所以，退出 D_5，D_5 也已经使用过所有的颜色，所以再退出 D_4，D_4 调整颜色为 C_4，重新染色。再对 D_5 使用 C_1 染色，与 D_1 冲突，再对 D_5 使用 C_2 染色，与 D_3 冲突，再对 D_5 使用 C_3 染色，不冲突。然后，再次对 D_6 进行染色。

为 D_6 再染色过程中，使用 C_1 与 D_1 冲突，使用 C_2 与 D_2 冲突，使用 C_3 与 D_5 冲突，使用 C_4 与 D_4 冲突。由于所有颜色全部使用，已无其他颜色可用，说明前面染色的区域仍然有问题，只能通过出栈，对前面已染过色的区域进行重新调整颜色。后面的染色过程的思想与前述过程相同。

下面给出四染色问题的数据结构定义和算法 MapColor 如下：

```
#define MAP         ElementType                //实例数据元素句柄化
#define AreaIndex   key                        //实例数据元素关键字句柄化
struct MAP
{
    int   AreaIndex;                           //地区编号
    char  AreaName[20];                        //地区名称
    int   ColorIndex;                          //颜色编号
};
class StackType
{
  public:
    int AreaIndex;                             //地区编号
    int ColorIndex;                            //颜色编号
};
void MapColor(int r[8][8], int n, Stack<StackType> &S)
{   //将地图用4种颜色染色,n个地区间的相邻关系在r数组中表示
    int MaxStackSize = 20;
    Stack<StackType> Skeep(MaxStackSize);      //创建堆栈对象 Skeep
//  Stack<StackType> S(MaxStackSize);          //创建堆栈对象 S
    //染色结果在S堆栈中
    //如果本算法在外部创建S堆栈,作为引用参数代入此算法中,结果会带出
    //可以在本算法中创建堆栈对象S,用return S返回结果
    StackType x, temp;                         //StackType 是堆栈元素的数据类型
    bool     flag;

    int currentArea = 1;                       //当前准备染色的区域编号,从1号地区开始
    int currentColor = 1;                      //当前准备使用的颜色编号,从1号颜色开始
    x.AreaIndex = currentArea;
    x.ColorIndex = currentColor;
    S.Push(x);                                 //1号地区以1号颜色染色,并进栈
    currentArea ++;                            //地区编号增1,准备为新地区染色
    while (currentArea <= n)
    {
        flag = true;                           //flag为真时,表示与堆栈中已染色的区域比较时未发现重色
        while (!S.IsEmpty() && flag)
        {   //从栈顶至栈底与已染色区域逐个比较有无重色
            S.Pop(x);                          //读取栈中一个数据元素,比较冲突
            Skeep.Push(x);                     //出栈元素保存到 Skeep 堆栈,以便恢复
            if (x.ColorIndex == currentColor && r[currentArea][x.AreaIndex])
            //栈中读出的区域与当前准备染色的区域要使用的颜色相同,且两个区域相邻
                flag = false;                  //无法使用当前颜色染色,需改变颜色或出栈,结束比较
        }
        if (flag)
        {   //与已染色区域比较,无一同色
            //将当前区域号及使用颜色进栈,并准备下一个区域号,从颜色1开始尝试
            x.AreaIndex = currentArea;
            x.ColorIndex = currentColor;
            while(!Skeep.IsEmpty())
            {   //从 Skeep 堆栈中恢复 S 堆栈的数据(S中为暂时染色的区域)
                //准备下一个区域染色时堆栈的初始数据
                Skeep.Pop(temp);
```

```
                S.Push(temp);
            }
            S.Push(x);                      //当前染色区域进栈
            cout<<"  【进栈】"<<endl;
                S.DisplayStack();           //这个输出可以给出整个进栈过程
            currentArea ++;
            currentColor = 1;

        }
        else
        {
            currentColor ++;                //准备用下一种颜色重新尝试
            while(!Skeep.IsEmpty())
            {   //从 Skeep 堆栈中恢复 S 堆栈的数据(S 中为暂时染色的区域),
                //退出栈顶染色区域,重新染色
                Skeep.Pop(temp);
                S.Push(temp);
            }
            while (currentColor > 4)
            {   //如果当前使用的颜色或退出的栈顶使用的颜色超过 4
                //说明栈顶染色不对,需出栈
                S.Pop(x);                   //退出栈顶染色区域,重新染色
                cout<<"  【出栈】"<<endl;
                S.DisplayStack();           //这个输出可以给出整个出栈过程
                currentColor = x.ColorIndex + 1;         //调整染色编号,再尝试
                currentArea = x.AreaIndex;
            }
            flag = true;
        }
    }
    //return S;                             //S 堆栈在此算法内部定义时,可以使用这个方式返回 S 中的结果
}
```

堆栈的运算在计算机科学中应用相当广泛,无论是在系统软件还是在应用设计软件中,堆栈随处可见,在第 4 章中树的多种非递归运算都将使用堆栈。

3.6 队列的定义

3.6.1 队列的逻辑结构

逻辑上,队列也本应属于线性表的范畴,只是与线性表相比,队列的运算受到了严格的限制(故也称为限定性线性表)。

队列是一个线性表,其数据元素只能从这个线性表的一端插入,插入端称为队列的队尾(rear),而从另一端删除,删除端称为队列的队头(front)。

也可以说,队列是限定只能在表头(或表尾)进行插入和在表尾(或表头)删除运算的线

性表。表头和表尾为开放运算的两端。

现在用实例来说明这个定义的含义。图 3.16 是一个队列，依次往队列中插入 4 个元素 X、A、B、C、D。则 X 在队列的最前面，B 在 A 的后面，C 在 B 的后面，D 又在 C 的后面。在这个队列中只能先取出 X，才能取出 A，图中给出了取出 X 后的示意图。

取数据（删除）又称出队，总是从队列中 front 所指的位置取出数据。插入数据又称进队，总是在队列中 rear 所指的位置后面添加。取出数据与插入时的顺序恰好相同，故队列也称为先进先出表，简称 FIFO(First In First Out)表。

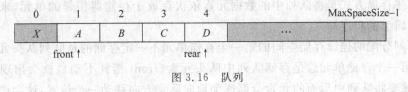

图 3.16　队列

3.6.2　队列的抽象数据类型

队列的抽象数据类型如下：

```
ADT Queue
{
    Data: 一个从两端分别进行插入和删除的限定性线性表
    Relation: 队列的一端称为队头(front),而另一端称为队尾(rear)
    Operation:
        CreatQueue(MaxQueueSize)    //构造大小为 MaxQueueSize 的空队列
        IsEmpty()                   //判断队列是否为空,如果为空返回 true,否则返回 false
        IsFull()                    //判断队列是否为满,如果为满返回 true,否则返回 false
        GetFront(result)            //返回队列队头元素到 result 中
        GetRear(result)             //返回队列队尾元素到 result 中
        EnQueue(newvalue)           //向队列添加元素 newvalue(进队)
        DeQueue(result)             //从队列取出元素到 result 中(出队)
}
```

进队运算是将数据元素值 newvalue 添加到队列的队尾指针所指的元素后面的空间中。它相当于线性表的插入运算，即在线性表的末端插入一个元素。

出队操作是将队列的队头元素取出，相当于线性表的删除运算，即删除线性表的第一个元素。

判队列空运算的作用是判断队列是否为空。为空时，若再执行出队操作就发生错误，这种情况称为下溢(underflow)。

判队列满运算的作用是判队列是否已满（即预留的空间已被元素充满），若满，再执行入队运算就发生错误，称为上溢(overflow)。

返回队头数据元素即取出队列的队头上的元素值，但不删除队头上的元素，相当于查找第一个数据元素。

如同线性表一样，队列也有顺序存储和链式存储两种存储方式。在不同的存储方式下，上述运算的实现是不相同的，下面就两种不同的存储方式讨论队列运算的实现。

3.7 队列的顺序存储及操作

3.7.1 队列的顺序存储

1. 队列顺序存储概念

队列顺序存储方式是将队列中的数据元素依次存放于存储器相邻的单元,来保证队列数据元素逻辑上的有序性。

但为队列分配的连续存储空间的第一个存储单元不一定存储的是队列队头元素。这是因为,如果第一个存储单元总是存储队列中队头元素(front 指针不动),就会出现每次出队一个元素,就要将队列中后面的元素全部逐个地向队头方向移动一个位置,这会产生大量数据的移动,影响算法效率,如图 3.17 和图 3.18 所示。

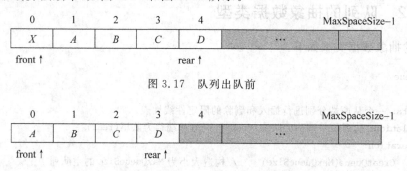

图 3.17 队列出队前

图 3.18 队列出队后(元素前移)

如果定义队列在每次进队或出队时,队头指针 front 或队尾指针 rear 就后移一个位置,是否就解决了队列的所有问题呢?回答是否定的。因为,如果出队或进队时,队列指针单纯地向同一个方向移动,就会造成队列像一条蠕虫慢慢地"爬过"队列定义的全部空间,而这条蠕虫只要"爬过"的空间就无法再次得到利用,即造成 front 指针前面的存储单元不能再存储数据元素,如图 3.19 所示。

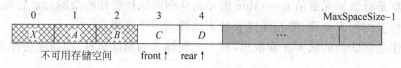

图 3.19 队列"爬过"存储空间

可见,无论是用静态队头方式还是用简单的动态队头方式构造队列运算,都会出现问题,要想合理地解决这些问题,就要重新定义队列中指针的变化。

解决的办法是,从逻辑上将队列空间的头尾看成是相连的,即 0 下标的存储单元与 MaxSpaceSize−1 下标的存储单元是相邻的。无论是 front 指针还是 rear 指针移到最后一个存储单元(MaxSpaceSize−1 位置)时,如果继续后移,就会移到队列存储的开始位置(0 下标位置)。这样,队列就可以循环地利用所定义的存储空间,由于队列的指针动起来了,出队运算时,不必移动大量数据,空间又不会被慢慢地耗尽,只要还有空间未存放队列元素,队列就不会满。图 3.20 就是队列指针"转头"的示例。

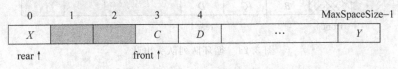

图 3.20 队列指针转头

事实上,至此为止问题还没有完全解决。下面首先分析队列中如果没有一个队列元素(即队列为空时)队列的指针状态。以图 3.20 为例,将队列中的所有元素全部出队。队列出队时,总是将 front 所指的元素值取走,然后将 front 指针后移一个位置。队列中的全部元素出队后队列的指针状态如图 3.21 所示。可见,队空时 front 指针指向 rear 指针的"下一个"位置。

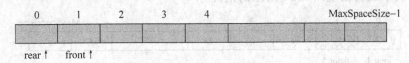

图 3.21 队列为空

如果在图 3.20 所示中再插入若干个元素,直到队满(所有存储空间都存放数据元素),则出现如图 3.22 所示的状态。

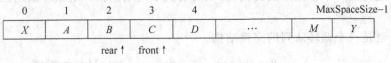

图 3.22 队列为满

从图 3.22 可见,front 指针指向 rear 指针的"下一个"位置。就是说,无论队空或队满,指针的相对位置是一样的。这就使判断队空和队满出现问题。

解决这个问题的方法是:在定义的队列存储空间中留出一个数据元素的空间不用(为了保持队列空间有 MaxSpaceSize,在定义数组时,设数组的大小是 MaxSpaceSize+1),可以理解这个不用的空间是一个环形管中的"活塞",它总是紧邻队列中的第一个数据元素,是可以移动的,即这个空间随着队头元素的移动而移动;另外,将队头指针做一点调整,使 front 指针始终指在这个不用的空间位置上,队尾指针仍然指在队列中的最后一个数据元素,如图 3.23 所示。

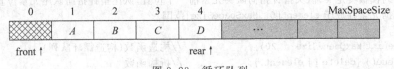

图 3.23 循环队列

如此定义后,再来讨论出队及队空、进队及队满的情况。出队时,首先将 front 指针移动到"下一个"位置,再将 front 所指的数据元素取出(如图 3.24 所示,数据元素 A 出队)。

当队列中的所有数据元素全部出队后,队列为空时,front 和 rear 正好指向同一个位置,即 front=rear,如图 3.25 所示。

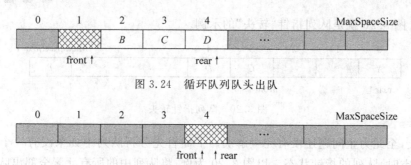

图 3.24 循环队列队头出队

图 3.25 循环队列为空状态

进队时,首先将 rear 指针移动到"下一个"位置,再将新数据元素存到 rear 所指的位置,如果队列存满了就会出现图 3.26 所示的情况。

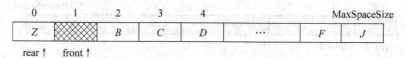

图 3.26 循环队列存满

此时,队尾指针 rear 的"下一个"位置就是 front 指针所指的位置,即队满时的指针状态。

至此,通过付出一个存储空间的代价,最终解决了对动态指针的循环队列区分队空和队满的问题。

图 3.27 就是一个循环队列的完整结构。

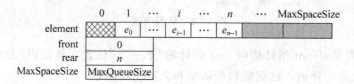

图 3.27 循环队列的顺序存储结构

2. 顺序存储结构队列的模板类定义

```
template< class QueueType >
class Queue
{   //队列模板类定义.队头指针指向队头元素前一个位置,队尾指针指向队尾元素位置
    //数据元素存放于 element[0..MaxSpaceSize]范围
public:
    Queue(int MaxQueueSize = 20);            //构造函数(构造循环队列)
    ~Queue() {delete [] element;};           //析构函数
    bool IsEmpty(){return front == rear;};   //判断队列空
    bool IsFull(){return (front == (rear+1) % (MaxSpaceSize+1) ? 1 : 0);};
                                             //判断队列满
    bool GetFront(QueueType& result);        //获取队头元素值
    bool GetRear(QueueType& result);         //获取队尾元素值
    bool EnQueue(QueueType& newvalue);       //循环队列进队
    bool DeQueue(QueueType& result);         //循环队列出队
```

```
private:                                        //队列数据结构定义
    QueueType * element;                        //队列元素空间
    int        front;                            //队头指针
    int        rear;                             //队尾指针
    int        MaxSpaceSize;                     //队列空间大小
};
```

Queue 是一个顺序存储的队列，其中 element 是一个一维数组首地址，每个数组元素空间用于存放队列元素数据值，front 指向队列的队头元素的"前一个"位置，rear 指向队列中的队尾元素，MaxSpaceSize 记载队列可存储的最多数据元素（实际的数组空间为 MaxSpaceSize+1）。

3.7.2 顺序存储结构下队列的运算实现

下面讨论顺序存储结构下队列的几种主要运算。

1. 构造空队列

所谓空队列，是指队列中没有一个数据元素，但已有数据元素的空间和队列结构，如图 3.28 所示。

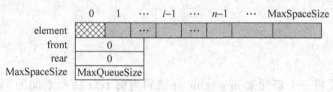

图 3.28 循环队列的顺序存储空队列

空队列产生后，就存在一个 ElementType 类型的数组，大小是 MaxSpaceSize+1，队列设为 0（用户约定），即队列为空时，队列的队头和队尾指针"指向"数据存储区的首地址空间。不难分析，算法的时间复杂性是 $O(1)$。

构造空队列算法（Queue 类的构造算法）如下：

```
template < class QueueType >
Queue < QueueType > ::
Queue(int MaxQueueSize)
{    //队列构造算法
    MaxSpaceSize = MaxQueueSize;
    element = new QueueType[MaxSpaceSize+1];
    front = 0;
    rear = 0;
}
```

2. 返回队列队头元素的值

返回队列队头元素的值，是将 front 后面一个位置的队列元素的值取出，但是 front 指针不移动。

返回队列中队头元素的值的算法 GetFront 如下：

```
template<class QueueType>
bool Queue<QueueType>::
GetFront(QueueType& result)
{   //获取队头元素值
    if (IsEmpty()) return false;
    result = element[(front + 1) % (MaxSpaceSize + 1)];
    return true;
}
```

3. 返回队列队尾元素的值

返回队列队尾元素的值,是将 rear 位置的队列元素的值取出,但是 rear 指针不移动。
返回队列中队尾元素的值的算法 GetRear 如下:

```
template<class QueueType>
bool Queue<QueueType>::
GetRear(QueueType& result)
{   //获取队尾元素值
    if (IsEmpty()) return false;
    result = element[rear];
    return true;
}
```

4. 进队运算

进队列运算是将一个新元素 newvalue 存储到当前 rear 所指空间的"下一个"位置。进队时,首先要判断队列中是否存在元素存放的空间,即先判断队列是否满,队列不满时,newvalue 可以进队列,否则出错。

进队算法 EnQueue 如下:

```
template<class QueueType>
bool Queue<QueueType>::
EnQueue(QueueType& newvalue)
{   //循环队列进队
    if (IsFull()) return false;
    rear = (rear + 1) % (MaxSpaceSize + 1);   //循环队列指针移到下一个位置
    element[rear] = newvalue;
    return true;
}
```

5. 出队运算

出队运算是将队列中队头指针所指的"下一个"位置的元素取出。做法是:首先将队列队头指针 front 先向"下一个"位置移动,然后,取出移动后 front 所指的数据元素。出队时,首先要判断队列中是否有元素可取,即先判断队列是否空,不空时,可以出队,否则出错。注意,这个算法与取队列队头元素值的算法 GetFront 有所不同,两个算法都可以取得队列中队头的元素值,但 GetFront 算法取值后不会移动 front 指针,取值后队列中元素的个数也不发生改变。

出队算法 DeQueue 如下：

```
template<class QueueType>
bool Queue<QueueType>::
DeQueue(QueueType& result)
{   //循环队列出队
    if (IsEmpty()) return false;
    front = (front + 1) % (MaxSpaceSize + 1);//循环队列指针移到下一个位置
    result = element[front];
    return true;
}
```

上面讨论的是队列的顺序存储及相关操作，可以看到，队列的顺序存储运算中主要是指针的变化较复杂。

3.8 队列的链式存储及操作

3.8.1 队列的链式存储

队列的链式存储结构的特点是用物理上不一定相邻的存储单元来存储队列的元素，为了保证队列元素之间逻辑上的连续性，存储元素时，除了存储它本身的内容以外，还附加一个指针域（也叫链域）来指出逻辑上相邻元素的存储地址。

在 C++语言中，首先定义动态存储空间分配方式下队列的数据元素的类：

```
template<class ElementType>
class ChainNode
{
public:
    ElementType              data;
    ChainNode<ElementType> * link;
};
```

在动态链式结构中，队列结点由两部分构成，一是数据元素的数据域，二是数据元素的链接域。链接域指向后一个相邻的队列元素存储空间的起始地址，链式队列中的第一个结点就是队头元素，最后一个结点就是队尾元素，最后一个结点的链接域的值为空。

图 3.29 给出了一个链式队列的结构。front 始终指向队列队头结点，即链表的第一个结点。rear 始终指向队列队尾结点，即链表的最后一个结点。链式队列一般不存在队列满问题，除非存储空间全部被耗尽；链式队列空表现为链式队列的 front 和 rear 的值同时为空，即链表为空。

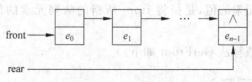

图 3.29 链式队列

3.8.2 链式队列模板类的定义

链式队列模板类的定义如下：

```
template<class ElementType>
class ChainQueue {
public:
    ChainQueue() {front = NULL;rear = NULL;};   //构造函数
    ~ChainQueue();                              //析构函数
    bool IsEmpty() {return front == NULL;};     //判断队空
    bool GetFront(ElementType& result);         //获取队头结点元素值
    bool GetRear(ElementType& result);          //获取队尾结点元素值
    bool EnQueue(ElementType& newvalue);        //进队
    bool DeQueue(ElementType& x);               //出队
private:
    ChainNode<ElementType> * front;             //front 指向队头结点
    ChainNode<ElementType> * rear;              //rear 指向队尾结点
};
```

3.8.3 链式队列的操作

1. 释放链式队列空间

释放链式队列空间就是链式队列的析构运算。链表结构的所有结点空间都是动态申请，只能使用 delete 运算释放空间。

链式队列析构算法~ChainQueue 如下：

```
template<class ElementType>
ChainQueue<ElementType>::
~ChainQueue()
{   //析构函数
    ChainNode<ElementType> * nextPtr;
    while (front)
    {
        nextPtr = front->link;
        delete front;
        front = nextPtr;
    }
}
```

2. 获取队列队头元素值

返回链式队列队头元素的值，是指将 front 所指的队列元素的值取出，但是 front 指针不改变。

获取队列队头元素值算法 GetFront 如下：

```
template<class ElementType>
bool ChainQueue<ElementType>::
```

```
GetFront(ElementType& result)
{   //获取队列队头元素值
    if (IsEmpty()) return false;
    result = front->data;                    //引用变量 result 返回队头元素值
    return true;
}
```

3. 获取队列队尾元素值

返回链式队列队尾元素的值,是指将 rear 所指的队列元素的值取出。

获取队列队尾元素值算法 GetRear 如下:

```
template<class ElementType>
bool ChainQueue<ElementType>::
GetRear(ElementType& result)
{   //获取队列队尾元素值
    if (IsEmpty()) return false;
    result = rear->data;
    return true;
}
```

4. 链式队列进队运算

进队运算是将一个新元素值 newvalue 的结点链入到链式队列中,作为链表的最后一个结点。

链式队列进队算法 EnQueue 如下:

```
template<class ElementType>
bool ChainQueue<ElementType>::
EnQueue(ElementType& newvalue)
{   //newvalue 元素进栈
    ChainNode<ElementType> *p = new ChainNode<ElementType>;
    p->data = newvalue;
    p->link = NULL;
    if (front)
        rear->link = p;                      //队列非空时,链在队尾结点后面
    else
        front = p;                           //队列空时,队头指向进队结点
    rear = p;                                //队尾指向进队元素结点
    return true;
}
```

5. 链式队列出队运算

链式队列的出队运算是将 front 指针所指的结点值取出,且将队列指针 front 指向下一个结点,并将原来的第一个结点释放。出队列时,首先要判断队列中是否存在元素结点可取,即先判断队列是否空,不空时,可以出队,否则出错。注意,这个算法与取队列队头元素值的算法 GetFront 有所不同,GetFront 算法取值后不会改变 front 指针。

链式队列出队算法 DeQueue 如下：

```
template<class ElementType>
bool ChainQueue<ElementType>::
DeQueue(ElementType& result)
{    //出栈元素到 result
    if (IsEmpty()) return false;
    result = front->data;
    ChainNode<ElementType> *p = front;
    front = front->link;
    delete p;
    return true;
}
```

3.9 队列的应用

3.9.1 列车重排

货运列车共有 n 节车厢，各节车厢以不同的车站为目的地。假定 m 个车站的编号分别为 $1,2,\cdots,m$，货运列车按照第 m 站至第 1 站的次序经过这些车站。车厢到达某个目的地时，为了便于从列车上卸掉尾部的车厢，就必须重新排列车厢，使各车厢排列为：靠近车头的车厢是到达第 1 站（最后一站），而靠近车尾的车厢是到达 m 站（第一站）。在出发站时，准备发出的车厢编号存储在 $r[]$ 数组中，$r[i]$ 的值是车厢的编号，编号越小的，就是发往越远的车站。

如果开始时 $r[]$ 中的次序是 4,7,1,5,8,6,9,2,3，如图 3.30 所示，那么，在发车前，就要将车厢重新编排，按 1,2,3,4,5,6,7,8,9 的次序与车头相连接，如图 3.31 所示。当所有的车厢按照这种次序排列好后，在到达每个车站时，只需卸掉尾部的车厢即可。

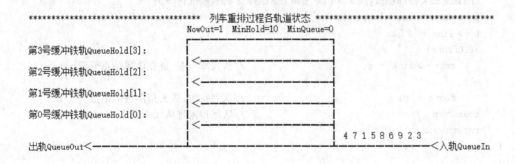

图 3.30 车厢调度转轨（初态）

为实现重排，在发车前，在本站的转轨站中进行调度，完成车厢的重排工作。在转轨站中有一个入轨、一个出轨和 k 个缓冲铁轨（位于入轨和出轨之间）。

开始时，车厢从入轨进入缓冲铁轨，再从缓冲铁轨按从小至大的次序离开缓冲铁轨，进入出轨。

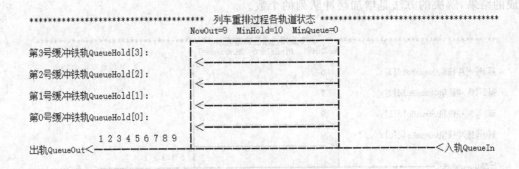

图 3.31　车厢调度转轨结果

为了重排车厢,需按车厢到达入轨的先后,依次检查入轨上的所有车厢。如果正在检查的车厢就是下一个满足排列要求的车厢,可以直接把它放到出轨上去。

如果不能直接移到出轨上,则把它移动到缓冲铁轨上,再按输出次序要求,直到轮到它时才将它放到出轨上。

车厢只能单向移动,即只能从入轨向出轨或缓冲铁轨方向移动,不能向回移动。

入轨上的数据形成入轨上的队列,入轨队列将来只有出队运算;出轨上的数据将来只有进队运算,初始时,出轨队列为空;缓冲铁轨是 k 个队列,k 值可以事先给定,初始时,缓冲铁轨队列为空。

调度过程中,有的车厢直接从入轨进入出轨,有的不能直接进入出轨,就移动到缓冲队列暂时存放,直到缓冲队列的车厢可以移动到出轨时,就将其从缓冲队列移动到出轨。

图 3.32 是在图 3.30 的入轨车厢排列的基础上移动 6 节车厢的状态图。其中,4、7 号车厢先移动到缓冲队列(进缓冲队列),1 号车厢直接移动到出轨队列(进出轨队列),5、8、6 只能先移动到缓冲队列(进缓冲队列)。缓冲队列中的数据还要满足队列中的数据由小到大,即,队头数据最小,队尾数据最大,这样才能保证不反方向移动车厢,也能在合适的时候将缓冲队列中的数据移动到出轨队列。

图 3.32　车厢调度转轨

图 3.33 所示,如果最初入轨队列的车厢排列是 9,8,7,6,5,4,3,2,1,缓冲队列有 4 条,调度过程中,9、8、7、6 这 4 节车厢各占一个缓冲队列,下一个要调度的 5 号车厢不能到出轨队列,又没有多余的缓冲队列可以进入,这种情况无法完成车厢的调度。这是缓冲队列不足

造成的结果,解决的方法是增加缓冲队列的个数。

图 3.33　车厢调度转轨

重排车厢的算法由 RearrangementTrack 完成,它最多可使用 k 个缓冲铁轨,如果缓冲铁轨不足,就不能成功地重排,则返回 false,否则返回 true。

首先创建入轨上的队列 QueueIn,用于存放初始的车厢序列,用初始数据对 QueueIn 队列的数据初始化。

再创建出轨上的队列 QueueOut,用于形成有序车厢序列,即完成调度的车厢,此队列初始状态为空。

另外,创建一个指向 k 个队列首地址的指针 QueueHold,即,定义 k 个缓冲队列,也就是定义队列数组 QueueHold$[i]$($i=1,2,\cdots,k$),用于存放暂时无法直接调度到出轨的车厢。为了保证不会调度失败,缓冲队列数 k 可以取值为车厢数减 1。

NowOut 是下一个要输出至出轨的车厢号。

MinHold 是已进入各缓冲铁轨中编号最小的车厢,MinQueue 是 MinHold 编号车厢所在的缓冲队列编号。

RearrangementTrack 调度过程中调用 Output 和 Hold 两个算法。

RearrangementTrack 算法可以将入轨中能够直接移动到出轨的车厢移动至出轨,即数据从入轨队列出队,进入到出轨队列。

算法 Output 用于将当前在缓冲队列中可以送到出轨的车厢送至出轨队列,并修改 MinQueue 和 MinHold,它同时再判断缓冲铁轨中编号最小的车厢能否再送至出轨,如可以(MinHold==NowOut),则再将其送至出轨队列。

算法 Hold 根据车厢调度规则,把某个暂不能送至出轨的车厢 current 送入一个缓冲队列,如果 current 可以成为缓冲队列中新的编号最小车厢,就修改 MinQueue 和 MinHold。

将暂不能送至出轨的车厢移动到缓冲铁轨中时,采用如下的原则来确定应该移动到哪一个缓冲队列,这个原则可以减少缓冲队列的使用数。

(1) 该缓冲队列中进队车厢的编号均小于当前进队的车厢编号 current。

(2) 如果有多个缓冲铁轨满足条件(1),则选择一个缓冲队列队尾车厢编号最大的缓冲队列进入。

(3) 如果已有车厢的缓冲队列中队尾车厢编号都大于 current,则 current 选择一个空的缓冲队列(如果存在)进入。

(4) 如果无空缓冲队列可选择,则无法调度(缓冲铁轨数不足)。

列车重排算法 RearrangementTrack 如下：

```cpp
class ElementType
{
public:
    int CarriageNumber;
};
bool Hold(Queue<ElementType> QueueHold[],
        int CarriageQuantity, int HoldQueueQuantity,
        int &MinHold, int &MinQueue, int &NowOut, int &current)
{   //为车厢 current 寻找最优缓冲铁轨,如果没有,则返回 false,否则返回 true
    int BestCushion = -1;           //最优缓冲队列编号,为-1表示还未找到最优缓冲铁轨
    int BestLast = -1;              //BestLast 保存 BestCushion 中最后一节车厢的编号
    ElementType temp;               //进队出队车厢的编号变量
    for (int i = 0; i < HoldQueueQuantity; i++)
    //扫描所有缓冲铁轨,寻找最佳缓冲铁轨存放编号 current 的车厢
    if (!QueueHold[i].IsEmpty())
    {   //缓冲铁轨 i 不空,寻找最佳缓冲铁轨存放编号为 current 的车厢
        QueueHold[i].GetRear(temp);  //取得当前 i 号缓冲铁轨中最后一节车厢编号
        if (current > temp.CarriageNumber && temp.CarriageNumber > BestLast)
        {   //比较队尾车厢编号较大且小于 current 的车厢
            BestLast = temp.CarriageNumber;
            BestCushion = i;
        }
    }
    else                             //current 无法进入已使用的缓冲队列,进入未使用的缓冲铁轨 i
        if (BestCushion == -1) BestCushion = i;
    if (BestCushion == -1)
    {   //扫描所有缓冲铁轨,无可用的缓冲铁轨(BestCushion = -1),无法调度,失败
        cout << "wrong!!!缓冲铁轨不足,无法调度,失败!" << endl;
        return false;
    }
    temp.CarriageNumber = current;
    QueueHold[BestCushion].EnQueue(temp);//current 进入 BestCushion 队列中
    cout << "    【入轨到缓冲】从入轨将" << current << "号车箱移到最优缓冲铁轨"
         << BestCushion << endl;
    if (current < MinHold)
    {   //检查 current 可否成为新的 MinHold 和 MinQueue,如果是就修改
        MinHold = current;
        MinQueue = BestCushion;
    }
    return true;
}
void Output(Queue<ElementType> * QueueHold,
            Queue<ElementType> &QueueIn,
            Queue<ElementType> &QueueOut,
            int CarriageQuantity, int HoldQueueQuantity,
            int &MinHold, int &MinQueue, int &NowOut)
{   //从 MinQueue 中输出最小车厢 MinHold,并寻找新的最小的 MinHold 和 MinQueue
    int       current;              //当前车厢编号
    ElementType temp;
```

```cpp
            QueueHold[MinQueue].DeQueue(temp);   //编号最小的车厢 MinHold 从 MinQueue 出队
            cout << "   【缓冲到出轨】从"<< MinQueue <<"号缓冲铁轨输出"
                << MinHold <<"号车箱到出轨" << endl;
            MinHold = CarriageQuantity + 1;      //假设一个最小车厢编号,它比实际车厢号大
            for (int i = 0; i < HoldQueueQuantity; i++)
            {   //比较所有缓冲队列中队头元素,寻找新的 MinHold 和 MinQueue
                QueueHold[i].GetFront(temp);     //获取 i 号缓冲队列的队头元素
                current = temp.CarriageNumber;
                if (!QueueHold[i].IsEmpty() && current < MinHold)
                {   //当前编号车厢比缓冲队列中最小车厢编号还小,替换 MinHold 和对应的 MinQueue
                    MinHold = current;
                    MinQueue = i;
                }
            }
        }
bool RearrangementTrack (int CarriageNumber[],
                         int CarriageQuantity,
                         int HoldQueueQuantity)
{   //车厢初始排列为 CarriageNumber[1:n],如果重排成功返回 true,否则返回 false
    int          MaxQueueSize = 20;
    ElementType result;
    Queue<ElementType> QueueIn(MaxQueueSize);                    //创建【入轨】队列 QueueIn
        //对入轨队列 QueueIn 进行初始化,数据来自 CarriageNumber[]
        result.CarriageNumber = CarriageNumber[i];
    }
    Queue<ElementType> QueueOut(MaxQueueSize);                   //创建【出轨】队列 QueueOut
//////////////////////////////////////////////////////////////////
//创建[HoldQueueQuantity]条【缓冲轨道】上的数据队列,从 0 下标队列开始
//n 个车厢,有 n-1 个队列一定可调度成功.当所有车厢倒序排列时,需 n-1 个队列
//////////////////////////////////////////////////////////////////
    Queue<ElementType> *QueueHold = new Queue<ElementType>[HoldQueueQuantity];
    int NowOut = 1;                              //当前应该输出的车厢编号
    int MinHold = CarriageQuantity + 1;          //缓冲队列中编号最小的车厢编号,初值最大化
    int MinQueue = 0;                            //MinHold 车厢对应的缓冲铁轨编号
    for (i = 1; i <= CarriageQuantity; i++)
    {   //重排车厢
        QueueIn.DeQueue(result);                 //从入轨上的队列中出队一节车厢到 result 中
        if (result.CarriageNumber == NowOut)
        {   //当前入轨出队的车厢可直接到出轨,直接输出
            cout << "   【入轨到出轨】从入轨输出" << result.CarriageNumber
                << "号车厢到出轨" << endl;
            QueueOut.EnQueue(result);            //输出到出轨的车厢进入出轨队列 QueueOut
            if(NowOut != CarriageQuantity)
                NowOut++;
            while (MinHold == NowOut)
            {   //从缓冲铁轨中输出 MinHold
                result.CarriageNumber = MinHold;
                QueueOut.EnQueue(result);  //输出到出轨的车厢进入出轨队列 QueueOut
                Output(QueueHold, QueueIn, QueueOut,
                    CarriageQuantity, HoldQueueQuantity,
                    MinHold, MinQueue, NowOut);
```

```
            if(NowOut!= CarriageQuantity)
                NowOut++;
        }
    }
    else                              //将 result.CarriageNumber 送入某个缓冲铁轨
    {   //Hold 返回 true 表示送入成功,否则因缓冲铁轨不足,调度算法失败
        if (!Hold(QueueHold,CarriageQuantity,HoldQueueQuantity,
            MinHold,MinQueue,NowOut,result.CarriageNumber))
            return false;
    }
}
return true;
}
```

3.9.2 投资组合问题

企业已拥有一定资金,准备用这部分资金进行投资。经过投资分析,有多个可供投资的项目,并且可预知可供投资的项目的资金需求及投资回报率。面临的问题是:由于资金原因,不可能同时向需要资金量大的几个较高回报率的项目投资,只能从较高回报率项目和较低回报率项目中选择项目进行组合投资,以使投资回报最大化,同时不再追加资金。这样就可能产生多种组合方案,进而从多种组合方案中选择一种组合的处理。

为解决此类问题,首先决定哪些项目可以组合。不能同时选择的投资项目称为冲突项目。然后再核算各种项目组合的资金需求总量。如某种项目组合的资金需求总量超过已拥有的定量资金,则认为该种组合不可行;如存在多个组合方案的资金需求总量都不超过已拥有的资金总量,则企业经营者再从中选择投资回报率最大化的投资组合。

下面仅讨论求取各种不冲突组合的算法,这类问题又称为划分子集问题。企业决定将 $a_1, a_2, \cdots, a_n$ 项目作为投资候选项目,这里 a_i 表示候选项目的项目编号,抽象为项目集合 $A = \{a_1, a_2, \cdots, a_n\}$。

项目集合 A 中不能归入同一个投资组合方案的项目元素表现为项目集合 A 中的这些项目元素之间会发生冲突。为了说明项目集合 A 中各项目之间是否冲突,建立集合 A 中的项目关系集合 $R = \{(a_i, a_j)\}$。如 (a_i, a_j) 为 1(或 true),则表示 a_i 与 a_j 之间存在冲突;如 (a_i, a_j) 为 0(或 false),则表示 a_i 与 a_j 之间不冲突。

根据 R 所确定的关系将 A 集合划分成不冲突的若干个组合,即划分为不相交的子集 $A_1, A_2, \cdots, A_k (k \leq n)$,使任何子集上的元素均无冲突。

如果有 9 个投资项目,项目编号以整数表示,则集合 $A = \{1,2,3,4,5,6,7,8,9\}$,另根据调研,存在以下项目冲突关系:$R = \{(2,8), (4,9), (2,9), (2,1), (2,5), (2,6), (5,9), (5,6), (4,5), (5,7), (6,7), (3,7), (3,6)\}$。根据冲突关系集合导出一个冲突关系矩阵 r,如图 3.34 所示。关系矩阵中 a_i 与 a_j 对应位置值为 1,则表示冲突;a_i 与 a_j 对应位置值为 0,表示不冲突。

该冲突关系矩阵将用于划分子集处理算法,判断哪些项目可组合在同一个子集中。

定义一个状态数组,用于记录各项目经过划分后所属的子集编号。仍以上面的例子说明,最终可得出的可行子集划分为

$$r = \begin{matrix} & 1 & 2 & 3 & 4 & 5 & 6 & 7 & 8 & 9 \\ 1 \\ 2 \\ 3 \\ 4 \\ 5 \\ 6 \\ 7 \\ 8 \\ 9 \end{matrix} \begin{bmatrix} 0 & 1 & 0 & 0 & 0 & 0 & 0 & 0 & 0 \\ 1 & 0 & 0 & 0 & 1 & 1 & 0 & 1 & 1 \\ 0 & 0 & 0 & 0 & 0 & 1 & 1 & 0 & 0 \\ 0 & 0 & 0 & 0 & 1 & 0 & 0 & 0 & 1 \\ 0 & 1 & 0 & 1 & 0 & 1 & 1 & 0 & 1 \\ 0 & 1 & 1 & 0 & 1 & 0 & 1 & 0 & 0 \\ 0 & 0 & 1 & 0 & 1 & 1 & 0 & 0 & 0 \\ 0 & 1 & 0 & 0 & 0 & 0 & 0 & 0 & 0 \\ 0 & 1 & 0 & 1 & 1 & 0 & 0 & 0 & 0 \end{bmatrix}$$

图 3.34 冲突关系矩阵

$$A_1 = \{1,3,4,8\} \quad A_2 = \{2,7\} \quad A_3 = \{5\} \quad A_4 = \{6,9\}$$

那么集合状态数组的最后结果如图 3.35 所示。

	1	2	3	4	5	6	7	8	9
set	1	2	1	1	3	4	2	1	4

图 3.35 可行子集划分结果

其中：

set[1]＝set[3]＝set[4]＝set[8]＝1，项目 a_1、a_3、a_4、a_8 属于同一子集，其子集编号是 1。

set[2]＝set[7]＝2，项目 a_2、a_7 属于同一子集，其子集编号是 2。

set[5]＝3，项目 a_5 是一个子集，其子集编号是 3。

set[6]＝set[9]＝4，项目 a_6、a_9 属于同一子集，其子集编号是 4。

形成上述集合状态数组的过程就是划分子集的算法处理过程。为实现划分过程，定义一个循环队列 Q，初始化时，队列的每个元素存放项目编号，如图 3.36 所示。

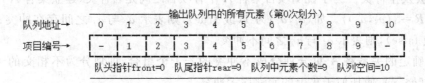

图 3.36 可行子集划分结果(队列初态)

所有项目的信息存放在线性表中，如图 3.37 所示。每个项目包含以下信息：项目编号(ProjectNumber)、项目名称(name)、项目地址(place)、项目所属子集编号(set)。其中，项目所属子集编号(set)是划分子集的结果，初始时，所有项目假设均属于 0 号集合。

子集的变化由变量 setindex 表示，初值 setindex＝0。每个项目划分后"项目子集"的值就是由 setindex 的值给定的。每划分一个子集后，执行 setindex＋＋运算，为下一个子集划分做准备。

图 3.37 项目信息初态

划分子集时,队列的变化过程和项目信息空间的变化如图 3.38 到图 3.45 所示。

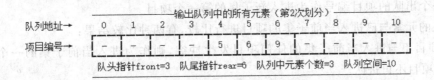

图 3.38 第一次划分后队列状态

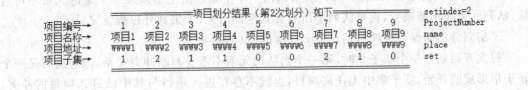

图 3.39 第一次划分后项目信息状态

图 3.40 第二次划分后队列状态

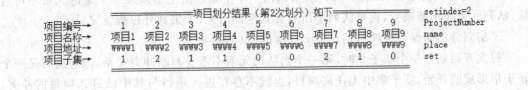

图 3.41 第二次划分后项目信息状态

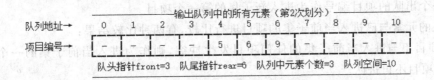

图 3.42 第三次划分后队列状态

图 3.43　第三次划分后项目信息状态

图 3.44　第四次划分后队列状态

```
════════════════项目划分结果（第4次划分）如下════════════════
项目编号→     1    2    3    4    5    6    7    8    9         setindex=4
项目名称→   项目1 项目2 项目3 项目4 项目5 项目6 项目7 项目8 项目9    ProjectNumber
项目地址→   wwww1 wwww2 wwww3 wwww4 wwww5 wwww6 wwww7 wwww8 wwww9   name
项目子集→     2    1    3    4    3    4    2    1    4            place
                                                                    set
```

图 3.45　第四次划分后项目信息状态

划分过程是将队列中的所有元素逐个出队一次。

每次第一个出队的项目编号作为进入新子集的第一个项目。

以后出队的元素与已进入当前子集的项目进行比较，有两种比较结果：

- 出队项目不与进入当前子集的任何项目发生冲突，则作为进入当前子集的一个项目，此项目不再进队。
- 出队项目与进入当前子集的某个项目发生冲突，则该项目不能进入当前子集，此项目重新进队，构成再次筛选的初始队列元素。

队列 Q 中的元素全部出队一次，就筛选出一个子集。由于形成某一子集的元素不再进队，队列元素在不断减少，直至队列中所有元素全部出队，子集划分过程就完成了。

子集划分结果保存在项目信息 Projects 的 set 成员域。

每次开始划分一个新子集时，第一个出队的元素不需要判断冲突关系，因为这时是一个新子集形成的开始，新子集中无任何项目，也就不存在进入项目与其中已进入项目的冲突，即直接作为所形成新子集的第一元素，直接形成 set 空间对应位置的状态值。而以后出队的元素是否属于该子集，就要根据冲突关系矩阵来比较决定。

划分子集算法 DivisionRun 如下：

```
struct PROJECT                          //项目数据元素类型的定义
{
    int   ProjectNumber;                //项目编号
    char  name[8];                      //项目名称
    char  place[20];                    //项目地址
```

```cpp
    int  set;                              //划分后所属子集编号
};
class QueueType                            //队列数据元素类型的定义
{
  public:
    int ProjectNumber;                     //项目编号
};
template<class PROJECT>
void Division<PROJECT>::
DivisionRun (int r[10][10], PROJECT * Projects, int ProjectCount)
{   //ProjectCount 个项目划分不冲突的子集,冲突关系在 r 数组中表示
    //PROJECT * Projects 项目信息的实例数据,
    int rearkeep;             //队尾保持指针变量,用于判断划分一个子集时队列元素是否全部出队
    int current;                           //项目编号变量
    int setindex;                          //子集编号变量
    int MaxQueueSize = ProjectCount + 1;   //定义队列大小值
    int i;
    QueueType x;
    Queue<QueueType> Q(MaxQueueSize);      //创建一个队列实例 Q
    for (i = 1; i <= ProjectCount; i++)
    {   //项目编号进队,初始化队列:项目一的项目编号为1,项目二的项目编号为2……
        x.ProjectNumber = Projects[i].ProjectNumber;
        Q.EnQueue(x);
    }
    setindex = 0;                          //子集编号初值 0,以后 +1
    setindex ++;                           //子集编号从 1 开始编号
    while (!Q.IsEmpty())
    {
        rearkeep = Q.GetRearAddress();     //保留当前队尾指针 rear
        Q.DeQueue(x);                      //出队进入当前子集的第一个项目编号
        current = x.ProjectNumber;
        Projects[current].set = setindex;  //第一个进入新子集的项目改变子集状态值
        while (!(Q.GetFrontAddress() == rearkeep))
        {   //当前队列中的所有项目尝试进入当前子集
            Q.DeQueue(x);                  //出队下一个项目编号
            current = x.ProjectNumber;
            for (i = 1; i <= ProjectCount; i++)
                //current 项目与已进入当前子集的所有项目比较是否发生冲突
                if (setindex == Projects[i].set && r[current][i])
                {   //current 项目与已进入当前子集的 i 号项目发生冲突
                    x.ProjectNumber = current;
                    Q.EnQueue(x);           //current 项目重新进队
                    break;                  //终止比较冲突
                }
            if (i > ProjectCount)
            //for 循环正常退出(没有冲突)后,循环变量 i 大于循环终值 ProjectCount
                Projects[current].set = setindex;  //current 进入当前子集
        }
        setindex ++;                       //子集编号加 1,准备划分下一个子集
    }
}
```

3.10 堆栈和队列基本算法的程序实现

3.10.1 堆栈顺序存储结构程序实现

堆栈顺序存储结构程序由 3 个部分组成：
- 实例数据元素类型定义的头文件 AppData_LinearStack.h。
- 堆栈顺序存储结构模板类 Stack 定义的头文件 LinearStack_Class.h。
- 堆栈顺序存储结构主程序 LinearStack.cpp。

实例数据元素类型定义的头文件 AppData_LinearStack.h 如下：

```
#define STUDENT ElementType                    //实例数据元素句柄化

struct STUDENT                                 //实例数据元素类型的定义
{
    char number[10];
    char name[8];
    char sex[3];
    int  age;
    char place[20];
};
```

堆栈模板类 Stack 定义的头文件 LinearStack_Class.h 如下：

```
template<class StackType>
class Stack
{   //顺序存储堆栈结构模板类 Stack 的定义
public:
    Stack(int MaxStackSize = 20);              //构造函数
    ~Stack() {delete [] element;};             //析构函数(释放空间)
    bool IsEmpty() {return top == -1;};        //判断堆栈空
    bool IsFull() {return top >= MaxSpaceSize-1;};         //判断堆栈满
    bool GetTop(StackType& result);            //获取栈顶元素值,存放到 result 中
    bool Push(StackType& newvalue);            //newvalue 值进栈
    bool Pop(StackType& result);               //出栈值存放到 result 中
    int  GetTopAddress(){return top;};         //获取堆栈栈顶指针
    void DisplayStack();                       //显示输出堆栈中所有数据元素值(依赖应用)
    void DisplayElementStack(int i);           //显示输出堆栈中 i 地址的数据元素值
private:                                       //堆栈数据结构定义
    int top;                                   //堆栈栈顶指针
    int MaxSpaceSize;                          //堆栈空间大小
    StackType * element;                       //堆栈数据元素存放空间
};
template<class StackType>
Stack<StackType>::
Stack(int MaxStackSize)
{   ///构造函数,堆栈数据元素存放于 element[0..MaxSpaceSize-1]
    MaxSpaceSize = MaxStackSize;
```

```cpp
        element = new StackType[MaxSpaceSize];
        top = -1;
}
template <class StackType>
bool Stack<StackType>::
GetTop(StackType& result)
{   //获取栈顶元素值
    if (IsEmpty()) return false;
    result = element[top];
    return true;
}
template <class StackType>
bool Stack<StackType>::
Push(StackType& newvalue)
{   //进栈
    if (IsFull()) return false;
        element[++top] = newvalue;
    return true;
}
template <class StackType>
bool Stack<StackType>::
Pop(StackType& result)
{   //出栈
    if (IsEmpty()) return false;
        result = element[top--];
    return true;
}
template <class StackType>
void Stack<StackType>::
DisplayStack()
{   //逐个输出堆栈中的数据元素(依赖应用)
    cout <<" *************** 输出堆栈中的所有元素 *************** "<< endl << endl;
    cout <<"相对地址    学号      姓名      性别    年龄    住址"<< endl;
    cout <<" top→ ";
    for (int i = top; i >-1; i--)
    {
        cout << i <<"         "
            << element[i].number <<"    "
            << element[i].name <<"       "
            << element[i].sex <<"      "
            << element[i].age <<" "
            << element[i].place << endl;
        cout <<"          ";
    }
    cout << endl
        <<"堆栈元素个数 = "<< top + 1 <<"  "
        <<"堆栈指针 top = "<< top <<"  "
        <<"堆栈空间大小 = "<< MaxSpaceSize + 1 << endl;
    cout << endl << endl;
}
template <class StackType>
```

```cpp
void Stack<StackType>::
DisplayElementStack(int i)
{   //逐个输出堆栈中的数据元素
    cout<<" *************** 输出堆栈中的一个元素 *************** "<<endl<<endl;
    cout<<"相对地址    学号    姓名    性别   年龄   住址"<<endl;
    if (i == top)
        cout<<" top→ ";
    else
        cout<<"          ";
    cout<< i <<"         "
        <<element[i].number<<"     "
        <<element[i].name<<"       "
        <<element[i].sex<<"      "
        <<element[i].age<<"     "
        <<element[i].place<<endl;
    cout<<"          ";
    cout<<endl<<endl;
}
```

堆栈顺序存储结构主程序 LinearStack.cpp 如下：

```cpp
#include<iostream.h>
#include<cstring>
#include<stdlib.h>
#include<conio.h>
#include"AppData_LinearStack.h"
#include"LinearStack.cpp"
int main()
{
    int   choice;
    char ok[2]={"y"};
    int  MaxStackSize=8;
    ElementType newvalue,result;
    //构造空堆栈
    cout<<"构造包含 MaxStackSize 个空间的空堆栈实例(对象)AppStack:"<<endl;
    Stack<ElementType> AppStack(MaxStackSize);
    //下面是堆栈的初值创建
    char number[][8]={"1001","1002","1003","1004","1005","1006"};
    char name[][8]={"第一","第二","第三","第四","第五","第六"};
    char sex[][8]={ "男", "男","女","男","男","女"};
    char place[][8]={"www1","www2","www3","www4","www5","www6"};
    int  age[]={101,102,103,104,105,106};
    for(int i=0;i<6;i++)
    {
        strcpy(newvalue.number, number[i]);
        strcpy(newvalue.name, name[i]);;
        strcpy(newvalue.sex, sex[i]);
        strcpy(newvalue.place, place[i]);
        newvalue.age = age[i];
        AppStack.Push(newvalue);
    }
```

```cpp
cout <<"输入进栈元素的值:"<< endl;
strcpy(newvalue.number,"9999");
strcpy(newvalue.name,"元素");
strcpy(newvalue.sex,"中");
strcpy(newvalue.place,"武汉");
newvalue.age = 999;
while (true)
{
    cout <<" ********* 堆栈顺序存储的运算 *********** "<< endl;
    cout <<"     1-------- 输出(不出栈)堆栈中的所有元素(栈顶在上)"<< endl;
    cout <<"     2-------- 返回堆栈的栈顶元素(不出栈)"<< endl;
    cout <<"     3-------- 进栈"<< endl;
    cout <<"     4-------- 出栈"<< endl;
    cout <<"     0-------- 退出"<< endl;
    cout <<" ********************************************* "endl;
    cout <<"请选择处理功能: "; cin >> choice;
    cout << endl;
    system("cls");
    switch(choice)
    {
    case 1:
    {   //1-------- 输出线性表中的所有元素
        AppStack.DisplayStack();
        break;
    }
    case 2:
    {   //2-------- 取栈顶元素
        cout <<"操作前堆栈状态:"<< endl;
        AppStack.DisplayStack();
        if (!AppStack.IsEmpty())
        {
            i = AppStack.GetTopAddress();
            AppStack.DisplayElementStack(i);
        }
        else
        {
            cout <<"ERROR 栈空,栈空,栈空,出栈失败 ERROR"<< endl;
            system("pause");
        }
        break;
    }
    case 3:
    {   //3-------- 进栈
        cout <<"操作前堆栈状态: "<< endl;
        AppStack.DisplayStack();
        while(true)
        {
            if (AppStack.IsFull())
            {
                cout <<"ERROR 栈满,栈满,栈满,进栈失败 ERROR"<< endl;
                system("pause");
```

```
                    break;
                }
                cout <<"      学号      姓名      性别      住址      年龄"<< endl;
                cout <<"      "<< newvalue.number;
                cout <<"      "<< newvalue.name;
                cout <<"       "<< newvalue.sex;
                cout <<"      "<< newvalue.place;
                cout <<"       "; cin >> newvalue.age;
                cout << endl;
//              cout <<"学号:"; cin >> newvalue.number;
//              cout <<"姓名:"; cin >> newvalue.name;
//              cout <<"性别:"; cin >> newvalue.sex;
//              cout <<"年龄:"; cin >> newvalue.age;
//              cout <<"位置:"; cin >> newvalue.place;
                AppStack.Push(newvalue);
                cout <<"继续进栈吗：(y/n)?"; cin >> ok;
                if (strcmp(ok,"y"))
                    break;
            }
            cout <<"操作后堆栈状态："<< endl;
            AppStack.DisplayStack();
            break;
        }
        case 4:
        {   //4-------- 出栈
            cout <<"操作前堆栈状态："<< endl;
            AppStack.DisplayStack();
            cout <<" *** 输出出栈元素 *** "<< endl << endl;
            while(true)
            {
                if (AppStack.IsEmpty())
                {
                    cout <<"ERROR 栈空,栈空,栈空,出栈失败 ERROR"<< endl;
                    system("pause");
                    break;
                }
                AppStack.Pop(result);
                cout <<"       "
                    //<< AppStack.top + 1 <<"       "
                    << result.number <<"       "
                    << result.name <<"       "
                    << result.sex <<"       "
                    << result.age <<"       "
                    << result.place << endl;
                cout << endl;
                cout <<"继续出栈吗：(y/n)?"; cin >> ok;
                if (strcmp(ok,"y"))
                    break;
            }
            cout <<"操作后堆栈状态："<< endl;
            AppStack.DisplayStack();
```

```
                    break;
                }
                case 0:
                {
                    return 0;
                    break;
                }
            }
            system("pause");
            system("cls");
        }
}
```

3.10.2 队列顺序存储结构程序实现

队列顺序存储结构程序由 3 个部分组成：
- 实例数据元素类型定义的头文件 AppData_LinearQueue.h。
- 队列顺序存储结构模板类 Queue 定义的头文件 LinearQueue_Class.h。
- 队列顺序存储结构主程序 LinearQueue.cpp。

实例数据元素类型定义的头文件 AppData_LinearQueue.h 如下：

```
#define STUDENT ElementType               //实例数据元素句柄化
struct STUDENT                            //实例数据元素类型的定义
{
    char number[10];
    char name[8];
    char sex[3];
    int  age;
    char place[20];
};
```

队列模板类 Queue 定义的头文件 LinearQueue_Class.h 如下：

```
template<class QueueType>
class Queue
{     //队列模板类定义.队头指针指向队头元素前一个位置,队尾指针指向队尾元素位置
      //数据元素存放于 element[0..MaxSpaceSize]范围
public:
    Queue(int MaxQueueSize = 20);                    //构造函数(构造循环队列)
    ~Queue() {delete [] element;};                   //析构函数
    bool IsEmpty(){return front == rear;};           //判断队列空
    bool IsFull(){return (front == (rear+1) % (MaxSpaceSize+1) ? 1 : 0);};
        //判断队列满
    bool GetFront(QueueType& result);                //获取队头元素值
    bool GetRear(QueueType& result);                 //获取队尾元素值
    bool EnQueue(QueueType& newvalue);               //循环队列进队
    bool DeQueue(QueueType& result);                 //循环队列出队
    void DisplayQueue();                             //显示输出所有队列元素值(依赖应用)
    void DisplayElementQueue(int i);                 //显示输出队列 i 地址元素的值(依赖应用)
```

```cpp
private:
    QueueType * element;           //队列元素空间
    int         front;             //队头指针
    int         rear;              //队尾指针
    int         MaxSpaceSize;      //队列空间大小
};
template<class QueueType>
Queue<QueueType>::
Queue(int MaxQueueSize)
{   //队列构造算法
    MaxSpaceSize = MaxQueueSize;
    element = new QueueType[MaxSpaceSize + 1];
    front = 0;
    rear = 0;
}
template<class QueueType>
bool Queue<QueueType>::
GetFront(QueueType& result)
{   //获取队头元素值
    if (IsEmpty()) return false;
    result = element[(front + 1) % (MaxSpaceSize + 1)];
    return true;
}
template<class QueueType>
bool Queue<QueueType>::
GetRear(QueueType& result)
{   //获取队尾元素值
    if (IsEmpty()) return false;
    result = element[rear];
    return true;
}
template<class QueueType>
bool Queue<QueueType>::
EnQueue(QueueType& newvalue)
{   //循环队列进队
    if (IsFull()) return false;
    rear = (rear + 1) % (MaxSpaceSize + 1);     //循环队列指针移到下一个位置
    element[rear] = newvalue;
    return true;
}
template<class QueueType>
bool Queue<QueueType>::
DeQueue(QueueType& result)
{   //循环队列出队
    if (IsEmpty()) return false;
    front = (front + 1) % (MaxSpaceSize + 1);   //循环队列指针移到下一个位置
    result = element[front];
    return true;
}
template<class QueueType>
void Queue<QueueType>::
```

```cpp
DisplayQueue()
{   //逐个输出队列中的数据元素(学生信息),依赖于应用的算法
    cout <<" ************** 输出队列中的所有元素 ************** "<< endl;
    cout <<"相对地址    学号     姓名      性别    年龄    住址"<< endl;
    cout <<"-------------------------------------------------- "<< endl;
    QueueType result;
    int frontkeep = front;
    int rearkeep = rear;
    int k = 0;
    while (!IsEmpty())
    {
        DeQueue(result);
        if(front < 10)
            cout <<"      ";
        else
            cout <<"     ";
        cout << front <<"     "
            << result.number <<"     "
            << result.name <<"      "
            << result.sex <<"     "
            << result.age <<"     "
            << result.place << endl;
    }
    front = frontkeep;
    rear  = rearkeep;
    cout <<"-------------------------------------------------- "<< endl;
    cout <<"          队头 front = "<< frontkeep <<"  "
        <<"     队尾 rear = "<< rearkeep <<"  "
        << endl;
    cout << endl << endl;
}
```

队列顺序存储结构主程序 LinearQueue.cpp 如下:

```cpp
# include <iostream.h>
# include <cstring>
# include <stdlib.h>
# include "AppData_LinearQueue.h"
# include "LinearQueue_Class.h"

int main()
{
    int  choice;
    char ok[2] = {"y"};
    int  MaxQueueSize = 15;
    ElementType newvalue,result;
    //构造包含 MaxQueueSize 个空间的空队列实例(对象)AppQueue
    Queue<ElementType> AppQueue(MaxQueueSize);
    //下面是队列的初值创建
    char number[][8] = {"1001","1002","1003","1004","1005","1006"};
    char name[][8] = {"第一","第二","第三","第四","第五","第六"};
```

```cpp
        char sex[][8] = { "男","男","女","男","男","女"};
        char place[][8] = {"www1","www2","www3","www4","www5","www6"};
        int age[] = {101,102,103,104,105,106};
        for(int i = 0;i<6;i++)
        {
            strcpy(newvalue.number, number[i]);
            strcpy(newvalue.name, name[i]);
            strcpy(newvalue.sex, sex[i]);
            strcpy(newvalue.place, place[i]);
            newvalue.age = age[i];
            AppQueue.EnQueue(newvalue);
        }
        cout<<"输入进队元素的值:"<<endl;
        strcpy(newvalue.number,"9999");
        strcpy(newvalue.name,"人类");
        strcpy(newvalue.sex,"中");
        strcpy(newvalue.place,"地球");
        newvalue.age = 900;
        while (true)
        {
            cout <<" ********* 顺序存储队列的运算 **************** "<<endl;
            cout <<"     0 -------- 退出"<<endl;
            cout <<"     1 -------- 输出(不出队)队列中的所有元素"<<endl;
            cout <<"     2 -------- 返回队列的队头、队尾元素"<<endl;
            cout <<"     3 -------- 进队"<<endl;
            cout <<"     4 -------- 出队"<<endl;
            cout <<" ********************************************** "<<endl;
            cout <<"请选择处理功能: "; cin>>choice;
            cout << endl;
            system("cls");
            cout <<"操作前队列状态: "<<endl;
            AppQueue.DisplayQueue();
            switch(choice)
            {
            case 0:
            {
                return 0;
                break;
            }
            case 1:
            {   //1-------- 输出线性表中的所有元素
                AppQueue.DisplayQueue();
                break;
            }
            case 2:
            {   //2-------- 取队头、队尾元素
                if (!AppQueue.IsEmpty())
                {
                    AppQueue.GetFront(result);
                    cout<<"    学号     姓名     性别     年龄     住址"<<endl;
                    cout<<"Front:"
```

```cpp
                            //<< AppQueue.top + 1 <<"        "
                            << result.number <<"        "
                            << result.name <<"        "
                            << result.sex <<"        "
                            << result.age <<"        "
                            << result.place << endl;
                    cout << endl;
                    AppQueue.GetRear(result);
                    cout <<" Rear:"
                            //<< AppQueue.top + 1 <<"        "
                            << result.number <<"        "
                            << result.name <<"        "
                            << result.sex <<"        "
                            << result.age <<"        "
                            << result.place << endl;
                    cout << endl;
                }
                else
                {
                    cout <<"ERROR 队空,队空,队空,失败 ERROR"<< endl;
                    system("pause");
                }
                break;
            }
            case 3:
            {    //3-------- 进队
                while(true)
                {
                    if (AppQueue.IsFull())
                    {
                        cout <<"ERROR 队满,队满,队满,进队失败 ERROR"<< endl;
                        system("pause");
                        break;
                    }
                    cout <<"      学号      姓名      性别      住址      年龄"<< endl;
                    cout <<"        "<< newvalue.number;
                    cout <<"        "<< newvalue.name;
                    cout <<"        "<< newvalue.sex;
                    cout <<"        "<< newvalue.place;
                    cout <<"        "<<(newvalue.age++);
                    cout << endl;
//                  cout <<"学号:"; cin >> newvalue.number;
//                  cout <<"姓名:"; cin >> newvalue.name;
//                  cout <<"性别:"; cin >> newvalue.sex;
//                  cout <<"年龄:"; cin >> newvalue.age;
//                  cout <<"位置:"; cin >> newvalue.place;
                    AppQueue.EnQueue(newvalue);
                    cout <<"继续进队吗：(y/n)?";
                    cin >> ok;
                    if (strcmp(ok,"y") )
                        break;
                }
```

```
                    break;
                }
            case 4:
                {   //4 -------- 出队
                    cout <<" ***** 输出出队元素 **** "<< endl << endl;
                    while(true)
                    {
                        if (AppQueue.IsEmpty())
                        {
                            cout <<"ERROR 队空,队空,队空,出队失败 ERROR"<< endl;
                            system("pause");
                            break;
                        }
                        AppQueue.DeQueue(result);
                        cout <<"         "
                            << result.number <<"        "
                            << result.name <<"       "
                            << result.sex <<"        "
                            << result.age <<"        "
                            << result.place << endl;
                        cout << endl;
                        cout <<"继续出队吗：(y/n)?";
                        cin >> ok;
                        if (strcmp(ok,"y"))
                            break;
                    }
                    break;
                }
        }
        cout <<"操作后队列状态："<< endl;
        AppQueue.DisplayQueue();
        system("pause");
        system("cls");
    }
}
```

习题 3

一、单选题

1. 设栈的输入序列是 1,2,3,4,则(　　)是不可能输出的序列。
   A. 1,2,4,3　　　　B. 2,1,3,4　　　　C. 1,4,3,2　　　　D. 4,3,1,2

2. 用一个大小为 6 的数组实现循环队列，rear 指向队尾元素，front 指向队头元素的前一个位置，且 rear 和 front 的值分别为 0 和 3。从队列中出队一个元素，再进队两个元素后，rear 和 front 的值分别为(　　)。
   A. 1 和 5　　　　B. 2 和 4　　　　C. 4 和 2　　　　D. 5 和 1

3. 设栈 S 和队列 Q 的初始状态为空，元素 e_1、e_2、e_3、e_4、e_5 和 e_6 依次通过栈 S，一个元素出栈后即进入队列 Q，若 6 个元素出队的序列是 e_2、e_4、e_3、e_6、e_5、e_1，则栈 S 的容量至少应该是(　　)。
　　A. 6　　　　　　B. 4　　　　　　C. 3　　　　　　D. 2
4. 一般情况下,将递归算法转换成等价的非递增归算法应该设置(　　)。
　　A. 堆栈　　　　B. 队列　　　　C. 堆栈或队列　　D. 数组
5. 假定一个顺序循环队列存储于数组 a[n]中,其队头和队尾指针分别用 front 和 rear 表示,则判断队满的条件是(　　)。
　　A. (rear-1)%n==front　　　　B. rear==(front-1)%n
　　C. (rear+1)%n==front　　　　D. rear==(front+1)%n
6. 链栈与顺序栈相比(　　)。
　　A. 插入操作更加不方便　　　　B. 通常不会出现栈满的情况
　　C. 不会出现栈空的情况　　　　D. 删除操作更加不方便

单选题答案:
1. D　2. B　3. C　4. A　5. C　6. B

二、填空题

1. 用数组 Q(其下标为 $0..n-1$,共有 n 个元素)表示一个循环队列,front 为当前队头元素的前一位置,rear 为队尾元素的位置。假定队列元素个数总小于 n,求队列中元素个数的公式是_____。

2. 一个循环队列存在 $a[n]$ 中,假定队头和队尾指针分别为 front 和 rear,front 为当前队头元素的前一位置,rear 为队尾元素的位置。则判断队空的条件为_____,判断队满的条件为_____。

3. 栈是特殊的线性表,其特殊性在于_____。

4. 栈又称为_____表,队列又称为_____表。

填空题答案:
1. (rear-front+n)%n
2. front==rear,(rear+1)%n==front
3. 只能在栈顶插入或删除元素
4. 先进后出,先进先出

三、简答题和算法题

1. 对于一个栈,给出输入项为 A,B,C,D。如果输入序列为 A,B,C,D,试给出全部可能的输出序列。试说明哪些输出序列是可能的,哪些输出序列是不可能的。

2. 试用栈实现链表倒排的算法。

3. 有一有序的链表(从小到大),试利用栈筛选出结点值大于给定值 V_0 的所有结点至栈中,最后输出栈中元素的名次(要求同值同名,名次不空缺)。

4. 利用两个栈 s1 和 s2 模拟一个队列,并写出队列空、入队和出队的算法。

5. 有两个栈共享空间 V(1:m),分别写出两个栈 s1 和 s2 的压入和弹出运算的算法。

6. 试说明栈、队列和线性表的异同点。

第 4 章 树和二叉树

本章讨论另一种极其有用的数据结构——树和二叉树。它适用于反映层次关系的数据对象的研究。层次化的数据之间可能有祖先—后代、上级—下级、整体—部分等关系,如图 4.1 所示。树和二叉树是一种非线性的数据结构类型。

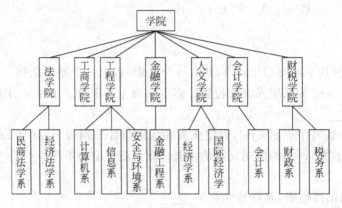

图 4.1 学院信息树

4.1 树、森林的概念

4.1.1 树的定义

一棵树是非空的有限元素的集合 T,其中:
- 有一个元素称为该树的根(root)。
- 除根以外,其余元素(如果存在)分成 $k \geqslant 0$ 个不相交的集合 $T_1, T_2, \cdots, T_k$。而每一个集合 T_i 又都是树。树 $T_1, T_2, \cdots, T_k$ 称为根的子树。

树中的元素通常又称为树结点。显然,树的定义是一个递归的定义。

用树定义树,按递归技术的规定是可行的,因为具有一个结点的树必由根组成,而 $k>1$ 个结点的树则借助于少于 k 个结点的树来定义。

一棵树至少包含一个树结点,不存在不含树结点的树。树中结点存在着层次关系,但同一层上的树结点之间是无序的。一棵树的每个结点都是某个子树的根。

4.1.2 树的术语

下面是有关树的主要术语。

结点的度：一个结点的子树的个数，即一个结点的分支数。

树的度：树中各结点的度的最大值。

终端结点（叶子结点）：度为零的结点。

分支结点：度不为零的结点。

孩子和双亲：某结点的子树的根结点为该结点的孩子，反之该结点为孩子的双亲（也称父亲）。

兄弟和堂兄弟：同一父亲的孩子结点互为兄弟，其双亲结点在同一层次上的孩子结点互为堂兄弟。

祖先：一个结点的祖先是指从树的根到该结点所经分支上的所有结点。

子孙：一个结点的子树上的所有结点。

结点层次：树中的每个结点相对树的根结点都有一定的层次，定义树的根结点为第 1 层（有的书上将根结点定义为第 0 层），树中的其他结点都比它的父结点多一层。

树的深度（或高度）：树中结点的最大层次。

图 4.2 是一棵深度为 4 的树。它的根结点为 A，A 结点有 3 个孩子 B、C、D（它们互为兄弟），根结点 A 是结点 B、C、D 的父亲。结点 D 又有 3 个孩子 F、G、H，它同结点 A 一样度为 3。结点 E 与结点 F、G、H 互为堂兄弟。结点 B、E、F、H、I 的度为 0，它们是终端结点，也叫叶子结点。它们都是结点 A 的后代，A 是它们的祖先。结点 A、C、D、G 的度不为 0，它们是分支结点。

有序树和无序树：如果将树中结点的各子树看成是从左到右有序的（即不能互换，这个限制没有在上述树的定义中出现），则称该树为有序树，否则称为无序树。

之所以要讨论有序树，是因为在计算机中数据的存储是有序的，所以讨论树时也规定树的子树 $T_1, T_2, \cdots, T_k$ 有一定的相对次序，同一层次的子树交换相互间的位置就构成不同的树。例如图 4.3 中就是两棵不同的树。

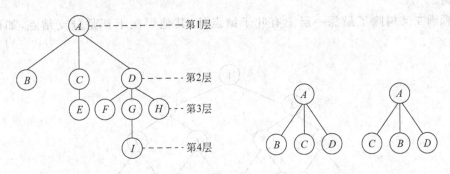

图 4.2 树的层次   图 4.3 两棵不同的树

森林：n（$n \geq 0$）棵树的集合称为森林。森林的概念与树的概念十分相似，因为将一棵树删去根结点就变成了森林。例如图 4.2 所表示的树，如果删去根结点 A 就变成了以 B、

C、D 为根结点的 3 棵树组成的森林。反之，n 棵树组成的森林只要加上一个根结点，然后将这 n 个树作为这个结点的子树，则森林就变成了树。

4.2 二叉树定义及性质

4.2.1 二叉树的定义

1. 二叉树

一棵二叉树是有限元素的集合，它可以为空，当二叉树非空时，其中有一个称为二叉树根结点的元素，并且剩余的元素（如果存在）被分成两个不相交的子集，每个子集又是一棵二叉树，这两个子集被称为根的左子树和右子树。二叉树的每个元素称为一个结点。

图 4.4 所示的就是一棵二叉树，树中 A 结点是二叉树的根，B 和 C 分别是 A 结点的左右子树；B 结点又是左子树的根结点，以 B 为根的二叉树有两个子树，分别是 D 和 E；以 C 为根的二叉树有一棵右子树 F；等等。

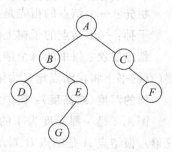

图 4.4 一棵二叉树

很明显，二叉树的定义也是一个递归定义。

二叉树与树有以下区别：

(1) 二叉树存在着空树，但树不能为空。

(2) 二叉树中的每一个结点至多有两个孩子，也就是说，二叉树不存在度大于 2 的结点；而树中的每个结点可以有多个子树或多个孩子。

(3) 二叉树的子树有左右之分，两者不能颠倒；但树的子树一般是无序的。

除以上区别外，4.1 节引入树的有关术语对于二叉树也适用。

2. 满二叉树

若二叉树中所有分支结点的度数都为 2，且叶子结点都在同一层上，则称这类二叉树为满二叉树。

一棵满二叉树除了最深一层上有叶子结点外，其他层次上都是分支结点，如图 4.5 所示。

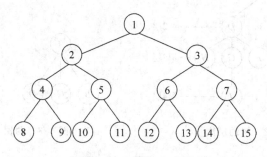

图 4.5 一棵满二叉树

3. 完全二叉树

如果对满二叉树从上至下、从左至右地从 1 开始编号,如图 4.5 所示,如有一棵包含有 n 个结点的二叉树与这样一棵满二叉树对比,结果是每个结点都可以与满二叉树中编号为 1 至 n 的结点一一对应,则称这类二叉树为完全二叉树,如图 4.6 所示。

或者说,将一棵满二叉树从最下面一层(底层)的最右边开始,向左边顺序删除若干个叶子结点后的二叉树就是一棵完全二叉树。

例如,对图 4.5 中的满二叉树删除结点 15、14、13 后的二叉树就是一棵完全二叉树,如图 4.6 所示。

但是图 4.7 所示的二叉树就不是完全二叉树,因为这棵二叉树中在 9 号和 12 号结点之间缺少两个结点,也就是没有对底层的结点从右至左地顺序删除。

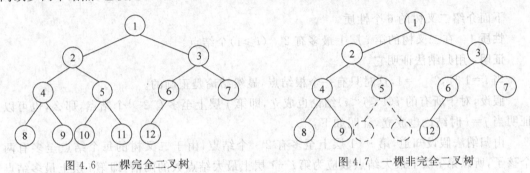

图 4.6 一棵完全二叉树　　　　　　图 4.7 一棵非完全二叉树

这里需要说明的是,在有些书中将完全二叉树定义为顺序二叉树,读者在学习时应注意,在这里不讨论有关定义的争议问题。

在有的书中,还定义一种二叉树为完全二叉树,即,若二叉树中所有结点的度数或者为 2,或者为 0,也可以说,分支结点的度数只有为 2 的,没有为 1 的,称这类二叉树为"完全二叉树",如图 4.8 所示。这种定义在少数书中出现,在本书中,仅在此说明,以后不再讨论这种定义。

可以从满二叉树、完全二叉树的定义中得出结论:满二叉树一定是完全二叉树。图 4.5 的二叉树既是一棵满二叉树,又是一棵完全二叉树。如果在满二叉树中按上述要求去掉若干个结点,则是一棵完全二叉树,如图 4.6 和图 4.9 所示。

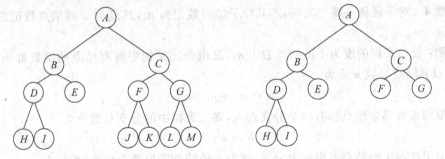

图 4.8 一棵结点的度只有 2 或 0 的二叉树　　　图 4.9 一棵完全二叉树

满足完全二叉树特征的二叉树具有非常好的属性,这种特殊的二叉树有广泛的应用,在后面再展开讨论。

4. 退化二叉树

如果一棵非空的二叉树只有一个叶子,且其余结点均只有一个孩子,则称这棵二叉树为退化的二叉树,如图 4.10 所示。

退化的二叉树是一棵单枝的二叉树,如果不考虑左右子树,则退化的二叉树从逻辑上退化为线性结构。二叉树结点数一定时,退化二叉树也是深度最大的二叉树,其深度为二叉树结点个数 n。

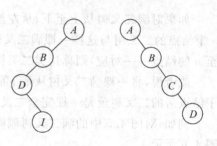

图 4.10 退化的二叉树

4.2.2 二叉树的性质

下面介绍二叉树的 6 个性质。

性质 1 在二叉树的第 i 层上最多有 $2^{i-1}(i \geqslant 1)$ 个结点。

证明：用归纳法证明它。

当 $i=1$ 时,$2^{1-1}=1$,这时只有一个根结点,显然结论是正确的。

假设,对于所有的 $j(1 \leqslant j<i)$ 结论也成立,即第 j 层上至多有 2^{j-1} 个结点,那么,也可以证明当 $j=i$ 时结论也成立,证明如下：

由归纳法假设知道,第 $i-1$ 层上至多有 2^{i-2} 个结点,由于二叉树的每个结点至多有两个孩子,所以第 i 层上最大结点数应为第 $i-1$ 层上最大结点数的两倍,即第 i 层上最多结点数为 $2 \times 2^{i-2} = 2^{i-1}$。故结论得证。

性质 2 深度为 h 的二叉树至多有 $2^h - 1$ 个结点。

证明：可以由性质 1 推出上述结论。显然,深度为 h 的二叉树的最大结点应为各层最大结点之和,即

$$\sum_{i=1}^{h} 2^{i-1} = 2^h - 1$$

性质 3 包括 $n(n>0)$ 个元素的二叉树的边数为 $n-1$。

证明：二叉树中每个元素(除根结点外)有且仅有一个双亲结点。而孩子结点与双亲结点之间有且仅有一条边,因此包含 n 个元素的二叉树的边数是 $n-1$。

性质 4 对于任何一棵二叉树,若其叶子结点数记为 n_0,其度为 2 的结点数记为 n_2,则有 $n_0 = n_2 + 1$。

证明：设二叉树的度为 1 的结点数为 n_1,又由于二叉树中所有结点的度数都小于或等于 2,所以其结点总数 n 应为

$$n = n_0 + n_1 + n_2 \tag{4.1}$$

除根结点外其余结点都有一个分支进入,则二叉树中的分支总数 b 为

$$b = n - 1 \tag{4.2}$$

又由于度为 1 的结点发出一个分支,度为 2 的结点发出两个分支,所以有

$$b = n_1 + 2n_2 \tag{4.3}$$

从式(4.2)和式(4.3)得到 $n-1 = n_1 + 2n_2$,整理得

$$n = 2n_2 + n_1 + 1 \tag{4.4}$$

由式(4.1)和式(4.4)整理后可得 $n_0=n_2+1$，由此得证。

性质 5 若一棵满二叉树有 n 个结点，则其深度 h 应为 $h=\lfloor \log_2 n \rfloor + 1$。

证明：由于深度为 h 的满二叉树共有 $n=2^h-1$ 个结点，两边取对数得

$$\log_2 n = \log_2(2^h-1)$$
$$= \log_2(2^h \times (1-1/2^h)) = h + \log_2(1-1/2^h)$$

又由于当 $h>1$ 时，有 $0<(1-1/2^h)<1$，所以

$$\log_2(1-1/2^h) < 0$$

故有

$$\lfloor \log_2 n \rfloor = h-1$$

即

$$h = \lfloor \log_2 n \rfloor + 1$$

所以结论得证。

性质 6 一棵有 n 个结点的完全二叉树，如从左至右、从上至下对每个结点从 1 开始编号，对于其中任意编号为 i 的结点($1 \leq i \leq n$)有

(1) 若 $i \neq 1$，则 i 的父亲是 $\lfloor i/2 \rfloor$；若 $i=1$，则 i 是根结点，无父亲。

(2) 若 $2i \leq n$，则 i 的左孩子是 $2i$；若 $2i > n$，则 i 无左孩子。

(3) 若 $2i+1 \leq n$，则 i 的右孩子是 $2i+1$；若 $2i+1 > n$，则 i 无右孩子。

证明：先用数学归纳法证明结论(2)和(3)，然后导出(1)。证明如下。

当 $i=1$ 时，按完全二叉树的定义知，i 的左孩子是 2，即如果 $2i=2\times 1 \leq n$ 时，结点 1 的左孩子是 2，当 $2i=2\times 1 > n$ 时，说明不存在两个结点，当然也没有左孩子。若 $2i+1=2\times 1+1 \leq n$，结点 1 有右孩子为 3，若 $2i+1=2\times 1+1 > n$，说明该结点不存在，所以无右孩子。

现在假设对于所有的 i($1 \leq i < n$)都成立：i 的左孩子是 $2i$，且当 $2i > n$ 时无左孩子；i 的右孩子是 $2i+1$，当 $2i+1 > n$ 时，无右孩子。再来证明，对于结点 $i+1$，性质 6 的(2)和(3)也是成立的。因为，根据完全二叉树的特点，与 $i+1$ 的左孩子相邻的前两个结点是 i 的左孩子和右孩子，由上述假设知，i 的左孩子是 $2i$，i 的右孩子是 $2i+1$(见图 4.11)。因此，$i+1$ 的左孩子应是 $2i+2=2(i+1)$，如果 $2(i+1) > n$，说

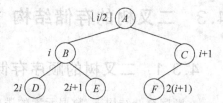

图 4.11 完全二叉树父子关系

明该结点不存在，所以 $i+1$ 无左孩子，而 $i+1$ 的右孩子应是 $2i+3=2(i+1)+1$，若 $2(i+1)+1 > n$，说明不存在该结点，也就无右孩子。因此结论(2)和(3)得证。

最后来证明结论(1)。当 $i=1$ 时，i 就是根结点，无父亲，当 $i \neq 1$ 时，由结论(2)和(3)知道，如果 i 为左孩子，即 $2(i/2)=i$，则结点 $i/2$ 是结点 i 的父亲；如果 i 为右孩子，设 $i=2p+1$，i 结点的父亲应为 p 结点，$p=(i-1)/2=\lfloor i/2 \rfloor$，所以无论哪种情况均有结点 $\lfloor i/2 \rfloor$ 是结点 i 的父亲。证毕。

上述讨论中每个结点的编号可以对应于实际应用中结点的相对地址，即，根结点存储在 1 号位置，根的左孩子结点存储在 2 号位置，根的右孩子结点存储在 3 号位置，等等。

如果从左至右、从上至下对每个结点从 0 开始编号，对于其中任意编号为 i 的结点($0 \leq i \leq n-1$)有

(1) 若 $i \neq 0$，则 i 的父亲是 $\lfloor (i-1)/2 \rfloor$；若 $i=0$，则 i 是根结点，无父亲。

(2) 若 $2(i+1)-1 \leqslant n$，则 i 的左孩子是 $2(i+1)-1$；若 $2(i+1)-1 > n$，则 i 无左孩子。

(3) 若 $2(i+1) \leqslant n$，则 i 的右孩子是 $2(i+1)$；若 $2(i+1) > n$，则 i 无右孩子。

4.2.3 二叉树的抽象数据类型

二叉树的抽象数据类型如下：

```
ADT BinaryTree
{
  Data: 有限元素(e₀,e₁,…,eᵢ,…,eₙ₋₁)的集合。
  RelationSet: 如果不空，被分为根结点、左子树和右子树；每个子树仍然是一个二叉树。
  Operation:
    PreOrderRecursive( * BT)           //二叉树的前序遍历递归算法
    InOrderRecursive( * BT)            //二叉树的中序遍历递归算法
    PostOrderRecursive( * BT)          //二叉树的后序遍历递归算法
    MakeNode(&x)                       //构造二叉树的结点算法
    MakeBinaryTree( * root, * left, * right)  //连接三个结点为二叉树算法
    BinaryHeight( * BT)                //求二叉树的高度算法
    BinaryDelete( * BT)                //删除二叉树的算法
}
```

二叉树的运算非常丰富，上面的抽象数据类型定义中只给出了部分运算。二叉树的遍历运算还有层次遍历、查找运算、求结点个数、求叶子结点个数。多种运算还有非递归运算的实现，在抽象数据类型描述中，就不再一一列举，在后面的算法定义和实现时再给出。

4.3 二叉树的存储结构

4.3.1 二叉树的顺序存储

在顺序存储结构下，数据元素的逻辑关系是以数据元素存储的相邻性来实现的，而不是以指针方式来表示数据元素的逻辑关系。

首先来看如何表示一棵满二叉树或完全二叉树的顺序存储。根据性质 6，对一棵满二叉树或完全二叉树可以按层次从左至右地存储每个结点，即根结点存储在顺序存储空间的首地址(1 下标的数组元素)，编号为 i 的结点左孩子存储在下标为 $2i$ 的数组元素空间中，编号为 i 的结点右孩子存储在下标为 $2i+1$ 的数组元素空间中。例如，图 4.12 所示的满二叉树的顺序存储情况如图 4.13 所示。

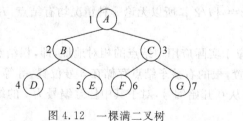

图 4.12 一棵满二叉树 　　　　图 4.13 满二叉树顺序存储

如果二叉树不是满二叉树或完全二叉树，在顺序存储时，应视其为一棵完全二叉树。

在如图 4.14 所示的二叉树中，灰色的结点表示存在，空白的结点及灰色结点一同视为完全二叉树，并按层次从左至右地进行编号。

存储时，仍然根据性质 6，即，根结点存储在顺序存储空间的首地址（1 下标的数组元素），编号为 i 的结点左孩子存储在下标为 $2i$ 的数组元素空间中，编号为 i 的结点右孩子存储在下标为 $2i+1$ 的数组元素空间中。无结点的数组元素空间位置只是空着。如图 4.14 所示的二叉树的顺序存储情况如图 4.15 所示。

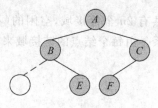

图 4.14　一棵二叉树

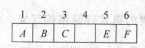

图 4.15　二叉树顺序存储

而对于一棵退化的右单枝二叉树，如图 4.16 所示，以顺序存储方式存储时的情况如图 4.17 所示。

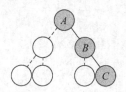

图 4.16　退化右单枝二叉树

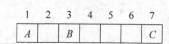

图 4.17　退化右单枝二叉树顺序存储

从上面的各种二叉树的顺序存储可以知道，只有满二叉树或完全二叉树的空间利用率是最高的，退化的右单枝二叉树的顺序存储的空间利用率是最低的，事实上，一个具有 n 个结点的二叉树（深度为 h）可能最多需要 2^h-1 个空间来存储。当每个结点都是其他结点的右孩子时，即二叉树是退化的右单枝二叉树时，存储空间达到最大。当然满二叉树或完全二叉树以顺序存储是合理的。

但是，采用这种顺序方式存储时，结点的插入和删除十分困难，需要移动大量数据元素。所以，二叉树一般不采用顺序存储方式。

顺序存储二叉树的结构定义与线性表的结构定义没有什么区别，只是按照性质 6 的关系来处理各结点。

4.3.2　二叉树的链式存储

1. 二叉树的链式存储概念

由于二叉树的每个结点的最大度数为 2，因此，统一给出二叉树的每个结点的模式，不管二叉树中结点的度数为 0、为 1 还是为 2，定义二叉树中的结点类型，如图 4.18 所示。

如图 4.19 所示，如果二叉树的某个结点有左右孩子，则左孩子、右孩子指针不空；如果二叉树的某个结点只有左或右孩子，则其右或左指针就为空；如果某个结点是叶子结点，则其左右孩子指针都为空。每个结点的存储空间都以动态申请方式获取。

图 4.18　二叉树链式结点结构　　　　　图 4.19　一棵二叉树链式存储结构

在如此定义的结构中,含有 n 个结点的二叉树共有 $2n$ 个链接域,空闲的(不用的)链接域有 $n+1$ 个(请思考为什么)。所有结点之间的关系是由每个结点的链接域来表达的。

2. 二叉树的链式存储结构定义

二叉树的链式存储结构定义如下:

```
class BinaryTreeNode
{
    public:
        ElementType data;
        BinaryTreeNode *LChild;
        BinaryTreeNode *RChild;
};
```

4.4　二叉树链式存储结构下的操作

4.4.1　二叉树的操作概念

二叉树的运算与二叉树的定义是紧密相关的,二叉树定义的特点中最突出的是定义的递归性,所以二叉树的运算有很多都是以递归方式完成的。

1. 二叉树的前序、中序和后序遍历

所谓遍历,是指按一定的规律和秩序访问树中的每一个结点,且只访问一次,在访问每个结点时,可以修改它的内容,打印信息或做其他的工作。

对于线性表来说,由于每个结点只有唯一的前驱和后继,这是一个很容易的事,但二叉树是非线性结构,不存在事实上的唯一前驱和后继,必须人为地作出规定,然后找出一个完整的、有规律的遍历方法。

为此,必须先对二叉树的各个结点按某种规律排序。若用 L 代表左孩子,R 代表右孩子,D 代表根结点,则二叉树有以下 6 种排序方法:DLR(根左右),LDR(左根右),LRD(左右根),DRL(根右左),RDL(右根左),RLD(右左根)。

为了简化,规定排序只能先左后右,则只剩下 3 种排序方法:DLR(根左右),LDR(左根右),LRD(左右根)。

如果再以根结点在排序中的位置来称呼这 3 种排序(遍历)方法,则有

(1) DLR(根左右)称为前根排序(前序)。
(2) LDR(左根右)称为中根排序(中序)。
(3) LRD(左右根)称为后根排序(后序)。

如图 4.20 所示,在讨论二叉树的遍历时,一定要明白二叉树的递归性。遍历时,"根"不是唯一的,整棵二叉树有一个唯一的根,而每个子树(左子树和右子树)也有各自的一个根,即多级子树对应多个"根";每遍历到某个"根"的孩子时,如果孩子本身又是一棵子树时,又需要将这棵孩子子树按遍历规则重新当作一棵二叉树来遍历。

(1) 前根排序(DLR)规则。

首先访问二叉树的根结点,然后按前序遍历的规则访问其左子树,如果所有的左子树都已遍历,则按前序遍历的规则遍历右子树。按前根排序的规定,图 4.21 所示二叉树遍历结果为 ABDIECFJGLM。

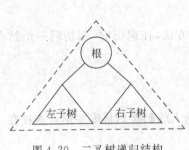

图 4.20　二叉树递归结构

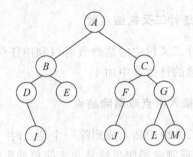

图 4.21　一棵二叉树

(2) 中根排序(LDR)规则。

首先按中序遍历的规则访问二叉树的左子树,如果左子树都已遍历,则访问左子树的根结点,然后,按中序遍历的规则访问二叉树的右子树。图 4.21 所示二叉树中序遍历结果为 DIBEAJFCLGM。

(3) 后根排序(LRD)规则。

首先按后序遍历的规则访问二叉树的左子树,如果左子树都已遍历,则按后序遍历的规则访问二叉树的右子树,然后,访问二叉树的根结点。图 4.21 所示二叉树后序遍历结果为 IDEBJFLMGCA。

2. 二叉树的层次遍历

按层次遍历二叉树可规定为 4 种基本形式:
(1) 从上至下、从左至右访问结点。图 4.21 的遍历结果为 ABCDEFGIJLM。
(2) 从上至下、从右至左访问结点。图 4.21 的遍历结果为 ACBGFEDMLJI。
(3) 从下至上、从左至右访问结点。图 4.21 的遍历结果为 IJLMDEFGBCA。
(4) 从下至上、从右至左访问结点。图 4.21 的遍历结果为 MLJIGFEDCBA。

3. 构造二叉树

所谓构造二叉树,就是设定 3 个结点指针(如果某结点不存在,可以设结点指针为空),按一定的结构将这些结点连接成一棵二叉树。

构造二叉树的过程分两步进行,第一步是构造结点,第二步是将产生的结点连接在一起。

4．计算二叉树的深度

计算二叉树深度时,利用递归方式,先求左子树的高度 Hleft,再求右子树的高度 Hright;最后比较左子树和右子树的高度,取其最大值加 1,即二叉树的高度。

5．删除二叉树

删除二叉树就是要删除其所有的结点,不能从二叉树的根结点开始删除,而应该从二叉树的叶子结点开始删除,否则将无法完成全部结点的删除和释放。删除过程可利用后序遍历的过程,从叶子开始,先删除左子树,再删除右子树,最后删除根结点。

6．统计二叉树结点数

统计二叉树中的结点数可以利用任何一种遍历方法,在遍历时,每访问一个结点,就在统计个数的计数器中加 1。

7．插入结点或删除结点

在二叉树中插入或删除一个结点时,如果知道插入或删除后将哪些结点连接在一起,那么,插入或删除操作当然是非常简单的事情。

但是,找两个连接结点可不是一件简单的事。如果插入点找到了,准备插入一个结点作为该结点的左孩子,如插入点没有左孩子,问题就很简单;如插入点原来有左子树,新结点插入后,原来的左子树是作为新结点的左孩子还是右孩子就需要约定或由用户确定。例如,如果是一棵有规律排列的二叉树,新插入的结点插入后不能破坏原来的排列规律。

如果删除点找到,删除指定结点很容易,但是,释放删除点的空间前,先要将其双亲结点的指针和指向其两个孩子的指针做好调整。如删除结点没有孩子,只要将其双亲指向该结点的链接域设为空,释放该结点;如果删除点有子树,子树再与哪个结点相连接却是一个复杂的问题,在这里暂不讨论,在以后的章节中针对不同的二叉树再讨论。

下面是二叉树模板类的定义:

```
template < class ElementType >
class BinaryTree
{
  public:
    BinaryTree(){BTroot = NULL;};
    ~BinaryTree() {};
    bool IsEmpty();
    void PreOrderRecursive(BinaryTreeNode * BTroot);
    void InOrderRecursive(BinaryTreeNode * BTroot);
    void PostOrderRecursive(BinaryTreeNode * BTroot);
    BinaryTreeNode * MakeNode(ElementType& newvalue);
    BinaryTreeNode * DeleteBinaryTree(BinaryTreeNode * BTroot);
    void MakeBinaryTree(BinaryTreeNode * root,
                        BinaryTreeNode * left,
```

```
                                BinaryTreeNode * right);
        void NodesCount(BinaryTreeNode * BTroot,int&count);
        int Height(BinaryTreeNode * BTroot);
        int LeafsCount(BinaryTreeNode * BTroot);
    private:
        BinaryTreeNode * BTroot;                    //指向二叉树根结点<ElementType>
};
```

4.4.2 二叉树的前序、中序、后序遍历操作

对于二叉树的遍历,将用递归算法和非递归算法给予讨论。递归算法简单明晰,但递归本身的嵌套执行过程会影响到算法执行的效率;非递归算法相对较复杂,实现中运用栈结构类型作为辅助,算法的效率相对较高,算法本身具有综合性,是学习中重点关注的方法。

1. 构造一棵二叉树

构造的二叉树中有多少个结点,结点之间的关系如何,树形结构如何,这些是用户自己决定的。下面通过一个例子来讨论构造过程。如图 4.22 所示,它是我们想构造的一棵二叉树,树中有 7 个结点,每个结点的数据元素值可以动态地输入,也可以事先输入,下面采用先输入的方式讨论。

首先为每个结点申请一个结点空间,将每个结点的信息值($A,B,C,\cdots$)分别存储到各自的 data 数据域中,并以变量保留每个结点的指针,变量可以命名为 Aptr,Bptr,Cptr,…。

构造二叉树一个结点的算法 MakeNode 如下:

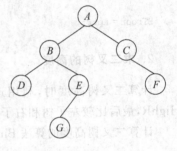

图 4.22 构造二叉树

```
template<class ElementType>
BinaryTreeNode * BinaryTree<ElementType>::
MakeNode(ElementType& newvalue)
{   //构造结点
    BinaryTreeNode * ptr;
    ptr = new BinaryTreeNode;
    if (!ptr) return NULL;
    ptr -> data = newvalue;
    ptr -> LChild = NULL;
    ptr -> RChild = NULL;
    return ptr;
}
```

要想产生值为 x 的结点,只需执行下面的语句:

```
BinaryTreeNode * Aptr = MakeNode(x);
```

如果按此方法产生所有的结点,并以相应的指针指向,接下来的事就是将这些结点连接在一起,构成一棵如图 4.22 所示的二叉树。

每次被连接的结点最多有 3 个:根结点、左孩子(左子树根)结点、右孩子(右子树根)结点,如果缺少某个孩子(子树根)结点,就视这个孩子(子树根)结点的指针为空。下面定义一

个连接过程:

```
template <class ElementType>
void BinaryTree<ElementType>::
MakeBinaryTree(BinaryTreeNode * root, BinaryTreeNode * left, BinaryTreeNode * right)
{    //连接root、left、right所指的结点指针为二叉树
    root -> LChild = left;
    root -> RChild = right;
}
```

下面先将 E、G 组成为一棵二叉树,即执行

```
MakeBinaryTree(Eptr, Gptr, NULL);
```

再将 B、D 和 E 子树组成为一棵二叉树,即执行

```
MakeBinaryTree(Bptr, Dptr, Eprt);
```

如此下去,就可构造任何一棵二叉树,所有结点连接完成后,最后将整棵二叉树的根结点指针赋给 BTroot。在本例中执行

```
BTroot = Aptr;
```

2. 求二叉树的高度

计算二叉树高度时,利用递归方式,先求左子树的高度 HighL,再求右子树的高度 HighR,最后比较左子树和右子树的高度,取其最大值加 1,即二叉树的高度。

计算二叉树高度的算法 BinaryHeight 如下:

```
template <class ElementType>
int BinaryTree<ElementType>::
Height(BinaryTreeNode * BTroot)
{    //返回二叉树的高度
    if (!BTroot) return 0;
    int HighL = Height(BTroot -> LChild);
    int HighR = Height(BTroot -> RChild);
    if (HighL > HighR)
        return ++HighL;
    else
        return ++HighR;
}
```

3. 二叉树的前序遍历递归算法

按照前序遍历规则,首先访问根结点,然后遍历左子树,最后遍历右子树。
二叉树的前序遍历递归算法 PreOrderRecursive 如下:

```
template <class ElementType>
void BinaryTree<ElementType>::
PreOrderRecursive(BinaryTreeNode * BTroot)
{    //二叉树的前序遍历递归算法
```

```
        if (BTroot)
        {
//          Visit(BTroot);                           //访问二叉树的结点
            DisplayNode(BTroot);
            PreOrderRecursive(BTroot->LChild);
            PreOrderRecursive(BTroot->RChild);
        }
    }
```

4. 二叉树的中序遍历递归算法

按照中序遍历规则，首先遍历左子树，然后访问根结点，最后遍历右子树。

二叉树的中序遍历递归算法 InOrderRecursive 如下：

```
template<class ElementType>
void BinaryTree<ElementType>::
InOrderRecursive(BinaryTreeNode *BTroot)
{   //二叉树的中序遍历递归算法
    if (BTroot)
    {
        InOrderRecursive(BTroot->LChild);
//      Visit(BTroot);                               //访问二叉树的结点
        DisplayNode(BTroot);
        InOrderRecursive(BTroot->RChild);
    }
}
```

5. 二叉树的后序遍历递归算法

按照后序遍历规则，首先遍历左子树，然后遍历右子树，最后访问根结点。

二叉树的后序遍历递归算法 PostOrderRecursive 如下：

```
template<class ElementType>
void BinaryTree<ElementType>::
PostOrderRecursive(BinaryTreeNode *BTroot)
{   //二叉树的后序遍历递归算法
    if (BTroot)
    {
        PostOrderRecursive(BTroot->LChild);
        PostOrderRecursive(BTroot->RChild);
//      Visit(BTroot);                               //访问二叉树的结点
        DisplayNode(BTroot);
    }
}
```

6. 删除二叉树

删除时就是要删除其所有的结点，从二叉树的叶子结点开始删除，删除过程可利用后序遍历的过程，将后序遍历过程的访问语句改成删除并释放空间的语句，从叶子开始，先删除左子树,再删除右子树,最后删除根结点。

二叉树的删除算法 BinaryDelete 如下:

```
template<class ElementType>
BinaryTreeNode * BinaryTree<ElementType>::
DeleteBinaryTree(BinaryTreeNode * BTroot)
{    //二叉树的删除算法
    if (BTroot)
    {
        DeleteBinaryTree (BTroot->LChild);
        DeleteBinaryTree (BTroot->RChild);
        delete BTroot;
    }
    BTroot = NULL;
    return BTroot;
}
```

7. 统计二叉树中结点的个数

统计二叉树中的结点个数可以利用任何一种遍历方法,在遍历时,每访问一个结点,就在统计个数的计数器中加 1。下面的算法是利用二叉树的前序遍历算法思想实现的结点个数的统计。

```
template<class ElementType>
void BinaryTree<ElementType>::
NodesCount(BinaryTreeNode * BTroot,int &count)
{    //二叉树的结点计数
    if (BTroot)
    {
        count++;                              //二叉树的结点计数
        NodesCount(BTroot->LChild,count);
        NodesCount(BTroot->RChild,count);
    }
}
```

8. 前序遍历的非递归算法

由于有些高级语言没有递归机制,而且递归效率又较低,所以下面给出非递归过程的遍历算法,算法中借助于一个堆栈,用迭代的方法实现二叉树的遍历。

首先定义一个堆栈,堆栈的数据元素的数据类型是一个类,类型由指向二叉树结点 BinaryTreeNode 的指针成员 * ptr 和一个 bool 类型的成员 status 两个部分组成。

在前序非递归的二叉树遍历算法中,只使用指向二叉树结点 BinaryTreeNode 的指针成员 * ptr,另一个 bool 类型的成员 status 在二叉树的前序和中序非递归遍历中不使用,这个成员将在后面讨论的二叉树后序非递归遍历算法中使用。

首先定义一个栈:

```
class StackType
{
```

```
public:
    BinaryTreeNode *ptr;
    bool           status;
};
```

非递归前序算法遍历的思想如下：

(1) 如果结点指针非空，首先访问根结点；如果结点指针为空，转步骤(3)。

(2) 将访问过的结点指针(一个根的指针)进栈，再将指针指向访问过的结点的左子树的根，转步骤(1)。

(3) 堆栈非空时，退栈，指针指向退栈结点的右子树结点，转步骤(1)。结点指针为空且堆栈为空时，结束算法，完成遍历。

二叉树的前序遍历非递归算法 PreOrderNoRecursive 如下：

```
template<class ElementType>
void BinaryTree<ElementType>::
PreOrderNoRecursive(BinaryTreeNode *BTroot)
{   //二叉树的前序遍历非递归算法
    BinaryTreeNode *p = BTroot;
    StackType temp;
    int MaxStackSize = Height(BTroot);
    Stack<StackType> S(MaxStackSize);         //创建一个空栈
    while (p || !S.IsEmpty())
    {
        if (p)
        {
//          Visit(BTroot);                    //访问二叉树的结点
            DisplayNode(p);
            temp.ptr = p;
            S.Push (temp);                    //根结点指针进栈，以后回溯时再退栈
            p = p->LChild;                    //指针指向访问过的根结点左子树
        }
        else                                  //左子树为空时，利用堆栈回溯
            if (!S.IsEmpty())
            {
                S.Pop(temp);                  //从堆栈中弹出回溯结点指针(该结点已访问过)
                p = temp.ptr;
                p = p->RChild;                //指针指向回溯结点的右子树
            }
    }
}
```

以上是动态存储分配方式下的二叉树的非递归形式前序遍历的算法。

在算法中建立一个堆栈 S，用来存放已访问过的结点的指针。栈的初态为空，栈的容量与树的深度有关，对于遍历深度为 h 的二叉树，所设的堆栈至少要 h 个存储单位。

为了更深刻地领会非递归算法的前遍历过程，以图 4.23 所示的二叉树为例，用表 4.1 跟踪整个遍历过程。

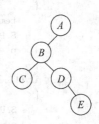

图 4.23　二叉树

表 4.1　二叉树前序遍历非递归过程

步骤	访问结点	栈 S 内容	P 的指向
初态			A
1	A	A	B
2	B	AB	C
3	C	ABC	空(C 的左孩子)
4		AB	空(C 的右孩子)
5		A	D
6	D	AD	空(D 的左孩子)
7		A	E
8	E	AE	空(E 的左孩子)
9		A	空(E 的右孩子)
10		空	空(A 的右孩子)

9. 中序遍历的非递归算法

中序遍历非递归算法中同样借助于一个堆栈,用迭代的方法实现其二叉树的中序遍历。堆栈的定义与前序遍历中的相同。

中序遍历非递归算法思想如下:

(1) 结点指针(一个根的指针)进栈,然后将结点指针指向进栈结点的左子树的根,重复本步,直到指针指向空(最后一个进栈的是最左子树),转到步骤(2)。

(2) 堆栈非空时,从堆栈中退出一个指向子树的根的指针,访问该指针所指结点,转到步骤(3)。堆栈为空时,结束算法。

(3) 将指针指向访问过结点的右子树的根,重新从步骤(1)做起。

二叉树的中序遍历非递归算法 InOrderNoRecursive 如下:

```
template<class ElementType>
void BinaryTree<ElementType>::
InOrderNoRecursive(BinaryTreeNode * BTroot)
{   //二叉树的中序遍历非递归算法
    BinaryTreeNode *p = BTroot;
    StackType temp;
    int MaxStackSize = Height(BTroot);
    Stack<StackType> S(MaxStackSize);
    while ((p)|| !S.IsEmpty())
    {
        while (p)                        //找最左子树
        {
            temp.ptr = p;
            S.Push(temp);                //根结点(未访问)指针进栈,以后回溯时再退栈
            p = p->LChild;               //指针指向该根结点左子树
        }
        if (!S.IsEmpty())                //左子树为空时,利用堆栈回溯
        {
            S.Pop(temp);                 //从堆栈中弹出回溯结点指针(该结点未访问过)
            p = temp.ptr;
//          Visit(BTroot);               //访问二叉树的结点
```

```
            DisplayNode(p);
            p = p -> RChild;              //指针指向回溯结点的右子树
        }
    }
}
```

以图 4.24 所示的二叉树为例,用表 4.2 跟踪整个遍历过程。

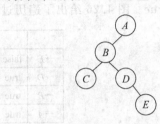

图 4.24 二叉树

表 4.2 二叉树中序遍历非递归过程

步骤	访问结点	栈 S 内容	P 的指向
初态			A
1		A	B
2		AB	C
3		ABC	空(C 的左孩子)
4	C	AB	空(C 的右孩子)
5	B	A	D
6		AD	空(D 的左孩子)
7	D	A	E
8		AE	空(E 的左孩子)
9	E	A	空(E 的右孩子)
10	A	空	空(A 的右孩子)

10. 后序遍历的非递归算法

后序遍历非递归算法中同样借助于一个堆栈,用迭代的方法实现其二叉树的后序遍历。堆栈的定义与前序遍历或中序遍历中的不同。

后序遍历的非递归算法中结点进栈不是一次,每个结点要进栈两次。根据后序遍历的规则,首先是遍历左子树,然后遍历右子树,最后才访问根结点。

第一次进栈时,是在遍历左子树的过程中将根结点进栈,待左子树访问完后,回溯的结点退栈,即退出这个根结点,但不能立即访问,只能借助于这个根去找该根的右子树,并遍历这个右子树,直到该右子树全部遍历以后,再退出该根结点,访问之。

由于一个结点要进两次栈和退两次栈,而且只有在第二次退栈时才访问它,因此,需要区别哪是第一次进栈和退栈,哪是第二次进栈和退栈。为了解决这个问题,在堆栈数据元素的结构中增加一个成员,用于记载第几次进栈的标志。设增加的成员是 status,定义类型是

```
bool status;
```

并且给出 status 标志的定义: status 标志为 false 时,表示第一次进栈; status 标志为 true

时,表示第二次进栈。也就是说,每个结点指针第一次进栈时,status 标志以 false 值进栈;退栈时,如果检查其 status 标志为 false 时,就通过退出的结点指针找其右子树,并改变 status 标志为 true,重新将该结点指针进栈;如果退栈后检查其 status 标志为 true 就访问退出的结点,不再进栈。

以图 4.25 所示的二叉树为例,用表 4.3 跟踪整个遍历过程。栈的内容中,以 f 表示进栈标志为 false,以 t 表示进栈标志为 true。图 4.26 给出了遍历过程中第 9 步的状态。

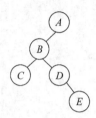

图 4.25　二叉树　　　　图 4.26　后序遍历第 9 步执行时堆栈状态

非递归后序遍历算法思想如下:

(1) 当结点非空时或堆栈非空时,执行步骤(2),否则,结束算法。

(2) 当结点指针非空时,结点的进栈标志设为 false,结点指针及进栈标志进栈,然后将结点指针指向进栈结点的左子树的根,重复步骤(2),直到指针为空(最后一个进栈的是最左子树)。结点指针为空时,转步骤(3)。

(3) 堆栈非空时,从堆栈中退出一个结点的指针。

如果退出的结点进栈标志为 true,说明该结点是第二次退栈,则访问该结点,并将指针强制设为空,准备下一次退栈,并转步骤(3)。

如果退出的结点进栈标志为 false,说明该结点是第一次退栈,则将进栈标志设为 true,然后将该结点指针及进栈标志进栈,然后将指针指向它的右子树。转步骤(1)。

表 4.3　二叉树后序遍历非递归过程

步骤	访问结点	栈 S 内容(t、f 是 status 状态值)	P 的指向
初态		空	A
1		Af	B
2		AfBf	C
3		AfBfCf	空(C 的左孩子)
4		AfBfCt	空(C 的右孩子)
5	C	AfBf	空(强制设置)
6		AtBt	D
7		AtBtDf	空(D 的左孩子)
8		AtBtDt	E
9		AtBtDtEf	空(E 的左孩子)
10		AtBtDtEt	空(E 的右孩子)
11	E	AtBtDt	空(强制设置)
12	D	AtBt	空(强制设置)
13	B	At	空(强制设置)
14	A	空	空(强制设置)

二叉树的后序遍历非递归算法 PostOrderNoRecursive 如下：

```cpp
template<class ElementType>
void BinaryTree<ElementType>::
PostOrderNoRecursive(BinaryTreeNode *BTroot)
{   //二叉树的后序遍历非递归算法
    BinaryTreeNode *p = BTroot;
    StackType temp;
    int MaxStackSize = Height(BTroot);
    Stack<StackType> S(MaxStackSize);
    while ((p)||!S.IsEmpty())
        if (p)                                  //找最左子树
        {
            temp.status = false;                //准备进栈的结点进栈标志设为第一次进栈
            temp.ptr = p;
            S.Push(temp);                       //根结点(未访问)指针及标志进栈,回溯时再退栈
            p = p->LChild;                      //指针指向该根结点左子树
        }
        else
            if (!S.IsEmpty())                   //左子树为空时,利用堆栈回溯
            {
                S.Pop(temp);                    //从堆栈中弹出回溯结点指针及标志(该结点未访问过)
                p = temp.ptr;                   //p指向退栈结点,否则p的值是空
                if (temp.status)
                {
//                  Visit(BTroot);              //访问二叉树的结点
                    DisplayNode(p);
                    p = NULL;                   //将p设为空的目的是为强制退栈作准备
                }
                else
                {
                    temp.status = true;         //改变进栈标志,准备重新进栈
                    S.Push(temp);
                    p = p->RChild;              //指针指向根的右子树
                }
            }
}
```

4.4.3 二叉树的层次遍历运算

按层次遍历二叉树可以有 4 种遍历形式,从上至下的有两种,从下至上的也有两种。下面只介绍从上至下的两种遍历过程。

二叉树的层次遍历结果与二叉树输出时的顺序是一致的。一般输出显示或打印一棵树时,按照一层层地从上至下地输出,按层次遍历是一种重要的遍历方式。另外,层次遍历时,将使用一个队列作为辅助,来完成遍历过程。

首先,定义一个队列,队列元素的类型是一个结构变量,结构变量的成员 ptr 的类型是指向二叉树结点的指针：

```
class QueueType
{    //队列数据元素类定义
  public:
      BinaryTreeNode * ptr;
};
```

1. 从上至下、从左至右地按层次遍历二叉树

层次遍历过程中，如果一个结点被访问，则要将其先准备访问的孩子先进队，后访问的孩子后进队。

由于是从上至下、从左至右遍历，所以每访问一个结点后，就将该结点的左子树的结点指针进队（如果存在），然后再将该结点的右子树的结点指针进队（如果存在）；出队时，正好先出来的是左子树的根结点指针。下面以图4.27为例，给出按层次遍历的队列变化，见表4.4。对应队列空间变化如图4.28所示。

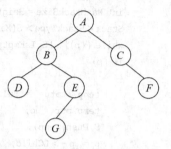

图4.27 一棵二叉树

表4.4 从上至下、从左至右按层次遍历二叉树过程

步骤	访问结点	队列 Q 内容	front 指向	rear 指向
初态		空	空	空
1	A	BC	B	C
2	B	CDE	C	E
3	C	DEF	D	F
4	D	EFG	E	G
5	E	FG	F	G
6	F	G	G	G
7	G	空	空	空

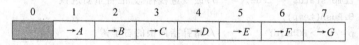

rear ↑ ↑ front

图4.28 队列状态

二叉树的层次遍历（从上至下、从左至右）算法 LevelOrder_LtoR_UtoD 如下：

```
template<class ElementType>
void BinaryTree<ElementType>::
LevelOrder_LtoR_UtoD(BinaryTreeNode * BTroot)
{    //层次遍历:从上至下、从左至右按层次遍历一棵二叉树
    BinaryTreeNode * p;
    int count = 0;
    NodesCount(BTroot,count);
    QueueType temp;                    //QueueType 的成员类型是二叉树结点指针
    int MaxStackSize = count;
    Queue<QueueType> Q(MaxStackSize);  //产生一个空队列
```

```
        p = BTroot;
        temp.ptr = p;
        Q.EnQueue(temp);
        while (p)
        {
            if (!Q.DeQueue(temp)) return;        //队空,结束
            p = temp.ptr;
//          Visit(p);                             //访问二叉树的结点
            DisplayNode(p);
            if (p->LChild)
            {
                temp.ptr = p->LChild;
                Q.EnQueue(temp);                  //左孩子进队
            }
            if (p->RChild)
            {
                temp.ptr = p->RChild;
                Q.EnQueue(temp);                  //右孩子进队
            }
        }
    }
```

2. 从右至左、从上至下地按层次遍历二叉树

由于是从右至左、从上至下,所以每访问一个结点后,就先将该结点的右子树的结点指针进队,然后再将该结点的左子树的结点指针进队;出队时,正好先出来的是右子树的根结点指针。此算法可以在从左至右、从上至下的算法基础上调整进队的语句,就可以实现。在此不再给出算法,读者自己完成。

3. 从右至左、从下至上地按层次遍历二叉树

从右至左、从下至上地按层次遍历二叉树的结果正好是从左至右、从上至下的算法执行过程中队列数据的逆序,可参见图 4.27。

所以,实现从右至左、从下至上地按层次遍历二叉树时可以利用这个特点,首先按从左至右、从上至下的算法遍历,遍历过程中不访问,将访问运算改为进栈,遍历过程队列的数据保存在堆栈中,然后,再对堆栈中的数据出栈访问,就是从右至左、从下至上地按层次遍历二叉树的结果。

二叉树的层次遍历(从右至左、从下至上)算法 LevelOrder_RtoL_DtoU 如下:

```
template<class ElementType>
void BinaryTree<ElementType>::
LevelOrder_RtoL_DtoU(BinaryTreeNode *BTroot)
{   //层次遍历:从右至左、从下至上按层次遍历一棵二叉树(Right_Down)
    BinaryTreeNode *p;
    int count = 0;
    NodesCount(BTroot,count);
    int MaxQueueSize = count;
    Queue<QueueType> Q(MaxQueueSize);      //产生一个空队列
```

```
    QueueType temp;                          //QueueType 的成员类型是二叉树结点指针
    int MaxStackSize = count;
    Stack<ElementType> S(MaxStackSize);
    //产生一个空堆栈,堆栈元素类型是二叉树结点值类型
    p = BTroot;
    temp.ptr = p;
    Q.EnQueue(temp);
    while (p)
    {
        if (!Q.DeQueue(temp)) break;         //队空,退出循环
        S.Push(temp.ptr->data);              //出队指针所指结点值进栈
        p = temp.ptr;
        if (p->LChild)
        {
            temp.ptr = p->LChild;
            Q.EnQueue(temp);                 //左孩子进队
        }
        if (p->RChild)
        {
            temp.ptr = p->RChild;
            Q.EnQueue(temp);                 //右孩子进队
        }
    }
    S.DisplayStack();
    //堆栈中是进队次序倒序对应元素的值,显示输出堆栈中的值,即遍历结果
}
```

4. 从左至右、从下至上地按层次遍历二叉树

从左至右、从下至上地按层次遍历二叉树的结果正好是从右至左、从上至下的算法执行过程中队列数据的逆序。此算法的思想可以参照从右至左、从上至下地按层次遍历二叉树的算法实现。在此不再给出算法,请读者自己完成。

4.5 线索树

4.5.1 线索树的概念

1. 线索树的由来

在二叉树结构定义中,每个结点都有两个链接域,如果某结点有两个分支,则它的两个链接域全部使用,得到充分地利用;如果某结点有一个分支,则它只使用一个链接域,未得到充分地利用;如果某结点是一个叶子结点,则它的两个链接域都是空的。为了利用这些闲置的空链接域,引入线索树。

事实上,在前述的非线索二叉树中,n 个结点的所有链接域中只使用了 $n-1$ 个链接域,还有 $n+1$ 个链接域是闲着未用的,因此,可以利用这些链接域来实现前驱或后继的指向。

按照任何一种遍历规则对一棵二叉树进行遍历,其遍历的结果一定是唯一的。也就是

说,在遍历结果序列中,任何一个结点的"前驱"或"后继"是唯一的。在二叉树中讨论前驱或后继一定是基于某种遍历规则而言的,不同的遍历规则所遍历的结果中,某一个结点的前驱或后继是不同的。

按照前面已讨论过的内容,在二叉树中要想得到一个结点在某种遍历规则下的前驱或后继结点,只能按这种遍历规则,从二叉树的树根开始遍历这棵二叉树,并用一个指针指向被访问结点的前驱,直到访问该结点时,就可以通过前驱指针找到前驱结点,再继续向下遍历一次就可以取得后继结点。每次总是从根开始遍历,而且,无论是采用递归方式还是非递归方式,遍历算法中一定包含着堆栈空间,显然不是一种好算法。如果能像前面双向链表中一样,在每个树结点中增加两个链接域,一个指向该结点的前驱,另一个指向该结点的后继,那么,只要知道某个结点的指针,就能非常容易地得到其前驱或后继结点了。

如果能够很容易地知道某结点的前驱或后继,以后要删除某个结点时,就可以将被删除结点的前驱与被删除结点的后继链接起来,从而方便地完成删除操作。以同样的方式可以方便地完成结点的插入操作。

利用线索树中结点的空链接域指向结点的直接前驱或直接后继结点,这样既解决了闲置的利用,又实现了指针指向特定结点的要求。

2. 线索的方法存储结构

以图 4.29 所示的二叉树为例,讨论中序遍历时各结点的前驱或后继与链接域的关系。

情形一:中序遍历图 4.29 所示的二叉树时,结点 A 的前驱是 E,结点 B 的前驱是 H,结点 E 的前驱是 G,而结点 D 的前驱是 K,等等。

可以得出这样的结论,如图 4.30 所示,中序遍历二叉树时,一个结点 N 如果有左子树,则该结点的前驱就是其左子树中最右的子孙 P。

由于这个子孙结点 P 的右链接域一定为空,所以,可以在这个子孙结点 P 的右链接域中存放一个指向结点 N 的指针,以后,也就可以方便地通过该子孙结点 P 的右链接域的指针访问到其后继结点 N。

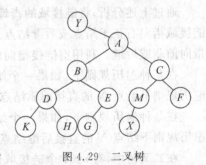

图 4.29 二叉树

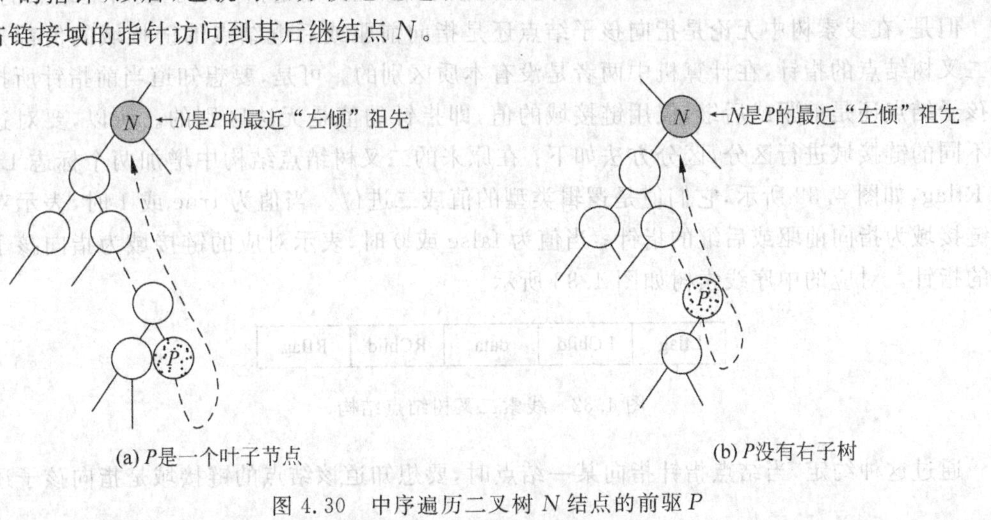

(a) P 是一个叶子节点　　　　　　　　(b) P 没有右子树

图 4.30 中序遍历二叉树 N 结点的前驱 P

情形二：中序遍历图 4.29 所示的二叉树时，结点 H 的前驱是 D，结点 G 的前驱是 B，结点 X 的前驱是 A，等等。

可以得出这样的结论，如图 4.31 所示，中序遍历二叉树时，一个结点 N 如果没有左子树，则该结点的前驱就是其所有祖先中最接近它的"右倾"祖先 P。

由于结点 N 的左链接域本身为空，所以，就将该结点 N 的左链接域中存放一个指向该结点 P 前驱的指针。以后，也就可以方便地通过结点 N 的左链接域的指针访问到其前驱结点 P。

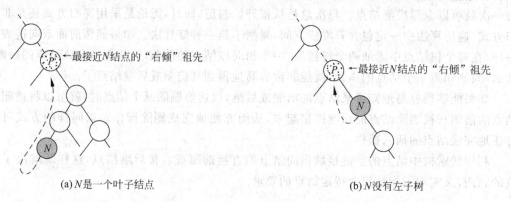

(a) N 是一个叶子结点　　　　　　　　　　　(b) N 没有左子树

图 4.31　中序遍历二叉树 N 的前驱 P

反过来理解，一个结点的前驱结点找到了，这个结点就是该前驱结点的后继结点。

通过上述分析，将链接域的指针作一个约定：左链接域指向左孩子结点或前驱结点，右链接域指向右孩子结点或后继结点。二叉树中原来空着的结点链接域可以利用起来，用它指向前驱或后继。利用空链接指向的原则如下：

在某种遍历规则下，如果一个结点 N 的左链接域为空，则利用这个左链接域指向这种遍历规则下结点 N 的直接前驱结点，即空的左链接域指向其前驱结点。

在某种遍历规则下，如果一个结点 N 的右链接域为空，则利用这个右链接域指向这种遍历规则下结点 N 的直接后继结点，即空的右链接域指向其后继结点。

在二叉树中，有 $n+1$ 个链接域是闲置未用的，因此，利用这些闲置链接域来实现前驱或后继的指针。这些利用起来的链接域不是指向孩子结点的，而是指向前驱或后继结点的。

但是，在线索树中无论是指向孩子结点还是指向前驱或后继结点的链接域的值都是指向二叉树结点的指针，在计算机中两者是没有本质区别的。可是，要想知道当前指针所指的是孩子结点还是前驱或后继，仅用链接域的值，即指针的值是无法区别的。所以，要对这两种不同的链接域进行区分，区分方法如下：在原来的二叉树结点结构中增加两个标志 Lflag 和 Rflag，如图 4.32 所示，它们值是逻辑类型的值或二进位。当值为 true 或 1 时，表示对应的链接域为指向前驱或后继的指针；当值为 false 或 0 时，表示对应的链接域为指向孩子结点的指针。对应的中序线索树如图 4.33 所示。

Lflag	LChild	data	RChild	Rflag

图 4.32　线索二叉树结点结构

通过这种约定，当结点指针指向某一结点时，要想知道该结点的链接域是指向孩子还是

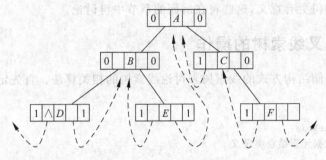

图 4.33 中序线索树

指向前驱或后继,只要检查对应链接域的标志 Lflag 或 Rflag 的状态值就可以断定了。如果一个结点的 Lflag 和 Rflag 都同时为 true 或 1,则说明该结点是叶子结点。

经上述分析,现在对图 4.34 所示的二叉树使用前中后序遍历规则,利用它们的所有空链接域(指向前驱或后继的指针用虚线表示)构造二叉树。这种二叉树也称为线索树。

由 3 种不同的遍历规则得到 3 种不同的线索树,如图 4.35 至图 4.37 所示,分别称为前序线索树、中序线索树、后序线索树。

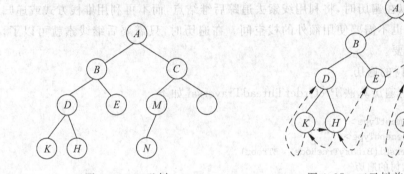

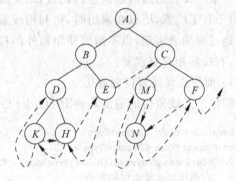

图 4.34 二叉树　　　　　　　　　图 4.35 二叉树前序遍历线索树

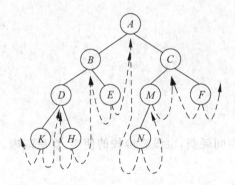

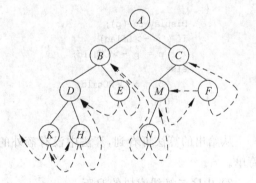

图 4.36 二叉树中序遍历线索树　　　图 4.37 二叉树后序遍历线索树

可以看到,一个结点的前驱和后继在线索树中是随着遍历规则的不同而不同的。3 种遍历规则的线索树中,最重要的线索树是中序线索树,实际上,二叉树的中序遍历是最有意义的。如果一棵二叉树的线索树中只保留单边的线索,则称这样的线索树是单边线索树。

右线索树比左线索树更有意义,这些将在后面的章节中再讨论。

4.5.2 二叉线索树的操作

下面以动态存储结构方式的线索树来讨论线索树的相关算法。首先定义二叉线索树的结点结构:

```
class BinaryTreeNode
{   //二叉树数据元素结点类定义
    public:
    ElementType      data;
    BinaryTreeNode   *LChild;
    bool             Lflag;
    BinaryTreeNode   *RChild;
    bool             Rflag;
};
```

1. 二叉线索树的遍历

一般二叉树的遍历前面已讨论过,二叉线索树的各种遍历规则仍是原来的规则,不同的是,由于有了线索,所以在遍历时,将利用线索去追踪后继结点,而不再利用堆栈方式或递归方式通过回溯来实现,也不需要使用额外的栈空间。在遍历时,只需要后继线索就可以了,所以,右线索相对更重要。

1) 前序二叉线索树的遍历

前序二叉线索树的遍历算法 PreOrderThreadTraversal 如下:

```
template<class ElementType>
void BinaryTree<ElementType>::
PreOrderThreadTraversal(BinaryTreeNode *BTroot)
{   //前序二叉线索树的遍历
    BinaryTreeNode *p = BTroot;
    while (p)
    {
        DisplayNode(p);
        if (!p->Lflag)
            p = p->LChild;
        else
            p = p->RChild;
    }
}
```

从给出的算法可看到,算法中没有额外的任何空间耗费,也没有堆栈的使用,算法清晰、简单。

2) 中序二叉线索树的遍历

中序二叉线索树的遍历是一个非常重要的算法,这主要是由中序遍历的重要性所决定的。中序二叉线索树的遍历思想如下:

(1) 从当前结点指针开始,查找以该结点为根的子孙中的最左子孙(向左查找)。

(2) 访问该结点。

(3) 将指针指向被访问结点的右链接域所指的结点。如果被访问结点的右链接域是后继(Rflag 为 true),则转步骤(2); 否则,是一个右子树的根,则转步骤(1)。

中序二叉线索树的遍历算法 InOrderThreadTraversal 如下:

```
template<class ElementType>
void BinaryTree<ElementType>::
InOrderThreadTraversal(BinaryTreeNode *BTroot)
{   //中序二叉线索树的遍历
    BinaryTreeNode    *p = BTroot;
    bool              flag;
    while (p)
    {
        while (!p->Lflag)              //查找一棵子树的最左子孙
            p = p->LChild;
        flag = true;
        while (flag && p)
        {
            DisplayNode(p);            //访问结点
            if (!p->Rflag)             //p结点存在右子树时,为强制退出作准备
                flag = p->Rflag;       //flag = NULL;
            p = p->RChild;             //查找p的右子树的根或后继结点
        }
    }
}
```

在中序线索树遍历中没有使用堆栈,而是利用链接域的指针方便地找到了下一个要遍历的结点。

对于后序线索树的遍历问题就不一样了。如图 4.38 所示,在后序线索的情况下,H 结点访问后应该访问 D 结点,H 结点的右链接域正好可以实现此功能;D 结点访问后,应该访问 E 结点,可是 D 结点的右链接域是一个孩子指针,而不是指向后继结点的指针,所以是无法通过 D 结点的右链接域实现后继查找的。可见,后序线索树不同于前序和中序线索树。这里不再讨论后序线索树的遍历算法。

2. 二叉树转化为二叉线索树

1) 二叉树转化为前序二叉线索树

二叉树转化为前序线索树的算法思想如下(如图 4.39 所示)。

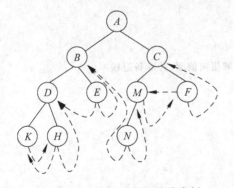

图 4.38　二叉树后遍历的线索树

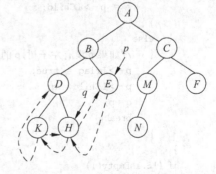

图 4.39　二叉树前序遍历线索树线索化过程

(1) 设两个指针 p 和 q，一个指向前序规则当前可以访问的结点，另一个指向其前驱结点。另设一个堆栈，以非递归方式遍历二叉树。算法结束的条件是堆栈和 p 同时为空。

(2) 访问 p 左子树上的所有结点（进栈访问过的结点），直到访问到某结点时，该结点无左孩子，则将该结点的左链接域的指针作为线索指向其前驱 q，并将 q 指向这个无左孩子的结点。转步骤(3)。

(3) 退栈，直到找到下一个可以访问的结点，并用 p 指向该结点；如果 p 的前驱（q 指向）的右链接域为空，则将 q 的右链接域作为线索指向 p。转步骤(2)。

二叉树转化为前序线索树算法 PreOrderThreading 如下：

```
template<class ElementType>
void BinaryTree<ElementType>::
PreOrderThreading(BinaryTreeNode *BTroot)
{   //二叉树转化为前序线索树算法
    BinaryTreeNode *p, *q = NULL;
    StackType temp;                         //StackType 的成员类型是二叉树结点指针
    int count = 0;
    NodesCount(BTroot, count);
    int MaxStackSize = 50;
    Stack<StackType> S(MaxStackSize);
    //产生一个空堆栈，堆栈元素类型是二叉树结点值类型
    p = BTroot;
    while ((p || !S.IsEmpty()))
    {
        while (p)
        {
            temp.ptr = p;
            S.Push(temp);                   //根结点指针进栈，以后回溯时再退栈
            if (p->RChild)
                p->Rflag = false;
            else
                p->Rflag = true;
            if (p->LChild)                  //如果 p 仍有左子树，继续向左推进
            {
                if (!p->RChild)
                    p->RChild = p->LChild;
                p->Lflag = false;
                q = p;
                p = p->LChild;
            }
            else
            {   //如果 p 没有左子树，p 的左链接域指向前驱，并准备退栈
                p->Lflag = true;
                p->LChild = q;
                q = p;
                break;
            }
        }
        if (!S.IsEmpty())
        {
```

```
            S.Pop(temp);
            p = temp.ptr;
            if (!p->Rflag)
            {
                q->RChild = p->RChild;
                p = p->RChild;          //指针指向回溯结点的右子树
            }
            else
                p = NULL;               //p 设为空,进行再次退栈
        }
    }
    q->Rflag = true;                    //将二叉树的最右子孙的右链接域标志设为1
    q->RChild = NULL;
}
```

2) 二叉树转化为中序二叉线索树

二叉树转化为中序线索树的算法思想如下(如图 4.40 所示):

(1) 设两个指针 p 和 q,一个指向前序规则当前可以访问的结点,另一个指向其前驱结点。另设一个堆栈,以非递归方式遍历二叉树。算法结束的条件是堆栈和 p 同时为空。

(2) 走过 p 左子树上的所有结点,直到左子树为空。p 所指结点无左孩子,则将该结点的左链接域的指针作为线索指向其前驱 q,并将 q 指向这个无左孩子的结点。转步骤(3)。

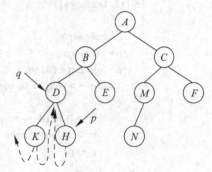

图 4.40 二叉树中序遍历线索树的线索化过程

(3) 退栈,直到找到下一个可以访问的结点,并用 p 指向该结点;如果 p 的前驱(q 指向)的右链接域为空,则将 q 的右链接域作为线索指向 p。转步骤(2)。

二叉树的中序线索算法 InOrderThreading 如下:

```
template < class ElementType >
void BinaryTree < ElementType >::
InOrderThreading(BinaryTreeNode * BTroot)
{    //二叉树的中序线索化算法
    BinaryTreeNode * p, * q = NULL;
    StackType temp;                      //StackType 的成员类型是二叉树结点指针
    int count = 0;
    NodesCount(BTroot,count);
    int MaxStackSize = count;
    Stack < StackType > S(MaxStackSize);
    //产生一个空堆栈,堆栈元素类型是二叉树结点值类型
    p = BTroot;
    while ((p)|| !S.IsEmpty())
    {
        while (p)                        //找最左子树
        {
            temp.ptr = p;
```

```
            S.Push(temp);              //根结点(未访问)指针进栈,以后回溯时再退栈
            if (p->LChild)             //如果p仍有左子树,继续向左推进
            {
                p->Lflag = false;
                p = p->LChild;
            }                          //指针指向该根结点左子树
            else
            {   //如果p没有左子树,p的左链接域指向前驱,并准备退栈
                p->LChild = q;
                p->Lflag = true;
                q = p;
                p = NULL;              //p设为NULL是为了强制退栈
            }
        }
        if (!S.IsEmpty())              //左子树为空时,利用堆栈回溯
        {
            S.Pop(temp);               //从堆栈中弹出回溯结点指针(该结点未访问过)
            p = temp.ptr;
            p->Rflag = false;          //假设为0
            if (!q->RChild && q!= p)
            {
                q->RChild = p;
                q->Rflag = true;
                q = p;
            }
            p = p->RChild;             //指针指向回溯结点的右子树
        }
    }
    q->Rflag = true;                   //将二叉树的最右子孙的右链接域标志设为1
}
```

3. 中序二叉线索树中结点的插入

将一个由 T 指针指向的新结点 N 插入到二叉线索树中,作为 S 所指结点 F 的左孩子或右孩子。

如果 S 原来已经没有左子树(或右子树),就将新结点作为 S 所指结点的左孩子(或右孩子)。

如果 S 原来已经存在左子树(或右子树),就将原来的左子树(或右子树)作为新结点 T 的左孩子(或右孩子)。

在线索树的插入问题中,将 S 结点与 T 结点连接在一起是件简单的事情,关键问题是要改变各结点的线索和对应的线索标志。

1) 中序线索树中插入由 T 指向的新结点作为 S 指向结点的左孩子

下面分两种插入情形讨论。

(1) S 指向结点无左孩子,如图 4.41(a)所示。

① T 结点各值的变化。

由于 T 是作为 S 的左孩子插入的,而 T 本身无孩子,那么,T 的右链接域为线索,且一

定是指向 T 的双亲 S，即：

  T 右链接域标志的变化为 T-> Rflag = true;。

  T 右链接域的变化为 T-> RChild = S;。

  S 的左链接域原来是一个线索，指向其祖先中最近的"右倾"祖先。由于 T 的插入，T 成为最左子孙，那么，T 的左链接域应该是线索，或者说链接域标志等同于 S 原来链接域标志，且指向 S 原来线索的祖先结点，即：

  T 左链接域标志的变化为 T-> Lflag = S-> Lflag;。

  T 左链接域的变化为 T-> LChild = S->LChild;。

② S 结点各个值的变化。

由于 T 是作为 S 的左孩子插入的，S 结点的左链接域标志恒为 false，S 结点的左链接域就指向 T 结点，即：

  S 左链接域标志的变化为 S-> Lflag = false;。

  S 左链接域的变化为 S-> LChild = T;。

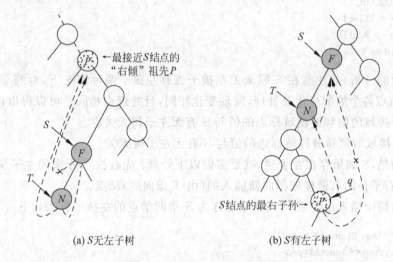

图 4.41 中序二叉线索树中 T 结点作为 S 的左孩子插入

(2) S 结点有左孩子，如图 4.41(b)所示。

① T 结点各值的变化。

由于 T 是作为 S 的左孩子插入的，而 T 本身无孩子，那么，T 的右链接域为线索，且一定是指向 T 的双亲 S，即：

  T 右链接域标志的变化为 T-> Rflag = true;。

  T 右链接域的变化为 T-> RChild = S;。

而 S 的左链接域原来指向其左孩子。T 作为 S 左孩子插入后，T 成为 S 新的左孩子，T 的左孩子就是原来 S 的左孩子。因此，T 的左链接域是一个指向 S 原来的左孩子结点的指针，即：

  T 左链接域标志的变化为 T-> Lflag = S-> Lflag;。

  T 左链接域的变化为 T-> LChild = S->LChild;。

② S 结点各个值的变化。

由于 T 是作为 S 的左孩子插入的，S 结点的左链接域标志恒为 false，S 结点的左链接

域就指向 T 结点,即:
　　S 左链接域标志的变化为 S->Lflag = false;。
　　S 左链接域的变化为 S->LChild = T;。
　③ S 结点原来左子树中的最右子孙的右链接域的变化。
　　插入前 S 的左子树中的最右子孙 P 的右链接域是一个线索,它指向 S 结点,即 S 是这个子孙的祖先中最接近这个子孙 P 的"左倾"祖先。但是,由于 T 的插入,T 成为这个子孙 P 的最近"左倾"祖先,所以,这个子孙 P 的右链接域作为线索应该指向 T。
　　可是,已知的指针只有 S 和 T,而不知道这个子孙 P 的指针,那么就要找到这个最右子孙 P 结点,方法是:用一个指针 q 指向 S 的左子树的根结点或指向 T(T 插入后)的左子树的根结点。然后,q 的右链接域标志不为 true 时,一直将 q 指针向右子树方向推进,q 指向的最后一个结点就是这个子孙 P 结点。最后,将 q 所指结点 P 的右链接域指向 T,其他值不变。

```
q = T->LChild;
while (!q->Rflag)
    q = q->RChild;
q->RChild = T;
```

　　通过上面的分析,并注意在 S 原来无左孩子或有左孩子两种情况下,对照 T 结点各值的变化和 S 结点各个值的变化及处理,发现变化相同,且处理也相同。可以得出以下结论:
　　T 结点链接域的值和链接域标志的值与 S 有无左子树无关。
　　S 结点链接域的值和链接域标志的值与 S 有无左子树无关。
　　所不同的是,S 如果存在左子树,就要多做以下处理:先查找 S 原来的左子树中的最右子孙,再将最右子孙的右链接域指向新插入的(由 T 指向的)结点。
　　中序线索树中插入由 T 指向的新结点作为 S 指向结点的左孩子算法如下:

```
template<class ElementType>
void BinaryTree<ElementType>::
InsertLeftInOrderThread(BinaryTreeNode *S, BinaryTreeNode *T)
{    //中序线索树中插入的新结点 T 作为 S 的左孩子算法
    BinaryTreeNode *q;
    T->Rflag = true;
    T->RChild = S;
    T->Lflag = S->Lflag;
    T->LChild = S->LChild;
    S->Lflag = false;
    S->LChild = T;
    if (!T->Lflag)                    //找 S 左子树中的最右子孙
    {
        q = T->LChild;
        while (!q->Rflag)
            q = q->RChild;
        q->RChild = T;
    }
}
```

2) 中序线索树中插入由 T 指向的新结点作为 S 指向结点的右孩子

下面分两种插入情形讨论。

(1) S 指向结点无右孩子，如图 4.42(a)所示。

① T 结点各值的变化

由于 T 是作为 S 的右孩子插入的，而 T 本身无孩子，那么，T 的左链接域为线索，且一定是指向 T 的双亲 S，即：

T 左链接域标志的变化为 T-> Lflag = true;。

T 左链接域的变化为 T-> LChild = S;。

S 的右链接域原来是一个线索，指向其祖先中最近的"左倾"祖先。由于 T 的插入，T 成为最右子孙，那么，T 的右链接域应该是线索，或者说链接域标志等同于 S 原来的链接域标志，且指向 S 原来线索的祖先结点，即：

T 右链接域标志的变化为 T-> Rflag = S-> Rflag;。

T 右链接域的变化为 T-> RChild = S-> RChild;。

② S 结点各个值的变化。

由于 T 是作为 S 的左孩子插入的，S 结点的右链接域标志恒为 false，S 结点的右链接域就指向 T 结点，即：

S 右链接域标志的变化为 S-> Rflag = false;。

S 右链接域的变化为 S-> RChild = T;。

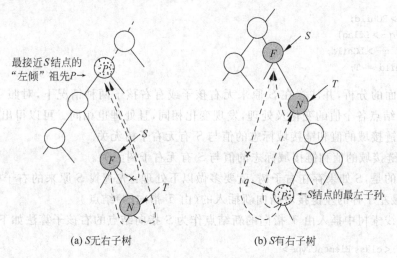

(a) S无右子树　　　　(b) S有右子树

图 4.42　中序线索二叉树中 T 结点作为 S 的右孩子插入

(2) S 结点有右孩子，如图 4.42(b)所示。

① T 结点各值的变化。

由于 T 是作为 S 的右孩子插入的，而 T 本身无孩子，那么，T 的左链接域为线索，且一定是指向 T 的双亲 S，即：

T 左链接域标志的变化为 T-> Lflag = true;。

T 左链接域的变化为 T-> LChild = S;。

而 S 的右链接域原来指向其右孩子。T 作为 S 右孩子插入后，T 成为 S 新的右孩子，T

的右孩子就是原来 S 的右孩子。因此，T 的右链接域是一个指向 S 原来右孩子结点的指针，即：

T 右链接域标志的变化为 T->Rflag = S->Rflag；。
T 右链接域的变化为 T->RChild = S->RChild；。

② S 结点各个值的变化。

由于 T 是作为 S 的右孩子插入的，S 结点的右链接域标志恒为 false，S 结点的右链接域就指向 T 结点，即：

S 右链接域标志的变化为 S->Rflag = false；。
S 右链接域的变化为 S->RChild = T；。

③ S 结点原来右子树中的最左子孙的左链接域的变化。

插入前 S 的右子树中的最左子孙 P 的左链接域是一个线索，它指向 S 结点，即 S 是这个子孙的祖先中最接近这个子孙 P 的"右倾"祖先。但是，由于 T 的插入，T 成为这个子孙 P 的最近"右倾"祖先，所以，这个子孙 P 的左链接域作为线索应该指向 T。

可是，已知的指针只有 S 和 T，而不知道这个子孙 P 的指针，那么就要找到这个最左子孙 P 结点，方法是：用一个指针 q 指向 S 的右子树的根结点或指向 T（T 插入后）的右子树的根结点。然后，q 的左链接域标志不为 true 时，一直将 q 指针向左子树方向推进，q 指向的最后一个结点就是这个子孙 P 结点。最后，将 q 所指结点 P 的左链接域指向 T，其他值不变。

```
q = T->RChild;
while (!q->Lflag)
    q = q->LChild;
q->LChild = T;
```

通过上面的分析，并注意在 S 原来无右孩子或有右孩子两种情况下，对照 T 结点各值的变化和 S 结点各个值的变化及处理，发现变化相同，且处理也相同。可以得出以下结论：

T 结点链接域的值和链接域标志的值与 S 有无右子树无关。
S 结点链接域的值和链接域标志的值与 S 有无右子树无关。

所不同的是，S 如果存在右子树，就要多做以下处理：先查找 S 原来的右子树中的最左子孙，再将最左子孙的左链接域指向新插入的（由 T 指向的）结点。

在中序线索树中插入由 T 指向的新结点作为 S 指向结点的右孩子算法如下：

```
template<class ElementType>
void BinaryTree<ElementType>::
InsertRightInOrderThread(BinaryTreeNode *S, BinaryTreeNode *T)
{    //中序线索树中插入的新结点 T 作为 S 的右孩子算法
    BinaryTreeNode *q;
    T->Lflag = true;
    T->LChild = S;
    T->Rflag = S->Rflag;
    T->RChild = S->RChild;
    S->Rflag = false;
    S->RChild = T;
    if (!T->Rflag)                          //找 S 右子树中的最左子孙
```

```
    {
        q = T->RChild;
        while (!q->Lflag)
            q = q->LChild;
        q->LChild = T;
    }
}
```

4.6 一般树的表示和遍历

4.6.1 一般树的二叉链表示及其与二叉树的关系

前面已经详细讨论了二叉树的表示及相关的基本运算,由于二叉树中每个结点最多只有两个分支,所以,定义二叉树的每个结点的链接域有两个,一个指向左孩子,另一个指向右孩子。但是,一棵树中结点的孩子数是不定的,有的结点的孩子数多,而有的可能没有孩子,很难统一。如果非要统一,只能按照度数最大的结点来定义树结点的结构。下面以图 4.43 所示的树为例,仍然按照二叉树定义结点结构的思维方式定义树结点的结构。

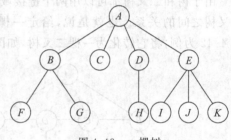

图 4.43 一棵树

由于 A 结点有 4 个孩子,所以,该结点的链接域应有 4 个,分别是 Child1、Child2、Child3、Child4;而 B 结点只有两个孩子,所以,它只有两个链接域;等等。如此定义,一棵树中每个结点的结构可能不一样。由于结点结构的不一致性,结点的指针也随之而不同。如果统一为某种结点的结构,例如,都统一为 A 结点的结构,对于 C 结点来说,也有 4 个链接域,但 C 没有一个孩子,从而它的 4 个链接域全部空着。如果与之类似的结点很多,就会造成链接域空间的很大浪费。

实际中,可以这样定义:将每个结点仍然定义为两个链接域:一个称为 son 链接域,指向该结点的大孩子,即左边第一个孩子;另一个称为 next 链接域,指向该结点的右边第一个兄弟(同层同双亲的结点)。

图 4.43 所示的树的存储结构如图 4.44 所示。

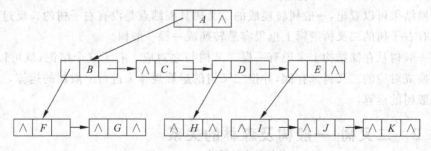

图 4.44 一棵树的存储结构

上述表示方法由于类似于二叉树的结点表示法,也是两个链接域,所以称之为一般树的二叉链表示法。

下面是结点结构的定义:

```
class TreeNode
{   //树的数据元素结点类定义
    public:
        ElementType data;
        TreeNode    * son;
        TreeNode    * next;
};
```

采用这种二叉树的办法来表示一般树,由物理结构上看它们的结点定义是类似的,除数据域 data 完全相同外,都有两个链接域,只有解释不同而已。一般树与二叉树不同的是,每个结点的左链接域从逻辑上不是左孩子的概念,而是长子,右链接域不是右孩子,而是兄弟。

由于树和二叉树都可以用两个链接域来表示,在此分析一下用二叉链表示的一般树与二叉树之间的关系。也就是说,给定一棵一般树,如何找到一棵二叉树与之对应。仍以图 4.42 为例,将它转化为一棵二叉树,如图 4.45 所示。

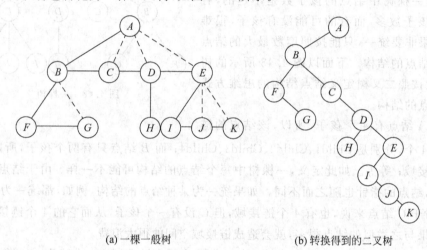

(a) 一棵一般树　　　　　　　　(b) 转换得到的二叉树

图 4.45　一棵树转化为二叉树存储表示

方法是首先将同一双亲的兄弟从左至右地连接起来,然后将双亲与孩子结点的分支除长子的分支外全部去掉,最后将兄弟相连的横线旋转 45°。

由转换结果可以看出,一般树转换成的二叉树其根结点是没有右子树的。反过来,一棵根结点没有右子树的二叉树逻辑上也很容易转换成一棵一般树。

一棵一般树从存储结构上来说有一棵二叉树与之对应。有了这个结论,就可以将一棵一般树转换成对应的二叉树来存储,并按二叉树的运算规律来进行一般树的运算,这将大大地简化一般树的运算。

4.6.2　二叉树、一般树及森林的关系

前面讨论了二叉树的一般树的关系及转化,下面讨论森林与它们的关系及相互转化。

首先看森林如何转化为一树。图 4.46 是 T_1, T_2, T_3 共 3 棵一般树组成的森林,现在要将这个森林转化为一棵一般树,如图 4.47 所示。方法是:首先,将每棵树都转化为其对应的二叉树表示(根无右孩子);然后,从转化后的树中任选一棵树,作为森林转化为一般树的根;最后,在剩下的树中再任选一棵树,将其根与上一个树根相连,作为上一棵树的右孩子,重复这一步,直到所有的树都连在一起。

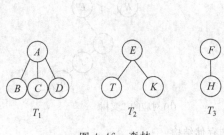

图 4.46 森林

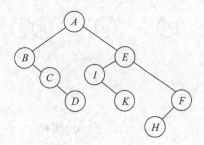

图 4.47 森林转化为树并表示为二叉链结构

从转化的结果看,森林是以二叉树方式来表示的,根结点及右分支上相连的是森林中每棵树的根结点。

反过来,一棵二叉树也容易转化为二叉树形式存储的多棵树组成的森林,然后再将森林中每棵以二叉树形式存储的树转化为一般树。

4.6.3 一般树的遍历概念

前面讨论过二叉树的遍历,这里讨论一般树的遍历。对于一棵树,由于每个结点的孩子数不一致,无法确定中序遍历,故只给出一般树的前序和后序遍历的定义。

前序遍历的规则如下:
(1) 访问树的根结点。
(2) 遍历第一棵子树。
(3) 从左到右遍历其余的子树(也按前序遍历)。

后序遍历的规则如下:
(4) 遍历头一棵子树(即最左边的子树,对于子树的子树也按后序规则遍历)。
(5) 从左到右遍历其余的子树(也按后序遍历)。
(6) 访问根结点。

按照上述规则,可以得到图 4.47(a)所示的一般树的遍历结果:

前序遍历的结果是 $ABFGCDHEIJK$。

后序遍历的结果是 $FGBCHDIJKEA$。

现在再来看由一般树所转换成的二叉树的遍历情况,图 4.48(b)所示的由一般树转换成的二叉树的遍历结果如下:

前序遍历结果是 $ABFGCDHEIJK$。

中序遍历结果是 $FGBCHDIJKEA$。

后序遍历结果是 $GFHKJIEDCBA$。

对比一般树的遍历结果和它对应的二叉树的遍历结果,可以发现两者之间有着这样的

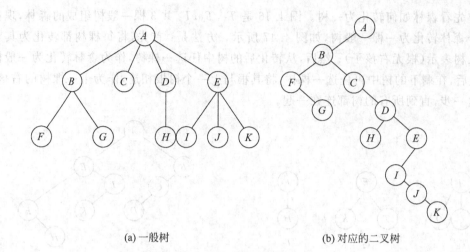

(a) 一般树　　　　　　(b) 对应的二叉树

图 4.48　树及对应二叉树存储结构

对应关系：

　　　　　　一般树　　对应二叉树
　　　　　　前序　　　前序
　　　　　　后序　　　中序

所以，当以二叉链方式存储一棵一般树时，这棵一般树的前序遍历和后序遍历可以借用相应的二叉树的前序遍历和中序遍历算法来实现。

一般树的层次遍历结果和其对应的二叉树方式存储层次遍历结果就完全不一样了，它们之间没有对应关系。

4.6.4　一般树的运算

当一般树以二叉树方式存储时，一般树的大部分运算可以用二叉树的算法来实现，如一般树的前序遍历、后序遍历、结点的个数等。但是，一般树的有些运算是二叉树的运算代替不了的，下面就讨论有关的一般树二叉链存储方式下的运算。

1. 一般树二叉链存储方式下结点的度

一般树的二叉链存储结构中，某个结点的度就是这个结点的左子树根及根的右单分支上的结点数。例如图 4.48(b) 中，A 结点的孩子是 A 的左子树 B 及右单分支上的 C、D、E 结点，即 A 的度是 4。下面给出求 T 指针所指的结点度的算法：

```
template<class ElementType>
int Tree<ElementType>::
TreeNodeDegree(TreeNode *T)
{   //求 T 指针所指结点的度
    int degree = 0;
    if (!T->son) return 0;
    degree++;
    T = T->son;
```

```
    while (T -> next)
    {
        T = T -> next;
        degree++;
    }
    return degree;
}
```

2. 一般树二叉链存储方式下的层次遍历

一般树二叉链存储方式下，同一层次的结点存储在右单分支上。例如，图 4.47(b)中，A 结点的下一层有 B、C、D、E 结点，它们在同一个右单分支上；E 结点的下一层有 I、J、K 结点，它们也在同一个右单分支上。

按层次遍历时，算法中将借助于一个队列来实现。队列元素结构如下：

```
class QueueType
{    //队列数据元素类定义
public:
    TreeNode * ptr;
};
```

当一个结点被访问的同时，还要检查该结点有无左子树（son 非空）。如果存在左子树，即表示该结点有下一层，这个左子树的根就是下一层结点中的最左孩子，将这个左子树的根进队。然后，继续访问右单分支上的其他结点，并对访问的结点做左子树检查和相应操作。当一个右单分支上的所有结点全部被访问后，就从队列中出队一个结点的指针，该指针正好是下一层中最左的一个结点。再从该出队结点开始，向右单分支访问，并重复上述的整个过程。

二叉树存储下按层次遍历一般树算法 LevelOrderTree_LtoR_UtoD 如下：

```
template < class ElementType >
void Tree < ElementType >::
LevelOrderTree_LtoR_UtoD(TreeNode * Troot)
{    //层次遍历：从左至右、从上至下按层次遍历一棵树
    TreeNode * p;
    int count = 0;
    NodesCount(Troot,count);
    QueueType temp;                       //QueueType 的成员类型是二叉树结点指针
    int MaxStackSize = count;
    Queue < QueueType > Q(MaxStackSize);  //产生一个空队列
    p = Troot;
    temp.ptr = p;
    Q.EnQueue(temp);
    while (p)
    {
        if (!Q.DeQueue(temp)) return;     //队空,结束
        p = temp.ptr;
//      Visit(p);                         //访问二叉树的结点
        DisplayNode(p);
```

```
        if (p->son)
        {
            temp.ptr = p->son;
            Q.EnQueue(temp);                //左孩子进队
        }
        if (p->next)
        {
            temp.ptr = p->next;
            Q.EnQueue(temp);                //下一个兄弟进队
        }
    }
}
```

4.7 树的应用

4.7.1 分类二叉树

1. 分类二叉树概念

分类二叉树又可以称为二叉排序树或二叉搜索树。从名称的多样性上就反映出分类二叉树是一种非常有意义的树。

一个典型的应用例子是，在大量数据的处理中，为了便于数据查找，对输入的数据采用分类二叉树的方式存储，从而可以大大提高查找的效率，其时间效率是 $O(\log_2 n)$。如果按中序遍历一棵分类二叉树，其结果是一个按某一特征值（关键字）排序的线性序列。下面给出分类二叉树的定义。设 $key_1, key_2, \cdots, key_n$ 是一个数据集合中数据元素的对应关键字（数据元素的其他数据项因与问题的讨论无关，所以忽略），按下列原则建立的二叉树称为分类二叉树：

(1) 每个元素有一个关键字（一般还限定任意两个元素的关键字都不相同，相同时，构造分类二叉树再做另外约定）。

(2) 根结点的左子树根的关键字（如果存在）小于根结点的关键字。

(3) 根结点的右子树根的关键字（如果存在）大于根结点的关键字。

(4) 根结点的左右子树也都是分类二叉树。

例如，给出数据集合{15,23,12,8,13,9,25,21,18}，它们是数据元素的关键字，以此构成的分类二叉树如图 4.49 所示。

按中序遍历这棵分类二叉树，遍历结果为 8,9,12,13,15,18,21,23,25。

从结果中可以看到，它们是按升序排列的。也就是说，如果要想得到一个有序的结果，只要数据元素的关键字是按分类二叉树的规则存储的，中序遍历的结果就一定是按关键字升序排列的（请思考如何使中序遍历的结果按关键字降序排列）。如果数据元素的关键字有相同值，在构造时，就可约定相同值放在左边或者右边，一旦约定一边，以后都按这个约定构造。

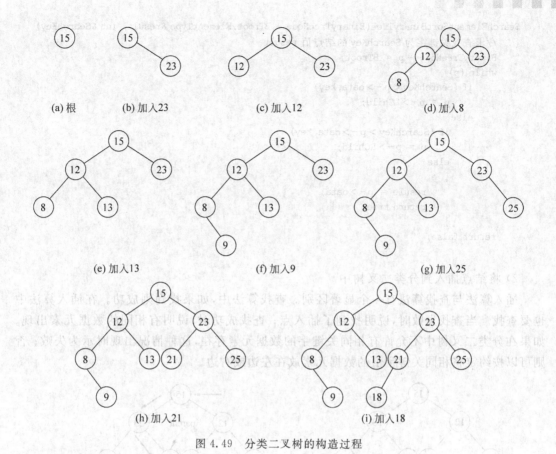

图 4.49 分类二叉树的构造过程

2. 分类二叉树运算

1) 分类二叉树中数据元素的查找

如果知道某个要查找的数据元素的关键字是 SearchKey,要想查找到该数据元素存储的地址,其方法是:首先用 SearchKey 与根结点的关键字比较,如果相等,则查找成功。如果不等,则与根结点的关键字比较大小。如果大于根结点的关键字,说明要查找的数据元素在右子树上,重复与子树根比较的过程;如小于根结点的关键字,说明要查找的数据元素在左子树上,重复与子树根比较的过程。这种比较过程的次数最多与树的深度相等。

图 4.50 给出了查找一个结点(其关键字值为 18)的过程,在图中用箭头表示。

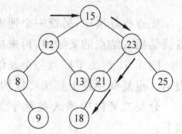

图 4.50 查找结点 18

分类二叉树中查找关键字为 SearchKey 的结点的算法 SearchElementSortBinaryTree 如下:

```
template<class ElementType>
bool BinaryTree<ElementType>::
```

```
SearchElementSortBinaryTree(BinaryTreeNode * BTroot,ElementType &result, int &SearchKey)
{   //求查找关键字为 SearchKey 的结点值 result
    BinaryTreeNode * p = BTroot;
    while (p)
        if (SearchKey < p->data.key)
            p = p->LChild;
        else
            if (SearchKey > p->data.key)
                p = p->RChild;
            else
            {
                result = p->data;
                return true;
            }
    return false;
}
```

2) 将结点插入到分类二叉树中

插入算法与查找算法有一个显著区别。查找算法中,如果找到则成功。在插入算法中也要查找。当查找失败时,说明找到了插入点;查找成功时,说明有相同的数据元素出现。如果在分类二叉树中不允许有相同关键字的数据元素存在,这种情况出现时示为失败;否则可以按约定将相同关键字值的数据元素放在左边或右边。

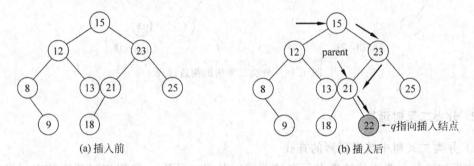

图 4.51 插入新结点 22

在查找算法中,另设一个搜索指针的父结点指针,当查找失败时,搜索指针为空,而父结点就是插入结点的父结点,再来决定插入在这个父结点的左边还是右边。

图 4.51 给出了插入一个新结点(其关键字值为 22)的查找和插入过程,在图中用箭头表示。重复调用这个算法可以构造一棵分类二叉树。

分类二叉树中插入关键字为 SearchKey 的结点的算法 InsertElementSortBinaryTree 如下:

```
template<class ElementType>
bool BinaryTree<ElementType>::
InsertElementSortBinaryTree (BinaryTreeNode * BTroot,ElementType &newvalue)
{   //要求不出现相同值,插入结点 x
    BinaryTreeNode * p = BTroot;
    BinaryTreeNode * parent = NULL;        //指向 p 的双亲
    while (p)
    {
```

```
            parent = p;
            if (newvalue.key < p->data.key)
                p = p->LChild;
            else
            if (newvalue.key > p->data.key)
                p = p->RChild;
            else
                return false;                    //重复出现,即相同值结点出现
    }

    //找到插入点,为 newvalue 申请一个空间填入其值,并将该结点连接至 parent
    BinaryTreeNode *q = new BinaryTreeNode;
    q->data = newvalue;
    q->LChild = NULL;
    q->RChild = NULL;
    if (BTroot)
    {   //原树非空
        if (newvalue.key < parent->data.key)
            parent->LChild = q;
        else
            parent->RChild = q;
    }
    else                                         //插入到空树中
        BTroot = q;
    return true;
}
```

如果插入时允许插入相同值的结点,就要约定有相同值插入时是插入在父结点的左边还是右边。对查找算法进行修改,查找中,如果找到相同值的结点,新结点放在右边,将上述查找部分修改为

```
while (p)
{
    parent = p;
    if (newvalue.key < p->data.key)
        p = p->LChild;
    else
        p = p->RChild;
}
```

3) 删除分类二叉树中的结点

在分类二叉树中删除结点要考虑被删除结点所在的位置以及删除结点后分类二叉树中其他结点位置的调整,并保证调整后的二叉树仍然是一棵分类二叉树。

下面就讨论被删除结点 x 的 3 种情况:

(1) x 是叶子结点。

(2) x 只有一棵非空子树。

(3) x 有两棵非空子树。

情况(1)可以用丢弃叶结点的方法来处理。方法是把其父结点的左孩子(或右孩子)链

接域置为空,然后释放被删结点空间即可。如图4.52(a)所示,被删结点 x 是其双亲结点的左孩子。

对于情况(2),即 x 只有一棵子树,又分为以下两种情况。

如果 x 没有父结点(即 x 是根结点),则删除结点 x,x 的唯一子树的根结点成为新的分类二叉树的根结点。如图4.52(b)所示,删除 x 时,x 结点有右孩子。

如果 x 有父结点 parent,则修改 parent 的指针,使得 parent 即指向 x 的唯一孩子,然后删除结点 x。如图4.52(c)所示,删除 x 时,x 结点有唯一右孩子。

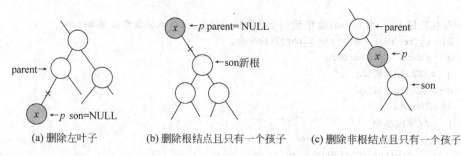

(a) 删除左叶子　　(b) 删除根结点且只有一个孩子　　(c) 删除非根结点且只有一个孩子

图 4.52　被删结点是叶子结点或有一棵子树

对于情况(3),要删除一个左右子树都不为空的结点 x,只需将该元素替换为它的左子树中的最大元素或右子树中的最小元素(请思考为什么),如图4.53所示。

被删结点 x 可能还有双亲结点,x 结点是其双亲结点的右孩子(或左孩子)。处理方法是将找到的左子树中的最大元素或右子树中的最小元素的值移动到被删结点位置(p 所指),这样就不用处理被删结点 x 的双亲结点右孩子(或左孩子)链接域的问题了。

被删结点 x 没有双亲结点。处理方法也是将找到的左子树中的最大元素或右子树中的最小元素的值移动到被删结点位置(p 所指)。

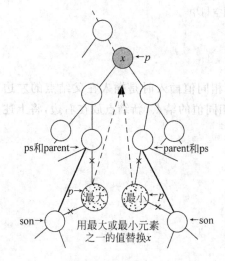

图 4.53　删除一个左右子树非空的结点 x

将找到的左子树中的最大元素或右子树中的最小元素的值移动到被删结点位置(p 所指)后,删除 p 所指结点的问题就转换为删除左子树中的最大元素或右子树中的最小元素的问题,这时就要调整 p 指向左子树中的最大元素或右子树中的最小元素的结点,也就变为情况(1)或情况(2)的处理过程。

删除分类二叉树中关键字为 SearchKey 的结点算法 DeleteElementSortBinaryTree_FromLeftTreeUpMaxNode 如下:

```
template<class ElementType>
BinaryTreeNode * BinaryTree<ElementType>::
DeleteElementSortBinaryTree_FromLeftTreeUpMaxNode (BinaryTreeNode * BTroot, int &SearchKey)
{    //删除关键字值为 SearchKey 的结点
```

```cpp
    BinaryTreeNode * p = BTroot, * parent = NULL;    //parent 指向 p 的双亲
    BinaryTreeNode * son, * ps;         //ps 指向 son 的双亲
    while (p && p->data.key != SearchKey)
    {   //查找删除结点 p
        parent = p;
        if (SearchKey < p->data.key)
            p = p->LChild;
        else
            p = p->RChild;
    }
    if (!p)                              //p 为空时,不存在删除结点
    {
        cout<<" **** 没有删除结点! ****** "<<endl;
        return BTroot;
    }
    //重构分类二叉树
    if (p->LChild && p->RChild)
    {   //被删除结点存在两个子树,在 p 的左子树中查找最大元素(最右子孙)
        //并用此结点值替换被删除结点的值
        //替换后,将删除操作改变为删除找到的最大元素(最右子孙)
        son = p->LChild;
        ps = p;
        while (son->RChild)
        {    //son 推进到 p 的左子树中的最大元素(最右子孙)
            ps = son;
            son = son->RChild;
        }
        p->data = son->data;         //左子树中的最大元素(最右子孙)值移到 p
        p = son;
        parent = ps;
        //被删结点转换为左子树中的最大元素
        //所以 p 指向左子树中的最大元素, parent 指向 son 的双亲
    }
    if (p->LChild)                       //p 最多只有一个孩子
        son = p->LChild;
    else                                  //被删结点 p 存在右孩子或叶子结点
        son = p->RChild;                  //被删结点 p 是叶子结点时,son 值为空
    if (p == BTroot)                     //被删结点 p 是根
        BTroot = son;
    else
    {    //判断 p 是 parent 左孩子还是右孩子
        if (p == parent->LChild)
            parent->LChild = son;
        else
            parent->RChild = son;
    }
    delete p;
    return BTroot;
}
```

4.7.2 堆树

1. 堆树的定义

1) 最大树和最小树定义

在介绍堆树前,先定义最大树和最小树。

最大树就是每个结点的值都大于或等于其孩子结点(如果存在)的值的一般树(或二叉树)。

最小树就是每个结点的值都小于或等于其孩子结点(如果存在)的值的一般树(或二叉树)。

换句话讲,最大树(或子树)的根结点的值都是这棵树(或子树)中的最大的结点值,最小树(或子树)的根结点的值都是这棵树(或子树)中的最小的结点值。

图 4.54 中,(a)(b)(c)所示的树为最大树,(d)所示的是最小树,而(e)所示的是既不是最大树也不是最小树。另外,(a)所示的是一般树,其余的是二叉树。(c)所示的是完全二叉树。

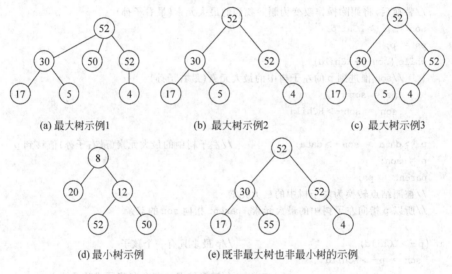

图 4.54 最大树或最小树

2) 堆树的定义

堆树简称为堆,是一棵二叉树。堆树有如下特征:

堆树是一棵完全二叉树。如果一棵完全二叉树本身又满足最大树的条件,则这棵完全二叉树就是最大堆;如果一棵完全二叉树本身又满足最小树的条件,则这棵完全二叉树就是最小堆。

在图 4.54 中,唯一满足堆树要求的是(c)所示的二叉树,它是一棵完全二叉树,且它满足最大树的概念,也就是说,它是最大堆。(a)所示的树不是二叉树,所以不是堆。(b)所示的是最大树,但不是完全二叉树,所以,一定不是堆。(c)所示的二叉树虽然是最小树,但不是完全二叉树,所以,也不是堆树。(e)所示的是二叉树,但不是最大树或最小树,也不是堆树。

2. 堆树的意义

完全二叉树具有良好的特性：
- 完全二叉树的高度最小，具有 n 个结点的完全二叉树的高度是 $\log_2 n$。如果在这棵树中按分支查找，搜索的次数可以达到最少。
- 完全二叉树以顺序存储方式存储时，空间不会造成浪费，避免了动态存储方式下链接域的空间耗费。
- 如果对完全二叉树中的结点从上至下、从左至右地从 1（或 0）开始编号（设置相对存储地址），那么，对完全二叉树中任何一个结点，可以方便地计算出它的父结点（如果存在）的编号（相对存储地址）$i/2$、左孩子结点的编号（相对存储地址）$2i$ 和右孩子结点的编号（相对存储地址）$2i+1$。
- 如果完全二叉树是顺序存储，这些编号实际上就是每个结点在对应数组空间中的数组下标。也就是说，可以用公式来表达完全二叉树中各结点之间的逻辑关系。

当一棵完全二叉树再具有最大树或最小树的性质，又会带来什么呢？下面以最大堆为例来讨论。

堆中堆顶结点值是所有结点值中最大的，所以，求结点最大值的问题在堆中非常简单。堆的另一种最重要的应用是数据的排序。堆排序问题是数据排序的一种经典方法。这种方法的思想如下：

首先将堆顶元素（最大结点）移到结果数据存储空间，再从堆中余下的结点（左子树或右子树）中选出一个最大结点，移到堆顶，即将堆中余下的结点重新调整为一个新堆，再将堆顶结点移到结果数据存储空间的下一个空间位置，如此下去，直到所有的结点都被移到结果数据存储空间。那么，结果存储空间中的数据就是有序的排列结果。

在堆排序中有两个关键的问题：实际中很难碰到一棵开始就是堆的树，如何构造一个初始堆树就是第一个关键问题；有了初始堆，在排序时，当移走根结点时，对余下的树又如何再调整为一棵新堆，这是第二个关键问题。

如果能解决初始堆的构造过程，第二个问题也就迎刃而解了。因为，如果能将一棵树转化为堆树，在移走根结点的树中，只要再将任意一个结点（如最后一个结点）移到根，则又是一棵树，可以利用构造初始堆的过程再次把它构造成堆树，即调整成为新堆。

3. 堆树的存储定义和运算实现

在讨论堆树的操作前，先对堆树的存储结构加以约定。完全二叉树通常可以用顺序存储方式进行存储，当然，也可以用动态存储方式存储。下面就以顺序存储方式存储完全二叉树，并基于此讨论堆的相关操作。

堆的顺序存储结构如图 4.55 所示。其中，heap 是数据元素存放的空间，HeapSize 是数据元素的个数，MaxSpaceSize 是数据元素存放的空间的大小（HeapSize≤MaxSpaceSize）。

1) 初始化一个非空的最大堆

下面以最大堆的操作进行讨论，类似地，可以实现最小堆。

当一个完全二叉树以顺序存储方式存储时，就是连续地存储在数组元素空间中

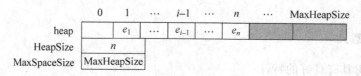

图 4.55 堆的顺序存储结构

(heap[]),第一个元素位置存放的是完全二叉树的根结点,最后一个数组元素位置存放的是完全二叉树中最下面一层中最右的结点。

如果第一个数据元素从数组的 1 下标位置开始存放,那么,第 i 个结点的双亲(如果存在)存储在 $i/2$ 下标的位置,第 i 个结点的左孩子(如果存在)存储在 $2i$ 下标的位置,右孩子(如果存在)则存储在 $2i+1$ 下标的位置。数组的 0 下标位置在形成堆的过程中作为临时存放数据元素的交换空间。

下面给出一组数据,存储在一维数组中,它就是一个原始的完全二叉树,即按层次存储。数据集合是$\{52,6,5,79,55,24,15,36,16,62,\underline{6},38\}$。

数据集合中,值为 6 的元素有两个,为了区别,将其中一个加了下画线,数据在数组中的存储以及对应的完全二叉树如图 4.56 所示。

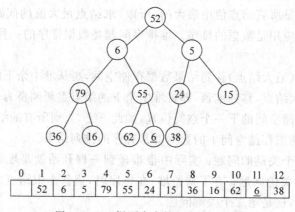

图 4.56 一棵顺序存储的完全二叉树

数据在物理存储上是顺序的,但在逻辑上是非顺序的,即逻辑上是一棵完全二叉树。每个数据元素在逻辑上关联的数据元素(双亲和孩子结点)不一定是在接下来的数组空间中存放的数据。如果只看存储空间中数据存储的状态,很难分辨数据是线性表还是其他逻辑结构,这也是顺序存储的特征。

如图 4.56 所示,52 是 6 和 5 的父结点,所以 52 关联的两个数据分别是 6 和 5,但是 52 并不是和与之关联的数据相邻地存放,52 存储在 1 号位置,而 5 存储在 3 号下标位置。6 关联的是 79 和 55,5 关联的是 24 和 15,也并非相邻地存放。

数据 5 是完全二叉树中右孩子的根结点,存储在第 3 个位置,下标也是 3。它的两个孩子是存储在 3×2 和 $3\times2+1$ 下标位置。

如果要将 5 与它的两个孩子结点值中较大的值进行交换,就是先比较它的两个孩子结点的值,即,下标 3×2 位置的值与下标 $3\times2+1$ 位置的值进行比较,结果是下标 3×2 位置的结点值更大,即 24 与 5 交换,也就是下标 3 位置的值与下标 3×2 位置的值进行交换。

推广到一般化,如果要在第 i 结点(下标 i 位置)和它的两个孩子结点(如果存在)中找到一个最大结点存储在第 i 个位置,就是比较第 i 结点、第 $2i$ 结点、第 $2i+1$ 结点的值,然后再进行相应位置值的交换。如果 $2i$ 位置更大,则 i 位置和 $2i$ 位置交换;如果 $2i+1$ 位置更大,则 i 位置和 $2i+1$ 位置交换;如果 i 位置本身就更大,则不交换。

设数组中数据元素存储的最大下标是 HeapSize,也可以说,完全二叉树中结点的个数为 HeapSize,HeapSize 位置存储的数据就是整个完全二叉树中最下层、最右边的结点,即最后一个叶子结点,这个叶子结点的根结点 LastParent= HeapSize/2。这个根结点至少包含一个孩子,而其他的子树根都有两个孩子。

一棵完全二叉树并不一定就是堆树,所以要将一棵完全二叉树转化为一棵堆树,这一过程称为构造初始堆。

由于一个结点就是一个堆,所以,在构造初始堆时,首先将所有单个的叶子结点看成若干个子堆,即每个子堆中只有一个叶子结点。

如果某棵子树满足堆要求,则这棵子树的根一定是子树中结点值最大的结点,根据堆的这个特征,当 p 所指结点作为根结点,且 p 的所有子树(可能有一个子树或两个子树)如果已经是(子)堆,要重新构造一个更大的子堆时,新的根结点一定是 p 结点的值和它的子树(一个子树或两个子树)根结点的值中最大的结点值。换句话讲,两个子树根结点较大的与 p 所指结点比较,更大的作为新堆的根。

事实上,以某个结点为根重新构造堆,前提是它的子树已经是子堆。

构造堆的基本思想是:首先将每个叶子结点视为一个堆,再将每个叶子结点与其父结点一起构造成一个包含更多结点的堆。

如图 4.57(a)所示,结点 38、6、62 都是叶子结点,它们各自也都是堆。构造以下两个堆:以 24 为根,由 38 和 24 组成的一棵子树的堆;以 55 为根,由 62 和 6 组成的一棵子树的堆。

如图 4.57(b)所示,如果要构造以 24 为根的一棵子树的最大堆,就要在 24 和 38 两个结点中选择一个最大值的结点放在这个子堆的根位置,组成一棵子树的堆;如果要构造以 55 为根的一棵子树的最大堆,就要在 55、62 和 6 三个结点中选择一个最大值的结点放在这个子堆的根位置,组成一棵子树的堆。

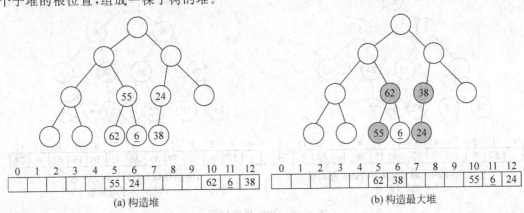

图 4.57 一棵顺序存储的完全二叉树局部及其堆构造过程

将构造过程一般化,如图 4.58 所示,构造 p 所指结点为根的堆算法思想如下:

(1) 将 p 所指结点的值复制到一个工作空间中临时存放。

(2) 将 p 所指结点的孩子中较大的值与工作空间中的值比较:

- 如果工作空间中的值更大,就将工作空间中的值存放到 p 所指的位置,新子堆已经形成,结束。
- 如果某个孩子的结点值更大,则将这个值存放到这个孩子双亲的结点位置,即 p 位置。此时,工作空间中的结点还未找到存放位置,再将上移的孩子结点位置作为 p 所指的新位置,重新执行(2)步骤。

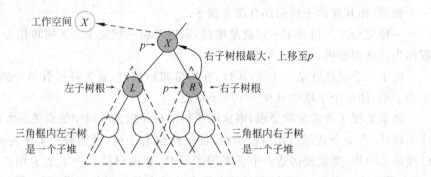

图 4.58 构造 p 所指结点为根的堆的过程

由于完全二叉树在堆处理时是以顺序存储方式存放的,所以,结点的地址就是数组的下标,0 号下标地址空间不用于存放结点,而是作为堆处理中的工作空间使用,在下面的讨论中,地址记在 i 变量中。

如果要将整棵完全二叉树构造成一个堆,就从最后一个叶子结点的根,即最后一个分支结点 $i(i=\text{HeapSize}/2,)$ 位置开始,将它转化为一个子堆;然后,再将 i 减一,i 位置是倒数第二个分支结点,以此为子树的根,再将它转化为一个子堆。如此下去,直到 i 指向第一个分支结点(整棵完全二叉树的根)作为根处理完成为止。

如图 4.59(a)所示的是一棵顺序存储的完全二叉树,如要使其转换为一棵堆树,就从最后一个分支结点 24 开始调整。图 4.59(b)所示的是第一次调整,将最后一个分支结点 24

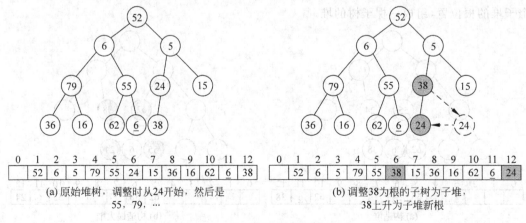

图 4.59 初始化堆过程

与其孩子结点(只有一个左子树)38 比较,结果较大的 38 上升为子堆新根,从而由 38 和 24 组成的子树就是一个子堆。

如图 4.60(a)所示,对以 55 为根结点的子树进行调整。55 为根时,将 55 存储到工作空间中,再比较其两个孩子结点 62 和 6,选中较大的 62,较大的 62 再与工作空间中的 55 比较,比较结果中较大的 62 上移,成为该子树的新根,工作空间中的 55 存储到 62 腾出来的空间中,这样以 66 为根的子树就是一个子堆。

如图 4.60(b)所示,对以 79 为根结点的子树进行调整。79 为根时,将 55 存储到工作空间中,再比较其两个孩子结点 36 和 16,选中较大的 36,较大的 36 再与工作空间中的 79 比较,比较结果中较大的 79 成为该子树的新根。工作空间中的 79 再存回原来的空间中,这样以 79 为根的子树就是一个子堆,维持原状不变。

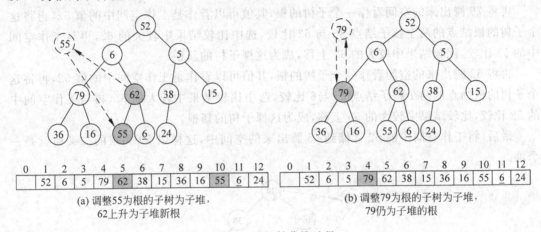

图 4.60　初始化堆过程

如图 4.61(a)所示,对以 5 为根结点的子树进行调整。5 为根时,将 5 存储到工作空间中,再比较其两个孩子结点 38 和 15,选中较大的 38,较大的 38 再与工作空间中的 5 比较,比较结果中较大的 38 上移,成为该子树的新根。然后,再将 38 腾出来的空间看作一个子树的根,其值可以看作是工作空间中的值 5,再将这个子树的根结点的孩子结点 24 与 5 比较,比较结果中较大的 24 上移。工作空间中的 55 存储到 24 腾出来的空间中,这样以 38 为根

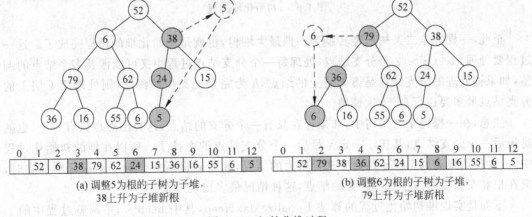

图 4.61　初始化堆过程

的子树就是一个子堆。

如图 4.61(b)所示,对以 6 为根结点的子树进行调整。6 为根时,将 6 存储到工作空间中,再比较其两个孩子结点 79 和 62,选中较大的 79,较大的 79 再与工作空间中的 6 比较,比较结果中较大的 79 上移,成为该子树的新根。然后,再将 79 腾出来的空间看作一个子树的根,其值可以看作是工作空间中的值 6,再将这个子树的根结点的两个孩子结点 36 与 16 比较,比较结果中较大的 36 再与工作空间中的 6 比较,比较结果中较大的 36 上移。工作空间中的 6 存储到 36 腾出来的空间中,这样以 79 为根的子树就是一个子堆。

如图 4.62 所示,对以 52 为根结点的树进行调整。52 为根时,将 52 存储到工作空间中,再比较其两个孩子结点 79 和 38,选中较大的 79,较大的 79 再与工作空间中的 52 比较,比较结果中较大的 79 上移,成为这棵完全二叉树的新根。

再将 79 腾出来的空间看作一个子树的根,其值可以看作是工作空间中的值 52,再将这个子树的根结点的两个孩子结点 36 与 62 比较,选中比较结果中较大的 62,再与工作空间中的 52 比较,比较结果中较大的 62 上移,成为这棵子树的新根。

再将 62 腾出来的空间看作一个子树的根,其值可以看作是工作空间中的值 52,再将这个子树的根结点的两个孩子结点 55 与 6 比较,选中比较结果中较大的 55,再与工作空间中的 52 比较,比较结果中较大的 55 上移,成为这棵子树的新根。

最后,将工作空间中的 52 存储到 55 腾出来的空间中,这样以 79 为根的二叉树就是一个堆。

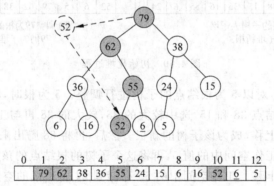

图 4.62 初始化堆过程

至此,一棵完全二叉树已经转换为一棵最大堆树,也就是初始化堆的过程完成了。这一过程要处理 HeapSize/2 个分支结点,处理每一个分支结点过程中又可能涉及多个结点的调整,如果被处理的分支结点是第 k 层上的结点,h 为完全二叉树的深度,则处理第 k 层上的分支结点最多要进行 $h-k$ 次调整。

注意,在一棵完全二叉树中,如果存在只有一个分支的结点,这种结点也只有一个,也就是最后一个分支结点,其孩子一定是最后一个分支结点的左孩子。所以在堆的初始化过程中,一般是从根和两个孩子结点中选择最大的结点,如遇到最后一个分支结点是单分支时,只在根和左孩子结点中选择较大的结点,这种情况最多出现一次。

下面是实现堆初始化过程的算法 InitializeMaxHeap,其中 heap[0] 是调整过程中的工作空间,son 是两个孩子中较大孩子存储的地址。

```cpp
template<class ElementType>
bool InitializeMaxHeap(ElementType heap[],int HeapSize)
{   //将堆中的数据初始化为一个最大堆
    for (int i = HeapSize/2; i >= 1; i--)
    {   //从最后一个结点的根开始,直到第一个结点
        heap[0] = heap[i];                  //将子树根结点值复制到工作空间 heap[0]中
        int son = 2 * i;                    //son 首先指向 i 的左孩子
        while (son <= HeapSize)
        {   //找左右孩子中较大结点
            if (son < HeapSize && heap[son].age < heap[son + 1].age)
                son ++;
            //son < HeapSize 时,存在右孩子,如左孩子小于右孩子,son 指向右孩子
            if (heap[0].key >= heap[son].key)
                //大孩子再与工作空间中结点值再比较
                break;                      //工作空间中值大,找到 heap[0]的目标位置
            heap[son /2] = heap[son];       //将大孩子上移至双亲位置
            son *= 2;                       //son 下移一层到上移的结点(大孩子)位置
        }
        heap[son /2] = heap[0];             //heap[0]存放到目标位置
    }
    return true;
}
```

2）最大堆中结点的插入

给定一个结点的值 x,将值插入到最大堆中,插入后,仍然满足是一棵堆树。如图 4.63 所示,插入时,从最后一个叶子结点的双亲结点开始,如果 x 大于某个子树的根结点,就将这个子树的根下移,并继续与这个根结点的上一层根结点比较,直到小于某个子树的根,就将 x 存放在它的下面,作为其孩子,存放的位置,是下移的一个子树的根。

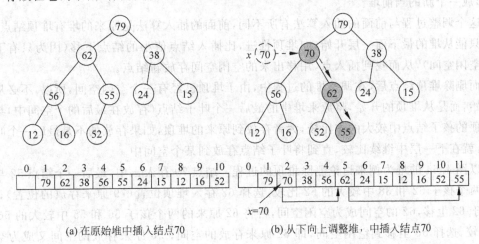

(a) 在原始堆中插入结点70　　　　(b) 从下向上调整堆,中插入结点70

图 4.63　在堆中插入结点

插入过程中,先调整结点总数,即结点总数加一,然后通过总数计算出插入后的最后一个分支结点,从这个分支结点开始比较,寻找插入点。如果堆树深度为 h,则寻找插入点最多比较 h 次,这个时间效率是非常高的。

在最大堆中插入一个结点值为 newvalue 的结点算法 InsertElementMaxHeap 如下：

```
template<class ElementType>
bool InsertElementMaxHeap( ElementType heap[ ], int HeapSize, ElementType &newvalue)
{    //插入值为 x 的结点到最大堆中, MaxSize 是数组空间最大容量
//    if (HeapSize == MaxSpaceSize)
//       return false;
     int i = ++HeapSize;                     //i 的初值设为堆的元素个数
     while (i != 1 && newvalue.key > heap[i/2].key)
     {    //寻找 newvalue 的插入点
          heap[i] = heap[i/2];               //i 位置的双亲 i/2 结点下移
          i = i / 2;                         //i 指向 i 的双亲 i/2 位置, i 上移
     }
     heap[i] = newvalue;                     //newvalue 存入找到的插入位置
     return true;
}
```

3) 最大堆中堆顶结点的删除

最大堆中，堆顶结点是整个堆中最大的一个结点，在删除它的同时，如果将它移到另一个存储区中存放，还要再将删除堆顶后的堆中结点重新调整为一个堆。

如果重复删除，并移至结果区下一个存储空间存储，直到堆中的所有结点被全部删除，那么最后在结果存储区中的数据就是有序排列的数据。这也是一种排序方法，也是下一个要讨论的应用问题。

删除堆顶结点的过程中，删除后调整堆为一个新堆是问题的关键。当删除堆顶结点后，原来堆中的结点就减少了一个，原来堆中的最后一个存储空间的结点就应该存放到前面的某个结点空间位置，也就是说，原来堆中最后一个结点移出它原来存储的空间，再插入到堆中，形成一个新的当前堆。

这个调整过程与前面的插入算法有所不同，前面的插入算法是原来的堆有堆顶结点，插入是只能从堆的最下面一层开始，向堆顶推进，比插入结点值小的结点下移（因为只有下面才有空闲空间），从而找到插入点，用移出来的空闲空间存放新结点。

而删除堆顶结点后，在调整堆的过程中，由于堆顶已经有一个空闲空间，所以，不必从底层开始，而是从堆顶的开始，将原来堆中的最后一个叶子结点（存放在最后的个空间中）与原来堆顶的孩子结点中较大的作比较，大者存放到原来的堆顶，如果存放的不是最后一个叶子结点，就在下一层中继续比较，直到将叶子结点存放到某个空间中。

以图 4.64 的堆为例来讨论删除堆顶的过程。结点 79 存入 x 中，最后一个结点 52 与堆顶的两个孩子 62 和 38 中较大的 62 比较，选择 62 存入堆顶位置（79 原来存放的位置）；这时由于 62 上移，62 的空间成为空闲空间，再将 62 原来的两个孩子 56 和 55 中较大的 56 与 52 比较，选择 56 上移到空闲空间，即 62 原来存放的空间；56 原来存放的空间又成为空闲空间，再将 56 原来的两个孩子 12 和 16 中较大的 16 与 52 比较，这时 52 就找到了存放的位置，即 56 原来存放的位置，将工作空间的 52 存放到这个位置，返回被删除的堆顶结点值，完成删除过程。

在最大堆中删除堆顶结点并放入 result 中返回的算法 DeleteTopElementMaxHeap 如下：

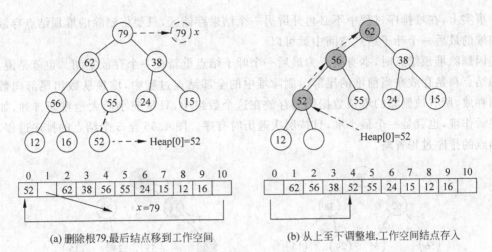

(a) 删除根79,最后结点移到工作空间　　(b) 从上至下调整堆,工作空间结点存入

图 4.64　删除堆顶结点 79

```
template<class ElementType>
bool DeleteTopElementMaxHeap (ElementType heap[], int HeapSize, ElementType &result)
{   //删除最大堆中的堆顶
    int parents, son;
    if (HeapSize == 0) return false;        //堆空,返回
    result = heap[1];                        //堆顶最大结点存放到 result 带出
    heap[0] = heap[HeapSize--];              //最后一个结点存放到 heap[0],调整堆中元素的个数
    parents = 1;                             //parents 首先指向堆顶
    son = 2 * parents;                       //son 指向 parents 的左孩子
    while (son <= HeapSize)
    {
        if (son < HeapSize && heap[son].key < heap[son+1].key)
            son++;                           //左孩子小于右孩子,son++后指向右孩子
        if (heap[0].key >= heap[son].key)
            //临时空间 heap[0]与较大孩子比较,大者提升到 parents 位置
            break;
        heap[parents] = heap[son];           //son 位置的孩子上移到 parents 位置
        parents = son;                       //下移双亲结点指针 parents,继续比较
        son = parents * 2;                   //son 指向 parents 的左孩子
    }
    heap[parents] = heap[0];                 //临时空间 heap[0]存入调整出来的位置
    return true;
}
```

4) 堆排序

堆排序的过程是利用删除堆顶结点来完成的。最大堆中堆顶结点是整个堆中最大的一个结点,删除它的同时,将它移到另一个结果存储区中存放,然后,再将删除堆顶后的堆重新调整为一个堆。如果重复删除堆顶,并将删除的堆顶移至结果区下一个存储空间存储,直到堆中的所有结点被全部删除,那么最后在结果存储区中的数据就是有序排列的数据。

这里要注意下面要用到的当前堆的概念,当前堆是指删除堆顶,但还未调整删除后剩余结点为一个新堆时的状态。

事实上,在堆排序过程中不必再开辟另一个结果存储区,只要将删除的堆顶结点存放到当前堆的最后一个叶子结点空间中就可以。

因删除堆顶结点时,本身就要为最后一个叶子结点重新找一个存放空间。也就是说,删除的结点只是存放在当前堆的尾部。删除堆中的全部结点过程中,堆顶从数组尾部向数组前面存放,所有被删除的堆顶数据仍然存放在这个数组中,只是前小后大地重新排列,如果把它看作堆,也就是一个最小堆,且按层次遍历时有序。图 4.65 是 3 个结点的排序过程,其他结点的排序过程省略。

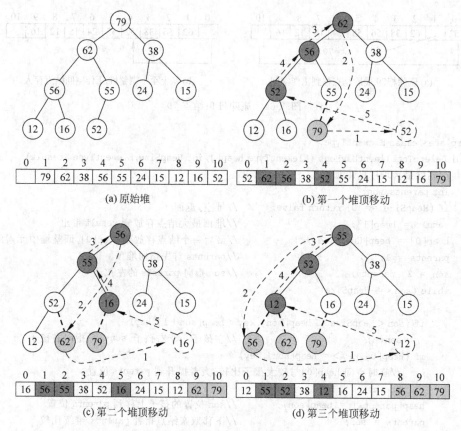

图 4.65 3 个堆顶排序的过程

堆排序算法 HeapSort 如下:

```cpp
template<class ElementType>
void HeapSort(ElementType heap[], int heapsize)
{    //利用堆对 heap[1:heapsize] 数组中的数据排序
    ElementType temp;
    InitializeMaxHeap(heap, heapsize);     //初始化 heap[]中的完全二叉树为最大堆
    for (int i = heapsize-1; i >= 1; i--)
    {
        DeleteTopElementMaxHeap(heap, i+1, temp);    //i+1 的值为当前堆的大小
        heap[i+1] = temp;                  //temp 是删除堆顶带回的堆顶元素并存入到最后
    }
}
```

4.7.3 树的路径长度和赫夫曼树

1. 树的路径长度

1) 简单路径长度

结点间的路径是指从树中一个结点到另一个结点之间的分支构成的路径。两个结点间的分支数就是这两个结点的间的路径长度。

所谓树的简单路径长度,是指从树的根结点到每个结点的路径长度之和。

图4.66和图4.67都是具有9个结点的二叉树。图4.66的树简单路径长度为$1\times2+2\times3+3\times3=17$,图4.67的树简单路径长度为$1\times2+2\times4+3\times2=16$。

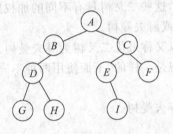 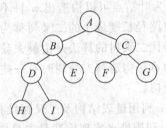

图4.66 一棵二叉树　　　　　　图4.67 一棵完全二叉树

由图可见,虽然结点数相同,但是完全二叉树是简单路径长度更小的二叉树。

2) 加权路径长度

如果将一棵二叉树中叶子结点看成是查找过程最终获取的信息,那么,中间的分支结点中存放的就是查找过程中选择查找方向的条件。

叶子结点中的信息不同,被查找的频率就不同,使用频率越高的信息,其重要性就越高,也可以说,其权值就越大。而中间的分支结点中的查找条件是查找程序所需要的,不是用户所关心的的内容,站在用户的角度,中间分支结点的权值就可以视为0。

如果树中的每个叶子结点都有权值,即每个叶子结点的大小不同,中间分支结点的权值为0,那么从叶子到根结点之间的长度就是叶子的权值与叶子到根结点之间路径长度(分支数)的乘积,也称为叶结点的加权路径长度。

所谓树的加权路径长度,是指树中所有带权(非0)叶结点的加权路径长度之和。

如图4.68和图4.69都是有4个叶结点的二叉树。图4.68的树加权路径长度为$6\times3+4\times3+2\times2+3\times2=40$,图4.69的树加权路径长度为$2\times3+3\times3+6\times2+4\times2=35$。

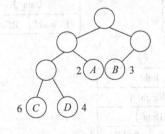 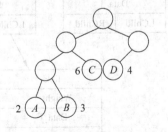

图4.68 一棵带权二叉树　　　　　　图4.69 一棵带权二叉树

可看到,结点的权值大的结点更接近根结点时,树的加权路径长度就相对更小。

在实际应用中,如情报检索、信息编码,往往将数据元素的信息或信息存放的地址存入叶结点之中,分支结点仅仅用于存放检索判断条件。而不同的信息具有不同的检索频率,实际检索时,检索频率高的信息在检索过程中,应该检索判断的次数尽可能少,也就是说,检索频率高的信息存放在更靠近树根的位置上。

检索频率高的信息就是检索概率大的信息,概率就是一个权值。大权值的结点越接近根结点,检索树的检索效率就越高,也就是树的加权路径长度越小。

2. 赫夫曼树及构成算法

赫夫曼(Huffman)树又称为最优二叉树。有 n 个结点,它们分别具有不同的权值,将这 n 个结点作为叶结点可以构造出 m 种不同的二叉树,这些二叉树具有不同的加权路径长度,则其中加权路径长度最小的二叉树称为最优二叉树或赫夫曼树。

构造最优二叉树的算法是由赫夫曼给出的,所以又称最优二叉树为赫夫曼树。

不同的算法构造赫夫曼树时有一些差异,但思想是一样的,下面使用两种不同的方法来构造赫夫曼树。

方法 1:利用链表结构及二叉树结构完成构造赫夫曼树。
方法 2:利用堆来实现构造赫夫曼树。

1) 利用链表结构实现赫夫曼树

方法 1 只介绍构造思想,不进行算法实现,这种方法简单明晰,可运用前面链表的相关算法实现构造赫夫曼树的算法。

首先定义数据结构的类型,赫夫曼树中结点的结构定义如下:

```
struct HuffmanNode
{
        HuffmanNode *link;              //指向链表中的后继结点
        WeightType  weight;             //权值
        ElementType data;               //结点的信息值
        HuffmanNode *LChild;            //指向左孩子结点
        HuffmanNode *RChild;            //指向右孩子结点
};
```

如图 4.70 所示,每个赫夫曼结点由 5 个成员构成:

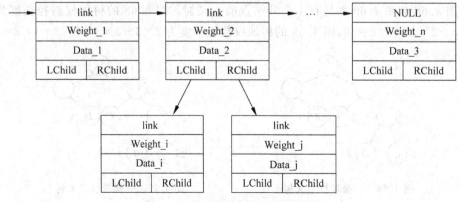

图 4.70 链表结构的赫夫曼树结构

第一个成员是链表的链接域。构建赫夫曼树时,要先将所有的赫夫曼结点链接为一个链表结构。

第二个成员是结点的权值,是构建赫夫曼树的关键字。数据类型可以为整型,也可以为浮点型等。

第三个成员是结点的实际信息值。在一棵查找树中或许是信息存储的地址,此种情况可以定义为 ElementType * data。

第四和第五成员是构成赫夫曼树孩子结点的左右链接域。

下面给出链表结构的赫夫曼的构造过程。为了简化描述,下面图中只给出构建赫夫曼树时的权值,其他域的值省略。

首先将所有赫夫曼结点存储为一个简单链表,如图 4.71 所示。链表中的数据是各结点的权值,初始链表中的权值排列是无序的。

图 4.71　链表结构赫夫曼树构造过程 1

然后,对初始链表中的结点调用排序算法,按权值从小到大排序,产生如图 4.72 所示的结构。到此产生赫夫曼树的初始化过程完成。

图 4.72　链表结构赫夫曼树构造过程 2

对这个有序的链表连续地删除表头的两个结点,但不释放其存储空间,即删除前面两个权值最小的结点,并将这两个结点的权值相加,权值相加的和存储到新申请的一个赫夫曼结点的权值成员域中,并将删除的两个结点链接到新申请的赫夫曼结点的左、右孩子链接域上,成为一棵二叉子树,新申请的赫夫曼结点就是这个二叉子树的根。再将这个新赫夫曼结点重新插入到链表结点中,并保证链表是按权值大小有序的,如图 4.73 所示。

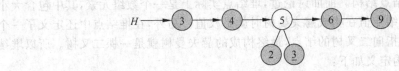

图 4.73　链表结构赫夫曼树构造过程 3

重复执行上述过程,即删除两个结点,生成新赫夫曼结点,再插入链表,直到插入后链表中只有一个结点为止,如图 4.74 至图 4.77 所示。

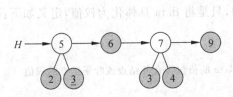

图 4.74　链表结构赫夫曼树构造过程 4

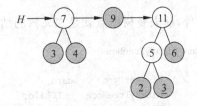

图 4.75　链表结构赫夫曼树构造过程 5

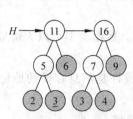

图 4.76 链表结构赫夫曼树构造过程 6

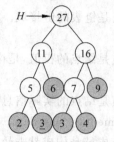

图 4.77 链表结构赫夫曼树构造过程 7

链表中最后产生的结点就是赫夫曼树的根结点,运用赫夫曼思想产生的这棵二叉树中,原来表示实际问题中信息的结点出现在赫夫曼树的叶子结点上,分支结点是在构造赫夫曼树的过程中产生的,每个分支结点权值域中的值是这个分支结点为根的子树中所有叶子结点权值之和。

分支结点的 data 域的内容与叶子结点的 data 域的值逻辑意义是完全不同的。分支结点中 data 域的值通常存放的是条件。例如权值为 5 的分支结点链接着两个叶子结点 2 和 3,这里分支结点 5 的 data 域的值就可存放左为{2}、右为{3}的两个集合,这样在赫夫曼树查找过程中,当找到分支结点 5 时,通过这两个集合可以选择向左或向右分支再继续查找;再如分支结点 27,即赫夫曼树的根结点中,data 域的值就可存放左为{2,3,6}、右为{3,4,9}的两个集合。

从赫夫曼构造算法过程看,赫夫曼树中权值越小的结点就越接近赫夫曼树的底层,权值越大的结点就越接近赫夫曼树的根结点,这样产生的树所求得的加权路径长度当然就是最小值,也就是说,赫夫曼树就是最优二叉树,实现了理论上的要求。另外,赫夫曼树还是一棵非常好的字符编码树,这是后面讨论的赫夫曼编码问题。

赫夫曼树中,每一个实际的有意义的数据都是作为叶子结点存储在赫夫曼树中的,中间分支结点是赫夫曼构造过程中产生的,可以通过分支结点中存储的信息来判断查找时的方向。另外,可以通过每个分支结点来分析以这个分支结点为根的子树在整棵树中的权重,也就是使用的频率或重要性。

2) 利用堆来实现构造赫夫曼树

首先定义堆树的结点结构。前面讨论过,堆结点实际上是一个数组元素,其中包含大小不同的堆结点值,这个结点值在构成赫夫曼树时就是权值。另外,在堆结点中还定义了一个链接域,链接域的指针指向二叉树的结点,最终构成的赫夫曼树就是一棵二叉树。所以堆结点(赫夫曼堆结点)结构定义如下:

```
class HuffmanNode
{
    WeightType      weight;          //权值
    BinaryTreeNode  * root;          //指向对应的子树根结点
};
```

另外,赫夫曼树结点就是二叉树的结点结构,只是将 data 具体化为权值,定义如下:

```
class BinaryTreeNode
{
    ElementType     data;            //data 的值包含合并结点或叶子结点的权值
    BinaryTreeNode  * LChild;
    BinaryTreeNode  * RChild;
};
```

ElementType 类型的 data 的值域中有一个成员是权值 weight。

应用数据事先已经存放在线性表 element 数组中,数据元素的类型就是 ElementType 类型,每个数据元素都有一个权值成员 weight。

在构建赫夫曼树时,首先将存放在线性表 element 数组的应用数据转存至图 4.78 的赫夫曼结构树中。其中:

堆树的 HuffmanNode 中的 weight 域的值等于 element[i].data.weight。

赫夫曼树的 BinaryTreeNode 结点的 data 域的值等于 element[i].data 的值。

后面在构建赫夫曼树图示时,为了简化问题,图中的 BinaryTreeNode 结点的值只给出 data 域的权值,其他信息只忽略,如图 4.79 所示。

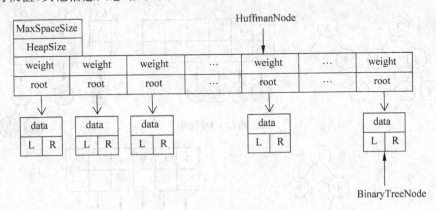

图 4.78 堆树结构的赫夫曼树结构

下面给出利用堆(最小堆)构造赫夫曼树的算法思想。

(1) 构建堆树空间(完全二叉树)heap 中的数据。

根据给定的线性表的 n 数据,从线性表将权值转存到堆树的 HuffmanNode 中的 weight 域。即,堆树的 HuffmanNode 结点的 weight 域的值来自 element[i].data.weight。

定义每个堆树的 HuffmanNode 结点指针 root 所指的二叉树结点,二叉树结点 data 域的值来自线性表 element[i].data 的值。

(2) 对堆树 heap 数据进行初始化,转化为最小堆运算。

(3) 重复下面步骤 $n-1$ 次。

① 删除一个堆顶元素,保存到 HuffmanNode 类型的变量 Left 中。

② 再删除一个堆顶元素,保存到 HuffmanNode 类型的变量 Right 中。

③ 将 Left 和 Right 变量的权值相加,保存到 HuffmanNode 类型的变量 Root 中,即 Root.weight=Left.weight+Right.weight。

④ 申请一个新二叉树结点空间,由 ptr 指向。

ptr 所指的结点的 weight 域的值来自 Root.weight 的值。

构建一棵二叉树,ptr 所指的结点为根,Left 变量的 root 域所指的结点(子树的根)为左子树,Right 变量的 root 域所指的结点(子树的根)为右子树。构造一个新子树: MakeBinaryTree(ptr, Left.root, Right.root)。

⑤ 将合并的堆结点 Root 插入最小堆中(删除两个结点,插入一个结点)。

(4) 返回赫夫曼树根结点指针。

(5) 释放 heap 堆结点空间。

注意：在堆删除或插入过程中，比较大小时，是以权值 heap[i].weight 来比较的。根据算法思想，对 6 个权值 $w=\{6,2,3,3,4,9\}$ 构造一棵赫夫曼树，其过程如图 4.79 所示。

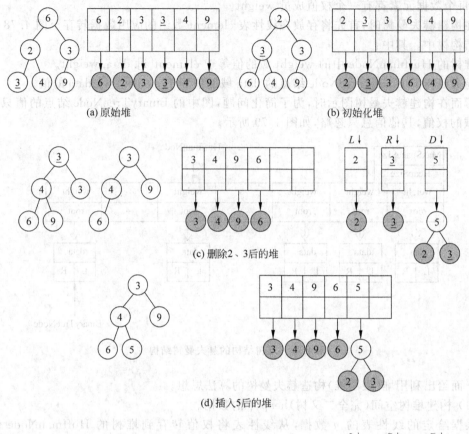

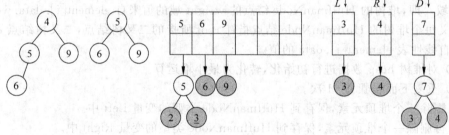

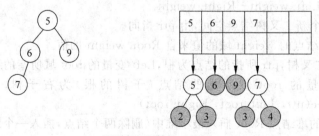

图 4.79　利用堆构造赫夫曼树的过程

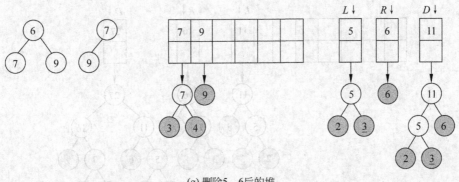

(g) 删除5、6后的堆

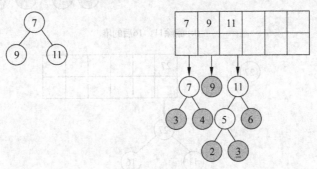

(h) 插入11后的堆

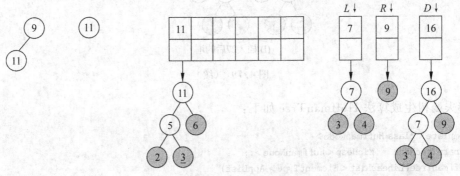

(i) 删除7、9后的堆

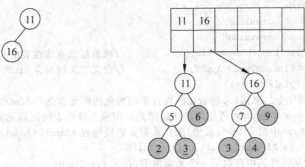

(j) 插入16后的堆

图 4.79 （续）

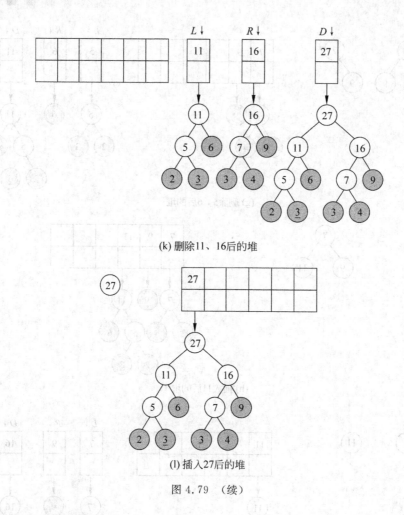

(k) 删除11、16后的堆

(l) 插入27后的堆

图 4.79 （续）

赫夫曼树生成算法 HuffmanTree 如下：

```
template<class HuffmanNode>
BinaryTreeNode * MinHeap<HuffmanNode>::
HuffmanTree(LinearList<ElementType> AppList)
{   //根据权值(权值存放在线性表 element[1:n]中)构造赫夫曼树
    BinaryTreeNode   * ptr;
    ElementType       resultL;
    HuffmanNode       newvalueH;
    int n = AppList.LengthLinearList();        //求数据元素线性表的长度
    BinaryTree<ElementType> AppBT;             //定义二叉树对象 AppBT
    for(int i = 1;i <= n;i++)
    {//生成一棵完全二叉树(未初始化的堆),未初始化的堆元素是 HuffmanNode 类型
     //HuffmanNode 中的 root 所指的二叉树结点的值来自线性表的数据元素,即 elment[i].data
     //HuffmanNode 中的 weight(权值)来自数据元素线性表 elment[i].data.weight
        AppList.GetElementLinearList(i,resultL);
            //从线性表中获取第 i 个元素的值,存入 resultL 中
        ptr = AppBT.MakeNode(resultL);
            //产生一个二叉树结点,data 中存放数据元素的值 resultL
        newvalueH.weight = resultL.weight;
```

```
            //线性表的数据元素的权值存放到赫夫曼堆结点 newvalueH 的权值域
        newvalueH.root = ptr;
            //赫夫曼堆结点链接域 root 指向数据元素的二叉树结点(叶子)
        InsertElementMinHeap(0, newvalueH);
            //插入(线性表插入)一个赫夫曼结点(未初始化的堆)MinHeap 空间中
    }
    InitializeMinHeap();                    //初始化赫夫曼空间数据为最小堆
    HuffmanNode Root,Left, Right ;          //定义三个赫夫曼变量
    n = HeapSize;                           //HeapSize 的值来自 for 循环构建的最小堆
    for (i = 1; i < n ; i++)                //n = HeapSize
    {
        DeleteTopElementMinHeap(Left);      //删除堆顶到 Left
        DeleteTopElementMinHeap(Right);     //删除堆顶到 Right
        Root.weight = Left.weight + Right.weight;
            //合并 Left 和 Right 的权值存放到赫夫曼结点 Root 中
        ptr = new BinaryTreeNode;           //动态申请一个赫夫曼二叉树结点
        ptr->data.weight = Root.weight;
        //赫夫曼树结点 data 的权重值是合并结点的权值,其他值无意义.
        //strcpy(ptr->data.name," ---- ");
        //strcpy(ptr->data.number," ---- ");
        //strcpy(ptr->data.sex," -- ");
        //strcpy(ptr->data.place," ---- ");
        AppBT.MakeBinaryTree(ptr, Left.root, Right.root);
            //Left、Right 链接域所指的子树作为 ptr 左右子树生成一个新子树
        Root.root = ptr;
            //赫夫曼堆结点 Root 的链接域指向新子树的根
        InsertElementMinHeap(Root);
            //插入(最小堆的插入)赫夫曼结点 Root 到最小堆树中,形成新的最小堆树
    }
    return ptr;                             //返回形成的赫夫曼数的根结点指针到 ptr
}
```

由上述分析结果可以得出两个结论:
(1) 当叶结点的权值不相同时,组成完全二叉树并不一定是最优二叉树。
(2) 为了构造最优二叉树,必须将权值最大的结点尽量靠近根结点。

3. 赫夫曼编码

赫夫曼编码是一种文本压缩算法,是根据符号在一段文字中的相对出现频率不同来压缩编码。当然,也还有其他方面的应用。

语言组成的最小单位就是符号。例如英语由 26 个字母组成,26 个字母就是一个字母表;中文由若干个汉字字符组成,所有汉字字符也组成一个字母表。假定有 n 个字符组成的字母表,由该字母表中的符号组合来表示生活中的各种信息,如果信息要在计算机中存储,就要转换为计算机能够识别的二进制编码,也就是将字母表中的字符用二进制编码,从而用这些符号的编码代替组成信息的符号,而完成对信息的编码。

现代计算机中英文符号是以 8 位二进制的 ASCII 码来表示的,中文中的汉字是以 16 位二进制编码存储来表示的。

实际中进行快速的远程通信和电报等常常要用到这种编码信息传送。为了高速地传送

信息,还需要有高效的编码和译码技术。所谓高效的编码,就是对所有的字符不是以同样的二进制位数进行编码。例如,字母使用 ASCII 来处理,所有的字符都是用 8 位二进制进行编码,事实上,26 个英文字母在英文中出现的概率是不同的,这一点可以通过计算机键盘的分布发现,靠近键盘中间的几个字母使用的概率就较两边的字母使用的概率大。

例如,现在假定字母表由 A、B、C、D 这 4 个字母组成,并使用 ASCII 编码:

符号　　编码
A　　01000001
B　　01000010
C　　01000011
D　　01000100

那么,信息"ABACCDA"的编码为

01000001 01000010 01000001 01000011 01000011 01000100 01000001

由于字母表中的每个符号需要 8 个二进制位,所以"ABACCDA"的编码共需要 $7 \times 8 = 56$ 个二进制位。

现在假定字母表由 A、B、C、D 这 4 个字母组成,并赋予它如下的编码:

符号　　编码
A　　010
B　　100
C　　000
D　　111

那么,信息"ABACCDA"的编码则为

010 100 010 000 000 111 010

由于字母表中的每个符号需要 3 个二进制位,所以 ABACCDA 的编码共需要 21 个二进制位。

如果将字母表中符号的编码改成如下所示的两位:

符号　　编码
A　　00
B　　01
C　　10
D　　11

则信息 ABACCDA 的编码将变为 00 01 00 10 10 11,只需 14 位二进制位就可以了。

由 8 位改为 3 位编码,减少了总编码量;由 3 位改为 2 位编码,又减少了总编码量。这样也就减少了存储时存储空间的占用。在信息传输中,当然也减少了传输量。

这种减少方法是通过减少单个字符的编码长度来实现的,上面由 4 个字母组成的字符编码长度最少也只能是两位了,还没有真正达到科学的高效编码,因为这种方法中不考虑字母表中字母使用的概率。

如果能够使常用的字符编码较短,而不常用的字符编码相对较长,那么信息表示中总编码量就会更少,也就是希望找到最小长度的信息编码。

让我们进一步地研究上述例子,在信息"ABACCDA"中,字母 B 和 D 只出现过一次,字母 A 则出现过 3 次。如果能选择一种编码,使字母 A 的编码位数比字母 B 和字母 D 的编码位数少。那么,整个信息编码长度将进一步减少。这是因为在整个信息"ABACCDA"中,字母 A 出现的频率最高。如果按下面的方法进行编码:

符号　编码
A　　0
B　　110
C　　10
D　　111

则信息 ABACCDA 的编码变成 0 110 0 10 10 111 0,只剩下 13 位了。

在很长的信息中,若所包含的符号 A 出现的频率又很高,解决这个问题是很重要的。

但需要注意的是,选择这样一个高效的编码方法时,一个符号的编码不应该是另一个符号编码的前缀。所谓编码前缀,就是一个符号的编码序列是另一个符号的编码序列前面的一部分。如 x 的编码如果是 1101,而 y 的编码是 110111,这时就出现了 x 的编码是 y 编码的前缀的情况。

这是由于上述编码信息的译码是从左到右进行的。如果一个符号 x 的编码是另一个符号 y 的编码的前缀,则对 y 的编码 110111 译码时,译到 110111 的前 4 位(即画线部分)时,就会被转换为 x,如果剩下的两位 11 无对应的字符,译码就出错了,即使存在对应的符号,译出来的也不是原来的字符 y,同样出现译码出错。

在上述例子中,扫描是从左到右进行的。如果遇到第一位是 0,则是符号 A,否则是 B、C、D,需进一步检测下一位;如果第 2 位是 0,则是符号 C,否则一定是 B 或 D,需进一步检测第 3 位;如果第 3 位是 0,则是符号 B,否则是符号 D。一旦一个符号被译出,则从下一位开始重复这一过程,确定下一个符号,直到最后完成全部译码。

假设 A、B、C、D 这 4 个字母的频率(权值)分别为 $a[\,]=\{3,1,2,1\}$,图 4.80 是上例所构成的赫夫曼树。图中每个结点的内容包含一个字符和它出现的权值。

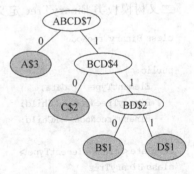

图 4.80　赫夫曼编码树

一旦赫夫曼树构成以后,在字母表中任何符号的编码就可以通过从表示该符号的叶结点开始攀登到树根来确定。编码初始化为空,以后每攀登一根左枝附一个 0 到编码左边,每攀登一个右枝附一个 1 在编码左边,直至树根为止,该符号的编码就完成了。

例如字母 B 的编码构成过程是:首先是 0,然后是 1,最后是 1,所以,B 的编码是 110。

由于字符不是以等长的编码方法来编码的,所以,这种科学的编码技术进行的编码还应用到字符串的压缩存储技术中,以减少信息编码的总量。利用赫夫曼编码对字符串或文本进行压缩编码的步骤如下:

(1) 获得不同字符的频率(权值)。
(2) 建立具有最小路径长度的赫夫曼树,结点的权值就是字符的频率。
(3) 沿着从根到叶子结点的路径得到每个字符的编码。
(4) 用字符的编码代替组成信息的每个字符。

这棵赫夫曼编码树也可以应用到信息密送工作中,也就是俗称的"密电码"。因为信息可以使用赫夫曼编码树转换为二进制串,再以这种二进制串的方式传输,由于二进制串的保密性非常高,所以起到了加密的作用。接收方要识别(解析)这个二进制串,就必须使用同样的赫夫曼编码树还原为原来的信息。如果缺少这棵赫夫曼编码树,就无法还原为原来的信息。所以说,赫夫曼编码树是个"密电码"。

4.8 二叉树基本算法的程序实现

二叉树基本算法的程序由 3 个部分组成:
- 实例数据元素类型定义的头文件 AppData_BinaryTree.h。
- 二叉树模板类 BinaryTree 定义头文件 BinaryTree_Class.h。
- 二叉树主程序 BinaryTree.cpp。

实例数据元素类型定义的头文件 AppData_BinaryTree.h 如下:

```
#define STUDENT ElementType              //实例数据元素句柄化
#define age key1
    struct STUDENT                        //实例数据元素类型的定义
    {
        char number[10];
        char name[8];
        char sex[3];
        int  age;
        char place[20];
    };
```

二叉树模板类 BinaryTree 定义头文件 BinaryTree_Class.h 如下:

```
class BinaryTreeNode
{
public:
    ElementType    data;
    BinaryTreeNode * LChild;
    BinaryTreeNode * RChild;
};
template<class ElementType>
class BinaryTree
{
  public:
    BinaryTree(){BTroot = NULL;};
    ~BinaryTree() {};
    bool IsEmpty(){return BTroot;};
    void PreOrderRecursive(BinaryTreeNode * BTroot);
    void InOrderRecursive(BinaryTreeNode * BTroot);
    void PostOrderRecursive(BinaryTreeNode * BTroot);
    BinaryTreeNode * MakeNode(ElementType& newvalue);
    void MakeBinaryTree(BinaryTreeNode * root,
                       BinaryTreeNode * left,
```

```cpp
                        BinaryTreeNode * right);
    BinaryTreeNode * DeleteBinaryTree(BinaryTreeNode * BTroot);
    void NodesCount(BinaryTreeNode * BTroot, int &count);
    int Height(BinaryTreeNode * BTroot);
    void DisplayNode(BinaryTreeNode * p);
private:
    BinaryTreeNode * BTroot;                //指向二叉树根结点<ElementType>
};
template<class ElementType>
BinaryTreeNode * BinaryTree<ElementType>::
MakeNode(ElementType& newvalue)
{    //构造结点
    BinaryTreeNode * ptr;
    ptr = new BinaryTreeNode;
    if (!ptr) return NULL;
    ptr -> data = newvalue;
    ptr -> LChild = NULL;
    ptr -> RChild = NULL;
    return ptr;
}
template<class ElementType>
void BinaryTree<ElementType>::
MakeBinaryTree(BinaryTreeNode * root, BinaryTreeNode * left, BinaryTreeNode * right)
{    //连接 root、left、right 所指的结点指针为二叉树
    root -> LChild = left;
    root -> RChild = right;
}
template<class ElementType>
int BinaryTree<ElementType>::
Height(BinaryTreeNode * BTroot)
{    //返回二叉树的高度
    if (!BTroot) return 0;
    int HighL = Height(BTroot -> LChild);
    int HighR = Height(BTroot -> RChild);
    if (HighL > HighR)
        return ++HighL;
    else
        return ++HighR;
}
template<class ElementType>
void BinaryTree<ElementType>::
NodesCount(BinaryTreeNode * BTroot, int &count)
{    //二叉树的结点计数
    if (BTroot)
    {
        count++;                            //二叉树的结点计数
        NodesCount(BTroot -> LChild, count);
        NodesCount(BTroot -> RChild, count);
    }
}
template<class ElementType>
```

```cpp
BinaryTreeNode * BinaryTree<ElementType>::
DeleteBinaryTree(BinaryTreeNode * BTroot)
{   //二叉树的删除算法
    if (BTroot)
    {
        DeleteBinaryTree(BTroot->LChild);
        DeleteBinaryTree(BTroot->RChild);
        delete BTroot;
    }
    BTroot = NULL;
    return BTroot;
}
template<class ElementType>
void BinaryTree<ElementType>::
PreOrderRecursive(BinaryTreeNode * BTroot)
{   //二叉树的前序遍历递归算法
    if (BTroot)
    {
//      Visit(BTroot);                      //访问二叉树的结点
        DisplayNode(BTroot);
        PreOrderRecursive(BTroot->LChild);
        PreOrderRecursive(BTroot->RChild);
    }
}
template<class ElementType>
void BinaryTree<ElementType>::
InOrderRecursive(BinaryTreeNode * BTroot)
{   //二叉树的中序遍历递归算法
    if (BTroot)
    {
        InOrderRecursive(BTroot->LChild);
//      Visit(BTroot);                      //访问二叉树的结点
        DisplayNode(BTroot);
        InOrderRecursive(BTroot->RChild);
    }
}
template<class ElementType>
void BinaryTree<ElementType>::
PostOrderRecursive(BinaryTreeNode * BTroot)
{   //二叉树的后序遍历递归算法
    if (BTroot)
    {
        PostOrderRecursive(BTroot->LChild);
        PostOrderRecursive(BTroot->RChild);
//      Visit(BTroot);                      //访问二叉树的结点
        DisplayNode(BTroot);
    }
}
template<class ElementType>
void BinaryTree<ElementType>::
DisplayNode(BinaryTreeNode * p)
```

```
{
         cout <<"          "
              << p -> data.number <<"      "
              << p -> data.name <<"      "
              << p -> data.sex <<"      "
              << p -> data.age <<"      "
              << p -> data.place << endl;
}
```

二叉树主程序 BinaryTree.cpp 如下:

```cpp
# include < iostream.h >
# include < cstring >
# include < stdlib.h >
# include "AppData_ BinaryTree.h"
# include "BinaryTree_Class.h"
int main()
{
    int choice;
    int High, count;
    BinaryTreeNode * BTroot, * pp[10];
    ElementType newvalue;
    Char number[][8] = {"   ","901","902","903","904","905","906","907","908"};
    Char name[][8] = {"   ","AAA","BBB","CCC","DDD","EEE","FFF","GGG","HHH"};
    Char sex[][8] = {"   ","男","女","女","女","男","男","女","男"};
    Char place[][8] = {"   ","ww1","ww2","ww3","ww4","ww5","ww6","ww7","ww8"};
    int age[] = {0,101,102,103,104,105,106,107,108};
    BinaryTree < ElementType > AppBT;
    for(int i = 1; i < 9; i++)
    {
        strcpy(newvalue.number, number[i]);
        strcpy(newvalue.name, name[i]);
        strcpy(newvalue.sex, sex[i]);
        strcpy(newvalue.place, place[i]);
        newvalue.age = age[i];
        pp[i] = AppBT.MakeNode(newvalue);
    }
    AppBT.MakeBinaryTree(pp[1], pp[2], pp[3]);    //            pp[1]
    AppBT.MakeBinaryTree(pp[2], pp[4], NULL);     //      pp[2]      pp[3]
    AppBT.MakeBinaryTree(pp[3], pp[5], pp[6]);    //    pp[4]    pp[5]  pp[6]
    AppBT.MakeBinaryTree(pp[4], NULL, pp[7]);     //       pp[7]
    AppBT.MakeBinaryTree(pp[7], NULL, pp[8]);     //          pp[8]
    BTroot = pp[1];
    while (true)
    {
        cout << endl;
        cout <<" *** 二叉树链式存储的运算 *** "<< endl;
        cout <<" 1 -------- 求二叉树的深度(高度)"<< endl;
        cout <<" 2 -------- 求二叉树中结点的个数"<< endl;
        cout <<" 3 -------- 二叉树的前序递归遍历"<< endl;
        cout <<" 4 -------- 二叉树的中序递归遍历"<< endl;
```

```cpp
        cout <<" 5-------- 二叉树的后序递归遍历"<< endl;
        cout <<" 6-------- 删除二叉树的所有结点,并释放空间"<< endl;
        cout <<" 0-------- 退出"<< endl;
        cout <<" ************************************ "<< endl;
        cout <<"请选择处理功能: "; cin >> choice;
        cout << endl;
        system("cls");
        switch(choice)
        {
            case 1:
            {   //1-------- 求二叉树的深度(高度)
                High = AppBT.Height(BTroot);
                cout <<"树高 = "<< High << endl << endl;
                break;
            }
            case 2:
            {   //2-------- 求二叉树中结点的个数
                count = 0;
                AppBT.NodesCount(BTroot,count);
                cout <<"二叉中结点个数 = "<< count << endl << endl;
                break;
            }
            case 3:
            {   //3-------- 二叉树的前序递归遍历
                cout <<"        二叉树的前序递归遍历结果: "<< endl;
                cout <<"        学号  姓名  性别  年龄  住址"<< endl;
                cout <<"--------------------------------------------- "<< endl;
                AppBT.PreOrderRecursive(BTroot);
                cout << endl << endl;
                break;
            }
            case 4:
            {   //4-------- 二叉树的中序递归遍历
                cout <<"        二叉树的中序递归遍历结果: "<< endl;
                cout <<"        学号  姓名  性别  年龄  住址"<< endl;
                cout <<"--------------------------------------------- "<< endl;
                AppBT.InOrderRecursive(BTroot);
                cout << endl << endl;
                break;
            }
            case 5:
            {   //5-------- 二叉树的后序递归遍历
                cout <<"        二叉树的后序递归遍历结果: "<< endl;
                cout <<"        学号  姓名  性别  年龄  住址"<< endl;
                cout <<"--------------------------------------------- "<< endl;
                AppBT.PostOrderRecursive(BTroot);
                cout << endl << endl;
                break;
            }
            case 6:
            {   //6-------- 删除二叉树的所有结点,并释放空间
```

```
                BTroot = AppBT.DeleteBinaryTree(BTroot);
                break;
            }
            case 0:
            {
                return 0;
                break;
            }
        }
        system("pause");
        system("cls");
    }
}
```

习题 4

一、单选题

1. 一棵非空的二叉树的前序遍历序列与后序遍历序列正好相反,则该二叉树一定满足( )。
   A. 所有的结点均无左孩子   B. 所有的结点均无右孩子
   C. 只有一个叶子结点   D. 是任意一棵二叉树

2. 一棵完全二叉树上有 1001 个结点,其中叶子结点的个数是( )。
   A. 250   B. 500   C. 505   D. 501

3. 在一棵具有 n 个结点的完全二叉树中,分支结点的最大编号为( )。
   A. $(n+1)/2$ 下限取整   B. $(n-1)/2$ 下限取整
   C. $n/2$ 下限取整   D. $n/2$ 上限取整

4. 以下说法错误的是( )。
   A. 存在这样的二叉树,对它采用任何次序遍历其结点访问序列均相同
   B. 二叉树是树的特殊情形
   C. 由树转换成二叉树存储结构,其根结点的右子树总是空的
   D. 在二叉树只有一棵子树的情况下也要明确指出该子树是左子树还是右子树

5. 下列有关二叉树的说法正确的是( )。
   A. 二叉树的度为 2   B. 一棵二叉树度可以小于 2
   C. 二叉树中至少有一个结点的度为 2   D. 二叉树中任一个结点的度都为 2

6. 以下说法错误的是( )。
   A. 二叉树可以是空集
   B. 二叉树的任一结点都可以有两棵子树
   C. 二叉树与树具有相同的树形结构
   D. 二叉树中任一结点的两棵子树有次序之分

7. 若二叉树是( ),则从二叉树的任一结点出发到根的路径上所经过的结点序列按

其关键字有序。

  A. 二叉排序树　　　　B. 赫夫曼树　　　　C. 堆　　　　D. 退化二叉树

单选题答案：

1. C 2. D 3. C 4. B 5. B 6. B 7. C

二、多选题

1. 以下说法正确的是（　　）。

  A. 存在这样的二叉树，对它采用任何次序遍历其结点访问序列均相同

  B. 二叉树是树的特殊情形

  C. 由树转换成二叉树，其根结点的右子树总是空的

  D. 在二叉树只有一棵子树的情况下也要明确指出该子树是左子树还是右子树

2. 设高为 h 的二叉树只有度为 0 和 2 的结点，则此类二叉树的结点树至少为（　　），至多为（　　）。

  A. $2h$ B. $2h-1$ C. $2h+1$ D. $h+1$

  E. 2^{h-1} F. 2^h-1 G. $2^{h+1}+1$ H. 2^h+1

3. 对于前序遍历与中序遍历结果相同的是（　　）。前序遍历与后序遍历结果相同的二叉树为（　　）。

  A. 一般二叉树   B. 只有根结点的二叉树

  C. 根结点无左孩子的二叉树   D. 根结点无右孩子的二叉树

  E. 所有结点只有左子树的二叉树 F. 所有结点只有右子树的二叉树

4. 完全二叉树（　　）。

  A. 适合用顺序结构存储   B. 叶子结点可在任一层出现

  C. 某些结点有左子树则必有右子树 D. 某些结点有右子树则必有左子树

5. 下列有关二叉树的说法错误的是（　　）。

  A. 二叉树的度为 2   B. 一棵二叉树的度可以小于 2

  C. 二叉树中至少有一个结点的度为 2 D. 二叉树中任一个结点的度都为 2

多选题答案：

1. ACD 2. BF 3. BF 4. AD 5. ACD

三、填空题

1. 若一个二叉树的叶子结点是某子树的中序遍历序列中的最后一个结点，则它必是该子树的_____序列中的最后一个结点。

2. 深度为 k（设根的层数为 1）的完全二叉树至少有_____个结点，至多有_____个结点。

3. 包含结点 $A、B、C$ 的二叉树有_____种不同的形态，_____种不同的二叉树。

4. 包含结点 $A、B、C$ 的树有_____种不同的形态，_____种不同的树。

5. 一棵完全二叉树有 999 个结点，它的深度是_____。

6. 若一棵二叉树的叶子结点数目为 n，则该二叉树中左、右子树皆非空的结点个数为_____。

7. 设 n 为赫夫曼树的叶子结点数目,则该赫夫曼树共有_____个结点。
8. 如果结点 A 有 3 兄弟,而且 B 是 A 的双亲,则 B 的度是_____。
9. 具有 n 个结点的二叉树采用二叉链表存储,共有_____个空链域。
10. 赫夫曼树是带权路径长度_____的树,通常权值较大的结点离根_____。

填空题答案:
1. 前序遍历
2. 2^{k-1},2^k-1
3. 5,3
4. 2,12
5. 10
6. $n-1$
7. $2n-1$
8. 4
9. $n+1$
10. 最小,较近

四、判断题

1. 完全二叉树的某结点若无左孩子,则它必是叶结点。(　　)
2. 存在这样的二叉树,对它采用任何次序的遍历,结果相同。(　　)
3. 二叉树就是结点度为 2 的树。(　　)
4. 二叉树中不存在度大于 2 的结点,某个结点只有一棵子树时没有左、右子树之分。(　　)
5. 若有一个结点是某二叉树子树的中序遍历序列中的最后一个结点,则它必是该子树的前序遍历序列中的最后一个结点。(　　)
6. 若一个结点是某二叉树子树的前序遍历序列中的最后一个结点,则它必是该子树中序遍历序列中的最后一个结点。(　　)
7. 在赫夫曼编码中,当两个字符出现的频率相同时,其编码也相同,对于这种情况应作特殊处理。(　　)
8. 中序遍历一棵二叉排序树的结点就可得到排好序的结点序列。(　　)
9. 将一棵树转换成二叉树后,根结点没有左子树。(　　)
10. 赫夫曼树是带权路径长度最小的树,路径上权值较大的结点离根较近。(　　)

判断题答案:
1. 对
2. 对
3. 错
4. 错
5. 错(中序形式为左、根、右,前序形式为根、左、右。若无右树叶时,中序遍历序列中的最后一个结点为子树的根,而前序遍历序列的最后一个结点为左树叶;当一个叶结点是中序遍历序列中的最后一个结点时,则它必是前序遍历序列的最后一个结点。)

6. 错
7. 错
8. 对
9. 错
10. 对

五、简答题和算法题

1. 试证明有 n 个叶子结点的赫夫曼树共有 $2n-1$ 个结点。
2. 试证明一棵有 k 个叶结点的完全二叉树最多有 $2k$ 个结点。
3. 试述分类二叉树的特点及如何构造深度最小的分类二叉树。
4. 试述堆树的特点及主要应用。
5. 一棵非空的二叉树,其先序序列和后序序列正好相反,画出这棵二叉树的可能形状。
6. 设深度为 K 的二叉树上只有度为 0 和 2 的结点,试证明这类二叉树上所含的结点总数至少为 $2k+1$。
7. 设有 k 个值,用它们组成一棵二叉赫夫曼树,则该赫夫曼树共有多少个结点?
8. 给出数据{4,6,50,10,20,3}为结点权值所构成的赫夫曼树(给出步骤)及加权路径长度。
9. 给出数据{18,14,25,30,24,15}组成的分类二叉树(左小右大)及前序、中序、后序遍历的结果。
10. 给出数据结点{53,12,5,97,55,26,17,68,19,70}值构成初始堆的过程。
11. 编写算法,将二叉树中所有结点的左右子树相交换。
12. 编写算法,判定给定二叉树是否为二叉排序树。

第 5 章 图

在数据结构中,图比前面几章所讲述的线性表、树等都更为复杂。图这种数据结构在解决实际问题中也有着广泛的应用。例如,当驾车旅游时,需要在众多路线中选择一条最佳路线;对大型工程进行管理时,怎样才能够提前完成工程;在电路板上布线时,如何保证在连线最短的情况下连接多个结点。这些问题都可以通过本章所讲述的内容解决。

5.1 图的概念

5.1.1 图的定义

图就是顶点和边的集合。一般将图描述为 $G=\{V,E\}$。其中,$V(G)$ 为图 G 的顶点集合,必须是有穷非空集合;$E(G)$ 为图 G 的边集合,可以是空集。

图 5.1 列出了两个典型的图。

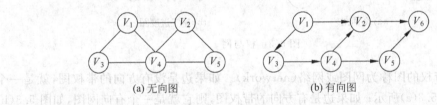

图 5.1 两个典型的图

5.1.2 图的术语

顶点:图中的数据元素。

边:连接图中顶点的连线,表示两个顶点之间的某种关系。边可以用顶点对来表示。例如,图 5.1(a)中顶点 V_1 和 V_2 之间的关系可以用 (V_1,V_2) 表示,图 5.1(b)中顶点 V_1 到顶点 V_2 之间的关系可以用 $<V_1,V_2>$ 来表示。

弧:连接图中顶点的有向连线,表示两个顶点之间的某种关系。弧可以用顶点对来表示。例如,图 5.1.1(b)中顶点 V_1 到顶点 V_2 之间的关系可以用顶点对 $<V_1,V_2>$ 来表示。

弧头:弧的终止顶点。

弧尾:弧的开始顶点。

无向图:由顶点和边组成,无向图的边不具备方向性。

有向图：由顶点和弧组成。

完全图：图中的任意两个顶点之间都存在一条边，在一个含有 n 个顶点的无向完全图中，有 $n(n-1)/2$ 条边，如图 5.2(a)所示。

有向完全图：图中的任意两个顶点之间都存在一对相反方向的弧，在一个含有 n 个顶点的有向完全图中，有 $n(n-1)$ 条边。如图 5.2(b)所示。

稀疏图：具有很少边或弧的图。

稠密图：具有很多边或弧的图，即一个图接近完全图。

(a) 完全图　　(b) 有向完全图

图 5.2　完全图和有向完全图

权：与图中的边或者弧有关的数据信息称为权(weight)。在实际应用中，权值可以有某种含义。例如，在一个反映城市交通线路的图中，边上的权值可以表示该条线路的长度或者等级，如图 5.3(a)所示；对于一个电子线路图，边上的权值可以表示两个端点之间的电阻、电流或电压值；对于反映工程进度的图而言，边上的权值可以表示从前一个工程到后一个工程所需要的时间，如图 5.3(b)所示。

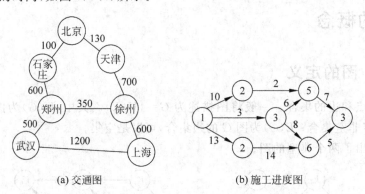

(a) 交通图　　　　　　　　(b) 施工进度图

图 5.3　权与网

网：边上带权的图称为网图或网络(network)。如果边是没有方向的带权图，就是一个无向网图，如图 5.3(a)所示；如果边是有方向的带权图，则它就是一个有向网图，如图 5.3(b)所示。

子图：如果存在两个图 $G=\{V,E\}$ 和 $G'=\{V',E'\}$，那么称图 G' 是图 G 的子图。如图 5.4 所示，其中(b)和(c)是(a)的子图。

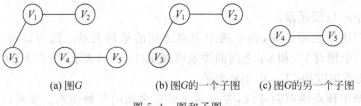

(a) 图G　　　(b) 图G的一个子图　　(c) 图G的另一个子图

图 5.4　图和子图

路径,路径长度：顶点 V_p 到顶点 V_q 之间的路径(path)是指顶点序列 $V_p,V_{i_1},V_{i_2},\cdots,V_{i_m}V_q$。其中，$(V_p,V_{i_1}),(V_{i_1},V_{i_2}),\cdots,(V_{i_m},V_q)$ 分别为图中的边或者弧。路径上边或者弧的数目称为路径长度。图 5.1(a)所示的无向图中，$V_1 \rightarrow V_3 \rightarrow V_4 \rightarrow V_5$ 与 $V_1 \rightarrow V_2 \rightarrow V_5$ 是从

顶点 V_1 到顶点 V_5 的两条路径,路径长度分别为 3 和 2。

简单路径:没有重复顶点的路径,如图 5.5(a)所示路径为 $V_0 \rightarrow V_1 \rightarrow V_3 \rightarrow V_2$,图 5.5(b)所示的 $V_0 \rightarrow V_1 \rightarrow V_3 \rightarrow V_0 \rightarrow V_1 \rightarrow V_2$ 不是简单路径。

回路:如果一条路径的第一个顶点和最后一个顶点是同一个顶点,那么这条路径构成了一个回路。

简单回路:除了第一个和最后一个顶点外不再有重复顶点的回路称为简单回路,例如图 5.5(c)所示的路径 $V_0 \rightarrow V_1 \rightarrow V_3 \rightarrow V_0$。

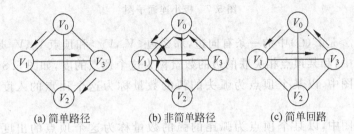

(a) 简单路径　　　(b) 非简单路径　　　(c) 简单回路

图 5.5　路径和回路

自回路:如果一条边的头和尾是同一个顶点,称之为自回路。自回路的方向是没有意义的,它既可以是有向边,也可以是无向边。

连通图、连通分量:在无向图中,若从顶点 V_i 到顶点 $V_j (i \neq j)$ 有路径,则称顶点 V_i 与 V_j 是连通的。如果图中任意一对顶点都是连通的,则称此图是连通图。非连通图的极大连通子图叫做连通分量。图 5.1(a)所示的无向图为连通图,其连通分量为 1。图 5.4(a)中图 G 包含两个连通子图,其连通分量为 2。

强连通图、强连通分量:在有向图中,若对于每一对顶点 V_i 和 $V_j (i \neq j)$,都存在一条从 V_i 到 V_j 和从 V_j 到 V_i 的路径,则称此图是强连通图。非强连通图的极大强连通子图叫做强连通分量,如图 5.6 所示。

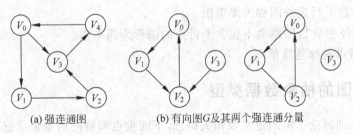

(a) 强连通图　　　(b) 有向图G及其两个强连通分量

图 5.6　强连通图和强连通分量

极小连通子图:也称为生成树,图共有 n 个顶点,但只有 $n-1$ 条边。如果在该图中上添加 1 条边,必定构成一个环;若图中有 n 个顶点,却少于 $n-1$ 条边,必为非连通图。极小连通子图如图 5.7 所示。

非连通图中的极小连通子图集合称为此非连通图的生成森林。

邻接:如果 (V_i, V_j) 是 $E(G)$ 中的一条无向边,那么顶点 V_i 和顶点 V_j 是邻接的;如果 $<V_i, V_j>$ 是 $E(G)$ 中的一条有向边,那么顶点 V_i 邻接到(至)V_j,顶点 V_j 邻接自 V_i。

关联:如果 (V_i, V_j) 是 $E(G)$ 中的一条无向边,那么边 (V_i, V_j) 和顶点 V_i、V_j 是相关联

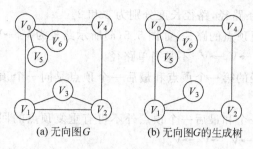

(a) 无向图G　　(b) 无向图G的生成树

图5.7　极小连通子图

的；如果$<V_i,V_j>$是$E(G)$中的一条有向边，那么边$<V_i,V_j>$和顶点V_i、V_j是相关联的。

度：无向图中，和某顶点相关联的边的数量称为这个顶点的度，如图5.8(a)所示。

入度：有向图中，以某个顶点为弧头的弧的数量称为这个顶点的入度，如图5.8(b)所示。

出度：有向图中，以某个顶点为弧尾的弧的数量称为这个顶点的出度，如图5.8(b)所示。

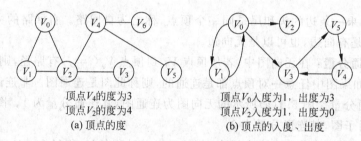

顶点V_4的度为3　　　　顶点V_0入度为1，出度为3
顶点V_2的度为4　　　　顶点V_2入度为1，出度为0
(a) 顶点的度　　　　　　(b) 顶点的入度、出度

图5.8　度、入度和出度

平行：如果有若干条边的头和尾都是相同的，称之为平行边。

多重图：包含平行边的图称为多重图。

简单图：既不包含自回路也不包含平行边的图称为简单图。

本章以后所讲的都是简单图。

5.1.3　图的抽象数据类型

上面已经详细讨论了图的定义及相关概念，下面重点围绕图的抽象数据类型进行讨论。

图的抽象数据类型如下：

```
ADT Graph
{
  DataSet：非空有限顶点集合 V.
  RelationSet：非空有限顶点由多条边连接起来构造成的顶点和边的关系集合。
  OperationSet:
      CreateGraph(&G);              //建立图的算法
      DestroyGraph(&G);             //删除图的算法
      LocateVex(&G,V);              //在图中查找顶点V
      GetVex(&G,V);                 //获取顶点V的值
```

```
PutVex(&G,V,value);              //修改顶点 V 的值
DFSTraverse(&G,V);               //从顶点 V 开始,对图进行深度优先搜索
BFSTraverse(&G,V);               //从顶点 V 开始,对图进行宽度优先搜索
}
```

5.2 图的存储结构

相对于树来说,图的结构更为复杂,顶点、边之间的联系更为密切,简单的二重链表甚至多重链表已经无法表达它们之间的这些复杂关系了。由于图中各个顶点的度差别可能很大,这就给图的存储表示带来了很大的困难。

这里先给出几种常见的存储表示方法,但要强调的是,在解决实际问题的时候,并不一定要拘泥于这里所给的描述,可以根据实际情况最终确定存储表示的方法。

5.2.1 邻接矩阵表示法

1. 邻接矩阵的概念

邻接矩阵表示法是一种简单的存储表示方法,它的优点是简单,缺点是空间开销在某些情况下可能比较大,而且空间的利用率可能较低。这种表示法既适用于无向图,也适用于有向图。

这种方法的基本思想就是,对于有 n 个顶点的图,定义一个 n 阶矩阵,把各个顶点之间存在的、不存在的边都穷举出来。对于不存在的边,带权图和不带权图的实现上有所差别。

如果图 G 是无向不带权图,如图 5.9(a)所示,可以用下面的邻接矩阵来表示,其中 1 表示顶点 V_i 和 V_j 之间邻接,0 表示不邻接:

$$A[i][j] = \begin{cases} 1 & (V_i, V_j) \in E \\ 0 & 否则 \end{cases}$$

如果图 G 是有向不带权图,如图 5.9(b)所示,可以用下面的邻接矩阵来表示:

$$A[i][j] = \begin{cases} 1 & <V_i, V_j> \in E \\ 0 & 否则 \end{cases}$$

如果图 G 是无向带权图,如图 5.9(c)所示,可以用下面的邻接矩阵来表示,其中 1 表示顶点 V_i 和 V_j 之间邻接,∞ 表示不邻接,程序设计时无穷大通常表示为远大于权值 $W_{i,j}$ 即可:

$$A[i][j] = \begin{cases} W_{i,j} & (V_i, V_j) \in E \\ \infty & 否则 \end{cases}$$

如果图 G 是有向带权图,如图 5.9(d)所示,可以用下面的邻接矩阵来表示:

$$A[i][j] = \begin{cases} W_{i,j} & <V_i, V_j> \in E \\ \infty & 否则 \end{cases}$$

图 5.9 列举了 4 种典型的图,图 5.10 列举出对应的邻接矩阵。

从图 5.9 和图 5.10 中可以看出,无向图对应的邻接矩阵是对称的,有向图对应的邻接

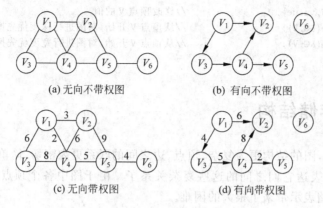

(a) 无向不带权图　　(b) 有向不带权图

(c) 无向带权图　　(d) 有向带权图

图 5.9　4 种典型的图

$$\begin{bmatrix} 0 & 1 & 1 & 1 & 0 & 0 \\ 1 & 0 & 0 & 1 & 1 & 0 \\ 1 & 0 & 0 & 1 & 0 & 0 \\ 1 & 1 & 1 & 0 & 1 & 0 \\ 0 & 1 & 0 & 1 & 0 & 1 \\ 0 & 0 & 0 & 0 & 1 & 0 \end{bmatrix} \qquad \begin{bmatrix} 0 & 1 & 1 & 0 & 0 & 0 \\ 0 & 0 & 0 & 0 & 0 & 0 \\ 0 & 0 & 0 & 1 & 0 & 0 \\ 0 & 1 & 0 & 0 & 1 & 0 \\ 0 & 0 & 0 & 0 & 0 & 0 \\ 0 & 0 & 0 & 0 & 0 & 0 \end{bmatrix}$$

(a) 无向不带权图的邻接矩阵　　(b) 有向不带权图的邻接矩阵

$$\begin{bmatrix} \infty & 3 & 6 & 2 & \infty & \infty \\ 3 & \infty & \infty & 6 & 9 & \infty \\ 6 & \infty & \infty & 8 & \infty & \infty \\ 2 & 6 & 8 & \infty & 5 & \infty \\ \infty & 9 & \infty & 5 & \infty & 4 \\ \infty & \infty & \infty & \infty & 4 & \infty \end{bmatrix} \qquad \begin{bmatrix} \infty & 6 & 4 & \infty & \infty & \infty \\ \infty & \infty & \infty & \infty & \infty & \infty \\ \infty & \infty & \infty & 5 & \infty & \infty \\ \infty & 8 & \infty & \infty & 2 & \infty \\ \infty & \infty & \infty & \infty & \infty & \infty \\ \infty & \infty & \infty & \infty & \infty & \infty \end{bmatrix}$$

(c) 无向带权图的邻接矩阵　　(d) 有向带权图的邻接矩阵

图 5.10　4 种典型的图对应的邻接矩阵

矩阵则不一定对称。

采用这种表示方法,可以根据矩阵的第 i 行 j 列元素的值直接判断某两个顶点之间是否邻接。计算顶点的度也很方便:对于无向图中的顶点 V_i,它的度就是邻接矩阵中第 i 行的和;对于有向图中的顶点 V_i,它的入度就是第 j 列的和,出度就是第 i 行的和。

2. 邻接矩阵的实现

按照前面的描述,图可以采用一个二维数组来存储。具体的存储结构定义如下:

```
//TypeName 为顶点类型,TypeWeight 为权值类型
template <class TypeName, class TypeWeight>
template <class T>
class Graph
{
private:
    TypeName * ver;              //顶点数组
    TypeWeight ** data;          //权值数组
    int nVer;                    //顶点个数
    int nEdge;                   //边个数
```

```cpp
};
    void DFS(TypeName v, int *visited);
    void BFS(TypeName v, int *visited);
public:
    Graph(){}                              //构造函数
    ~Graph(){}                             //析构函数
    int LocateVex(TypeName v)              //定向函数,通过顶点获取索引
    {
        int n = 0;
        for (n = 0; n < nVer; n++)
        {
            if (ver[n] == v)
            {
                return n;
            }
        }
        return -1;
    }
    TypeName GetVex(int index)
    {
        return ver[index];
    }
    void SetVex(int index, TypeName value)
    {
        ver[index] = value;
    }
    void CreateGraph();                    //创建图
    void DestoryGraph();                   //销毁图
    void DFSTrans(TypeName v);             //深度遍历
    void BFSTrans(TypeName v);             //宽度遍历
}
```

ver 指向存储数据的存储空间,nVer 指示顶点的数量,nEdge 指示边的数量。

3. 基于邻接矩阵表示的图的建立

采用邻接矩阵表示方法,可以用下面的算法建立图。

基于邻接矩阵表示的图的建立算法 GreateGraph 如下:

```cpp
void CreateGraph()                         //创建图
{
    int i, j;
    cout << "顶点个数:";
    cin >> nVer;
    int n = 0;
    ver = new TypeName[nVer];              //申请顶点数组
    for (n = 0; n < nVer; n++)
    {
        cout << "第" << n + 1 << "个顶点名称:";
        cin >> ver[n];
    }
```

```
        data = new TypeWeight * [nVer];
        for (i = 0; i < nVer; i++)
        {
            data[i] = new TypeWeight[nVer];
        }
        for (i = 0; i < nVer; i++)
        {
            for (j = 0; j < nVer; j++)
            {
                data[i][j] = NULL;
                data[j][i] = NULL;
            }
        }
```

该算法虽然只是介绍了有向带权图的建立,但稍加改造,同样可以建立基于邻接矩阵的其他类型的图。

5.2.2 邻接表表示法

1. 邻接表的概念

对于图 G 中的某个顶点 V_i,把与它相邻接的所有顶点(如果是有向图,则是所有邻接自该顶点的所有顶点)串起来,构成一个单链表,这个链表就称为顶点 V_i 的邻接表。如果图 G 有 n 个顶点,那么就会得到 n 个邻接表。

为了有效地对这 n 个邻接表进行有效的管理,每个邻接表的前面都增设一个表头结点。所有的表头结点可以存储在一个数组中。

为了避免各顶点信息的重复存储,可以规定各顶点的基本信息存放在表头结点中,表头结点的基本格式如图 5.11 所示。data 分量存储各表头的基本信息。

而在邻接表中,只需要把边表示出来就可以了。这些边的一个顶点是相同的,需要把边的另外一个顶点表示出来;另外,边本身可能存在权等信息,也需要表示出来。其基本格式如图 5.12 所示。

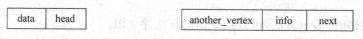

图 5.11　表头节点的基本格式　　　　图 5.12　边的基本格式

another_vertex 表示该边的另外一个顶点在表头结点数组中的下标,info 表示该边的权等信息,next 指向链表中的下一个结点。

图 5.13 给出了一个无向图的邻接表表示。

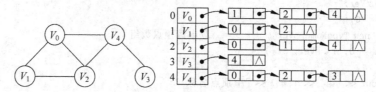

图 5.13　无向图的邻接表表示

图 5.14 给出了一个有向图的邻接表表示。

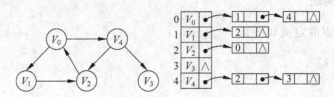

图 5.14 有向图的邻接表表示

一个图对应的邻接矩阵是唯一的,而对应的邻接表却不是唯一的,因为邻接表中各结点出现的顺序和建立图时的输入顺序有关。

当解决实际问题时,到底是采用邻接矩阵表示好,还是采用邻接表表示好呢?下面作一个分析。

邻接表表示中的一条单链表对应邻接矩阵的一行,边表中结点个数等于一行中非零元素的个数。

若无向图 G 具有 n 个顶点、e 条边的图 G,那么它的邻接表表示中有 n 个表头结点和 $2e$ 个链表结点。

若有向图 G 具有 n 个顶点、e 条边的图 G,那么它的邻接表表示中有 n 个表头结点和 e 个链表结点。

不管图 G 是否有向,只要有 n 个顶点,那么在邻接矩阵表示法中就要占据 $n \times n$ 个存储单元。如果图 G 是稀疏图,邻接表表示比邻接矩阵表示节省存储空间;如果不是稀疏图,因为邻接表中有额外的附加链域,那么采取邻接矩阵表示较好。

2. 逆邻接表的概念

在邻接表表示中,对于无向图,顶点的度很容易计算,第 i 个单链表中的结点个数就是顶点 V_i 的度。对于有向图,第 i 个单链表中的结点个数就是顶点 V_i 的出度,要想计算顶点的入度,就需要访问每一条单链表。

在某些情况下,可能要大量计算有向图顶点的出度;在某些情况下,可能要大量计算有向图顶点的入度。为了方便地解决后一个问题,这里引进逆邻接表的概念。

逆邻接表的概念和邻接表的概念基本一样,唯一的差别在于:在邻接表表示中,如果是有向图,是把所有邻接自某顶点的所有顶点串起来,构成一条单链表;而在逆邻接表表示中,是把所有邻接至某顶点的所有顶点串起来,构成一条单链表。

图 5.15 给出了一个有向图的逆邻接表表示。

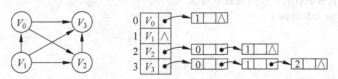

图 5.15 有向图的逆邻接表表示

3. 邻接表的实现

邻接表中,结点的定义如下:

```
template<class T>
class AdjNode
{
public:
    int another_vertex;
    InfoType info;
    AdjNode *next;
};
```

another_vertex 表示该边的另外一个顶点在表头结点数组中的下标,info 表示该边的权等信息,next 指向链表中的下一个结点。

表头结点数组的定义如下:

```
template<class EType, class InfoType>
class AdjList
{
public:
    EType data;
    AdjNode<InfoType> *head;
};
template<class EType, class InfoType>
class AdjGraph
{
private:
    AdjList<EType, InfoType> *head_list;
    int vertex_num;                    //顶点数
    int edge_num;                      //边数
public:
    AdjGraph(){}                       //构造函数
    void CreateGraph()                 //创建图
};
```

4. 基于邻接表的图的建立

采用邻接表表示方法,可以用下面的算法建立图:

```
//基于邻接表表示的有向带权图的建立算法
template<class InfoType>
class AdjNode
{
public:
    int another_vertex;
    InfoType info;
    AdjNode *next;
};
```

```cpp
template < class EType, class InfoType >
class AdjList
{
public:
    EType data;
    AdjNode < InfoType > * head;
};
template < class EType, class InfoType >
class AdjGraph
{
private:
    AdjList < EType, InfoType > * head_list;
    int vertex_num;                          //顶点数
    int edge_num;                            //边数
public:
    AdjGraph(){}                             //构造函数
    void CreateGraph()                       //创建图
    {
        int n, first, second;
        InfoType weight;
        AdjNode < InfoType > * p;
        cout << "请输入边的数量";
        cin >> edge_num;
        cout << "请输入顶点的数量";
        cin >> vertex_num;
        head_list = new AdjList < EType, InfoType >[vertex_num];
        for (n = 0; n < vertex_num; n++)
        {
            head_list[n].head = NULL;
            cout << "第" << n + 1 << "个顶点名称:";
            cin >> head_list[n].data;
        }

        for (n = 0; n < edge_num; n++)
        {
            cout << "请输入第" << n + 1 << "条弧的弧头顶点的序号";
            cin >> first;
            cout << "请输入第" << n + 1 << "条弧的弧尾顶点的序号";
            cin >> second;
            cout << "请输入该弧的权";
            cin >> weight;
            p = new AdjNode < InfoType >;
            p -> info = weight;
            p -> another_vertex = second;
            p -> next = head_list[first].head;
            head_list[first].head = p;
        }
    }
```

该算法虽然只是介绍了基于邻接表的有向图的建立,但稍加改造,同样可以建立基于邻接表的无向图以及基于逆邻接表的有向图。

5.2.3 十字链表

十字链表(orthogonal list)是有向图的一种存储方法,它实际上是邻接表与逆邻接表的结合,即把每一条边的弧结点分别组织到以弧尾顶点为头结点的链表和以弧头顶点为头结点的链表中。在十字链表表示中,顶点表和边表的结点结构分别如图 5.16 的(a)和(b)所示。

图 5.16 十字链表顶点表、边表的弧结点结构示意

在弧结点中有 5 个域,其中尾域(tailvex)和头(headvex)分别指示弧尾和弧头这两个顶点在图中的位置,链域 hlink 指向弧头相同的下一条弧,链域 tlink 指向弧尾相同的下一条弧,info 域指向该弧的相关信息。弧头相同的弧在同一链表上,弧尾相同的弧也在同一链表上。它们的头结点即为顶点结点,它由 3 个域组成:vertex 域存储和顶点相关的信息,如顶点的名称等;firstin 和 firstout 为两个链域,分别指向以该顶点为弧头或弧尾的第一个弧结点。图 5.17 给出了有向图及其十字链表表示。

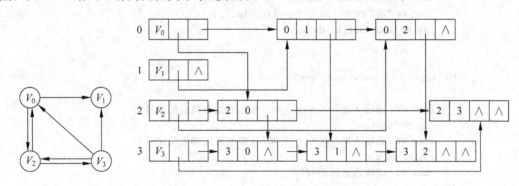

图 5.17 有向图及其十字链表表示示意

若将有向图的邻接矩阵看成是稀疏矩阵,则十字链表也可以看成是邻接矩阵的链表存储结构,在图的十字链表中,弧结点所在的链表非循环链表,结点之间相对位置自然形成,不一定按顶点序号有序,表头结点即顶点结点,它们之间是顺序存储。

在十字链表中既容易找到以 V_i 为尾的弧,也容易找到以 V_i 为头的弧,因而容易求得顶点的出度和入度(在需要时也可在建立十字链表的同时求出)。同时,建立十字链表的时间复杂度和建立邻接表是相同的。在某些有向图的应用中,十字链表是很有用的工具。

有向图的十字链表结构定义如下：

```
//弧节点
class ArcNode {
protected:
    int tailvex,headvex;                //该弧的尾和头顶点的位置
    ArcNode * hlink, * tlink;           //分别为弧头相同和弧尾相同的弧的指针域
    InfoType * info;
public:
    …
}
//顶点节点
template < class T >
class VexNode
{
protected:
    List < ArcNode >
}
```

5.2.4 邻接多重表

邻接多重表(adjacency multilist)主要用于存储无向图。这是因为，如果用邻接表存储无向图，每条边的两个边结点分别在以该边所依附的两个顶点为头结点的链表中，这给图的某些操作带来不便。例如，对已访问过的边做标记，或者要删除图中某一条边等，都需要找到表示同一条边的两个结点。因此，在进行这一类操作的无向图的问题中采用邻接多重表作为存储结构更为适宜。

邻接多重表的存储结构和十字链表类似，也是由顶点表和边表组成的，每一条边用一个结点表示，其顶点表结点结构和边表结点结构如图 5.18 所示。

(a) 邻接多重表顶点表结点结构

标记域	顶点位置	指针域	顶点位置	指针域	边上信息
mark	ivex	ilink	jvex	jlink	info

(b) 邻接多重表边表结点结构

图 5.18 邻接多重表顶点表、边表结构

顶点表由两个域组成：vertex 域存储和该顶点相关的信息，firstedge 域指示第一条依附于该顶点的边。边表结点由 6 个域组成：mark 为标记域，可用以标记该条边是否被搜索过；ivex 和 jvex 为该边依附的两个顶点在图中的位置；ilink 指向下一条依附于顶点 ivex 的边；jlink 指向下一条依附于顶点 jvex 的边；info 为指向和边相关的各种信息的指针域。

有向图的十字链表结构定义如下：

```cpp
using namespace std;
namespace graphspace{
template<typename weight>
struct Edge                          //弧
{   int tailvex;                     //弧尾顶点位置
    int headvex;                     //弧头顶点位置
    Edge<weight> *hlink;             //弧头相同的弧链表
    Edge<weight> *tlink;             //弧尾相同的弧链表
    weight edgeWeight;               //弧权重
    Edge(int a, int b, weight c, Edge<weight> *p = NULL, Edge<weight> *q = NULL)
      :tailvex(a), headvex(b), edgeWeight(c), hlink(p), tlink(q)
    {}
};
template<typename vertexNameType, typename weight>
struct Vertex                        //顶点
{
    vertexNameType vertexName;       //顶点名
    Edge<weight> *firstin;           //指向第一条入弧(即指向逆邻接表)
    Edge<weight> *firstout;          //指向第一条出弧(即指向邻接表)
    Vertex(vertexNameType x, Edge<weight> *p = NULL, Edge<weight> *q = NULL)
      :vertexName(x), firstin(p), firstout(q)
    {}
};
template<typename vertexNameType, typename weight>
class OLGraph
{
public:
    explicit OLGraph();
    ~OLGraph();
public:
    bool insertAVertex(IN const vertexNameType vertexName);     //插入结点
    bool insertAEdge(IN const vertexNameType vertexName1, IN const vertexNameType vertexName2, IN
        const weight edgeWeight);                               //插入边
    bool edgeExist(IN const vertexNameType vertexName1, IN const vertexNameType vertexName2);
                                                                //边是否存在
    void vertexAdjEdges(IN const vertexNameType vertexName);    //输出顶点的邻接表
    //输出单个节点入度信息和弧头相同的链表(逆邻接表)
    void vertexRAdjEdges(IN const vertexNameType vertexName);
    bool removeAEdge(IN const vertexNameType vertexName1, IN const vertexNameType vertexName2, IN
        const weight edgeWeight);                               //删除边
};
```

在图 5.19 所示的邻接多重表中,所有依附于同一顶点的边串连在同一链表中,由于每条边依附于两个顶点,则每个边结点同时链接在两个链表中。可见,对无向图而言,其邻接多重表和邻接表的差别仅仅在于同一条边在邻接表中用两个结点表示,而在邻接多重表中只有一个结点。因此,除了在边结点中增加一个标志域外,邻接多重表所需的存储量和邻接表相同。在邻接多重表上,各种基本操作的实现也和邻接表相似。

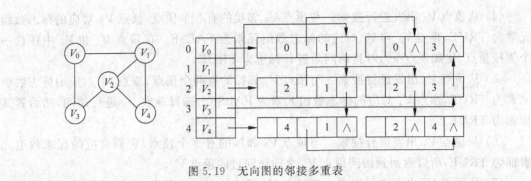

图 5.19 无向图的邻接多重表

5.3 图的遍历

在实际应用中,图的遍历操作是一个非常重要的操作。图的遍历是从某个顶点出发,按某种秩序对图中所有顶点各作一次访问。若给定的图是连通图,则从图中任一顶点出发按某种秩序就可以访问到该图的所有顶点。图的遍历主要有两种方法:深度优先搜索、宽度优先搜索。

图的遍历比树的遍历复杂得多,因为图中的任一顶点都可能和其余顶点相邻接,所以在访问了某个顶点之后,可能会延着某条路径又回到了该顶点。为了避免有的顶点被重复访问,必须记住每个顶点是否被访问过。所以,在遍历的过程中,设置一个标志数组 visited[n],它的初值为 FALSE,一旦访问了某顶点,便将其对应的数组元素置为 TRUE。

5.3.1 深度优先搜索遍历

1. 概念

深度优先搜索遍历(Depth First Search, DFS)是按照如下步骤进行的:在图 G 中任选一个顶点 V_i 为初始出发点,首先访问出发点 V_i,并将其标记为已访问过,然后依次从 V_i 出发搜索 V_i 的每一个邻接点 V_j,若 V_j 未曾访问过,则以 V_j 为新的出发点继续进行深度优先搜索遍历。

显然上述搜索法是递归定义的,它的特点是尽可能先对纵深方向进行搜索,所以称为深度优先搜索遍历。

如图 5.20 所示,深度优先搜索遍历的步骤如下:

(1) 假定从顶点 V_0 出发开始搜索,标志数组的初值全为 FALSE,访问顶点 V_0 后置其标志为 TRUE。

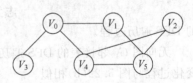

图 5.20 深度优先搜索遍历

(2) 与顶点 V_0 邻接的顶点有 3 个,任选一个邻接顶点,比如顶点 V_1,经检查,其标志数组元素为 FALSE,可以访问顶点 V_1,然后置其标志为 TRUE。

(3) 从顶点 V_1 出发进行搜索。与顶点 V_1 邻接的有两个顶点,顶点 V_0 对应的标志数组元素为 TRUE,顶点 V_5 对应的标志数组元素为 FALSE。选择顶点 V_5 进行访问,然后置其标志为 TRUE。

（4）从顶点 V_5 出发进行搜索。与顶点 V_5 邻接的有 3 个顶点，顶点 V_1 对应的标志数组元素为 TRUE，顶点 V_2 和 V_4 对应的标志数组元素为 FALSE。在顶点 V_2 和 V_4 中任选一个邻接顶点，比如顶点 V_2，对其访问后置其标志为 TRUE。

（5）从顶点 V_2 出发进行搜索。与顶点 V_2 邻接的有两个顶点，顶点 V_5 对应的标志数组元素为 TRUE，顶点 V_4 对应的标志数组元素为 FALSE。选择顶点 V_4 进行访问，然后置其标志为 TRUE。

（6）从顶点 V_4 出发进行搜索。与顶点 V_4 邻接的有 3 个顶点，它们对应的标志数组元素都为 TRUE，所以返回到访问顶点 V_4 之前访问过的顶点 V_2。

（7）从顶点 V_2 出发进行搜索。与顶点 V_2 邻接的有两个顶点，它们对应的标志数组元素都为 TRUE，所以返回到访问顶点 V_2 之前访问过的顶点 V_5。

（8）从顶点 V_5 出发进行搜索。与顶点 V_5 邻接的有 3 个顶点，它们对应的标志数组元素都为 TRUE，所以返回到访问顶点 V_5 之前访问过的顶点 V_1。

（9）从顶点 V_1 出发进行搜索。与顶点 V_1 邻接的有两个顶点，它们对应的标志数组元素都为 TRUE，所以返回到访问顶点 V_1 之前访问过的顶点 V_0。

（10）从顶点 V_0 出发进行搜索。与顶点 V_0 邻接的有 3 个顶点，只有顶点 V_3 对应的标志数组元素为 FALSE，对其访问后置其标志为 TRUE。

（11）从顶点 V_3 出发进行搜索。与顶点 V_3 邻接的所有顶点对应的标志数组元素都为 TRUE，所以返回到访问顶点 V_3 之前访问过的顶点 V_0。

（12）与顶点 V_0 邻接的所有顶点对应的标志数组元素都为 TRUE，而且 V_0 是起始顶点，所以遍历到此结束，得到的顶点序列为 $V_0 \to V_1 \to V_5 \to V_2 \to V_4 \to V_3$。

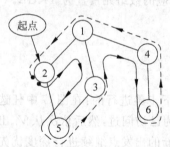

图 5.21 无向图 G_1

当访问某个顶点后，选择下一个顶点时，可能有多个选择，选择的顺序是任意的，所以深度优先搜索得到的访问序列可能是不唯一的。图 5.21 给出图 G_1 的邻接矩阵表示，下面给出程序实现 DFS 的流程图。

无向图 G_1 的邻接矩阵的 DFS 遍历结果为 $V_2 \to V_1 \to V_3 \to V_5 \to V_4 \to V_6$，图 5.22(a) 给出了遍历过程在邻接矩阵中的搜索轨迹。从图 5.22(b) 可以看到每次访问到一个顶点，对应的访问标志设为 TRUE（在数组中用 1 表示），当所有标志为 TRUE 时遍历结束。图 5.23 给出了无向图 G_1 邻接表的 DFS 遍历过程。

无向图 G_1 邻接表的 DFS 遍历结果为 $V_2 \to V_1 \to V_3 \to V_5 \to V_4 \to V_6$，辅助数组 visited[n] 变化过程与图 5.22(b) 相似。

2. 算法实现

为了保证能够从顶点 V_i 返回到访问它之前访问过的顶点 V_j，就需要把顶点的访问序列记录下来。在递归实现中通过系统堆栈来达到这一目的，在非递归实现中则需要通过显式堆栈来达到这一目的。

假定图是由邻接表表示的，深度优先搜索的递归实现算法如下：

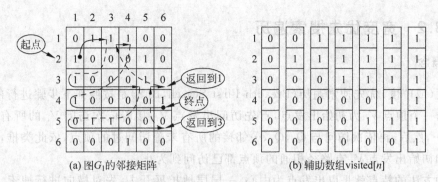

(a) 图G_1的邻接矩阵　　　　　　　　(b) 辅助数组visited[n]

图 5.22　图 G_1 的邻接矩阵 DFS 遍历示意图

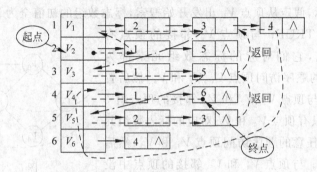

图 5.23　图 G_1 邻接表 DFS 遍历示意图

```
//基于邻接表表示的有向图的深度优先搜索递归算法
void DFS(TypeName v, int * visited)
{
    int j = 0;
    int index = LocateVex(v);               //定位函数
    visited[index] = 1;
    cout << v << " ";
    for (j = 0; j < nVer; j++)
    {
        if (data[index][j] && !visited[j])   //邻接矩阵的第(v,j)元素不为 0
        {                                    //且未被访问过则递归
            DFS(ver[j], visited);
        }
    }
}
void DFSTrans(TypeName v)
{
    int * visited = new int[nVer];
    memset(visited, 0, sizeof(int) * nVer);
    DFS(v, visited);
    delete []visited;
}
```

5.3.2 宽度优先搜索遍历

1. 概念

宽度(或广度)优先搜索遍历(Breadth First Search,BFS)是按照如下步骤进行的:在图 G 中任选一个顶点 V_i 为初始出发点,首先访问出发点 V_i,接着依次访问 V_i 的所有邻接点 $Q_1,Q_2,\cdots$,然后,再依次访问与 $Q_1,Q_2,\cdots$ 邻接的所有未曾访问过的顶点,依此类推,直至图中所有和初始出发点 V_i 有路径相通的顶点都已访问到为止。

这种方法的特点就是以出发点为中心,一层层地扩展开去,先对横向进行搜索,所以称为宽度优先搜索。

如图 5.24 所示,假定从顶点 V_0 出发开始搜索,标志数组的初值全为 FALSE,访问顶点 V_0 后置其标志为 TRUE;与顶点 V_0 邻接的顶点有 3 个:V_1、V_2 和 V_3,它们对应的标志数组元素都为 FALSE,按照任意的顺序访问顶点 V_1、V_2 和 V_3,然后置其标志为 TRUE;与顶点 V_1、V_2 和 V_3 邻接的顶点有 3 个:V_0、V_4 和 V_5,只有顶点 V_4 和 V_5 对应的标志数组元素为 FALSE,按照任意的顺序访问顶点 V_4 和 V_5,然后置其标志为 TRUE;与顶点 V_4 和 V_5 邻接的顶点中没有未被访问过的顶点,搜索到此结束。下面给出一个访问的序列:$V_0 \rightarrow V_1 \rightarrow V_2 \rightarrow V_3 \rightarrow V_4 \rightarrow V_5$。

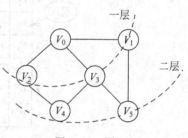

图 5.24 图 G_2

当访问某个层次的顶点时,访问的顺序是任意的,所以宽度优先搜索得到的访问序列可能是不唯一的。图 5.25 给出图 G_2 的邻接表表示。

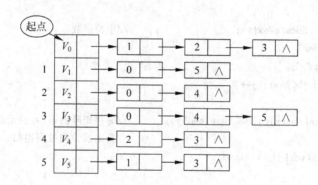

图 5.25 图 G_2 的邻接表

图 5.26 的 BFS 遍历结果为 $V_0 \rightarrow V_1 \rightarrow V_2 \rightarrow V_3 \rightarrow V_5 \rightarrow V_4$,请思考为什么与上述的遍历结果不一样。

2. 算法实现

在实现的过程中,需要依次记录每一个层次的结点,这可以通过队列来实现。

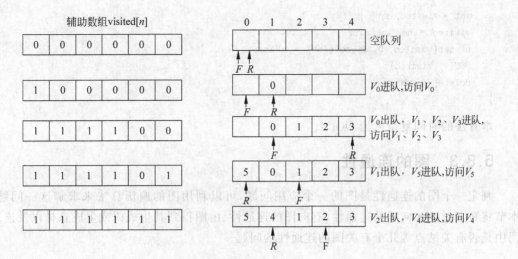

图 5.26 图 G_2 的邻接表的 BFS 遍历过程

假定图是由邻接表表示的，宽度优先搜索的实现算法如下：

```
//基于邻接表表示的有向图的宽度优先搜索非递归算法
void BFS(TypeName v, int * visited)
{
    int queue[1024];
    int head, tail, t;
    head = 0;
    tail = 0;
    cout << v << " ";
    int index = LocateVex(v);
    visited[index] = 1;
    queue[head] = index;
    int x = 0;
    while (head < tail)                    //队不空进循环
    {
        x = queue[head];                   //取队头元素
        head--;
        int j = 0;
        for (j = 0; j < nVer; j++)
        {
            if (data[x][j] && !visited[j])
            {
                cout << ver[j] << " ";
                visited[j] = 1;            //标记为访问过
                head++;
                queue[head] = j;
            }
        }
    }
}
void BFSTrans(TypeName v)
{
```

```
    int * visited, i;
    visited = new int[nVer];
    memset(visited, 0, sizeof(int) * nVer);
    BFS(v, visited);
    delete[]visited;
}
```

本算法的时间复杂度为 $O(n^2)$。

5.3.3 图的连通性

判定一个图的连通性是图的一个应用问题,可以利用图的遍历算法来求解这一问题。本节将重点讨论无向图的连通性、有向图的连通性、由图得到其生成树或生成森林以及连通图中是否有关结点等几个有关图的连通性的问题。

1. 无向图的连通性

在对无向图进行遍历时,对于连通图,仅需从图中任一顶点出发进行深度优先搜索或宽度优先搜索,便可访问到图中所有顶点。对非连通图,则需从多个顶点出发进行搜索,而每一次从一个新的起始点出发进行搜索过程中得到的顶点访问序列恰为其各个连通分量中的顶点集。

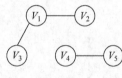

图 5.27 非连通图

例如,图 5.27 是一个非连通图,进行深度优先搜索遍历时,DFSTrans()需调用两次 DFS(即分别从顶点 V_1 和 V_4 出发),得到的顶点访问序列分别为 $V_1 \rightarrow V_2 \rightarrow V_3$ 和 $V_4 \rightarrow V_5$。

这两个顶点集分别加上所有依附于这些顶点的边,便构成了非连通图的两个连通分量,如图 5.27 所示。

因此,要想判定一个无向图是否为连通图或有几个连通分量,就可设一个计数变量 count,初始时取值为 0,在 DFS 递归实现算法的 for 循环中,每调用一次 DFS,就给 count 增 1。这样,当整个算法结束时,依据 count 的值就可确定图的连通性了。

判定一个无向图是否为连通图的实现算法如下:

```
template < typename VexType, typename ArcType >
void DFSTrans (GraphClass < VexType, ArcType > &g)
{
    int * visited, i;
    int count = 0;                                  //计数变量
    visited = new int[g.vertex_num];
    memset(visited, 0, sizeof(int) * g.vertex_num);
    for(i = 0; i < g.vertex_num; i++)
        if(!visited[i])
        {
            count++;                                //每调用一次 DFS,就给 count 增 1
            DFS(g, i, visited);
        }
```

```
        delete []visited;
}
```

2. 有向图的连通性

有向图的连通性不同于无向图的连通性,可分为弱连通、单侧连通和强连通。这里仅就有向图的强连通性以及强连通分量的判定进行介绍。

深度优先搜索是求有向图的强连通分量的一个有效方法。假设以十字链表作有向图的存储结构,则求强连通分量的步骤如下:

(1) 在有向图 G 上,从某个顶点出发,沿以该顶点为尾的弧进行深度优先搜索遍历,并按其所有邻接点的搜索都完成(即退出 DFS 函数)的顺序将顶点排列起来。

(2) 在有向图 G 上,从最后完成搜索的顶点出发,沿着以该顶点为头的弧作逆向的深度搜索遍历,若此次遍历不能访问到有向图中所有顶点,则从余下的顶点中最后完成搜索的那个顶点出发,继续作逆向的深度优先搜索遍历,依次类推,直至有向图中所有顶点都被访问到为止。

由此,每一次调用 DFS 作逆向深度优先遍历所访问到的顶点集便是有向图 G 中一个强连通分量的顶点集。

例如,对于图 5.17 所示的有向图,假设从顶点 V_0 出发作深度优先搜索遍历,得到顶点集 $\{V_0, V_1, V_2, V_3\}$;则再从顶点 V_3 出发作逆向的深度优先搜索遍历,得到两个顶点集 $\{V_3, V_2, V_0\}$ 和 $\{V_1\}$,这就是该有向图的两个强连通分量的顶点集。利用遍历求强连通分量的时间复杂度也和遍历相同。

3. 关结点和重连通分量

假若在删去顶点 V 以及和 V 相关联的各边之后,将图的一个连通分量分割成两个或两个以上的连通分量,则称顶点 V 为该图的一个关结点(articulation point)。一个没有关结点的连通图称为重连通图(biconnected graph)。在重连通图上,任意一对顶点之间至少存在两条路径,则在删去某个顶点以及依附于该顶点的各边时也不破坏图的连通性。若在连通图上至少删去 k 个顶点才能破坏图的连通性,则称此图的连通度为 k。

关结点和重连通图在实际中较多应用。显然,一个表示通信网络的图的连通度越高,其系统越可靠,无论是哪一个站点出现故障或遭到外界破坏,都不影响系统的正常工作;又如,一个航空网若是重连通的,则当某条航线因天气等某种原因关闭时,旅客仍可从别的航线绕道而行;再如,若将大规模集成电路的关键线路设计成重连通的话,则在某些元件失效的情况下,整个芯片的功能不受影响;反之,在战争中,若要摧毁敌方的运输线,仅需破坏其运输网中的关结点即可。

例如,图 5.28(a)所示的图是连通图,但不是重连通图。图中有 3 个关结点 A、B 和 G。若删去顶点 B 以及所有依附于顶点 B 的边,该图就被分割成 3 个连通分量 $\{A, C, F, L, M, J\}$、$\{G, H, I, K\}$ 和 $\{D, E\}$。类似地,若删去顶点 A 或 G 以及依附于它们的边,则该图被分割成两个连通分量,由此,关结点亦称为割点。

利用深度优先搜索便可求得图的关结点,并由此可判别图是否是重连通的。

图 5.28(b)所示为从顶点 A 出发的深度优先生成树,图中实线表示树边,虚线表示回边

（即不在生成树上的边）。对树中任一顶点 V 而言，其孩子结点为在它之后搜索到的邻接点，而其双亲结点和由回边连接的祖先结点是在它之前搜索到的邻接点。由深度优先生成树可得出两类关结点的特性：

（1）若生成树的根有两棵或两棵以上的子树，则此根顶点必为关结点。因为图中不存在连接不同子树中顶点的边，因此，若删去根顶点，生成树便变成生成森林，例如图 5.28(b) 中的顶点 A。

（2）若生成树中某个非叶子顶点 V，其某棵子树的根和子树中的其他结点均没有指向 V 的祖先的回边，则 V 为关结点。这是因为，若删去 V，则其子树和图的其他部分被分割开来，例如图 5.28(b) 中的顶点 B 和 G。

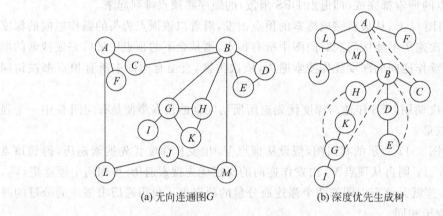

(a) 无向连通图 G　　　　(b) 深度优先生成树

图 5.28　无向连通图及其生成树

5.4　最小生成树

5.4.1　生成树

连通图的极小连通子图就是原图的生成树。由生成树的定义可知，无向连通图的生成树不是唯一的。连通图的一次遍历所经过的边的集合及图中所有顶点的集合就构成了该图的一棵生成树，对连通图的不同遍历就可能得到不同的生成树。

假设图 G 有 n 个顶点，图 T 是图 G 的生成树，那么图 T 肯定具备 n 个顶点和 $n-1$ 条边。如果图 T 少于 $n-1$ 条边，那么它肯定不是连通的；如果图 T 有多于 $n-1$ 条的边，那么它肯定不是极小连通子图，图中存在回路。但是也不能说只要具备 n 个顶点和 $n-1$ 条边的图都是图 G 的生成树，因为它们不一定是图 G 的极小连通子图。

求连通图的生成树，可以用前面介绍的深度优先搜索、宽度优先搜索算法来实现，得到的分别称为深度优先生成树、宽度优先生成树。图 5.29 给出了一个深度优先生成树和宽度优先生成树。

一个连通图的生成树可能不是唯一的。

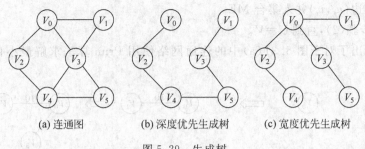

(a) 连通图　　(b) 深度优先生成树　　(c) 宽度优先生成树

图 5.29　生成树

5.4.2　最小代价生成树

1. 最小代价生成树的概念

图 5.30 给出了几个城市之间的直线距离,现在想在这几个城市之间铺设电话线,要求任意两个城市之间能够通话,而且电话线的总长度最短。如果把它看作一个图,该图的生成树就是能够保证任意两个城市之间可以通话的方案,而且电话线的条数最少。但是实际要求的是电话线的总长度最短,这就需要在众多生成树中寻找一个最合适的,方法就是求出所有生成树各边权值之和,最小者就是满足条件的方案。

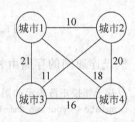

图 5.30　几个城市之间的直线距离

这就引进了一个新概念:最小代价生成树。

带权的连通图称为连通网络。对于给定的连通网络,各边权值之和最小的生成树称为该图的最小代价生成树。

图 5.31 给出了一个连通网络的生成树和最小代价生成树。

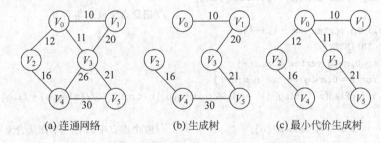

(a) 连通网络　　(b) 生成树　　(c) 最小代价生成树

图 5.31　一个连通网络的生成树和最小代价生成树

2. Prim 算法

Prim 算法可以求解出给定连通网络的最小代价生成树。它的基本思路如下:

假设连通网 $G=\{V,E\}$,图 $T=\{U,ME\}$ 是图 G 的最小代价生成树,求图 T 的步骤如下:

(1) 令 $U=\{u_0\}$,$ME=\{\phi\}$,u_0 是集合 V 中的任意一个顶点。

(2) 在所有的 $u\in U,v\in V-U$,而且 $(u,v)\in E$ 的边中找一条权最小的边 (u_i,v_i),将 v_i

并入集合 U,将边 (u_i,v_i) 并入集合 ME。

(3) 重复步骤(2),直到 $U=V$。

图 5.32 给出了对于图 5.31(a)中的连通网络使用 Prim 算法求解最小代价生成树的过程。

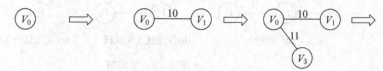

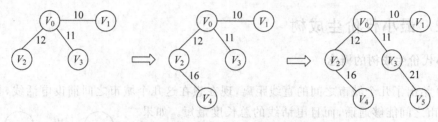

图 5.32 使用 Prim 算法求解最小代价生成树的过程

假设连通网的存储由邻接矩阵实现,Prim 算法的实现如下:

```cpp
//基于邻接矩阵表示的图的 Prim 算法实现
template< typename NameType, typename DistType >
void Graph< NameType, DistType >::
Prim(Graph< NameType, DistType > &g){
    int * flag;
    int i,m,n,min,temp_m,temp_n;
    flag = new int[g.vertex_num];
    memset(flag,0,sizeof(int) * g.vertex_num);
    flag[v] = 1;                                   //把顶点 v 放入集合 U
    for(i = 0;i < g.vertex_num - 1;i++)
    {   min = INFINITY;
        for(m = 0;m < g.vertex_num;m++)
            for(n = 0;n < g.vertex_num;n++)
                if( (flag[m] + flag[n]) == 1 && g.data[m][n]< min)    //(flag[m] + flag[n]) == 1 表示
                {
                    min = g.data[m][n];            //两个顶点中只有一个在集合 U 中
                    temp_m = m;
                    temp_n = n;
                }
        cout << temp_m <<" - "<< temp_n << endl;
        g.data[temp_m][temp_n] = INFINITY;         //不再考虑此边
        flag[temp_m] = 1;
        flag[temp_n] = 1;
    }
    delete []flag;
}
```

在算法实现中,定义了一个标志数组,如果某顶点在集合 U 中,则将其对应的数组元素置1。本算法的时间复杂度为$O(n^3)$。

3. Kruskal算法

Kruskal算法也可以求解出给定连通网络的最小代价生成树。它的基本思路如下。

假设连通网$G=\{V,E\}$,图T是图G的最小代价生成树,求图T的步骤如下:

(1) 令$T=\{V,\{\phi\}\}$,也就是说,T最初由n个顶点和0条边构成。

(2) 在E中选择权最小的一条边,如果该边加入到T中之后会形成回路,则放弃该边,在其余的边中再找权最小的一条边。

(3) 将该边从E中删除,加入到图T的边集中去。

(4) 重复步骤(2)和(3),直到图T中包含$n-1$条边。

图5.33演示了对于图5.31(a)中的连通网络使用Kruskal算法求解最小代价生成树的过程。

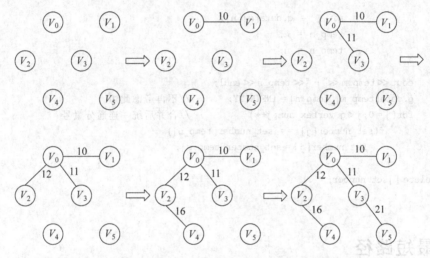

图5.33 使用Kruskal算法求解最小代价生成树的过程

在算法实现的过程中,需要判断图T中是否有回路。最初图T中有n个离散的顶点,可以看作n个连通分量,每个顶点所在的连通分量号用数组set_number来表示,最初每个顶点对应一个唯一的连通分量号;每当加入一条符合条件的边,连通分量的数量就要减少一个,同时要使合并后的连同分量具有相同的连通分量号;当找到一条边后,如果该边的两个顶点对应相同的连通分量号,说明此刻在图T中这两个顶点已经是连通的,如果加入该边,就会形成回路,反之则不会构成回路。图5.33中各步骤对应的数组set_number[n]表示的连通分量号变化如图5.34所示。

	0	1	2	3	4	5
步骤1	0	1	2	3	4	5
步骤2	0	0	2	3	4	5
步骤3	0	0	2	0	4	5
步骤4	0	0	0	0	4	5
步骤5	0	0	0	0	0	5
步骤6	0	0	0	0	0	0

图5.34 数组set_number[n]表示的连通分量号的变化

假设连通网的存储由邻接矩阵实现,Kruskal算法的实现如下:

```
//基于邻接矩阵表示的图的 Kruskal 算法实现
template < typename VexType, typename ArcType >
void Kruskal (GraphClass< VexType,ArcType > &g)
{
    int * set_number;
    int i,j,m,n,min,temp_m,temp_n;
    set_number = new int[g.vertex_num];
    for(i = 0;i< g.vertex_num;i++)
        set_number[i] = i;                              //设置连通分量号
    for(i = 0;i< g.vertex_num - 1;i++)
    {
        min = INFINITY;
        for(m = 0;m< g.vertex_num;m++)
            for(n = 0;n< g.vertex_num;n++)
                if( (set_number[m]!= set_number[n]) && g.data[m][n]< min)
                {
                    min    = g.data[m][n];
                    temp_m = m;
                    temp_n = n;
                }
        cout << temp_m <<" - "<< temp_n << endl;
        g.data[temp_m][temp_n] = INFINITY;             //不再考虑此边
        for(j = 0;j< g.vertex_num;j++)                 //合并后统一连通分量号
            if(set_number[j] == set_number[temp_n])
                set_number[j] = set_number[temp_m];
    }
    delete [ ]set_number;
}
```

5.5 最短路径

当人们驱车行驶时,需要了解在两个城镇之间是否有路可通,如果有路可通,而且有多条路线可以选择的话,哪条路线最短。类似于这样的问题都是人们在实际生活当中经常遇到的,如何解决? 考虑到可能有单行线,如果把各个城镇及相互之间的路线看作是有向图,城镇是顶点,道路是边,道路长度是边的权,那么这个问题就转换为求图中两个顶点之间权值之和最小的路径。

下面就分两种情况讨论这个问题:其一是求从某个顶点出发,到达其他所有顶点的最短路径;其二是求任意两个顶点之间的最短路径。并且规定:在待求解的有向图中,所有边的权都为非负数。

5.5.1 单源最短路径

求从某个顶点出发,到达其他所有顶点的最短路径问题,称为单源最短路径。路径上的开始顶点称为源点,最后一个顶点称为终点。

图 5.35 给出了从顶点 V_0 出发,到达其他所有顶点的最短路径。图 3.35(a)所示的有

向带权图的邻接矩阵如图 5.36 所示。

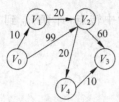

起点	终点	最短路径	路径长度
V_0	V_1	(V_0,V_1)	10
V_0	V_2	(V_0,V_1,V_2)	30
V_0	V_3	(V_0,V_1,V_2,V_4,V_3)	60
V_0	V_4	(V_0,V_1,V_2,V_4)	50

(a) 有向带权图　　　(b) V_0 到其他顶点的最短路径

图 5.35　顶点 V_0 到其他所有顶点的最短路径

	0	1	2	3	4
0	0	10	99	∞	∞
1	∞	0	20	∞	∞
2	∞	∞	0	60	20
3	∞	∞	∞	0	∞
4	∞	∞	∞	10	0

图 5.36　图 5.35(a)的邻接矩阵

Dijkstra 算法可以求解源点到其余各顶点的最短路径。

Dijkstra 算法的基本思想如下：

假设图 $G=\{V,E\}$，从顶点 V_0 出发，计算到达其他所有顶点的最短路径。假设图 G 采用邻接矩阵存储，矩阵本身存储在数组 data[][] 中，定义集合 S 为已经求出的距离顶点 V_0 最短的顶点集合，那么集合 $V-S$ 就是待计算的顶点集合。定义数组 dist[] 中保存顶点 V_0 到各顶点的当前最短路径。

(1) 令 $S=\{V_0\}$。

(2) 令 $\mathrm{dist}[i]=\mathrm{data}[V_0][i]$，$i$ 是除顶点 V_0 以外的其余各顶点的序号。

(3) 从 $V-S$ 中选取一个 dist[] 值最小的顶点 v，把顶点 v 加入到集合 S 中去，再对集合 $V-S$ 中的每一个顶点 i，令 $\mathrm{dist}[i]=\min\{\mathrm{dist}[i],\mathrm{dist}[v]+\mathrm{data}[v][i]\}$。

(4) 重复步骤(3)，直到 $S=V$。

对图 5.35(a)利用 Dijkstra 算法计算从顶点 V_0 到其余各顶点的最短路径的过程如表 5.1 所示。

表 5.1　单源最短路径求解过程

循环次数	集合 S	顶点 v	dist[1]	dist[2]	dist[3]	dist[4]
0	0		10	99	∞	∞
1	0,1	1	10	30	∞	∞
2	0,1,2	2		30	90	50
3	0,1,2,4	4			60	50
4	0,1,2,4,3	3			60	

表 5.1 计算过程分析如下。

循环开始前，计算 V_0 到 V_1、V_2、V_3、V_4 的直线距离：

dist[1] = data[0][1] = 10
dist[2] = data[0][2] = 99
dist[3] = data[0][3] = ∞
dist[4] = data[0][4] = ∞

第 1 次循环，选取值最小的 dist[1] 顶点 V_1 加入集合 S，并以 V_1 为中转点，计算 V_0 到 V_2、V_3、V_4 的直线距离：

dist[2] = min{dist[2],dist[1] + data[1][2]} = min{99,10 + 20} = 30

$dist[3] = \min\{dist[3], dist[1] + data[1][3]\} = \min\{\infty, 10+\infty\} = \infty$
$dist[4] = \min\{dist[4], dist[1] + data[1][4]\} = \min\{\infty, 10+\infty\} = \infty$

第 2 次循环,选取值最小的 $dist[2]$ 顶点 V_2 加入集合 S,并以 V_2 为中转点,计算 V_0 到 V_3、V_4 的直线距离:

$dist[3] = \min\{dist[3], dist[2] + data[2][3]\} = \min\{\infty, 30+60\} = 90$
$dist[4] = \min\{dist[4], dist[2] + data[2][4]\} = \min\{\infty, 30+20\} = 50$

第 3 次循环,选取值最小的 $dist[4]$ 顶点 V_4 加入集合 S,并以 V_3 为中转点,计算 V_0 到 V_3 的直线距离:

$dist[3] = \min\{dist[3], dist[4] + data[4][3]\} = \min\{90, 50+10\} = 60$

至此求解结束。

假设图 G 采用邻接矩阵存储,Dijkstra 算法的实现如下:

```cpp
//基于邻接矩阵表示的图的 Dijkstra 算法实现
template < typename VexType, typename ArcType >
void Dijkstra(GraphClass< VexType, ArcType > Graph g, int v)
{
  int * dist, * S;
  char ** path, temp[20];
  int i,j,min,k;
  dist = new int[g.vertex_num];
  S = new int[g.vertex_num];
  path = new char * [g.vertex_num];
  for(i = 0;i < g.vertex_num;i++)
    path[i] = new char[100];
  for(i = 0;i < g.vertex_num;i++)            //初始化
  {
    dist[i] = g.data[v][i];
    if (dist[i]< INFINITY)
      sprintf(path[i]," % d→ % d",v,i);
    else
      strcpy(path[i],"");
    S[i] = 0;
  }
  S[v] = 1;                                  //把源点放入集合 S 中
  for (i = 1;i < g.vertex_num;i++)
  {
    min = INFINITY;
    j = 0;
    for (k = 0;k < g.vertex_num;k++)         //在 V−S 中找 dist[ ]值最小的顶点
      if (!S[k] && dist[k]< min)
      {
        min = dist[k];
        j = k;
      }
    S[j] = 1;                                //把找到的顶点放入集合 S 中
    for(k = 0;k < g.vertex_num;k++)          //修改 V−S 中各顶点的 dist[ ]
```

```
            if (!S[k] && dist[j] + g.data[j][k]< dist[k])
            {
                dist[k] = dist[j] + g.data[j][k];
                sprintf(temp, "→ % d",k);
                strcpy(path[k],path[j]);
                strcat(path[k],temp);
            }
        }
    for(i = 0;i < g.vertex_num;i++)
        cout << dist[i]<<" "<< path[i]<< endl;
    delete []dist;
    delete []S;
    for(i = 0;i < g.vertex_num;i++)
        delete []path[i];
    delete []path;
}
```

5.5.2 任意两个顶点之间的路径

如果求任意两个顶点之间的最短路径,可以依次把每个顶点当作源点,调用 Dijkstra 算法即可。接下来介绍另外一种更简洁的算法——Floyd 算法。

假定网络 G 用邻接矩阵表示,矩阵本身用数组 data[][] 表示。和前面讲述的邻接矩阵不一样的是,这里要求矩阵的所有行列号相等的元素值都为 0。

Floyd 算法的基本思想是递归地产生矩阵序列 $A_0, A_1, A_2, \cdots, A_{n-1}$,矩阵 $A_k(k=0,1,2,\cdots)$ 的元素 $A_k[i][j]$ 为从顶点 i 到顶点 j 且中间不经过编号大于 k 的顶点的最短路径长度,A_{n-1} 就是最终的运算结果。

令 $A_{-1}[i][j] = \text{data}[i][j]$,它表示从顶点 i 到顶点 j 且中间不经过任何顶点的最短路径长度,也就是最原始的直线距离。

然后,在所有的路径中增加中间顶点 V_0,如果新得到的路径长度小于原来的路径长度,那么就以新路径替代老路径。也就是对于每一个矩阵元素 $A_0[i][j]$ 进行计算,$A_0[i][j] = \min\{A_{-1}[i][j], A_{-1}[i][0] + A_{-1}[0][j]\}$。

接着,在所有的路径中增加中间顶点 V_1,如果新得到的路径长度小于原来的路径长度,那么就以新路径替代老路径。也就是对于每一个矩阵元素 $A_1[i][j]$ 进行计算,$A_1[i][j] = \min\{A_0[i][j], A_0[i][1] + A_0[1][j]\}$……依此类推,直到加入所有的顶点,最后得到的矩阵就是运算结果。图 5.37 列举出了使用 Floyd 算法对图 5.35(a) 进行求解的过程。

图 5.37 中的矩阵序列 $A_{-1} \sim A_4$ 转换分析如下。

(1) 以顶点 V_0 为中转点实现 A_{-1} 到 A_0 转换:

$A_0[i][j] = \min\{A_{-1}[i][j], A_{-1}[i][0] + A_{-1}[0][j]\}$
$A_0[0][1] = \min\{A_{-1}[0][1], A_{-1}[0][0] + A_{-1}[0][1]\} = \min\{10,10\} = 10$
⋮
$A_0[1][0] = \min\{A_{-1}[1][0], A_{-1}[1][0] + A_{-1}[0][1]\} = \min\{\infty, \infty + 10\} = \infty$
$A_0[1][2] = \min\{A_{-1}[1][2], A_{-1}[2][0] + A_{-1}[0][2]\} = \min\{20, \infty + 99\} = 20$
⋮

$$(a)\ A_{-1} \quad \begin{bmatrix} 0 & 10 & 99 & \infty & \infty \\ \infty & 0 & 20 & \infty & \infty \\ \infty & \infty & 0 & 60 & 20 \\ \infty & \infty & \infty & 0 & \infty \\ \infty & \infty & \infty & 10 & 0 \end{bmatrix} \quad (b)\ A_0 \begin{bmatrix} 0 & 10 & 99 & \infty & \infty \\ \infty & 0 & 20 & \infty & \infty \\ \infty & \infty & 0 & 60 & 20 \\ \infty & \infty & \infty & 0 & \infty \\ \infty & \infty & \infty & 10 & 0 \end{bmatrix} \quad (c)\ A_1 \begin{bmatrix} 0 & 10 & \boxed{30} & \infty & \infty \\ \infty & 0 & 20 & \infty & \infty \\ \infty & \infty & 0 & 60 & 20 \\ \infty & \infty & \infty & 0 & \infty \\ \infty & \infty & \infty & 10 & 0 \end{bmatrix}$$

$$(d)\ A_2 \begin{bmatrix} 0 & 10 & 30 & \boxed{90} & \boxed{50} \\ \infty & 0 & 20 & \boxed{80} & \boxed{40} \\ \infty & \infty & 0 & 60 & 20 \\ \infty & \infty & \infty & 0 & \infty \\ \infty & \infty & \infty & 10 & 0 \end{bmatrix} \quad (e)\ A_3 \begin{bmatrix} 0 & 10 & 30 & 90 & 50 \\ \infty & 0 & 20 & 80 & 40 \\ \infty & \infty & 0 & 60 & 20 \\ \infty & \infty & \infty & 0 & \infty \\ \infty & \infty & \infty & 10 & 0 \end{bmatrix} \quad (f)\ A_4 \begin{bmatrix} 0 & 10 & 30 & \boxed{60} & 50 \\ \infty & 0 & 20 & \boxed{50} & 40 \\ \infty & \infty & 0 & \boxed{30} & 20 \\ \infty & \infty & \infty & 0 & \infty \\ \infty & \infty & \infty & 10 & 0 \end{bmatrix}$$

图 5.37　Floyd 算法

(2) 以顶点 V_1 为中转点实现 A_0 到 A_1 转换：

$A_1[i][j] = \min\{A_0[i][j], A_0[i][1] + A_0[1][j]\}$
$A_1[0][1] = \min\{A_0[0][1], A_0[0][1] + A_0[1][1]\} = \min\{10, 10+0\} = 10$
$A_1[0][2] = \min\{A_0[0][2], A_0[0][1] + A_0[1][2]\} = \min\{99, 10+20\} = 30$
　⋮

(3) 以顶点 V_2 为中转点实现 A_1 到 A_2 转换：

$A_2[i][j] = \min\{A_1[i][j], A_1[i][2] + A_1[2][j]\}$
$A_2[0][3] = \min\{A_1[0][3], A_1[0][2] + A_1[2][3]\} = \min\{\infty, 30+60\} = 90$
$A_2[0][4] = \min\{A_1[0][4], A_1[0][2] + A_1[2][4]\} = \min\{\infty, 30+20\} = 50$
$A_2[1][3] = \min\{A_1[1][3], A_1[1][2] + A_1[2][3]\} = \min\{60, 20+60\} = 80$
$A_2[1][4] = \min\{A_1[1][4], A_1[1][2] + A_1[2][4]\} = \min\{\infty, 20+20\} = 40$
　⋮

(4) 以顶点 V_3 为中转点实现 A_2 到 A_3 转换：

$A_3[i][j] = \min\{A_2[i][j], A_2[i][3] + A_2[3][j]\}$，无变化
　⋮

(5) 以顶点 V_4 为中转点实现 A_3 到 A_4 转换：

$A_4[i][j] = \min\{A_3[i][j], A_3[i][4] + A_3[4][j]\}$
$A_4[0][3] = \min\{A_3[0][3], A_3[0][4] + A_3[4][3]\} = \min\{90, 50+10\} = 60$
$A_4[1][3] = \min\{A_3[1][3], A_3[1][4] + A_3[4][3]\} = \min\{80, 40+10\} = 50$
$A_4[2][3] = \min\{A_3[2][3], A_3[2][4] + A_3[4][3]\} = \min\{60, 20+10\} = 30$
　⋮

Floyd 算法实现如下：

```cpp
template < typename VexType, typename ArcType >
void Floyd(GraphClass < VexType, ArcType > &g)
{    int ** m;
    char *** path;
```

```
int n,i,j,k;
m = new int * [g.vertex_num];
path = new char ** [g.vertex_num];
for(n = 0;n < g.vertex_num;n++)
{   m[n] = new int[g.vertex_num];
    path[n] = new char * [g.vertex_num];
    for(i = 0;i < g.vertex_num;i++)
        path[n][i] = new char[100];
}
for(i = 0;i < g.vertex_num;i++)                        //生成矩阵 A-1
    for(j = 0;j < g.vertex_num;j++)
    {   m[i][j] = g.data[i][j];
        if (i!= j && m[i][j]< INFINITY)
            sprintf(path[i][j],"%d→%d",i,j);
        else
            path[i][j][0] = 0;
    }
for(k = 0;k < g.vertex_num;k++)
    for(i = 0;i < g.vertex_num;i++)
        for(j = 0;j < g.vertex_num;j++)
            if(i != j && m[i][k] + m[k][j]< m[i][j])
            {   m[i][j] = m[i][k] + m[k][j];
                strcpy(path[i][j],path[i][k]);
                strcat(path[i][j],",");
                strcat(path[i][j],path[k][j]);
            }
for(i = 0;i < g.vertex_num;i++)
{   for(j = 0;j < g.vertex_num;j++)
    printf(" %d",m[i][j]);
    cout << endl;
}
for(i = 0;i < g.vertex_num;i++)
{   for(j = 0;j < g.vertex_num;j++)
        printf(" %s    ",path[i][j]);
    cout << endl;
}
for(i = 0;i < g.vertex_num;i++)
    for(j = 0;j < g.vertex_num;j++)
        delete []path[i][j];
for(i = 0;i < g.vertex_num;i++)
{   delete []m[i];
    delete []path[i];
}
delete []m;
delete []path;
}
```

这个算法的时间复杂度为 $O(n^3)$。

5.6 拓扑排序

5.6.1 有向无环图

一个无环的有向图称做有向无环图(Directed Acycline Praph, DAG)。DAG 图是一类较有向树更一般的特殊有向图,有向树(directed tree)是一个用于定义数据流或流程的逻辑结构,数据流的源点是根,数据流是单向分支离开根部到达目标,这个目标就是有向树的叶子。图 5.38 给出了有向树、DAG 图和有向图的例子。

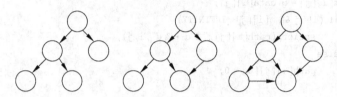

图 5.38 有向树、DAG 图和有向图示意

有向无环图是描述含有公共子式的表达式的有效工具。例如下述表达式:

$$(a+b)*(b*(c+d)+(c+d)*e)*((c+d)*e)$$

可以二叉树来表示,如图 5.39(a)所示。有一些相同的子表达式,如$(c+d)$和$(c+d)*e$等,在二叉树中,它们重复出现。若利用有向无环图,则可实现对相同子式的共享,从而节省存储空间。例如图 5.39(b)为表示同一表达式的有向无环图。

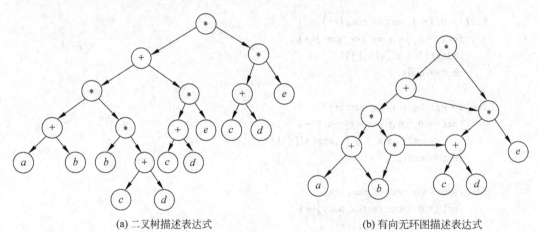

(a) 二叉树描述表达式　　　　　　　　　　(b) 有向无环图描述表达式

图 5.39 有向无环图描述含有公共子式的表达式

检查一个有向图是否存在环要比无向图复杂。对于无向图来说,若深度优先遍历过程中遇到回边(即指向已访问过的顶点的边),则必定存在环;而对于有向图来说,这条回边有可能是指向深度优先生成森林中另一棵生成树上顶点的弧。但是,如果从有向图上某个顶点 V 出发的遍历,在 dfs(V)结束之前出现一条从顶点 U 到顶点 V 的回边,由于 U 在生成树上是 V 的子孙,则有向图必定存在包含顶点 V 和 U 的环。

有向无环图是描述一项工程或系统的进行过程的有效工具。除最简单的情况之外，几乎所有的工程(project)都可分为若干个称作活动(activity)的子工程，而这些子工程之间通常受一定条件的约束，如其中某些子工程的开始必须在另一些子工程完成之后。对整个工程和系统，人们关心的是两个方面的问题：一是工程能否顺利进行，二是估算整个工程完成所必需的最短时间。下面将详细介绍这两个问题是如何通过对有向图进行拓扑排序和关键路径操作来解决的。

5.6.2 AOV网的概念

很多工程或任务都可以进一步分解成为很多更小的子工程或子任务，这些子工程或子任务在执行的过程中，有的可以并行执行，有的有一定的前后依赖关系或者说优先级。

在设计一个游戏的时候，剧情中可能包含很多分支情节，在这些分支情节之间可能会存在着一定的先决条件约束，即有些分支情节必须在其他分支情节完成后方可开始发展，而有些分支情节没有这样的约束。假设某个电脑游戏剧本有如表 5.2 所示的游戏情节。

表 5.2 游戏情节

情节编号	情节	先决条件
C_0	挖矿	无
C_1	砍树	无
C_2	建宫殿	C_0,C_1
C_3	主人疗伤	无
C_4	升级	C_2,C_3

这些情节之间的关系可以用图 5.40 表示。

计算机专业的学生必须完成一系列规定的基础课和专业课才能毕业。学生按照怎样的顺序来学习这些课程呢？这个问题可以看成是一个大的工程，其活动就是学习每一门课程。这些课程的名称与相应代号如表 5.3 所示。

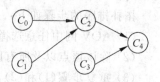

图 5.40 游戏情节的关系

表 5.3 计算机专业的课程设置及其关系

课程代号	课程名	先行课程代号	课程代号	课程名	先行课程代号
C_1	程序设计导论	无	C_8	算法分析	C_3
C_2	数值分析	C_1,C_{13}	C_9	高级语言	C_3,C_4
C_3	数据结构	C_1,C_{13}	C_{10}	编译系统	C_9
C_4	汇编语言	C_1,C_{12}	C_{11}	操作系统	C_{10},C_5
C_5	自动机理论	C_{13}	C_{12}	解析几何	无
C_6	人工智能	C_3	C_{13}	微积分	C_{12}
C_7	机器原理	C_{13}			

表中，C_1、C_{12}是独立于其他课程的基础课，而有的课却需要有先行课程，比如，学完程序设计导论和数值分析后才能学数据结构。先行条件规定了课程之间的优先关系，这种优先关系可以用图 5.41 所示的有向图来表示。其中，顶点表示课程，有向边表示前提条件。若

课程 i 为课程 j 的先行课,则必然存在有向边 $<i,j>$。在安排学习顺序时,必须保证在学习某门课之前已经学习了其先行课程。

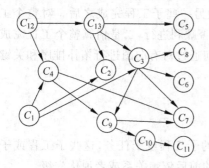

图 5.41　计算机专业课程设置的关系图

图 5.40 和图 5.41 中,顶点表示活动,弧表示活动之间的优先关系,这样的有向图称为顶点表示活动网(Activity On Vertex),简称 AOV 网。类似的 AOV 网的例子还有很多,比如计算机程序,任何一个可执行程序也可以划分为若干个程序段(或若干语句),由这些程序段组成的流程图也是一个 AOV 网。

在 AOV 网中,如果从顶点 V_i 到顶点 V_j 之间存在一条路径,则称顶点 V_i 是顶点 V_j 的前驱,顶点 V_j 是顶点 i 的后继;如果 $<V_i,V_j>$ 是 AOV 网中的一条弧,称 V_i 是 V_j 的直接前驱,V_j 是 i 的直接后继。

在 AOV 网中,不应该出现有向环路,否则,某个活动就会成为自身的前提条件,从而形成悖论。可以采取拓扑排序来检测图中是否存在环路。

5.6.3　AOV 网的算法

对于给定的 AOV 网,各顶点之间呈现的是一种非线性关系,在某些情况下,必须构造这些顶点的线性序列,确定各顶点之间的先后关系,这样的线性序列称为拓扑有序序列。构造 AOV 网拓扑有序序列的过程就叫拓扑排序。

如果给定的 AOV 网存在有向环路,那么肯定构造不出所有顶点的线性序列,反之则是可以的。

拓扑排序的步骤如下:
(1) AOV 网中任意选择一个没有前驱的顶点并输出。
(2) 除该顶点以及所有以该顶点为尾的弧。
(3) 重复步骤(1)和(2),直到 AOV 网中的所有顶点都被输出或者剩余顶点都有前驱。

拓扑排序结束后,如果所有的顶点都被输出,那么说明网中没有环;如果有剩余顶点,而且这些顶点都有前驱,那么说明 AOV 网中存在有向环路。

图 5.41 拓扑排序的结果为 C_0、C_1、C_2、C_3、C_4。

由于在选择没有前驱的顶点输出时可能有多个选择,而实际选择的顺序是任意的,因此对于一个给定的 AOV 网进行拓扑排序时,结果可能是不唯一的。

假定 AOV 网用邻接表来表示,在实现拓扑排序的过程中,为了便于判断哪些顶点没有前驱,可以对邻接表表头结点进行改造,增加一个域 indegree 来表示每个顶点的入度,该域的值在建立邻接表时动态计算。以后每删除一条弧时,就把该弧的弧头顶点对应表头结点的 indegree 域减 1,如果某个顶点对应表头结点的 indegree 域为 0,说明该顶点没有前驱。

实现的过程中,可以通过一个小技巧简化程序实现。在找到一个入度为 0 的顶点后,要删除该顶点以及以该顶点为弧尾的所有弧,就可能生成新的入度为 0 的顶点,为了便于操作,每当生成新的入度为 0 的顶点,马上将其放入一个额外的堆栈,以后再找入度为 0 的顶点时,可以直接从该堆栈获取。该堆栈的初值就是最初所有入度为 0 的顶点。

邻接表表头结点数组的新定义如下:

```cpp
struct AdjList
{
    int         indegree;              //表示每个顶点的入度,该域的值在建立邻接表时动态计算
    EType       data;
    AdjNode   * head;
};
struct AdjGraph
{
    AdjList * head_list;
    int       vertex_num;              //顶点数
    int       edge_num;                //边数
};
```

在建立邻接表之后,可以采用下面的算法计算有向图的 indegree 域:

```cpp
//基于邻接表表示的有向图计算入度的算法
template < typename VexType, typename ArcType >
void CalcIndegree(GraphClass < VexType, ArcType > &g)
{   int * temp;
    int i;
    AdjNode * p;
    temp = new int[g.vertex_num];
    memset(temp,0,sizeof(int) * g.vertex_num);
    for(i = 0;i < g.vertex_num;i++)
    {   p = g.head_list[i].head;
        while(p)
        {   temp[p -> another_vertex]++;
            p = p -> next;
        }
    }
    for(i = 0;i < g.vertex_num;i++)
        g.head_list[i].indegree = temp[i];
    delete []temp;
}
```

基于邻接表表示的有向图的拓扑排序算法实现如下:

```cpp
//基于邻接表表示的有向图的拓扑排序算法
template < typename VexType, typename ArcType >
int TopSort(GraphClass < VexType, ArcType > &g)
{   int stack[MAXIMUM],top;
    int i,j,number;
    AdjNode * p;
    top = -1;
    number = 0;
    for(i = 0;i < g.vertex_num;i++)                //把所有入度为 0 的顶点入栈
        if (g.head_list[i].indegree == 0)
        {   top++;
            stack[top] = i;
        }
    while(top >= 0)
    {   i = stack[top];
```

```
            top--;
            number++;
            cout<<i<<",";
            p = g.head_list[i].head;
            while(p)
            {   j = p->another_vertex;
                g.head_list[j].indegree--;
                if(!g.head_list[j].indegree)
                {   top++;
                    stack[top] = j;
                }
                p = p->next;
            }
        }
    if (number<g.vertex_num)
        cout<<"网中含有回路";
}
```

5.7 关键路径

5.7.1 AOE 的概念

很多工程在实施的过程中需要对工程的进度进行管理，要保证工程按期完工甚至提前完工。如果工程进度出现了滞后，如何才能尽可能加快进度？这里介绍的 AOE 网可以解决这些问题。采用一个有向无环图，边表示活动，顶点表示事件，边的权表示活动的持续时间，这样的图就称为边表示活动的网（Activity On Edge），简称 AOE 网。AOE 网具有以下两个性质：

(1) 只有在某顶点所代表的事件发生后，从该顶点出发的各有向边所代表的活动才能开始。

(2) 只有在进入一某顶点的各有向边所代表的活动都已经结束，该顶点所代表的事件才能发生。

通常在 AOE 网中列出完成预定工程计划所需要进行的活动、每个活动计划完成的时间、要发生哪些事件以及这些事件与活动之间的关系，从而可以确定该项工程是否可行，估算工程完成的时间以及确定哪些活动是影响工程进度的关键。因为工程只可能有一个开始点和一个结束点（不能有环），所以 AOE 网只有一个入度为 0 的顶点和一个出度为 0 的顶点，分别称为源点和汇点。

图 5.42 给出了一个 AOE 网。

在这个网中，任务 a_2 的持续时间为 9。只有当任务 a_2 完成以后，事件 V_2 才可能发生；只有当任务 a_3 和 a_7 都完成以后，事件 V_5 才可能发生。接下来要做的主要有两件事情：求出整个工程的最短完工时间，找出会影响整个工程进度的关键路径。

5.7.2 关键路径的概念

工程的最短完工时间：由于在工程进行的过程中有些活动是可以同时开展的，所以工

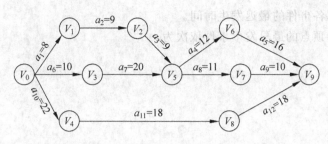

图 5.42　一个 AOE 网

程的最短完工时间是指从源点到汇点的最长路径长度(这里所说的路径长度指的是路径上各活动持续时间之和,而不是通常意义上路径上弧的数目)。

事件的最早发生时间:从源点到事件 V_i 的最长路径长度,用 ve(i) 表示。

事件的最迟发生时间:在不影响工程进度的情况下,事件 V_i 最迟应该发生的时间,用 vl(i) 表示。

活动的最早开工时间:在不影响工程进度的情况下,活动 a_i 的最早开工时间,用 $e(i)$ 表示。

活动的最迟开工时间:在不影响工程进度的情况下,活动 a_i 最迟应该开工的时间,用 $l(i)$ 表示。

活动的时间缓冲量:活动 a_i 的最迟开工时间减去活动 a_i 的最早开工时间,即 $l(i)-e(i)$。

关键路径:从源点到汇点路径长度最长的路径。

关键活动:关键路径上的活动。它的特点是最早开工时间等于最迟开工时间。

5.7.3　关键路径的算法

按照前面的描述,要想找到关键路径,就要先找到关键活动。而要找到关键活动,则需先求各事件的最早、最迟发生时间。

事先作一个约定:活动 a_i 用弧 $<j,k>$ 表示,对应的权用 $w(j,k)$ 表示。

根据前面的描述,可以直接得到

$$e(i) = \text{ve}(j)$$
$$l(i) = \text{vl}(k) - w(j,k)$$

根据这两个公式就可以求活动的最早、最迟开工时间。

先求事件的最早发生时间。计算公式如下:

$$\text{ve}(j) = \max\{\text{ve}(k) + w(k,j)\} \quad j=1,2,\cdots,n-1$$

其中,k 表示以 V_j 为弧头的所有弧的尾。并且已知 ve(0)=0,利用该公式可以求出各事件的最早发生时间。

对于汇点来说,它的最早发生时间等于最迟发生时间。

按照下面的公式可以倒推出各事件的最迟发生时间:

$$\text{vl}(j) = \min\{\text{vl}(k) - t(j,k)\} \quad j=n-2,\cdots,2,1$$

其中 k 表示以 V_j 为弧尾的所有弧的头。

在计算的过程中,应当按照拓扑排序的顺序计算各事件的最早发生时间,按照拓扑排序的相反顺序来计算各事件的最迟发生时间。

图 5.42 中，各顶点的最早发生事件依次为

$ve(0)=0$

$ve(1)=8$

$ve(2)=17$

$ve(3)=10$

$ve(4)=22$

$ve(5)=30$

$ve(6)=42$

$ve(7)=41$

$ve(8)=40$

$ve(9)=58$

图 5.42 中，各顶点的最迟发生事件依次为

$vl(9)=ve(9)=58$

$vl(8)=vl(9)-18=40$

$vl(7)=vl(9)-10=48$

$vl(6)=vl(9)-16=42$

$vl(5)=\min\{vl(6)-12,vl(7)-11\}=\min\{30,37\}=30$

$vl(4)=vl(8)-18=22$

$vl(3)=vl(5)-20=10$

$vl(2)=vl(5)-9=21$

$vl(1)=vl(2)-9=12$

$vl(0)=\min\{vl(1)-8,vl(3)-10,vl(4)-22\}=0$

相应地，各活动的最早开工和最迟开工时间如下：

$e(1)=ve(0)=0$ $l(1)=vl(1)-8=4$

$e(2)=ve(1)=8$ $l(2)=vl(2)-9=12$

$e(3)=ve(2)=17$ $l(3)=vl(5)-9=21$

$e(4)=ve(5)=30$ $l(4)=vl(6)-12=30$

$e(5)=ve(6)=42$ $l(5)=vl(9)-16=42$

$e(6)=ve(0)=0$ $l(6)=vl(3)-10=0$

$e(7)=ve(3)=10$ $l(7)=vl(5)-20=10$

$e(8)=ve(5)=30$ $l(8)=vl(7)-11=37$

$e(9)=ve(7)=41$ $l(9)=vl(9)-10=48$

$e(10)=ve(0)=0$ $l(10)=vl(4)-22=0$

$e(11)=ve(4)=22$ $l(11)=vl(8)-18=22$

$e(12)=ve(8)=40$ $l(12)=vl(9)-18=40$

如果一个活动的最早开工时间与最迟开工时间相等，那么它就是关键活动。

可以看到，活动 a_4、a_5、a_6、a_7、a_{10}、a_{11}、a_{12} 的最早开工和最迟开工时间是相等的，它们都是关键活动。

这些活动分布在两条关键路径上：

$V_0 \to V_3 \to V_5 \to V_6 \to V_9$

$V_0 \to V_4 \to V_8 \to V_9$

假设图采用邻接表表示，按照拓扑排序的顺序来计算各事件的最早发生时间，按照拓扑排序的相反顺序来计算各事件的最迟发生时间，下面给出计算各事件的最早发生时间、最迟发生时间的算法实现：

```cpp
template <typename VexType, typename ArcType>
GraphClass<VexType,ArcType> * CriticalPath(GraphClass<VexType,ArcType> &Graph)
{
    //基于邻接表表示的 AOE 网络的拓扑排序算法
    int * CSTACK,CTOP;                    //存放拓扑序列的栈
    int * ve, * vl;
    void CriticalPath(AdjGraph g)
    {   int i,j;
        AdjNode * p;
        CTOP = -1;
        CSTACK = new int[g.vertex_num];
        ve = new int[g.vertex_num];
        vl = new int[g.vertex_num];
        memset(ve,0,sizeof(int) * g.vertex_num);
        TopSort(g);                       //求各事件的最早发生时间
        for(i = 0;i<g.vertex_num;i++)
            vl[i] = ve[g.vertex_num-1];
        while(CTOP >= 0)                  //求各事件的最迟发生时间
        {   i = CSTACK[CTOP];
            CTOP--;
            p = g.head_list[i].head;
            while(p)
            {   j = p->another_vertex;
                if(vl[i] > (vl[j] - p->info))
                    vl[i] = vl[j]-p->info;
                p = p->next;
            }
        }
        for(i = 0;i<g.vertex_num;i++)     //输出结果
            cout << ve[i]<<","<< vl[i]<< endl;
}
void TopSort(AdjGraph g)
{   int stack[MAXIMUM],top;
    int i,j,number;
    AdjNode * p;
    top = -1;
    number = 0;
    for(i = 0;i<g.vertex_num;i++)         //把所有入度为 0 的顶点入栈
        if (g.head_list[i].indegree == 0)
        {   top++;
            stack[top] = i;
        }
```

```
            while(top >= 0)
            {   i = stack[top];
                top--;
                number++;
                CSTACK[++CTOP] = i;                //保存拓扑序列
                p = g.head_list[i].head;
                while(p)                           //求各事件的最早发生时间
                {   j = p->another_vertex;
                    if(ve[j] < (ve[i] + p->info) )
                        ve[j] = ve[i] + p->info;
                    p = p->next;
                }
                p = g.head_list[i].head;
                while(p)
                {   j = p->another_vertex;
                    g.head_list[j].indegree--;
                    if(!g.head_list[j].indegree)
                    {   top++;
                        stack[top] = j;
                    }
                    p = p->next;
                }
            }
            if (number < g.vertex_num)
                cout <<"网中含有环";
        }
    }
```

习题 5

一、单选题

1. 设无向图的顶点个数为 n，则该无向图最多有（   ）条边。
   A. $n-1$ B. $n(n-1)/2$ C. $n(n+1)/2$ D. 0
   E. n^2

2. 用 DFS 遍历一个无环有向图，并在 DFS 算法退栈返回时打印出相应的顶点，则输出的顶点序列是（   ）。
   A. 逆拓扑有序的   B. 拓扑有序的   C. 无序的

3. 一个图中包含有 k 个连通分量，若按深度优先(DFS)搜索方法访问所有结点，必须调用（   ）次深度优先遍历算法。
   A. k B. 1   C. $k-1$ D. $k+1$

4. 设有无向图 $G(V,E)$ 和 $G(V,E')$，如 G' 是 G 的生成树，则下面不正确的说法是（   ）。
   A. G' 为 G 的连通分量   B. G' 是 G 的无环子图
   C. G' 为 G 的子图   D. G' 为 G 的极小连通子图且 $V'=V$

单选题答案：

1. B 2. A 3. A 4. A

二、填空题

1. 在有 n 个顶点的有向图中，每个顶点的度最大可达_____。

2. 设图 G 有 n 个顶点和 e 条边，采用邻接表存储，则拓扑排序算法的时间复杂度为_____。

3. Kruskal 算法的时间复杂度为_____，它对_____图较为适合。

4. 遍历图的基本方法有深度优先搜索和广度优先搜索，其中_____是一个递归过程。

5. 若一个连通图中每个边上的权值均不同，则得到的最小生成树是_____的。

填空题答案：

1. $2(n-1)$

2. $O(n+e)$

3. $O(e\log_2 e)$，稀疏

4. 深度优先搜索

5. 唯一

三、判断题

1. 若一个有向图的邻接矩阵中对角线以下元素均为 0，则该图的拓扑有序序列必定存在。

2. 任何 AOV 网拓扑排序的结果都是唯一的。

3. 有回路的图不能进行拓扑排序。

4. 对于一个有向图，除了拓扑排序方法外，还可以通过对有向图进行深度优先遍历的方法来判断有向图中是否有环存在。

5. 强连通分量是有向图中的极大强连通子图。

判断题答案：

1. 对 2. 错 3. 对 4. 对 5. 对

四、简答题和算法题

1. 对于图 5.43 所示的 3 个图，求①每个顶点的入度和出度；②图的邻接矩阵；③图的邻接表；④图的逆邻接表；⑤图的强连通分量。

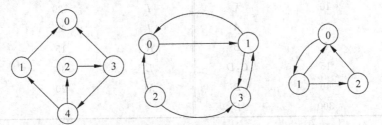

图 5.43 题 1 的图

2. 编写一个程序,用于输入数据建立图 5.43 第 2 个图的逆邻接表。

3. 证明:若无向图 G 的顶点度数的最小值大于等于 2,则 G 中存在一条回路。

4. 有 n 个顶点的无向连通图至少有多少条边?有 n 个顶点的有向强连通图至少有多少条边?试举例说明。

5. 如果有向图采用邻接表作为存储结构,写出计算图中各顶点入度的算法。

6. 写出深度优先搜索和宽度优先搜索的递归算法。

7. 给出图 5.44 的邻接矩阵、邻接表表示。

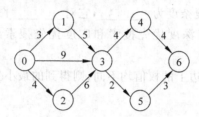

图 5.44 题 10 的图

8. 对于图 5.44,求:
(1) 从顶点 0 出发进行深度优先搜索所得到的深度优先生成树。
(2) 从顶点 0 出发进行宽度优先搜索所得到的宽度优先生成树。

9. 6 个城市的交通里程如表 5.4 所示,求出交通网的最小生成树。

表 5.4 6 个城市的交通里程

城市	A	B	C	D	E	F
A		81	102	89	32	112
B	92		93	29	321	27
C	111	168		21	118	88
D	121	119	73		203	77
E	223	92	65	88		121
F	119	67	107	99	68	

10. 根据图 5.44 的 AOE 网求出关键路径的长度和至少一条关键路径。

11. 表 5.5 列出了某工序之间的优先关系和各工序所需时间。

表 5.5 工序之间的优先关系和各工序所需时间

工序代号	所需时间	前序工序	工序代号	所需时间	前序工序
A	15	无	H	15	G,I
B	10	无	I	120	E
C	50	A	J	60	I
D	8	B	K	15	F,I
E	15	C,D	L	30	H,J,K
F	40	B	M	20	L
G	300	E			

(1) 画出 AOE 网。
(2) 列出各事件的最早、最迟发生时间。
(3) 找出该 AOE 网中的关键路径,并求出完成该工程需要的最短时间。
12. 求出图 5.45 中顶点 0 到其余各顶点的最短路径。

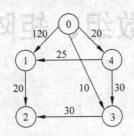

图 5.45　题 12 的图

13. 给定 n 个村庄之间的交通图,若村庄 i 和村庄 j 之间有道路,则将顶点 i 和顶点 j 用边连接,边上的权 W_{ij} 表示这条道路的长度。现在要从这 n 个村庄中选择一个村庄建一所医院,问这所医院应建在哪个村庄,才能使离医院最近的村庄到医院的路程最短?试设计一个解答上述问题的算法,并应用该算法解答如图 5.46 所示的实例。

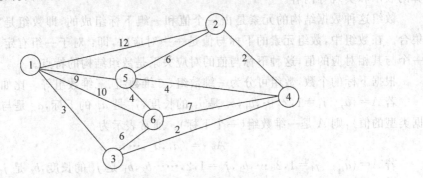

图 5.46　题 13 的图

第6章 数组、矩阵和广义表

6.1 数组的定义

数组是一种数据结构。要特别指出的是,这里所说的数组与高级语言中数组的概念不同。高级语言中的数组指的是一种数据类型,映射的是一组连续的存储单元,是存储结构范畴的概念;而这里的数组则是数据结构范畴的概念,它包括了逻辑结构、存储结构以及其运算的表示和实现等内容。

数组这种数据结构的元素是由一个值和一组下标组成的,即数组是"下标-值"偶对的集合。在数组中,数组元素的下标与值是一一对应的,即:对于一组有定义的下标,都存在一个与其相对应的值,这种下标与值的对应关系是数组结构的特点。

根据下标的个数,数组可分为一维数组、二维数组、三维数组等。比如,对于数组 A:

若 $A = \{a_{j_1} | j_1 = 1, 2, \cdots, b_1, b_1$ 是 j_1 的长度,j_1 是 a_{j_1} 的下标,a_{j_1} 是与 j_1 对应的某种数据类型的值$\}$,则 A 是一维数组(一个下标)。通常表示为

$$A_{b_1} = (a_1, a_2, \cdots, a_{b_1})$$

若 $A = \{a_{j_1 j_2} | j_1 = 1, 2, \cdots, b_1, j_2 = 1, 2, \cdots\cdots b_2, b_1$ 是 j_1 的长度,b_2 是 j_2 的长度,j_1、j_2 是 $a_{j_1 j_2}$ 的下标,$a_{j_1 j_2}$ 是与 j_1、j_2 对应的某种数据类型的值$\}$,则 A 是二维数组(两个下标)。通常表示为

$$A_{b_1 \times b_2} = \begin{bmatrix} a_{11} & a_{12} & \cdots & a_{1b_2} \\ a_{21} & a_{22} & \cdots & a_{2b_2} \\ \vdots & \vdots & \ddots & \vdots \\ a_{b_1 1} & a_{b_1 2} & \cdots & a_{b_1 b_2} \end{bmatrix}$$

以此类推,若 $A = \{a_{j_1 j_2 \cdots j_n} | j_1 = 1, 2, \cdots, b_1, j_2 = 1, 2, \cdots, b_2, \cdots, j_n = 1, 2, \cdots, b_n, b_1$ 是 j_1 的长度,b_2 是 j_2 的长度,$\cdots$,b_n 是 j_n 的长度,j_1、$j_2 \cdots$、j_n 是 $a_{j_1 j_2 \cdots j_n}$ 的下标,$a_{j_1 j_2 \cdots j_n}$ 是与 j_1,$j_2, \cdots, j_n$ 对应的某种数据类型的值$\}$,则 A 是 n 维数组(n 个下标)。

下面看看各维数组之间的关系。

二维数组可以看作是由 b_1 个长度为 b_2 的一维数组(每一行为一个一维数组)组成的,或者是由 b_2 个长度为 b_1 的一维数组(每一列为一个数组)组成的,即二维数组可以看作元素为一维数组的一维数组。例如,上面的二维数组 A 可以这样看:

$$A_{b_1} = ((a_{11} \quad a_{12} \quad \cdots \quad a_{1b_2}), (a_{21} \quad a_{22} \quad \cdots \quad a_{2b_2}), \cdots, (a_{b_1 1} \quad a_{b_1 2} \quad \cdots \quad a_{b_1 b_2}))$$

即每一行为一个一维数组,并视为 A 的一个元素。

还可以这样看:

$$A_{b_2}=((a_{11}\quad a_{21}\quad \cdots \quad a_{b_1 1}),(a_{12}\quad a_{22}\quad \cdots \quad a_{b_1 2})\cdots(a_{1b_1}\quad a_{2b_1}\quad \cdots \quad a_{b_1 b_2}))$$

即每一列为一个一维数组,并视为 A 的一个元素。

用样,一个三维数组可以用其元素为二维数组的数组来定义,以此类推,就可以得到 n 维数组的递归定义。

在前面讨论过线性表$(e_1,e_2,\cdots,e_n)$,从上面对数组的定义看,线性表$(e_1,e_2,\cdots,e_n)$可以看作是一个一维数组,反过来,一维数组$(a_1,a_2,\cdots,a_{b1})$可以看作是定长的线性表。而多维数组均可经由一维数组递归得到,由此可见,数组与线性表的关系非常密切,可以说数组是线性表的一个推广,而线性表是数组的一种特殊情况。

从一般概念上,数组(一维除外)是一种非线性的数据结构,元素之间是多对多的关系,但在通常情况下,数组的维数以及各维的上界和下界是固定的,因此,数组的处理与其他复杂的结构相比较为简单。下面,对数组的逻辑结构进行描述并给出数组的抽象数据类型定义。

6.1.1 数组的逻辑结构

一维数组由于和线性表的关系,其逻辑结构与线性表相同,在此不再赘述。

对于如下所示的二维数组:

$$\begin{matrix}
a_{11} & a_{12} & \cdots & a_{1\,j-1} & a_{1j} & a_{1\,j+1} & \cdots & a_{1\,b_2-1} & a_{1b_2}\\
a_{21} & a_{22} & \cdots & a_{2\,j-1} & a_{2j} & a_{2\,j+1} & \cdots & a_{2\,b_2-1} & a_{2b_2}\\
\vdots & \vdots & & \vdots & \vdots & \vdots & & \vdots & \vdots\\
a_{i-1\,1} & a_{i-1\,2} & \cdots & a_{i-1\,j-1} & a_{i-1\,j} & a_{i-1\,j+1} & \cdots & a_{i-1\,b_2-1} & a_{i-1\,b_2}\\
a_{i1} & a_{i2} & \cdots & a_{i\,j-1} & a_{ij} & a_{i\,j+1} & \cdots & a_{i\,b_2-1} & a_{ib_2}\\
a_{i+1\,1} & a_{i+1\,2} & \cdots & a_{i+1\,j-1} & a_{i+1\,j} & a_{i+1\,j+1} & \cdots & a_{i+1\,b_2-1} & a_{i+1\,b_2}\\
\vdots & \vdots & & \vdots & \vdots & \vdots & & \vdots & \vdots\\
a_{b_1-1\,1} & a_{b_1-1\,2} & \cdots & a_{b_1-1\,j-1} & a_{b_1-1\,j} & a_{b_1-1\,j+1} & \cdots & a_{b_1-1\,b_2-1} & a_{b_1-1\,b_2}\\
a_{b_1 1} & a_{b_1 2} & \cdots & a_{b_1\,j-1} & a_{b_1 j} & a_{b_1\,j+1} & \cdots & a_{b_1\,b_2-1} & a_{b_1 b_2}
\end{matrix}$$

其中任意一个元素 a_{ij} 与其他元素之间的关系视它下标的取值而有所不同:

当 $2\leqslant i\leqslant b_1-1, 2\leqslant j\leqslant b_2-1$ 时,a_{ij} 在行的方向上有一个直接前驱 $a_{i\,j-1}$ 和一个直接后继 $a_{i\,j+1}$,在列的方向上,有一个直接前驱 $a_{i-1\,j}$ 和一个直接后继 $a_{i+1\,j}$。

当 $i=1, j=1$ 时,a_{11} 在行的方向上有一个直接后继 a_{12},在列的方向上有一个直接后继 a_{21};当 $i=1, j=b_2$ 时,a_{1b_2} 在行的方向上有一个直接前驱 $a_{1\,b_2-1}$,在列的方向上有一个直接后继 a_{2b_2}。

当 $i=b_1, j=1$ 时,$a_{b_1 1}$ 在行的方向上有一个直接后继 $a_{b_1 2}$,在列的方向上有一个直接前驱 $a_{b_1-1\,1}$。

当 $i=b_1, j=b_2$ 时,$a_{b_1 b_2}$ 在行的方向上有一个直接前驱 $a_{b_1\,b_2-1}$,在列的方向上有一个直接前驱 $a_{b_1-1\,b_2}$。

当 $i=1, 2 \leqslant j \leqslant b_2-1$ 时，a_{1j} 在行的方向上有一个直接前驱 a_{1j-1} 和一个直接后继 a_{1j+1}，在列的方向上有一个直接后继 a_{i+1j}，没有前驱。

当 $i=b_1, 2 \leqslant j \leqslant b_2-1$ 时，a_{b_1j} 在行的方向上有一个直接前驱 a_{b_1j-1} 和一个直接后继 a_{b_1j+1}，在列的方向上有一个直接前驱 a_{b_1-1j}，没有后继。

当 $2 \leqslant i \leqslant b_1-1, j=1$ 时，a_{i1} 在列的方向上有一个直接前驱 a_{i-11} 和一个直接后继 a_{i+11}，在行的方向上只有一个直接后继 a_{ij+1}，没有前驱。

当 $2 \leqslant i \leqslant b_1-1, j=b_2$ 时，a_{ib_2} 在列的方向上有一个直接前驱 a_{i-1b_2} 和一个直接后继 a_{i+1b_2}，在行的方向上只有一个直接前驱 a_{ib_2-1}，没有后继。

由此可见，二维数组中的元素最多可以有两个直接前驱和两个直接后继。同样，三维数组中的元素最多可以有 3 个直接前驱和 3 个直接后继。推而广之，n 维数组中的元素最多可以有 n 个直接前驱和 n 个直接后继。

综上所述，数组的确是一个非线性结构，但由于在通常情况下数组的维数以及各维的上界和下界是固定的，即数组的规模是固定的，加上数组与线性表有着密切的关系，所以，数组的处理与其他复杂的结构相比并不复杂，对数组的基本运算没有插入和删除，因此，除了数组的创建和撤销运算外，对数组一般只讨论以下两种运算：

(1) 给定一组有定义的下标，存取相应的数组元素。
(2) 给定一组有定义的下标，修改相应的数组元素的值。

6.1.2 数组的抽象数据类型

在数组的抽象数据类型定义中，数据元素集描述（Dset）和数据元素的关系集描述（Rset）部分采用形式化方法表示。其中用 $<i,j>$ 表示元素 i 是元素 j 的直接前驱，也表示元素 j 是元素 i 的直接后继。

数组的抽象数据类型定义如下：

```
ADT Array
{
    Dset: Dset = {a_{j_1 j_2 … j_n} | 1≤j_i≤b_i, 1≤i≤n(n>0), a_{j_1 j_2 … j_n} ∈ 某种数据集合}
    Rset: {R_1 R_2 … R_n}
```

$$R_i = \left\{ <a_{j_1\cdots j_i\cdots j_n}, a_{j_1\cdots j_i+1\cdots j_n}> \middle| \begin{array}{l} 1 \leqslant j_i \leqslant b_i-1, 1 \leqslant i \leqslant n \\ 1 \leqslant j_k \leqslant b_k, 1 \leqslant k \leqslant n \text{ 且 } k \neq i \\ a_{j_1\cdots j_i\cdots j_n}, a_{j_1\cdots j_i+1\cdots j_n} \in \text{Dset} \end{array} \right\}$$

```
    OPSet:
        CompareStr(S_1, S_2)
            //对字符串 S_1 和 S_2 进行比较，若 S_1>S_2，则返回值大于 0
            //若 S_1 = S_2，则返回值等于 0；若 S_1<S_2，则返回值小于 0
        CreatArray(&A, n, b_1, b_2, …, b_n)
            //创建维数为 n，每维的长度为 b_1, b_2, …, b_n 的数组 A。n 与 b_1, b_2, …, b_n 有定义
        GetValue(A, &e, j_1, j_2, …, j_n)
            //在 n 维数组 A 中读取下标为 j_1, j_2, …, j_n 的元素的值到 e 中。j_1, j_2, …, j_n 有定义
        ChangeValue(&A, e, j_1, j_2, …, j_n)
            //将 n 维数组 A 中下标为 j_1, j_2, …, j_n 的元素的值改为 e 的值。j_1, j_2, …, j_n 有定义
        DestroyArray(&A)        //撤销已创建的数组 A
}
```

6.2 数组的顺序表示及运算

6.2.1 数组的顺序存储结构

用一组连续的存储单元存储数组元素,称为数组的顺序存储结构。由于存储单元是一维的结构,而数组则具有多维的结构,因此,用一组连续的存储单元存储数组的元素就有次序约定的问题。下面以二维数组 A 为例讨论此约定问题,并由此推广到 n 维数组。

二维数组 A 如下所示:

$$A_{b_1 \times b_2} = \begin{bmatrix} a_{11} & a_{12} & \cdots & a_{1b_2} \\ a_{21} & a_{22} & \cdots & a_{2b_2} \\ \vdots & \vdots & \ddots & \vdots \\ a_{b_1 1} & a_{b_1 2} & \cdots & a_{b_1 b_2} \end{bmatrix}$$

根据在 6.1 节中的讨论,数组 A 可以看成

$$A_{b_1} = ((a_{11} \quad a_{12} \quad \cdots \quad a_{1b_2}), (a_{21} \quad a_{22} \quad \cdots a_{2b_2}), \cdots, (a_{b_1 1} \quad a_{b_1 2} \quad \cdots \quad a_{b_1 b_2}))$$

或

$$A_{b_2} = ((a_{11} \quad a_{21} \quad \cdots \quad a_{b_1 1}), (a_{12} \quad a_{22} \quad \cdots \quad a_{b_1 2}), \cdots, (a_{1 b_2} \quad a_{2 b_2} \quad \cdots \quad a_{b_1 b_2}))$$

两种一维数组。顺序存储 A_{b_1} 或 A_{b_2} 的元素,就有二维数组的两种顺序存储方式,即按行为主的次序存储数组元素的方式和按列为主的次序存储数组元素的方式。

1. 按行为主的次序存储数组的元素

按行为主的次序存储数组 A 的存储结构示意如图 6.1 所示。

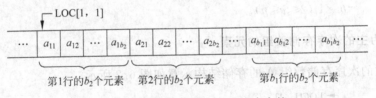

图 6.1 二维数组按行为主的次序存储

所谓按行为主的次序存储数组就是对于有 b_1 行 b_2 列的二维数组,先顺序存储第一行的 b_2 个元素,然后再顺序存储第二行的 b_2 个元素,依此类推,最后顺序存储第 b_1 行的 b_2 个元素。

假设二维数组 A 的第一个元素 a_{11} 在这组连续存储单元中的地址为 $LOC[1,1]$,数组的每个元素占 L 个字节,则二维数组 A 中任一元素 a_{ij} 的存储地址 $LOC[i,j]$ 可由如下公式确定:

$$LOC[i,j] = LOC[1,1] + [(i-1) \times b_2 + j - 1] \times L \tag{6.1}$$

其中,$1 \leqslant i \leqslant b_1, 1 \leqslant j \leqslant b_2$。可见,只要给出二维数组 A 中任一元素的一组下标 (i,j),就可很快计算出相应元素的存储位置。

推广到三维数组。根据在 6.1 节中讨论的关于三维数组与二维数组之间的关系,三维

数组 $A_{b_1 \times b_2 \times b_3}$ 可以看成是有 b_1 个元素,每个元素是 $b_2 \times b_3$ 二维数组的一维数组。假设三维数组 A 的第一个元素 a_{111} 在存储单元中的地址为 $LOC[1,1,1]$,数组的每个元素占 L 个字节,则第 i 个二维数组的第一个元素 a_{i11} 在存储单元中的地址为 $LOC[1,1,1]+(i-1) \times b_2 \times b_3 \times L$,因为,在该元素之前,有 $i-1$ 个 $b_2 \times b_3$ 的二维数组。由根据 a_{i11} 的地址及二维数组元素地址的计算公式(6.1)就可得到三维数组 $A_{b_1 \times b_2 \times b_3}$ 中任意元素 a_{ijk} 的地址 $LOC(a_{ijk})$ 的计算公式(6.2):

$$LOC[i,j,k] = LOC[1,1,1] + [(i-1) \times b_2 \times b_3 \\ + (j-1) \times b_3 + k - 1] \times L \tag{6.2}$$

其中,$1 \leqslant i \leqslant b_1, 1 \leqslant j \leqslant b_2, 1 \leqslant k \leqslant b_3$。

实际上,总结对三维数组的推广,从所存储的元素下标的排列规律可以看出,所谓"按行为主的次序"就是先排最右的下标,从右向左,最后排最左的下标。

进一步推广到 n 维数组。假设 n 维数组 $A_{b_1 \times b_2 \times \cdots \times b_n}$ 的第一个元素 $a_{11\cdots1}$(n 个 1)的存储单元地址为 $LOC[1,1,\cdots,1]$(n 个 1),数组的每个元素占 L 个字节,则 n 维数组 $A_{b_1 \times b_2 \times \cdots \times b_n}$ 的任意元素 $a_{j_1 j_2 \cdots j_n}$ 的存储单元地址的计算公式为

$$LOC[j_1, j_2, \cdots, j_n] = LOC[1,1,\cdots,1] + [(j_1 - 1) \times b_2 \times b_3 \times \cdots \times b_n \\ + (j_2 - 1) \times b_3 \times b_4 \times \cdots \times b_n \\ + (j_3 - 1) \times b_4 \times b_5 \times \cdots \times b_n \\ + \cdots \\ + (j_{n-1} - 1) \times b_n \\ + (j_n - 1)] \times L$$

可将此公式缩写成

$$LOC[j_1, j_2, \cdots, j_n] = LOC[1,1,\cdots 1] + \sum_{i=1}^{n} c_i (j_i - 1) \tag{6.3}$$

其中,$c_n = L, c_{i-1} = b_i \times c_i (2 \leqslant i \leqslant n)$。

2. 按列为主的次序存储数组的元素

按列为主的次序存储数组 A 的存储结构示意如图 6.2 所示。

图 6.2 二维数组按列为主的次序存储

所谓按列为主的次序存储数组,就是对于有 b_1 行 b_2 列的二维数组,先顺序存储第一列的 b_1 个元素,然后再顺序存储第二列的 b_1 个元素,依此类推,最后顺序存储第 b_2 列的 b_1 个元素。

假设二维数组 A 的第一个元素 a_{11} 在这组连续存储单元中的地址为 $LOC[1,1]$,数组的每个元素占 L 个字节,则二维数组 A 中任一元素 a_{ij} 的存储地址 $LOC[i,j]$ 可由如下公式确定:

$$\text{LOC}[i,j] = \text{LOC}[1,1] + [(j-1) \times b_1 + i - 1] \times L \tag{6.4}$$

其中,$1 \leqslant i \leqslant b_1$,$1 \leqslant j \leqslant b_2$。同样,只要给出二维数组 A 中任一元素的一组下标(i,j),就可很快计算出相应元素的存储位置。

推广到三维数组。根据上面对"按行为主的次序存储数组的元素"规律的总结,可以得出,所谓"按列为主的次序"存储的元素下标的排列规律是:先排最左的下标,从左向右,最后排最右的下标。假设三维数组 A 的第一个元素 a_{111} 在存储单元中的地址为 $\text{LOC}[1,1,1]$,数组的每个元素占 L 个字节,则三维数组 $A_{b_1 \times b_2 \times b_3}$ 中任意元素 a_{ijk} 的地址 $\text{LOC}[i,j,k]$ 的计算公式为

$$\text{LOC}[i,j,k] = \text{LOC}[1,1,1] + [(k-1) \times b_1 \times b_2 \\ + (j-1) \times b_1 + i - 1] \times L \tag{6.5}$$

进一步推广到 n 维数组。假设 n 维数组 $A_{b_1 \times b_2 \times \cdots \times b_n}$ 的第一个元素 $a_{11\cdots1}$(n 个 1)的存储单元地址为 $\text{LOC}[1,1,\cdots1]$(n 个 1),数组的每个元素占 L 个字节,则 n 维数组 $A_{b_1 \times b_2 \times \cdots \times b_n}$ 的任意元素 $a_{j_1 j_2 \cdots j_n}$ 的存储单元地址的计算公式为

$$\text{LOC}[j_1, j_2, \cdots, j_n] = \text{LOC}[1,1,\cdots1] + [(j_n - 1) \times b_1 \times b_2 \times \cdots \times b_{n-1} \\ + (j_{n-1} - 1) \times b_1 \times b_2 \times \cdots \times b_{n-2} \\ + (j_{n-2} - 1) \times b_1 \times b_2 \times \cdots \times b_{n-3} \\ + \cdots \\ + (j_2 - 1) \times b_1 \\ + (j_1 - 1)] \times L$$

可将此公式缩写成

$$\text{LOC}[j_1, j_2, \cdots, j_n] = \text{LOC}[1,1,\cdots1] + \sum_{i=1}^{n} c_i (j_i - 1) \tag{6.6}$$

其中,$c_1 = L$,$c_i = b_{i-1} \times c_{i-1}$($2 \leqslant i \leqslant n$)。

通过上述讨论可以看出,不论以行为主序的存储结构还是以列为主序的存储结构,都具有随机性,因为数组元素的存储地址是其下标的线性函数,一旦确定了数组的各维的长度,式(6.3)和式(6.6)中的 c_i 就是常数。由于计算数组各个元素地址的时间是相等的,所以存取数组中任一元素的时间也相等,这正是随机存储结构的特点。

6.2.2 数组顺序存储结构描述

用 ARRAY 表示数组的顺序存储结构类型,本节给出 ARRAY 的类型描述。所讨论的是以行为主序的顺序存储结构。

对于数组 $A_{b_1 \times b_2 \times \cdots \times b_n}$,其顺序存储结构如图 6.3 所示。

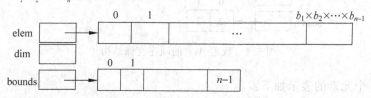

图 6.3 数组的顺序存储结构

其中,elem用来表示动态的一维数组类型的空间,是有$b_1 \times b_2 \times \cdots \times b_n$个元素,元素类型为EType的一维数组类型,用来存放数组A的元素,dim存放数组A的维数,bounds也是用来表示动态的一维数组类型,是有n个元素,元素类型为int的一维数组类型,用来存放数组A各维的维界。相对于此结构的类型用ARRAY表示,其描述如下:

```
template< typename T >
struct ARRAY
    {   EType * elem;                //通过创建获得相应空间
        int dim;
        int * bounds;                //通过创建获得相应空间
    };
```

数组A经创建后,其下标为$j_0 j_1 \cdots j_{n-1}$的元素的地址为

$$A.\text{elem} + j_0 \times A.\text{bounds}[1] \times A.\text{bounds}[2] \times \cdots \times A.\text{bounds}[n-1]$$
$$+ j_1 \times A.\text{bounds}[2] \times A.\text{bounds}[3] \times \cdots \times A.\text{bounds}[n-1]$$
$$+ j_2 \times A.\text{bounds}[3] \times A.\text{bounds}[4] \times \cdots \times A.\text{bounds}[n-1]$$
$$+ \cdots$$
$$+ j_{n-2} \times A.\text{bounds}[n-1]$$
$$+ j_{n-1}$$

这里,$0 \leqslant j_i \leqslant b_i - 1, 0 \leqslant i \leqslant n-1$。

元素表示形式为:

$$*(A.\text{elem} + j_0 \times A.\text{bounds}[1] \times A.\text{bounds}[2] \times \cdots \times A.\text{bounds}[n-1]$$
$$+ j_1 \times A.\text{bounds}[2] \times A.\text{bounds}[3] \times \cdots \times A.\text{bounds}[n-1]$$
$$+ j_2 \times A.\text{bounds}[3] \times A.\text{bounds}[4] \times \cdots \times A.\text{bounds}[n-1]$$
$$+ \cdots$$
$$+ j_{n-2} \times A.\text{bounds}[n-1]$$
$$+ j_{n-1})$$

例如,数组$A_{2\times 3}$如下:

$$A_{2\times 3} = \begin{bmatrix} 1 & 2 & 3 \\ 4 & 5 & 6 \end{bmatrix}$$

其中,A的元素$a_{00}=1, a_{01}=2, a_{02}=3, a_{10}=4, a_{11}=5, a_{12}=6$。

数组A经创建和相应数据的输入后,存储状态如图6.4所示。

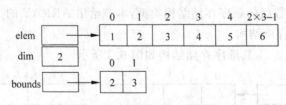

图6.4 数组$A_{2\times 3}$的顺序存储结构

则A的6个元素的表示如下:

a_{00}: $*(A.\text{elem}+0 \times A.\text{bounds}[1]+0)$ a_{01}: $*(A.\text{elem}+0 \times A.\text{bounds}[1]+1)$
a_{02}: $*(A.\text{elem}+0 \times A.\text{bounds}[1]+2)$ a_{10}: $*(A.\text{elem}+1 \times A.\text{bounds}[1]+0)$

a_{11}：*(A.elem + 1 × A.bounds[1] + 1)　a_{12}：*(A.elem + 1 × A.bounds[1] + 2)

6.2.3　数组顺序存储结构下的操作

1. 创建维数为 n

设数组 A 每维的长度为 $b_1, b_2, \cdots, b_n$。创建数组 A 的主要工作是获得数组 A 的元素及数组 A 的维数和各维界所需的空间。创建维数为 n 的数组 A 的算法 CreatArray 如下：

```
template < class T >
void CreatArray(ARRAY < T > &A, int n, int b1, int b[ ])
{   //数组各维的长度存放在数组 b 中
    A.dim = n;
    int t = 1;
    for(int i = 0; i < A.dim; i++)
        t = t * b[i];
    A.elem = new EType [t];
    A.bounds = new int [A.dim];
    cout <<"添加成功"<< endl;
}
```

2. 在 n 维数组 A 中读取下标为 $j_1, j_2, \cdots, j_n$ 的元素的值到 e 中

在 n 维数组 A 中读取下标为 $j_1, j_2, \cdots, j_n$ 的元素的值到 e 中的算法 GetValue 如下：

```
template < typename T >
void GetValue(ARRAY < T > A, EType &e, int m[ ])
{   //要读取的元素的下标存放在数组 j 中
    EType * t1 = A.elem;
    for(int i = 0; i < A.dim; i++)
    {
        int t2 = m[i];
        for(int j = i + 1; j < A.dim; j++)
            t2 = t2 * A.bounds[j];
        t1 = t1 + t2;
    }
    e = * t1;
}
```

3. 将 n 维数组 A 中下标为 $j_1, j_2, \cdots, j_n$ 的元素的值改为 e 的值

将 n 维数组 A 中下标为 $j_1, j_2, \cdots, j_n$ 的元素的值改为 e 的值的算法 ChangeValue 如下：

```
template < typename T >
void ChangeValue(ARRAY < T > &A, EType e, int m[ ])
{   //要修改的元素的下标存放在数组 j 中
    EType * t1 = A.elem;
    for(int i = 0; i < A.dim; i++)
    {
        int t2 = m[i];
```

```
            for(int j = i + 1;j < A.dim;j++)
                t2 = t2 * A.bounds[j];
            t1 = t1 + t2;
        }
        * t1 = e;
        cout <<"修改完成"<< endl;
    }
```

4. 撤销已创建的数组 A

该操作的主要工作是将已创建的数组 A 中的动态存储单元撤销。撤销已创建的数组 A 的算法 DestroyArray 如下：

```
template< typename T >
void DestroyArray(ARRAY < T > &A)
{
    for(int i = 0;i < A.dim;i++)
    {
        for(int j = i + 1;j < A.dim;j++)
        {
            delete A.bounds;
        }
    }
    cout <<"删除完成"<< endl;
}
```

6.3 矩阵的存储及操作

6.3.1 矩阵的定义及操作

矩阵是很多科学与工程计算问题中研究的数学对象，一个具有 m 行 n 列的矩阵是一个 m 行 n 列的二维表，这种矩阵有 $m \times n$ 个元素。若 $m=n$，则称该矩阵为 n 阶方阵。本节并不讨论矩阵本身的问题，而是讨论在计算机中如何表示矩阵，以便对矩阵进行有效的操作。

从前面的讨论可以看出，矩阵是与数组有同样结构的数据。站在数据结构的角度，$m \times n$ 的矩阵可与二维数组这种数据结构相对应，即矩阵的逻辑结构与二维数组的逻辑结构相同。

在数学问题中，对矩阵有多种操作，这里只列出矩阵的转置和矩阵相加操作。

6.3.2 矩阵的顺序存储

在 6.3.1 节中指出，矩阵的逻辑结构与二维数组的逻辑结构相同，那么，矩阵的顺序存储结构，包括矩阵元素存储时在存储空间中的排列次序问题，存储结构图和结构描述等，就与在 6.2 节中所讨论的基本相同，这里不再赘述。

对矩阵采用顺序存储方式，可以随机地访问矩阵中的每一个元素，因而能够较为容易地实现对矩阵的各种操作。

然而,这种存储方式所占空间的大小与矩阵的规模相关,在矩阵的实际应用中,经常会遇到这样一些矩阵,它们的规模比较大,即阶数很高,但矩阵中有许多值相同的元素或值为 0 的元素。比如,对 15×15 的矩阵,若有 10 个元素的值非零,215 个元素的值是 0,若仍然采用这种顺序存储方式,则在存放矩阵元素的 225 个存储空间中,就有 215 个单元存放的是 0,即浪费了很多存储空间来存放实际上可以不必存放的元素。因此,针对矩阵的这种情况应该采用另外的方法对矩阵进行存储,这就是压缩存储的方法。所谓压缩存储,就是为多个值相同的元素只分配一个存储空间,对零元素不分配存储空间。例如,对上述 15×15 的矩阵只需设法给这 10 个非零元素分配存储空间就可以了。

6.3.3 特殊矩阵的压缩存储及操作

特殊矩阵是指有许多值相同的元素或值为零的元素在矩阵中的分布有一定规律的矩阵。对称矩阵、三角矩阵和三对角矩阵等都属于特殊矩阵。

若有一个 n 阶矩阵 A 中的元素满足下列性质:
$$a_{ij} = a_{ji} \quad (1 \leqslant i \leqslant n, 1 \leqslant j \leqslant n)$$
则称 A 为对称矩阵。

若有一个 n 阶矩阵 A 中的元素满足下列性质:
$$a_{ij} = 0 \text{ 当且仅当 } i < j \quad (1 \leqslant i \leqslant n, 1 \leqslant j \leqslant n)$$
则称 A 为下三角矩阵。

若有一个 n 阶矩阵 A 中的元素满足下列性质:
$$a_{ij} = 0 \text{ 当且仅当 } i > j \quad (1 \leqslant i \leqslant n, 1 \leqslant j \leqslant n)$$
则称 A 为上三角矩阵。

若有一个 n 阶矩阵 A 中的元素满足下列性质:
$$a_{ij} = 0 \text{ 当且仅当 } |i - j| > 1 \quad (1 \leqslant i \leqslant n, 1 \leqslant j \leqslant n)$$
则称 A 为三对角矩阵。

图 6.5 是 4 种 4 阶特殊矩阵的例子。

$$\begin{bmatrix} 1 & 2 & 0 & 0 \\ 2 & 4 & 2 & 0 \\ 0 & 1 & 4 & 8 \\ 0 & 0 & 3 & 9 \end{bmatrix} \quad \begin{bmatrix} 1 & 0 & 0 & 0 \\ 2 & 3 & 0 & 0 \\ 4 & 5 & 6 & 0 \\ 7 & 8 & 9 & 1 \end{bmatrix} \quad \begin{bmatrix} 1 & 2 & 3 & 0 \\ 0 & 2 & 7 & 2 \\ 0 & 0 & 6 & 3 \\ 0 & 0 & 0 & 9 \end{bmatrix} \quad \begin{bmatrix} 1 & 3 & 5 & 0 \\ 3 & 6 & 9 & 7 \\ 5 & 9 & 4 & 8 \\ 0 & 7 & 8 & 2 \end{bmatrix}$$

(a) 三对角矩阵　　(b) 下三角矩阵　　(c) 上三角矩阵　　(d) 对称矩阵

图 6.5　4 种 4 阶特殊矩阵示例

下面讨论对称矩阵的压缩存储方法。

n 阶对称矩阵中,除对角线以外都是一对一对的对称元素,根据前面谈到的压缩存储的思想,存储这样的对称矩阵只需为每一对对称元素分配一个单元即可,这样,n 阶对称矩阵的 n^2 个元素就只需 $n(n+1)/2$ 个元素的空间。通常,采用以行为主的顺序来存储其下三角的元素(包括对角线上的元素)。

用 SYMMATRIX 表示 n 阶对称矩阵的压缩顺序存储结构类型,下面将给出

SYMMATRIX 的类型描述。

对于 n 阶对称矩阵 A，其压缩顺序存储结构如图 6.6 所示。

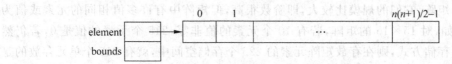

图 6.6　对称矩阵压缩顺序存储结构

其中，elem 用来表示动态的一维数组类型的空间，是有 $n(n+1)/2$ 个元素，元素类型为 EType 的一维数组类型，用来存放矩阵 A 的下三角的元素(包括对角线上的元素)。bounds 用来存放矩阵 A 的维界。相对于此结构的类型用 SYMMATRIX 表示，其描述如下：

```
template< typename T >
struct SYMMATRIX
{
    EType  * elem;                          //通过创建获得相应空间
    int     bounds;
};
```

A 经创建后，n 阶对称矩阵中的任一元素 a_{ij} 与 A.elem$[k-1]$ 相对应。其中：

$$k = \begin{cases} \dfrac{i(i-1)}{2}+j & (1 \geqslant j, 1 \leqslant i \leqslant n, 1 \leqslant j \leqslant n) \\ \dfrac{j(j-1)}{2}+i & (1 < j, 1 \leqslant i \leqslant n, 1 \leqslant j \leqslant n) \end{cases} \tag{6.7}$$

A.bound 存放 n 阶对称矩阵的 n 值。

例如，SYMMATRIX 类型的 A 对应图 6.5(d)，其压缩存储状态如图 6.7 所示。

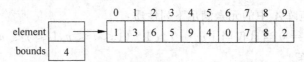

图 6.7　4 阶对称矩阵压缩顺序存储状态

图 6.5(d)中的元素 a_{23} 与 A.elem$[3*(3-1)/2+2-1]$($i<j$)，即 A.elem$[4]$ 相对应，其值为 9。图 6.5 中(d)中的元素 a_{32} 与 A.elem$[3*(3-1)/2+2-1]$($i \geqslant j$)，即 A.elem$[4]$ 相对应，其值为 9。

n 阶对称矩阵的这种存储方式也适合三角矩阵，按这种压缩存储的思路，可实现对三对角矩阵的压缩存储。总之，对特殊矩阵的压缩存储就是将二维结构的数据用一维数组类型空间进行存储，其中最主要的问题就是矩阵中的元素在一维数组空间中的对应关系。

下面给出对称矩阵在上述压缩顺序存储结构下相加操作的算法。

设 A 和 B 均为 n 阶对称矩阵，则矩阵 $C=A+B$ 也是 n 阶对称矩阵，即 $c_{ij}=c_{ji}$（c_{ij} 与 c_{ji} 为 C 的任意元素，$1 \leqslant i \leqslant n, 1 \leqslant j \leqslant n$）且 $c_{ij}=a_{ij}+b_{ij}$。这里，A、B、C 均采用 SYMMATRIX 类型结构。因此只需将 A、B 中包括主对角线在内的下三角元素相加即可求得矩阵 C。具体算法如下：

```
int AddMatrix(SYMMATRIX A,SYMMATRIX B, SYMMATRIX &C)
{
    if(A.bounds!= B.bounds)                //若A、B的阶数不同,则不能进行相加运算,这时返回1
        return 1;
    for(i = 1;i <= A.bounds;i++)
        for(j = 1;j <= i;j++)
            C.elem[i*(i-1)/2 + j-1] = A.elem[i*(i-1)/2 + j-1] + B.elem[i*(i-1) + j/2 -1];
    return 0;
}
```

有关对称矩阵的其他操作的算法,请读者自行给出。

从上面的讨论可以看出,特殊矩阵的压缩顺序存储结构仍具有随机存取特性,这是因为对特殊矩阵的压缩是按照特殊矩阵中相同元素或零元素的排列规律进行的。然而,在实际应用中,还会遇到这样的一种矩阵,矩阵中大多数元素的值是零,只有少数元素的值不为零,而且这些值不为零的元素在矩阵中的排列没有什么规律,这种矩阵称为稀疏矩阵。对于这种矩阵,如果进行压缩存储,则具体的方法就要比特殊矩阵复杂。这就是6.3.4节要讨论的问题。

6.3.4 稀疏矩阵的压缩存储及操作

在6.3.3节的最后,定性地给出了稀疏矩阵的概念,与之相对地,将不是稀疏矩阵的矩阵称为稠密矩阵。显然,在稀疏矩阵和稠密矩阵之间没有一个定量的精确分界,对于稀疏矩阵,人们更多的是凭直觉来界定的。不过,通过长期的实践,还是形成了一个广为接受的界定方法,即稀疏因子界定方法。

设矩阵 A 是 $m \times n$ 的矩阵,其中有 t 个非零元素。令 $\delta = t/(m \times n)$,称 δ 为 A 的稀疏因子。若 $\delta \leq 0.3$(有些情况下要求 $\delta \leq 0.2$),则称 A 为稀疏矩阵。

如何对稀疏矩阵进行压缩存储呢?

根据压缩存储的基本思想,对稀疏矩阵只存储其中的非零元素,对零元素则不分配存储空间。由于在稀疏矩阵中非零元素的分布没有规律,为了保持非零元素在矩阵中的逻辑关系不变,便于实现矩阵的各种运算,在存储矩阵中的非零元素时,除了存储非零元素的值外,还要同时存储该元素在矩阵中的行和列的位置。因此,对于稀疏矩阵,首先要用一个称为三元组的表将其中的所有非零元素表示出来,然后,用相应的存储方法将此三元组表存储起来,实现对稀疏矩阵的压缩存储。

1. 三元组表

若 A 是一个稀疏矩阵,有 t 个非零元素,a_{ij} 是其中的一个非零元素,则 (i,j,a_{ij}) 是表示该非零元素的一个三元组。t 个这样的三元组按一定的次序构成的线性表就是三元组表。这里的次序指的是按行为主的次序和按列为主的次序。

例如,稀疏矩阵 $A_{4 \times 8}$ 如下所示:

$$A = \begin{bmatrix} 0 & 0 & 0 & 3 & 0 & 0 & 2 & 0 \\ 0 & 5 & 0 & 0 & 8 & 0 & 0 & 4 \\ 0 & 0 & 7 & 0 & 0 & 1 & 0 & 0 \\ 0 & 6 & 0 & 0 & 0 & 0 & 0 & 0 \end{bmatrix}$$

其按行为主的三元组表 TripleList 为
$$\text{TripleList} = ((1,4,3),(1,7,2),(2,2,5),(2,5,8),(2,8,4),\\(3,3,7),(3,6,1),(4,2,6))$$
其按列为主的三元组表 TripleList 为
$$\text{TripleList} = ((2,2,5),(2,4,6),(3,3,7),(4,1,3),(5,2,8),\\(6,3,1),(7,1,2),(8,2,4))$$

三元组表中的每一个元素是一个三元组。

所谓按行为主的次序，就是在三元组表中先排第一行非零元的三元组，再排第二行非零元的三元组，接着排第三行非零元的三元组……所谓按列为主的次序，就是在三元组表中先排第一列非零元的三元组，再排第二列非零元的三元组，接着排第三列非零元的三元组……在以下的讨论中，采用按行为主的三元组表。

有了三元组表，对稀疏矩阵的压缩存储问题实质上就转化成对相应三元组表的存储问题。对三元组表的存储方法有两类，一类是顺序存储方法，另一类是链式存储方法。

2. 三元组顺序表

三元组顺序表属于顺序存储方法，即用一组连续的存储单元存储三元组表中的元素。而三元组表中的每一个元素是一个三元组。同时，为了完整地表示相应的稀疏矩阵，该存储结构中还要存储相应稀疏矩阵的行、列及非零元素的个数等数据。

三元组顺序表的结构如图 6.8 所示。

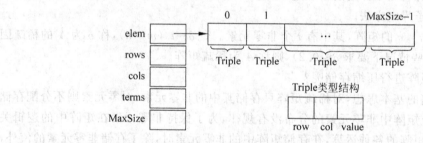

图 6.8 稀疏矩阵压缩顺序存储结构——三元组顺序表

其中，elem 用来表示动态的一维数组类型的空间，是有 MaxSize 个元素，元素类型为 Triple 的一维数组类型，用来存放稀疏矩阵的非零元素。

Triple 是三元组的类型，其中 row、col 和 value 分别用来存放三元组所表示的非零元在矩阵中的行、列和该非零元的值。value 的类型为 EType。

rows 用来存放稀疏矩阵的行数，cols 用来存放稀疏矩阵的列数，terms 用来存放稀疏矩阵非零元素的个数。MaxSize 用来存放稀疏矩阵可以有的最大非零元的个数。

相对于此结构的类型用 TSMatrix 表示，其描述如下：

```
struct Triple
{
    int row,col;
    EType value;
};
template<typename T>
```

```
struct TSMatrix
{
    Triple * elem;                    //通过创建获得相应空间
    int rows, cols;
    int terms;
    int MaxSize;
};
```

例如，上述 $A_{4\times 8}$ 的稀疏矩阵用 TSMatrix 类型存储后的状态如图 6.9 所示。假设 A 的最大非零元个数为 10。

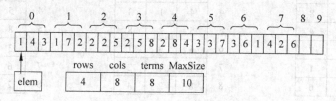

图 6.9　稀疏矩阵 $A_{4\times 8}$ 的三元组顺序表

创建用上述三元组顺序表表示的最大非零元个数为 maxsize 的空稀疏矩阵 A 的算法如下：

```
template< typename T >
void CreateTSMatrix(TSMatrix< T > & A, int maxsize)
{
    A.MaxSize = maxsize;
    A.elem = new Triple[A.MaxSize];
    A.rows = 0;
    A.cols = 0;
    A.terms = 0;
    cout <<"创建完成"<< endl;
}
```

下面以矩阵的转置为例，讨论用这种三元组顺序表来存储稀疏矩阵后如何实现对矩阵的操作。

设 A 是有 m 行、n 列且有 t 个非零元素的稀疏矩阵，其转置矩阵 B 则是有 n 行、m 列且也有 t 个非零元素的稀疏矩阵，且 $a_{ij}=b_{ji}$（a_{ij} 和 b_{ji} 分别为 A 和 B 的任意元素，$1\leqslant i\leqslant m$，$1\leqslant j\leqslant n$）。

若 A 用三元组顺序表表示，则 B 也应该是用三元组顺序表表示。为简化问题，就在三元组表上进行讨论。

例如，上述 $A_{4\times 8}$ 的稀疏矩阵的三元组表 A.elem 如图 6.10 所示。$A_{4\times 8}$ 的转置矩阵 $B_{8\times 4}$ 的三元组表 B.elem 如图 6.11 所示。

由 $A_{4\times 8}$ 求其转置矩阵 $B_{8\times 4}$ 的过程实质上就是由图 6.10 所示的三元组表 A.elem 求得图 6.11 所示的三元组表 B.elem 的过程。

从转置矩阵运算本身来看，对每个非零元而言，从 A 置换到 B，只需将 A.elem 的第一列数与第二列数对换即可。但这样得到的三元组表并不是图 6.11 所示的三元组表，而是图 6.12 所示的三元组表 A'.elem，显然，A'.elem 没有满足以行序为主序存放非零元素的原则，还须按 row 对 A'.elem 进行升序排序，才能得到 B.elem。这种从 A.elem 得到

B.elem 的方法是：先转置，再进行调整，使转置矩阵的三元组表 B.elem 中的元素按以行序为主序存放的原则到位。该方法的低效之处显然在调整上。这种方法的基本思想是以矩阵 **A** 的行序进行转置。

	row	col	value
1	1	4	3
2	1	7	2
3	2	2	5
4	2	5	8
5	2	8	4
6	3	3	7
7	3	6	1
8	4	2	6

图 6.10　A.elem

	row	col	value
1	2	2	5
2	2	4	6
3	3	3	7
4	4	1	3
5	5	2	8
6	6	3	1
7	7	1	2
8	8	2	6

图 6.11　B.elem

	row	col	value
1	4	1	3
2	7	1	2
3	2	2	5
4	5	2	8
5	8	2	4
6	3	3	7
7	6	3	1
8	2	4	6

图 6.12　A'.elem

能否直接得到以行序为主序存放的 B.elem 呢？可以考虑这样的方法，其基本思想是以矩阵 **A** 的列序进行置换。具体做法是：对于 **A** 的每一列 col，对 A.elem 从第一行起整个进行扫描，扫描中，当得到与当前 col 相等的三元组时，将其转置到 B.elem 中由指针 k 所指出的位置上（k 的初值为 1，每存放一个转置后的三元组，k 的值加 1）。由于 A.elem 本身是以行序为主序来存放非零元对应的三元组的，所以处理完每一列以后得到的 B.elem 就是符合以行序为主序原则的。这种方法的相应算法如下：

```
template < typename T >
void TransposeSMatrix(TSMatrix < T > A, TSMatrix < T > &B)
{
    B.rows = A.cols; B.cols = A.rows; B.terms = A.terms;
    if(B.terms)
    {
        k = 1;
        for(col = 1;col < = A.cols;col++)
            for(i = 1;i < = A.terms;i++)
                if(A.elem[i - 1].col == col)
                {
                    B.elem[k - 1].row = A.elem[i - 1].col;
                    B.elem[k - 1].col = A.elem[i - 1].row;
                    B.elem[k - 1].value = A.elem[i - 1].value;
                    k = k + 1;
                }
    }
}
```

下面分析这个算法。其主要工作是在 col 和 i 的两重循环中完成的，所以，该算法的时间复杂度为 $O(A.\text{cols} \times A.\text{terms})$。当稀疏矩阵 **A** 的非零元素个数的量级为 $A.\text{rows} \times A.\text{cols}$ 时，其时间复杂度就变为 $O(A.\text{rows} \times (A.\text{cols})^2)$ 了（例如，假设 34×10 的矩阵中有 100 个非零元素）。我们知道，$O(A.\text{rows} \times A.\text{cols})$ 是矩阵用二维数组类型（即非压缩的顺

序存储结构)存储时实现转置运算算法的时间复杂度,可见,压缩存储虽然节省了存储空间,但时间复杂度却提高了,所以,上述算法只适合于稀疏矩阵的非零元素个数远远小于稀疏矩阵的规模的情况。

再进一步分析上述算法,其低效之处主要是每得到转置矩阵 B 的一行非零元素(即矩阵 A 的每一列非零元素),都要对 A. elem 从头到尾扫描一遍。那么,能否在对 A. elem 的一次扫描中就能直接得到要求的 B. elem,且也不用调整呢? 由此,给出另一种方法。

首先从 A. elem 中获得转置矩阵 B 的每行非零元素的个数(也是矩阵 A 每一列非零元素的个数),并由此推算出转置矩阵 B 每行的第一个非零元素在 B. elem 中的位置。然后对 A. elem 从头到尾将每一个三元组直接转置到 B. elem 中应该在的位置。为此,设立两个数组 n 和 p。$n[r]$ 表示转置矩阵 B 第 r 行的非零元素的个数,$p[r]$ 表示转置矩阵第 r 行的第一个非零元素在 B. elem 中应该在的位置。已知 n 后,p 可经过推算得到,即:

$$\begin{cases} p[1] = 1 \\ p[r] = p[r-1] + n[r-1] \end{cases} 2 \leqslant c \leqslant B.\text{rows}(A.\text{cols})$$

得到的数组 n 和 p 如下:

r	1	2	3	4	5	6	7	8
$n[r]$	0	2	1	1	1	1	1	1
$p[r]$	1	1	3	4	5	6	7	8

该方法对应的算法如下:

```cpp
template< typename T >
void FTransposeSMatrix(TSMatrix< T > A, TSMatrix< T > &B)
{
    B.rows = A.cols; B.cols = A.rows; B.terms = A.terms;
    int *n = new int[B.rows];
    int *p = new int[B.rows];
    int acol,brow;
    if(B.terms)
    {
        for(int r = 1;r <= B.rows;r++)
            n[r-1] = 0;                        //初始化数组 n
        for(int t = 1;t <= A.terms;t++)        //求 B 中每一行含非零元素的个数
            n[A.elem[t-1].col] = n[A.elem[t-1].col]+1;
        p[0] = 1;                              //求 B 中第 r 行的第一个非零元素在 B.elem 中的序号
        for(int r = 2;r <= B.rows;r++)
            p[r-1] = p[r-2] + n[r-2];
        for(int t = 1;t <= A.terms;t++)
        {   //扫描 A.elem,完成转置
            acol = A.elem[t-1].col;            //取得 A.elem 第 t 行三元组的 col 值 acol
            brow = p[acol];
            //取得 A.elem 第 t 行 col 值为 acol 的三元组转置后在 B.elem 中的序号 brow
            //将 A.elem 的第 t 行三元组转置到 B.elem 的第 brow 行
            B.elem[brow-1].row = A.elem[t-1].col;
            B.elem[brow-1].col = A.elem[t-1].row;
            B.elem[brow-1].value = A.elem[t-1].value;
            p[acol] = p[acol]+1;               //acol 行下一个非零元素在 B.elem 中的序号
```

```cpp
        }
        cout<<"转置完成"<<endl;
}
int main()
{
    TSMatrix<int> t;
    TSMatrix<int> b;
    int n;
    cout<<"请选择要执行的操作"<<endl;
    cout<<"1:创建三元组"<<endl;
    cout<<"2:三元组转置"<<endl;
    cout<<"3:退出"<<endl;
    while(cin>>n)
    {
        if(n == 3)
            break;
        switch(n)
        {
            case 1:
            {
                CreateTSMatrix(t,10);
                break;
            }
            case 2:
            {
                FTransposeSMatrix(t,b);
                break;
            }
            default:
            {
                cout<<"输入错误"<<endl;
                break;
            }
        }
        cout<<"请选择要执行的操作"<<endl;
        cout<<"1:创建三元组"<<endl;
        cout<<"2:三元组转置"<<endl;
        cout<<"3:退出"<<endl;
    }
    return 0;
}
```

在该算法中共有 4 个并列的循环,分别执行 $B.rows$ 次、$A.terms$ 次、$B.rows-1$ 次和 $A.terms$ 次。时间复杂度为 $O(B.rows+A.terms)$,当 $A.terms$ 达到 $A.rows \times A.cols$ 量级时,时间复杂度才上升到 $O(A.rows \times A.cols)$,特别是当 $A.terms \ll A.rows \times A.cols$ 时,该算法是很高效的。当然,该算法的高效是有一定代价的,这是因为算法中用了两个辅助数组。

3. 行逻辑链表

从上面的讨论可以看到,在创建用三元组顺序表存储的稀疏矩阵时,要给出该矩阵可能有的最大非零元素个数,但随着矩阵加、减和乘操作的执行,非零元素的个数将发生变化,可能增加,也可能减少。当非零元素的个数超过预先估计的最大个数时,就会引发异常。当然,也可以在有关算法中增加对非零元素个数发生变化时的判断,当出现非零元素的个数超过预先估计的最大个数时,就为三元组表重新分配更多的空间,然后将原有空间中的内容复制到新的空间中,并撤销老空间。显然这种额外的工作将使有关算法的效率降低。另一方面,若在创建时对矩阵中非零元素个数估计过高,则会造成空间的浪费。还有,当非零元素的位置发生变化时,要增加对三元组表的调整工作,同样会影响有关算法的效率。因此,三元组顺序表只适合非零元素个数变化不大的稀疏矩阵。

这里讨论的行逻辑链表属于链式存储方法,这种方法的基本思想是以行序为主序将稀疏矩阵的每一行非零元素链接起来。具体实现可有多种方案,这里讨论一种带行指针数组的单链表表示方案。具体做法是:设立一个指针一维数组 r。$r[i]$ 是指向第 i 行第一个非零元素结点的指针。非零元素结点的结构有 3 个域:c、v 和 next,分别存放该结点对应的非零元素所在的列、非零元素的值和指向与该非零元素在同一行的下一个非零元素结点,使每一行非零元素结点链接成一个单链表。由于每个非零元素的行信息由该非零元素对应的非零元素结点所在单链表的头指针在数组 r 中的位置决定,所以,在非零元素结点中只需提供列信息和非零元素的值。

带行指针数组的单链表的结构如图 6.13 所示。

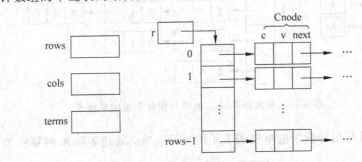

图 6.13 带行指针数组的单链表

其中,rows、cols 和 terms 分别存储稀疏矩阵的行数、列数和非零元素的个数。r 用来表示动态的一维数组类型的空间,是有 rows 个元素,元素类型为 Cnode 类型指针的一维数组类型,用来存放指向行链表的第一个非零元素结点的指针。

Cnode 是非零元素结点类型,其中 c、v 和 next 分别用来存放该结点所表示的非零元素在矩阵中的列、该非零元素的值和指向同行中下一个非零元素结点的指针。v 的类型为 EType。

相对于此结构的类型用 RLSMatrix 表示,其描述如下:

```
struct Cnode
{
    int c;
```

```
        EType v;
        Cnode * next;
};
template< typename T >
struct RLSMatrix
{
        Cnode * r;                              //通过创建获得相应空间
        int rows,cols,terms;
};
```

例如,稀疏矩阵 $A_{4\times 8}$ 如下:

$$A = \begin{bmatrix} 0 & 0 & 0 & 3 & 0 & 0 & 2 & 0 \\ 0 & 5 & 0 & 0 & 8 & 0 & 0 & 4 \\ 0 & 0 & 7 & 0 & 0 & 1 & 0 & 0 \\ 0 & 6 & 0 & 0 & 0 & 0 & 0 & 0 \end{bmatrix}$$

其按行为主的三元组表 TripleList 为

$$\text{TripleList} = ((1,4,3),(1,7,2),(2,2,5),(2,5,8),$$
$$(2,8,4),(3,3,7),(3,6,1),(4,2,6))$$

用 RALSMatrix 类型存储后的状态如图 6.14 所示。

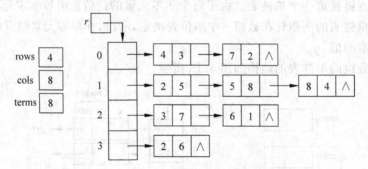

图 6.14 稀疏矩阵 $A_{4\times 8}$ 的带行指针数组的单链表

创建用上述带行指针数组的单链表表示的 r 行 c 列空稀疏矩阵 A 的算法如下:

```
template< typename T >
void CreateRLSMatrix (RLSMatrix< T >& A, int r, int c)
{
    A.rows = r; A.cols = c;A.terms = 0;
    A.r = new Cnode [A.rows];
    Cnode temp;
    temp.c = 0;
    temp.v = 0;
    temp.next = NULL;
    for( int i = 1;i< = A.rows;i++)
        A.r[ i – 1] = temp;

    cout <<"创建完成"<< endl;
}
```

下面以矩阵的相加为例,讨论用这种带行指针数组的单链表存储稀疏矩阵后如何实现对矩阵的操作。

设 A 是有 m 行、n 列且有 t_1 个非零元的稀疏矩阵,B 是有 m 行、n 列且有 t_2 个非零元的稀疏矩阵,$C=A+B$ 也是有 m 行、n 列的矩阵,且 $c_{ij}=a_{ij}+b_{ij}$($1 \leqslant i \leqslant m, 1 \leqslant j \leqslant n, c_{ij}$、$a_{ij}$ 和 b_{ij} 是矩阵 C 和矩阵 A、矩阵 B 的任意元素),但非零元的个数小于或等于 t_1+t_2,只有当 $a_{ij} \neq 0$ 或者 $b_{ij} \neq 0$ 或者 $a_{ij} \neq 0$ 且 $b_{ij} \neq 0$ 且 $a_{ij} \neq -b_{ij}$ 时,c_{ij} 的值才非 0。当 C 的非零元素个数超过 $m \times n \times 0.3$ 时,就可认为 C 不是稀疏矩阵了。

用带行指针数组的单链表来存储稀疏矩阵 A、稀疏矩阵 B,对于矩阵 C 的存储结构可以采用以下两种方案:一是不论所求的 C 是否稀疏矩阵,一律采取和 A、B 相同的存储结构;二是如果事先能估算出所求的 C 不再是稀疏矩阵,则可选择用二维数组类型表示 C。这里采用第一种方案。

例如,稀疏矩阵 A 带行指针数组的单链表如图 6.14 所示,稀疏矩阵 B 带行指针数组的单链表如图 6.15 所示。

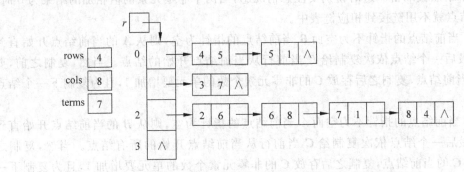

图 6.15 稀疏矩阵 $B_{4 \times 8}$ 的带行指针数组的单链表

所求矩阵 C 创建后的状态如图 6.16 所示。

在此状态下经过 $A+B$ 运算后得到的矩阵 C 带行指针数组的单链表如图 6.17 所示。

当 A、B 和 C 已创建且经过输入已建立稀疏矩阵 A 和稀疏矩阵 B 后,求矩阵 $C=A+B$ 的过程实质上就是在矩阵 C 的创建状态下建立每一行单链表的过程,即,对于 C 的行

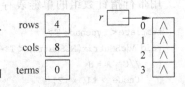

图 6.16 矩阵 C 创建后的状态

指针数组的每一行 C.r[i],扫描 A 和 B 的相应行的链表。如果 A 和 B 的相应行的链表头指针 A.r[i] 和 B.r[i] 都为空,则 C.r[i] 为空,结束本行的工作;否则,创建 C 本行的当前结点,A 和 B 相应行的链表都从第一个结点开始,根据指向 A 和 B 相应行链表当前结点的指针的状态分以下 3 种情况处理 C 的当前行:

(1) A 和 B 当前结点的指针都不为空,则分以下 3 种情况处理 C 的当前结点。

① A 和 B 相应行链表的当前结点的列号相等,则 C 本行的当前结点的列号取其中一个,值取两结点的值之和,A 和 B 相应行链表当前结点的指针同时指向下一个结点。

② A 相应行链表的当前结点的列号小于 B 相应行链表的当前结点的列号,则 C 本行的当前结点的列号取 A 当前结点的列号,值取 A 当前结点的值,A 当前结点的指针指向下一个结点。

③ A 相应行链表的当前结点的列号大于 B 相应行链表的当前结点的列号,则 C 本行的

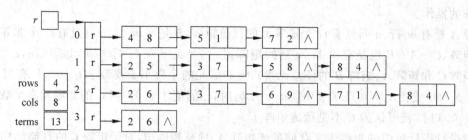

图 6.17 矩阵 $C=A+B$ 的带行指针数组的单链表

当前结点的列号取 B 的当前结点的列号,值取 B 当前结点的值,B 当前结点的指针指向下一个结点。

C 的当前结点处理完毕后,存放 C 的非零元个数的单元要增加 1,并且要为处理 C 本行中的下一个结点做准备。这时特别要注意情况①,当两个非零元素的值相加的结果为 0 时,C 的当前结点就不用链接到相应链表中。

(2) A 当前结点的指针不为空而 B 当前结点的指针为空,则从 A 的当前结点开始直到当前行的最后一个结点依次复制给 C 当前行从当前结点开始的结点。当然,复制之前,要创建 C 的当前结点,复制之后存放 C 的非零元素个数的单元要增加 1,且为复制下一个结点做准备。

(3) B 当前结点的指针不为空而 A 当前结点的指针为空,则从 B 的当前结点开始直到当前行的最后一个结点依次复制给 C 当前行从当前结点开始的所有结点。当然,复制之前,要创建 C 的当前结点,复制之后存放 C 的非零元素个数的单元要增加 1,且为复制下一个结点做准备。

用带行指针数组的单链表存储的稀疏矩阵相加运算的算法如下:

```
template<typename T>
void AddSMatrix(RLSMatrix<T> A, RLSMatrix<T> B, RLSMatrix<T> &C)
{   //C = A + B
    Cnode *t1, *t2;
    for(int i=1;i<=C.rows;i++)              //处理矩阵 C 的每一行
    {
        p=A.r[i-1];q=B.r[i-1];              //取得 A 和 B 的相应行的链表头指针
        if((p!=NULL)||(q!=NULL))
        {   //若 A 和 B 的相应行的链表头指针都为空,结束本行处理
            t1=new Cnode;
            t1->next=NULL;
            C.r[i-1]=t1;                    //创建 C 第 i 行链表的第一个结点
            t2=C.r[i-1];
            while((p!=NULL)&&(q!=NULL))
            {   //A 和 B 当前结点的指针都不为空,则分以下 3 种情况处理 C 的当前结点
                if(t1==NULL)
                { t1=new Cnode; t1->next=NULL; t2->next=t1;}
                if(p->c==q->c)              //列号相等
                {
                    t1->c=p->c; t1->v=p->v+q->v;
                    p=p->next; q=q->next;
```

```
            }
        else                         //列号不等
            if(p->c<q->c)            //A当前结点的列号小于B当前结点的列号
                {t1->c = p->c;  t1->v = p->v; p = p->next;}
            else                     //A当前结点的列号大于B当前结点的列号
                {t1->c = q->c;  t1->v = q->v; q = q->next;}
            if(t1->v!= 0)            //若C当前结点为非零元素,则个数加1
                {t2 = t1; t1 = t1->next; C.terms = C.terms+1;}
        }
        if(p!= NULL)                 //复制A的相应结点
            do
            {
                if(t1 == NULL)
                { t1 = new Cnode;  t1->next = NULL;  t2->next = t1;}
                t1->c = p->c;     t1->v = p->v;      p = p->next;
                t2 = t1;          t1 = t1->next;     C.terms = C.terms + 1;
            }while(p!= NULL);
        else
        if(q!= NULL)                 //复制B的相应结点
            do
            {
                if(t1 == NULL)
                { t1 = new Cnode;  t1->next = NULL;  t2->next = t1;}
                t1->c = q->c;     t1->v = q->v;      q = q->next;
                t2 = t1;          t1 = t1->next;     C.terms = C.terms + 1;
            }while(q!= NULL);
    }
}
```

该算法的时间复杂度为 $O(C.rows \times (A.terms + B.terms))$。

4. 十字链表

十字链表也属于链式存储方法。在十字链表中,稀疏矩阵每一行的所有非零元素用一个简单链表表示,每一列的所有非零元素也用一个简单链表表示。所有行链表的头指针和列链表的头指针分别都用一维数组类型的空间存储,称作行头指针数组和列头指针数组。整个十字链表的总头指针用两个分别表示行头指针数组和列头指针数组的指针表示。

在十字链表中表示非零元素的结点由5个域组成,即行域(row)、列域(col)、值域(value)、向下域(down)和向右域(right),如图6.18所示。

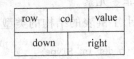

图6.18 十字链表的结点结构

相对于稀疏矩阵中的任意一个非零元素 a_{ij},row 域存放非零元素 a_{ij} 的行,即 i 值;col 域存放非零元素 a_{ij} 的列,即 j 值;value 域存放非零元素 a_{ij} 的值;right 域存放与非零元素 a_{ij} 同一行的下一个非零元素结点的地址;down 域存放与非零元素 a_{ij} 同一列的下一个非零元素结点的地址。可见,存放非零元素 a_{ij} 的结点既是第 i 行链表中的一个结点,又是第 j 列链表中的一个结点。

例如，稀疏矩阵 $A_{4\times 8}$ 如下：

$$A = \begin{bmatrix} 0 & 0 & 0 & 3 & 0 & 0 & 2 & 0 \\ 0 & 5 & 0 & 0 & 8 & 0 & 0 & 4 \\ 0 & 0 & 7 & 0 & 0 & 1 & 0 & 0 \\ 0 & 6 & 0 & 0 & 0 & 0 & 0 & 0 \end{bmatrix}$$

其按行为主的三元组表 TripleList 为

TripleList = ((1,4,3),(1,7,2),(2,2,5),(2,5,8),(2,8,4),
(3,3,7),(3,6,1),(4,2,6))

用十字链表存储矩阵 A 的状态如图 6.19 所示。

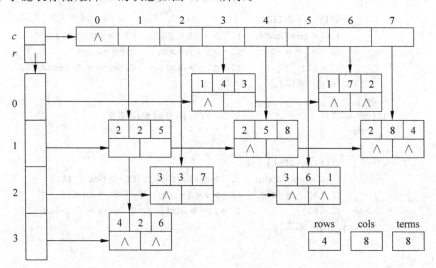

图 6.19　稀疏矩阵 $A_{4\times 8}$ 的十字链表

其中，rows、cols 和 terms 分别存储稀疏矩阵的行数、列数和非零元素的个数。r 用来表示动态的一维数组类型空间，是有 rows 个元素，元素类型为 CLnode 类型指针的一维数组类型，用来存放指向行链表的第一个非零元素结点的指针。c 也是用来表示动态的一维数组类型，是有 cols 个元素，元素类型为 CLnode 类型指针的一维数组类型，用来存放指向列链表的第一个非零元素结点的指针。CLnode 类型结构如图 6.19 所示，用来存放稀疏矩阵的非零元素。

十字链表的结构的类型用 RCLSMatrix 表示，其描述如下：

```
typedef int EType;
struct CLnode
{
    int row,col;
    EType value;
    CLnode *right, *down;
};

template< typename T >
struct RCLSMatrix
{
```

```
    CLnode * c, * r;                              //通过创建获得相应空间
    int rows,cols,terms;
};
```

创建用上述十字链表表示的 r 行 c 列空稀疏矩阵 A 的算法如下:

```
template<typename T>
void CreateRCLSMatrix(RCLSMatrix<T>& A, int r, int c)
{
    A.rows = r; A.cols = c; A.terms = 0;
    A.r = new hlink [A.rows];
    for(i = 1; i <= ; A.rows; i++)
        A.r[i-1] = NULL;
    A.c = new hlink [A.cols];
    for(i = 1; i <= ; A.cols; i++)
        A.c[i-1] = NULL;
}
```

下面以矩阵的相加为例,讨论用十字链表存储稀疏矩阵后如何实现对矩阵的操作。

例如,稀疏矩阵 A 的十字链表如图 6.19 所示,稀疏矩阵 B 的十字链表如图 6.20 所示。所求矩阵 $C = A + B$ 的十字链表如图 6.21 所示。

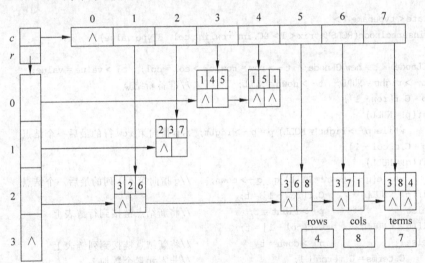

图 6.20　稀疏矩阵 $A_{4\times8}$ 的十字链表

求矩阵 $C = A + B$ 的过程实质上就是在矩阵 C 的创建状态下建立每一行简单链表和每一列简单链表的过程,该过程可参照用带行指针数组的单链表存储的稀疏矩阵相加运算的方法,在相应方法中,只要在处理矩阵 C 的当前结点时再加上列方向上的链接处理,其他问题的考虑和处理方法就和带行指针数组的单链表存储的稀疏矩阵相加运算的方法基本一致。

用十字链表存储的稀疏矩阵相加运算的算法如下。其中,insertclnode(RALSMatrix &C, int row, int col EType value)算法完成在十字链表 C 中插入行号为 row、列号为 col、值为 value 的结点,C 的非零元素个数加 1 的工作。AddSMatrix(RLSMatrix A,RALSMatrix B, RALSMatrix &C)算法完成 $C = A + B$ 的工作。A、B、C 均用十字链表

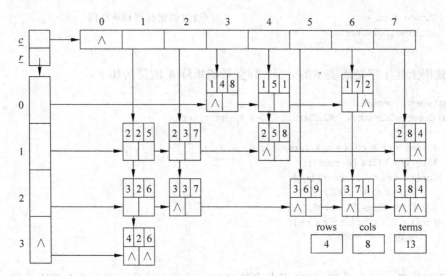

图 6.21 稀疏矩阵 $A_{4\times 8}$ 的十字链表

表示。

```
template<typename T>
void insertclnode(RCLSMatrix<T> &C,int row,int col,EType value)
{
    CLnode *t = new CLnode;   t->row = row;t->col = col;   t->value = value;
    t->right = NULL;   t->down = NULL;        //准备新结点
    p = C.r[row-1];
    if(p!=NULL)
        while(p->right!=NULL) p = p->right;   //p指向第row行的最后一个结点
    q = C.c[col-1];
    if(q!=NULL)
        while(q->down!=NULL) q = q->down;     //q指向第col列的最后一个结点
    if(p==NULL)       C.r[row-1] = t;
    else              p->right = t;           //将新结点链接到行链表上
    if(q==NULL)       C.c[col-1] = t;
    else              q->down = t;            //将新结点链接到列链表上
    C.terms = C.terms+1;                      //非零元素个数加1
}
template<typename T>
void AddSMatrix(RCLSMatrix<T> A, RCLSMatrix<T> B, RCLSMatrix<T> &C)
//C = A+B
{   int i;
    for(i = 1;i<= C.rows;i++)                 //处理矩阵C的每一行
    {
        p = A.r[i-1];q = B.r[i-1];            //取得A和B的相应行的链表头指针
        if((p!=NULL)||(q!=NULL))
        {   //若A和B的相应行的链表头指针都为空,结束本行处理
            while((p!=NULL)&&(q!=NULL))
            {   //A和B当前结点的指针都不为空,则分以下3种情况处理C的当前结点
                if(p->col == q->col)          //列号相等
                {
```

```
                    if((p->value+q->value)!=0)
                        insertclnode(C,p->row,p->col,p->value+q->value);
                    p=p->right; q=q->right;
                }
                else                              //列号不等
                    if(p->c<q->c)                 //A当前结点的列号小于B当前结点的列号
                    {insertclnode(C,p->row,p->col,p->value); p=p->right;}
                    else                          //A当前结点的列号大于B当前结点的列号
                    {insertclnode(C,q->row,q->col,q->value); q=q->right;}
        }//while
        if(p!=NULL)                               //复制A的相应结点
            do
            {
                insertclnode(C,p->row,p->col,p->value); p=p->right;
            }while(p!=NULL);
        else
            if(q!=NULL)                           //复制B的相应结点
                do
                {
                    insertclnode(C,q->row,q->col,q->value); q=q->right;
                }while(q!=NULL);
    }//if
}//for
}
```

该算法的时间复杂度为 $O(C.rows \times (A.terms + B.terms))$。

习题 6

一、单选题

1. 二维数组 A 的每个元素是由 6 个字符组成的串，其行下标 $i=0,1,\cdots,8$，列下标 $j=1,2,\cdots,10$。若 A 按行先存储，元素 $A[8,5]$ 的起始地址与当 A 按列先存储时的元素（　　）的起始地址相同。设每个字符占一个字节。

  A. $A[8,5]$　　　　B. $A[3,10]$　　　　C. $A[5,8]$　　　　D. $A[0,9]$

2. 若对 n 阶对称矩阵 A 以行序为主序方式将其下三角形的元素（包括主对角线上所有元素）依次存放于一维数组 $B[1..n(n+1)/2]$ 中，则在 B 中确定 $a_{ij}(i<j)$ 的位置 k 的关系为（　　）。

  A. $i*(i-1)/2+j$　B. $j*(j-1)/2+i$　C. $i*(i+1)/2+j$　D. $j*(j+1)/2+i$

3. 设 A 是 $n \times n$ 的对称矩阵，将 A 的对角线及对角线上方的元素以列为主的次序存放在一维数组 $B[1..n(n+1)/2]$ 中，则任一元素 $a_{ij}(1 \leq i,j \leq n$，且 $i \leq j)$ 在 B 中的位置为（　　）。

  A. $i(i-l)/2+j$　　　　　　　　　　B. $j(j-l)/2+i$

  C. $j(j-l)/2+i-1$　　　　　　　　　D. $i(i-l)/2+j-1$

4. 设二维数组 $A[1..m,1..n]$（即 m 行 n 列）按行存储在数组 $B[1..m*n]$ 中，则二维数组元素 $A[i,j]$ 在一维数组 B 中的下标为（　　）。

A. $(i-1)\times n+j$ B. $(i-1)\times n+j-1$
C. $i\times (j-1)$ D. $j\times m+i-1$

5. 有一个 100×90 的稀疏矩阵，非零元素有 10 个，设每个整型数占 2B，则用三元组表示该矩阵时，所需的字节数是（　　）。
A. 60　　　　　B. 66　　　　　C. 18 000　　　　　D. 33

单选题答案：
1. B　2. B　3. B　4. A　5. B

二、填空题

1. 数组的存储结构采用＿＿＿＿＿＿＿存储方式。
2. 设二维数组 $A[-20..30,-30..20]$，每个元素占有 4 个存储单元，存储起始地址为 200。如按行优先顺序存储，则元素 $A[25,18]$ 的存储地址为＿＿＿＿＿＿；如按列优先顺序存储，则元素 $A[-18,-25]$ 的存储地址为＿＿＿＿＿＿。
3. 设数组 $a[1..50,1..80]$ 的基地址为 2000，每个元素占 2 个存储单元，若以行序为主序顺序存储，则元素 $a[45,68]$ 的存储地址为＿＿＿＿＿＿；若以列序为主序顺序存储，则元素 $a[45,68]$ 的存储地址为＿＿＿＿＿＿。
4. 将整型数组 $A[1..8,1..8]$ 按行优先次序存储在起始地址为 1000 的连续的内存单元中，则元素 $A[7,3]$ 的地址是：＿＿＿＿＿＿。
5. 二维数组 $a[4][5][6]$（下标从 0 开始计，a 有 $4\times 5\times 6$ 个元素），每个元素的长度是 2，则 $a[2][3][4]$ 的地址是＿＿＿＿＿＿（设 $a[0][0][0]$ 的地址是 1000，数据以行为主方式存储）。

填空题答案：
1. 顺序存储结构　2. 9572,1228　3. 9174,8788　4. 1100　5. 1164

三、判断题

1. 数组不适合作为任何二叉树的存储结构。（　　）
2. 从逻辑结构上看，n 维数组的每个元素均属于 n 个向量。（　　）
3. 稀疏矩阵压缩存储后，必会失去随机存取功能。（　　）
4. 数组是同类型值的集合。（　　）
5. 数组可看成线性结构的一种推广，因此与线性表一样，可以对它进行插入、删除等操作。（　　）

判断题答案：
1. 错　2. 对　3. 对　4. 错　5. 错

四、简答题和算法题

1. 已知二维数组 $A[4][6]$，其中每个元素占 3 个单元，并且 $A[0][0]$ 的地址为 1200。试求元素 $A[1][3]$ 的存储地址（分别讨论以行为主和以列为主的方式进行存储时的结论），该数组共占用多少个存储单元？

2. 对于具有 t 个非零元素的 $m\times n$ 阶矩阵，若根据压缩存储的思想，采用三元组顺序表存储该矩阵,在 t 达到什么程度时才有意义?

3. 设 A 是一个 n 阶上三角矩阵,将它按列序存储在一维数组 $b[n*(n+1)/2]$ 中,如果 $a[i][j]$ 存放在 $b[k]$ 中,请给出求解 k 的计算公式。

4. 已知稀疏矩阵 A 如图 6.22 所示。分别画出它的三元组顺序表和十字链表。

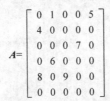

图 6.22 题 4 的图

5. 已知稀疏矩阵 M 的三元组表顺序表如图 6.23 所示。写出 M 的矩阵形式。

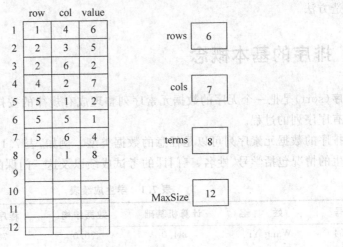

图 6.23 题 5 的图

6. 分析算法 void CreatArray(ARRAY &A,int n,int b[])的时间复杂度。

7. 写出撤销已创建的数组 A 的算法 DestroyArray(ARRAY &A)。

8. 写出对称矩阵在压缩顺序存储结构(SYMMATRIX)下相乘操作的实现算法。相乘的结果仍然用压缩顺序存储结构存储。

9. 写出在三元组顺序存储结构下稀疏矩阵相加操作的实现算法。相加的结果仍然用三元组顺序存储结构存储。

10. 写出在带行指针数组的单链表存储结构下稀疏矩阵转置操作的实现算法。转置的结果仍然用带行指针数组的单链表存储结构存储。

11. 画出下列广义表的存储结构式意图。

(1) $A=((a,b,c),d,(a,b,c))$

(2) $B=(a,(b,(c,d),e),f)$

第 7 章 排序

对数据元素集合建立某种有序排列的过程称作排序。在计算机软件系统设计中,排序占有相当重要的地位。本章介绍一些常用的排序算法,这些常用的排序算法有插入排序、选择排序、交换排序、归并排序和基数排序等内排序算法,以及多路平衡归并外排序方法和败者树构造方法。

7.1 排序的基本概念

排序(sort)是把一个无序的数据元素序列整理成有规律的按排序关键字递增(或递减)排列的有序序列的过程。

待排序的数据元素序列可以是任意的数据类型。例如,表 7.1 为某班学生成绩表,表中每个学生的情况包括学号、姓名、三门课的考试成绩以及这三门课的平均成绩。

表 7.1 学生成绩表

学号	姓 名	计算机基础	数据结构	程序设计	平均成绩
1004	Wang Yi	84.0	70.0	78.0	77.3
1002	Zhang Heng	75.0	88.0	92.0	85.0
1012	Li li	90.0	84.0	66.0	80.0
1008	Chen Cong	80.0	95.0	77.0	84.0
...	...	...	...	...	...

可以用下面的结构体定义该问题的数据元素类型:

```
struct ElementType
{
    char Number[10];
    char Name[20];
    float CPMark;
    float DSMark;
    float PGMark;
    float Average;
};
```

若定义

```
ElementType element[MaxSpaceSize];
```

则数组 element 为存放学生信息的结构体数组，MaxSpaceSize 为一个常数，表示该数组允许存放的最大数据元素个数。在该结构体中，共有 6 个数据项。如果希望按学号对学生考试成绩表进行排序，则数据元素 element[i] 的排序关键字是它的数据项 element[i].Number；如果希望按考试的平均成绩对该表进行排序，则数据元素 element[i] 的排序关键字是它的数据项 element[i].Average。由此可见，数据元素序列排序时可以根据实际需要选取其任一数据项作为排序关键字。

在本章的讨论中，把数据元素称为记录，把具有 n 个记录的待排序序列表示为 $R_1, R_2, \cdots, R_n$。把作为排序依据的记录的某个数据项称为排序关键字，简称为关键字或排序码，记录 R_i 的排序关键字表示为 R_i.key。R_i.key 的数据类型表示为 KeyType，它可以是整型、实型、字符型等基本数据类型。

由于在讨论记录序列的排序时，我们只关心作为排序依据的关键字，所以，在本章各个算法的实现时，如不加以说明，均认为待排序的序列中各记录的数据类型为如下的 ElementType 结构体类型，且 KeyType 为 int 类型。

```
# define MaxSpaceSize 100          //顺序表的最大长度
struct ElementType
{   //记录类型
    KeyType key;                    //关键字项
    DataType data;                  //其他数据项
};
struct LinearList
{   //线性表结构
    ElementType * element;
    int length;                     //顺序表长度
    int MaxSpaceSize;
};
```

本章的讨论均按递增顺序对记录序列排序。

假设在排序序列中，记录 R_i 和记录 R_j 具有相同的关键字值，即有 R_i.key = R_j.key。若排序前，记录 R_i 在序列中的位置领先于记录 R_j 在序列中的位置，即 $i<j$，如果排序后记录 R_i 在序列中的位置由 i 变为 i'，记录 R_j 在序列中的位置由 j 变为 j'，若记录 R_i' 在序列中的位置仍然领先于记录 R_j' 在序列中的位置，即 $i'<j'$，则称这种排序方法是**稳定的**，反之则是**不稳定的**。排序的稳定性是衡量排序方法的一个指标。

排序的时间开销是衡量算法好坏最重要的标志。排序的时间开销可用算法执行中的数据比较次数与数据移动次数来衡量。各节给出的算法运行时间代价一般都按平均情况进行粗略估算。对于那些受记录关键码序列初始排列及记录个数影响较大的，需要按最好情况和最坏情况进行估算。

按排序时记录存储位置，排序分为两类：内排序和外排序。

（1）**内排序**。只使用计算机的内存储器存放待排序的记录称为内排序。

内排序的方法很多，按所用的准则不同，排序方法可分为五大类：插入排序、选择排序、交换排序、归并排序和基数排序。

在每类排序方法中又有许多不同的算法，这些算法各有优缺点，没有一个绝对最优的算法。本章介绍的内排序只是各类中最基本、最常用的一些算法。

内排序主要包括两方面的操作：比较记录关键字的大小和根据比较结果改变记录在序列中的位置。

所以在分析排序算法的时间复杂度时，主要是分析记录关键字的比较次数和记录的移动次数。

(2) **外排序**。若待排序的数据量很大，全部记录不能同时存放在内存中，在排序的过程中，不仅要使用内存储器，还要使用外存设备，记录要在内、外存储器之间移动，这种排序方法称为外排序。

内存储器的访问速度大约是磁盘的 25 万倍，一般地，外排序的时间由 3 部分组成：预处理时间、内部合并的时间、外存读/写记录的时间。

本章介绍多路平衡归并等外排序方法及败者树构造方法。

7.2 待排序数据对象的存储结构

我们知道，排序的算法与待排序数据的存储结构密切相关。通常以文件形式组织的待排序的数据在内存中有 3 种存储方法：

(1) 顺序存储结构。

待排序的文件按自然顺序存储在一块连续的内存空间中。该文件也就是一个采用顺序存储的线性表。对这类文件，在排序过程中不但要进行关键字的比较，而且还要进行相关记录的移动，所以排序的效率与比较次数和移动次数二者息息相关。

(2) 链式存储结构。

待排序的记录作为一个链表的结点来存储。该文件即是一个采用链式存储的线性表。对此类文件，当进行关键字比较后，需要调整记录位置时，只需修改结点的指针，而无须移动记录。

(3) 地址向量结构文件。

待排序的文件的记录存储在内存中，但不一定是连续的，各记录的首地址按文件中记录的原有顺序依次存储在单独的连续存储空间（地址向量）中，如图 7.1(a)所示。对这类文件，在排序过程中，只需调整地址向量中元素（即记录的地址）的相对位置，而无须移动记录。如图 7.1(b)所示。

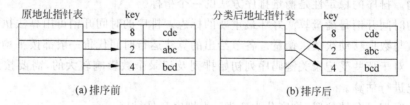

图 7.1 地址向量存储示意图

按记录移动或传送方式，排序可以分为静态排序和动态排序。

(1) **静态排序**。排序的过程是对记录本身进行物理地重排，经过比较和判断，将记录移到合适的位置。这时，记录一般都存放在一个顺序存储线性表中。

(2) **动态排序**。给每个记录增加一个链接指针（链表结构），在排序的过程中不移动记录或传送数据,仅通过修改链接指针来改变记录之间的逻辑顺序,从而达到排序的目的。

7.3 插入排序

插入排序法是一种由初始空集合开始,不断地把新数据元素记录插入到已经排序成功的有序数据元素组成的序列合适位置的一类排序方法。

所谓已经排序成功的有序数据元素组成的序列,在排序前是不存在的,也就是空集。排序开始时,就可以将第一个被排序的数据看成只包含一个数据元素的有序序列,在以后的排序过程中,每一个被排序的数据元素就插入到这个有序的序列中。随着排序过程的进行,有序序列不断增加,待排序数据元素逐步减少,直到所以数据元素全部排序成功。

常用的插入排序法有直接插入排序、折半插入排序、希尔排序。

7.3.1 直接插入排序

直接插入排序的基本思想是:顺序地把待排序序列中的各个记录按其关键字的大小插入到已排序的序列的适当位置。

假设待排序序列为 $R_1, R_2, \cdots, R_n$,开始排序时,认为序列中第一个记录已排好序,它组成了排序的初始序列。现将第二个记录的关键字与第一个记录的关键字进行比较,若 $R_1.key > R_2.key$,则交换这两个记录的位置,否则不交换,这样就将第二个记录插入到了已排序的序列中。依次类推,对序列中的第 i 个记录 R_i 排序时,R_i 前面的 $i-1$ 个记录已组成了有序序列 $R'_1, R'_1, \cdots, R'_{i-1}$,将 $R_i.key$ 依次与 $R'_{i-1}.key, R'_{i-2}.key, \cdots$ 进行比较,找出一个合适的 $j(1 \leq j \leq i-1)$,使得 $R'_{j-1}.key \leq R_i.key < R'_j.key$,然后把记录 $R'_j, R'_{j+1}, \cdots, R'_{i-1}$ 全部顺序地后移一个位置,将 R_i 放到 j 位置上,就完成了序列中第 i 个记录的插入排序。当完成了对序列中第 n 个记录 R_n 的插入后,整个序列排序完毕。

已知有 8 个待排序的记录,它们的关键字分别为 $\{5, 65, 25, 87, 12, 308, 15, 46\}$,用直接插入法进行排序,其过程如图 7.2 所示。方括号[ ]中为已排序的记录的关键字。指针 i 指向当前排序的数据位置(数组的下标),即当前排序的数据是 element$[i]$。

排序时,将 element$[i]$.key 与已经排序的数据的关键字从排序成功序列的尾端向前端逐一比较,即与 j 指针所指数据比较,如果 j 位置的数据关键字大于 i 位置的数据关键字,则将 j 位置的数据后移一个位置,直到 j 位置数据关键字小于 i 位置的关键字,再将 i 位置的数据移动到最后一次比较的 j 位置数据的后一个空间位置存放。到此完成一个数据元素的排序。

在直接插入排序过程中,对其中一个数据的插入排序称为一次排序。直接插入排序是从第二个数据开始进行的,因此,长度为 n 的记录序列需要进行 $n-1$ 次排序才能完成整个序列的排序。待排序序列长度为 8,所以需要作 7 次排序。

下面给出直接插入排序算法实现。

```
template<class ElementType>
void InsertSort(ElementType element[], int n)
{   //外部函数.对 element[ ]数组中的 n 个数据排序
```

```
int i,j;
for (i = 1;i < n;i++)
{   //向 element[0:i-1]中插入 element[i]
    ElementType temp = element[i];          //暂存当前需要插入的元素
    for(j = i-1; j >= 0 && temp.key < element[j].key; j--)
        //顺次往前比较
        element[j+1] = element[j];          //数据元素后移
    element[j+1] = temp;                    //将当前需要插入的元素插入到相应的位置
}
```

在该算法中，待排序的记录顺序存放在 element[0] 到 element[$n-1$] 中。在进行第 $i+1$ 次排序时，首先将该记录 $r[i+1]$ 存放在中间变量 temp 中，然后倒序依次将 temp.key 与 element[i].key，element[$i-1$].key，…进行比较。若 element[j].key > temp.key，则直接将 element[j]后移一个位置；若 element[j].key < temp.key，表明已找到了 element[$i+1$] 的位置，内 for 循环结束，将 temp 放入 element[$j+1$]中，就完成了记录 element[$i+1$]的插入。

内 for 循环的另一个结束条件是 $j \geq 0$，当 $j=0$ 时，表明已比较到了序列的第一个记录，即 temp.key < element[0].key，这时记录 element[$i+1$]应放在序列的第一个位置，即 element[0]中。显然，直接插入排序法是稳定的排序方法。

地址(下标)→	0	1	2	3	4	5	6	7
初始数据→	[5]	65	25	87	12	308	15	46
第1遍比较位置i、j的变化→	$j\uparrow$	$i\uparrow$						
第1遍排序结果→	[5	65]	25	87	12	308	15	46
第2遍比较位置i、j的变化→	$j\uparrow$	$j\uparrow$	$i\uparrow$					
第2遍排序结果→	[5	25	65]	87	12	308	15	46
第3遍比较位置i、j的变化→		$j\uparrow$	$i\uparrow$					
第3遍排序结果→	[5	25	65	87]	12	308	15	46
第4遍比较位置i、j的变化→	$j\uparrow$	$j\uparrow$	$j\uparrow$	$j\uparrow$	$i\uparrow$			
第4遍排序结果→	[5	12	25	65	87]	308	15	46
第5遍比较位置i、j的变化→				$j\uparrow$	$i\uparrow$			
第5遍排序结果→	[5	12	25	65	87	308]	15	46
第6遍比较位置i、j的变化→		$j\uparrow$	$j\uparrow$	$j\uparrow$	$j\uparrow$	$i\uparrow$		
第6遍排序结果→	[5	12	15	25	65	87	308]	46
第7遍比较位置i、j的变化→			$j\uparrow$	$j\uparrow$	$j\uparrow$	$j\uparrow$	$i\uparrow$	
第7遍排序结果→	[5	12	15	25	46	65	87	308]
结果数据→	5	12	15	25	46	65	87	308

图 7.2　直接插入排序

下面分析直接插入算法的时间复杂度。分两种情况来考虑：

(1) 原始序列中各记录已经按关键字递增的顺序有序排列。在这种情况下，内 for 循环次数为零，因此在一次排序中，关键字的比较次数为 1，记录的移动次数为 2，整个序列的排序所需的记录关键字比较次数为 $n-1$，记录的移动次数为 $2(n-1)$。

(2) 原始序列中各记录按关键字递减的顺序逆序排列。在这种情况下,第 i 次排序时,内 for 的循环次数为 i,因此关键字的比较次数为 $i+1$,记录的移动次数为 $i+2$,整个序列排序所需的关键字比较次数为

$$\sum_{i=1}^{n-1}(i+1) = (n-1)(n+2)/2$$

记录的移动次数为

$$\sum_{i=1}^{n-1}(i+2) = (n-1)(n+4)/2$$

上述两种情况是最好和最坏两种极端情况。可以证明,原始序列越接近有序,该算法的效率也越高。如果原始序列中各记录的排列次序是随机的,关键字的期望比较次数和记录的期望移动次数均约为 $n^2/4$,因此,直接插入排序的时间复杂度为 $O(n^2)$。

直接插入排序法只需要一个额外变量 temp,故直接插入排序法的空间复杂度为常数级 $O(1)$。

7.3.2 折半插入算法

折半插入排序的基本思想与直接插入排序法类似,其区别仅在于寻找插入点的方法上。

直接插入排序是将要插入的新记录与前面已排序好的记录从后向前依次比较,而折半插入排序在寻找插入点时类似于折半查找的技术,它将新记录与已排序好的文件中心位置上的记录相比较,如果新记录的关键字大于中心位置上记录的关键字,就说明应插入在中心位置后面;否则应插入在中心位置的前面,不断重复上述步骤,直到找到插入点。折半插入排序第 6 遍到第 7 遍的过程如图 7.3 所示。

它是一种稳定的排序方法。

```
空间地址(下标)→   0    1    2    3    4    5    6    7
元素关键字→     [ 12   25   34   38   65   87 ]  56   46
第6遍排序:
    第1次折半状态:  L↑            M↑             H↑
    第2次折半状态:                      L↑   M↑   H↑
    第3次折半状态:                      L↑M,H

空间地址(下标)→   0    1    2    3    4    5    6    7
元素关键字→     [ 12   25   34   38   56   65   87 ]  46
第7遍排序:
    第1次折半状态:  L↑            M↑                  H↑
    第2次折半状态:                      L↑   M↑       H↑
    第3次折半状态:                      L↑M,H
```

图 7.3 折半插入排序第 6 遍到第 7 遍的过程

折半插入算法如下:

```
template<class ElementType>
void BinaryInsertSort (ElementType element[], int n)
{   //外部函数,对 element[]数组中的 n 个数据折半插入排序
    ElementType temp;
    int low,high,mid,i,j;
```

```
for (i = 0;i < n;i++)
{
    temp = element[i];                    //保存本次需要插入的元素值
    low = 0; high = i - 1;                //设置范围
    while (low <= high)
    {
        mid = (low + high)/2;             //计算 low、high 范围的中点 mid
        if (temp.key < element[mid].key)  //与中心点数据比较
            high = mid - 1;               //比较后缩小范围为较小数据范围
        else
            low = mid + 1;                //比较后缩小范围为较大数据范围
    }
    for (j = i - 1;j >= high + 1; -- j)
        element[j + 1] = element[j];      //顺序向后移动数据
    element[j + 1] = temp;                //插入到相应位置
}
```

折半插入排序算法的优点主要是查找插入点的效率提高了。但是,找到插入点后,移动数据的个数并没有减少,与直接插入排序移动数据的个数是一样的。

7.3.3 希尔排序

希尔(Shell)排序又称作缩小增量排序,是 D. L. Shell 在 1959 年提出的一种排序方法。

希尔排序的基本思想是:不断把待排序的记录分成若干个"小组",再对同一组内的记录进行直接插入排序。在分组时,始终保证当前组内的记录个数超过前面分组排序时组内的记录个数。

希尔排序并不是直接意义上的插入排序,而是希尔排序的分组概念上的插入排序,即在不断缩小组的个数时,把原各组的记录插入到新组的合适位置中。

希尔排序具体的做法如下:

先设置一个整数量 d_1,称之为增量,即图 7.4 中前面的 span 值(也称跨度值)。将待排序的记录序列中所有距离为 d_1 的记录放在同一组中。例如,若 $d_1 = 5$,则记录 $R_0, R_5,R_{10}, \cdots$放在同一组中,记录 $R_1, R_6, R_{11}, \cdots$放在另一组中,每一行中[]标注的数据为一组,以此类推。

当 $d_1 = 5$ 时,所以待排序的数据被分成 5 个小组。

每次给定一个增量值,就对由增量确定的各组内的记录分别进行直接插入排序,这一分组排序过程称为一次排序。再设置另一个新的增量 d_2,使 $d_2 < d_1$,采用上述相同的方法继续进行第二次排序……如此进行下去,当最后一次排序时,设置的增量 $d_i = 1$ 时,表明序列中全部记录放在了同一组内(就是全部数据的直接插入排序过程),该次排序结束时,整个序列的排序工作完成。

在希尔排序的各次排序过程中,组内记录的排序可以采用前面介绍的直接插入排序法,也可采用其他合适的方法。

在希尔排序中,增量 d_i 可以有各种不同的取法,但最后一次排序时的增量必须为 1,最简单可取 $d_{i+1} = \lfloor d_i/2 \rfloor$。

地址(下标)→	0	1	2	3	4	5	6	7	8	9	10	11	12	13	14	15
初始数据→	65	34	25	8	12	38	56	446	14	7	92	23	55	64	777	89
跨度span=5→	[65]	34	25	8	12	[38]	56	446	14	7	[92]	23	55	64	777	[89]
跨度span=5→	38	[34]	25	8	12	65	[56]	446	14	7	89	[23]	55	64	777	92
跨度span=5→	38	23	[25]	8	12	65	34	[446]	14	7	89	56	[55]	64	777	92
跨度span=5→	38	23	25	[8]	12	65	34	55	[14]	7	89	56	446	[64]	777	92
跨度span=5→	38	23	25	8	[12]	65	34	55	14	[7]	89	56	446	64	[777]	92
跨度span=3→	[38]	23	25	[8]	7	65	[34]	55	14	[12]	89	56	446	64	777	[92]
跨度span=3→	8	[23]	25	12	[7]	65	34	[55]	14	38	[89]	56	92	[64]	777	446
跨度span=3→	8	7	[25]	12	23	[65]	34	55	[14]	38	64	[56]	92	89	[777]	446
跨度span=1→	[8]	[7]	[14]	[12]	[23]	[25]	[34]	[55]	[56]	[38]	[64]	[65]	[92]	[89]	[777]	[446]
结果数据→	7	8	12	14	23	25	34	38	55	56	64	65	89	92	446	777

图 7.4 希尔排序

图 7.4 给出了 16 个数据的序列的希尔排序过程示意图,每行中[ ]中标注的数据是同一个小组的数据。

第一次希尔排序时,取增量 $d_1=5$(span=5),则所有记录被分成 5 组,对 5 个组内的记录进行排序,得到了新的结果序列。

第二次排序时,取增量 $d_2=3$(span=3),则所有记录被分成 3 组,将第一次排序后得到的新序列中所有位置距离为 3 的记录分成一组。同样分别对这 3 组内的记录进行排序,得到了新的结果序列。

第三次排序时,取增量 $d_3=1$(span=1),这时序列中的所有记录都放在了同一组中。对该组中的记录进行排序,结果序列就是原始序列经过希尔排序法排序后的有序序列。

希尔排序法实际上是对直接插入排序法的一种改进。通过分析直接插入排序算法可以知道,当待排序的序列中记录个数比较少或者序列接近有序时,直接插入排序算法的效率比较高,希尔排序法正是基于这两点考虑的。开始排序时,由于选取的增量值比较大,各组内的记录个数相对来讲比较少,所以各组内的排序速度比较快。在以后的各次排序时,尽管增量值逐渐变小,各组内的记录个数逐渐增多,但由于前面的各次排序使得组内的记录越来越接近于有序,所以各组内的排序速度也比较快。

另外,开始希尔排序时,增量值较大,也就是跨度较大,同一组中的数据相隔较远,间隔较远的数据比较时,如果需要移动数据,则相应的移动距离也较远,这样也可以快速地将一个较小或较大的数据移动到它最终存放或接近最终存放的位置。

希尔排序算法 ShellSort 如下:

```
template<class ElementType>
```

```
void ShellSort(ElementType element[], int n, int d[], int number)
{   //外部函数.用希尔排序法对 element[]数组中的 n 个数据排序,d 为增量值数组
    //number 为增量值个数,各组内采用直接插入法排序
    int i, j, k, m, span;
    ElementType temp;
    for(m = 0;m < number;m++)
    {   //增量序列个数: number 个
        span = d[m];                              //跨度值 span 取第 m 个增量值
        for(k = 0;k < span;k++)
        {   //所有数据分为 span 个小组,每个小组数据间隔 span,分别对每个小组进行插入排序
            for(i = k + span;i < n;i = i + span)
            {   //每个小组的第一个视为该小组第一个有序数据
                //从第二个数据到最后一个数据开始插入排序
                temp = element[i];                //当前准备插入的数据
                for(j = i - span;j >= 0&&(temp.key < element[j].key);j = j - span)
                    element[j + span] = element[j];
                element[j + span] = temp;
            }
        }
    }
}
```

在希尔算法中,变量 number 表示增量的个数,各次排序时的增量值顺序存放在数组 d 中,各组内的记录采用直接插入法进行排序。外层 for 循环控制希尔排序的次数,内层 for 循环使序列中的各个记录进行组内排序。

希尔排序法的时间复杂度分析比较复杂,它实际所需的时间取决于各次排序时增量的取法,即增量的个数和它们的取值。大量研究证明,若增量序列取值比较合理,希尔排序时关键字比较次数和记录移动次数接近于 $O(n(\log_2 n)^2)$。由于该分析涉及一些复杂的数学问题,超出了本书的范围,故这里不作详细的推导,有兴趣的读者可查阅相关文献。

由于希尔排序法是按增量分组进行的排序,所以希尔排序是不稳定的排序。希尔排序的空间复杂度为常数级 $O(1)$。希尔排序法适用于中等规模的记录序列排序的情况。

7.4 交换排序

利用交换数据元素的位置进行排序的方法称作交换排序。常用的交换排序法有冒泡排序和快速排序。快速排序是一种分区交换排序方法。

7.4.1 冒泡排序

冒泡排序(bubble sort)是一种简单的常用排序方法。这种排序方法的基本思想是:将待排序序列中相邻的两个数据记录的关键字 $R_i.\text{key}$ 与关键字 $R_j.\text{key}$ 比较($j=i+1$),如果 $R_i.\text{key} > R_j.\text{key}$,则交换记录 R_i 和 R_j 在序列中的位置,否则不交换;然后继续对当前序列中的两个数据记录作同样的处理,依次类推,直到序列中最后一个记录处理完为止,称这样的过程为一遍冒泡排序。

通过第一遍冒泡排序,使得待排序的 n 个记录中关键字最大的记录排到了序列的最后

一个位置上。然后对序列中的前 $n-1$ 个记录进行第二遍冒泡排序,使得序列中关键字次大的记录排到了序列的第 $n-1$ 个位置上。重复进行冒泡排序,对于具有 n 个记录的序列,进行 $n-1$ 遍冒泡排序后,序列的后 $n-1$ 个记录已按关键字由小到大地进行了排列,剩下的第一个记录必定是关键字最小的记录,因此,此时整个序列已是有序排列。

当进行某遍冒泡排序时,若没有任何两个记录交换位置,则表明序列已按记录关键字非递减的顺序排列,此时排序也可结束。

如图 7.5 所示,有 10 个记录,它们的关键字序列为{65,34,25,87,2,38,56,46,14,77},用冒泡排序法对它们进行排序的过程。

地址(下标)→	0	1	2	3	4	5	6	7	8	9
初始数据→	65	34	25	87	2	38	56	46	14	77
第1遍排序结果→	[34	25	65	2	38	56	46	14	77	87]
第2遍排序结果→	[25	34	2	38	56	46	14	65	77]	87
第3遍排序结果→	[25	2	34	38	46	14	56	65]	77	87
第4遍排序结果→	[2	25	34	38	14	46	56]	65	77	87
第5遍排序结果→	[2	25	34	14	38	46]	56	65	77	87
第6遍排序结果→	[2	25	14	34	38]	46	56	65	77	87
第7遍排序结果→	[2	14	25	34]	38	46	56	65	77	87
第8遍排序结果→	[2	14	25]	34	38	46	56	65	77	87
结果数据→	2	14	25	34	38	46	56	65	77	87

图 7.5 冒泡排序

特别说明的是,第 8 遍排序后,数据没有发生交换位置,这就表明序列已按记录关键字非递减的顺序排列,此时排序也可结束。

冒泡排序算法如下:

```
template<class ElementType>
void BubbleSort(ElementType element[], int n)
{   //外部函数.用冒泡排序法对 element[]数组中的 n 个数据排序
    int i,j;
    bool change;
    change = true;
    ElementType temp;
    j= n-1;
    while (j > 0 && change)
    {
        change = false;
        //一遍冒泡排序开始时,change 设为 false.
        //如果一遍冒泡排序后 change 仍为 false,说明没有数据交换,则排序成功
        for (i = 0; i < j; i++)
            if(element[i].key > element[i+1].key)
            {
                temp = element[i];
                element[i] = element[i+1];
                element[i+1] = temp;
                change = true;              //只要有数据交换,change 就设为 true
            }
        j--;
    }
}
```

在该算法中，待排序序列中的 n 个记录顺序存储在 element[0]，element[1]，…，element[$n-1$]中，外层 for 循环控制排序的执行次数，内层 for 循环用于控制在一遍排序中相邻记录的比较和交换。

冒泡排序算法的执行时间与序列的原始状态有很大的关系。如果在原始序列中记录已"正序"排列，则总的比较次数为 $n-1$，移动次数为 0；反之，如果在原始序列中，记录是逆序排列，则总的比较次数为 $\sum_{i=n-1}^{1} i = n(n-1)/2$，总的移动次数为 $3\sum_{i=n-1}^{1} i = 3n(n-1)/2$。所以，可以认为冒泡排序算法的时间复杂度为 $O(n^2)$。

对于冒泡法分类，可以有很多的变形和改进。例如，当原文件的关键字序列为{2,3,4,5,6,1}时，用前述算法，外循环要执行 5 次才可完成。而此时若采用从后向前比，第一次外循环将最"轻"的记录冒泡到文件顶部，那么此时就只需要一次循环，减少了很多重复的比较。还可以根据情况，采用从前向后和从后向前两种算法在分类过程中交替进行，这称为"摇动分类法"。

7.4.2 快速排序

快速排序(quick sort)又叫做分区交换排序，是目前已知的平均速度最快的排序方法之一，它是对冒泡排序方法的一种改进。快速排序方法的基本思想是：

从待排序的 n 个记录中任意选取一个记录 R_i（通常选取序列中的第一个记录）作标准，调整序列中各个记录的位置，使排在 R_i 前面的记录的关键字都小于 R_i.key，排在 R_i 后面的记录的关键字都大于等于 R_i.key，我们把这样的一个过程称作一次快速排序。

在第一次快速排序中，确定了所选取的记录 R_i 最终在序列中的排列位置，同时也把剩余的记录分成了两个子序列。对这两个子序列分别进行快速排序，又确定了两个记录在这两个子序列中应处的位置，并将剩余记录分成了 4 个子序列。如此重复下去。当各个子序列的长度为 1 时，全部记录排序完毕。

下面先介绍第一次快速排序的方法。

设置两个变量 low、high，如图 7.6 所示(图中的 L 和 H)，它们的初值为当前待排序的子序列中第一个记录的位置(下标 0)和最后一个记录的位置(下标 11)。将第一个记录(下标 0)作为标准记录放到一个临时变量 temp 中，使它所占的位置腾空，然后从子序列的两端开始逐步向中间扫描，在扫描的过程中，变量 low、high(图 7.6 中的 L 和 H)分别代表当前扫描到的左右两端记录在序列中的位置号。

(1) 在序列的右端扫描时，从序列的当前右端开始，把标准记录的关键字与记录 R_{high} (右端)的关键字相比较，若前者小于等于后者，则令 high=high－1，继续进行比较，如此下去，直到标准记录的关键字大于 R_{high}.key 或者 low=high(此时所有位置号大于 high 的记录的关键字都大于标准记录的关键字)。若 low<high，则将记录 R_{high} 放到腾空的位置上，使 R_{high} 腾空，同时 low 减 1，然后继续进行步骤(2)，从序列的当前左端开始比较。

(2) 在序列的左端扫描时，从序列的当前左端 low 处开始，将标准记录的关键字与 R_{low} 的关键字相比较，若前者大于后者，令 low=low＋1，继续进行比较，如此下去，直到标准记录的关键字小于 R_{high}.key 或者 low=high(此时所有位置号小于 low 的记录的关键字都小于标准记录的关键字)。若 low<high，则将记录 R_{low} 放到腾空的位置上，使 R_{low} 腾空，同时

0	1	2	3	4	5	6	7	8	9	10	11
65	34	35	87	12	38	56	46	14	75	99	23
L↑											↑H
23	34	35	87	12	38	56	46	14	75	99	23
	L↑	L↑	L↑					↑H	↑H	↑H	
23	34	35	14	12	38	56	46	14	75	99	87
				L↑	L↑	L↑	L↑	L↑H			
[23	34	35	14	12	38	56	46]	[65]	[75	99	87]

图 7.6 第一次 65 的快速排序过程

high 减 1,继续进行步骤(1),再从序列的当前右端开始比较。步骤(1)和步骤(2)反复交替执行,当 low≥high 时,扫描结束,low 便为第一个记录 R_1 在序列中应放置的位置号。

下面用例子进行具体的说明。

有 12 个记录,它们的初始关键字序列为{65,34,35,87,12,38,56,46,14,75,99,23}。若选取第一个记录作为标准记录,则第一次排序过程如图 7.6 所示。

在排序时,首先将 65 与 R_{high}.key 相比较,因 65>23,所以将 R_{high}(high=11)放到 R_{low}(low=0)处,完成了第一步操作;然后令 65 与 34 相比较,因 60>34,所以令 low=low+1,继续进行比较。当执行到 low=3 时,65<87,所以将 R_{low}(low=3)放到 R_{high}(high=11)处,完成了第二步操作;然后再从右向左(从 high 下标向 low 下标方向)将 high 所指的数据关键字与 65 比较……如此下去,直到 low、high 的值相等(low=high),low 或 high 所指的位置就是标准记录(65)最终存放的位置,第一次排序结束。

对给定的数据序列进行一次快速排序后,第一个数据(65)存放的位置称为标准位置(StandardLocation),第一个排序成功的数据将所有的数据分割为标准位置(65)左边的数据序列和标准位置(65)右边的数据序列,用同样的方法分别对左右两边的子序列数据继续进行快速排序,直到各个子序列的长度为 1 时终止。

12 个记录的整个排序过程如图 7.7 所示。

快速排序的算法如下:

```
template<class ElementType>
int Partition(ElementType element[],int low,int high)
{   //对数组 element[low..high]范围的数据进行一次快速排序
    //并将本范围的数据按标准元素(本次排好元素)位置划分为左右两部分
    //左边小于标准元素(本次排好元素),右边大于标准元素(本次排好元素)
    int StandardKey;
    ElementType temp;
    temp= element[low];
            //将待排序数据元素(标准元素)存放到中间单元 temp,查找其最终存放位置
    StandardKey = element[low].key;
    while (low< high)
    {   //对数组[low..high]范围的数据从两端交替地向中间与 temp 比较
        while(low< high && element[high].key >= StandardKey)
            //temp 从 high 向 low 方向比较,直到 temp 大于比较对象
```

地址(下标)→	0	1	2	3	4	5	6	7	8	9	10	11	
初始数据→ StandardKey=65	65	34	35	87	12	38	56	46	14	75	99	23	
分割点8下标→ StandardKey=23	[23	34	35	14	12	38	56	46]	[65]	[75	99	87]	成功排序数据：65
分割点2下标→ StandardKey=12	[12	14]	[23]	35	34	38	56	46]	65	75	99	87	成功排序数据：23
分割点0下标→ StandardKey=35	[12]	[14]	23	35	34	38	56	46]	65	75	99	87	成功排序数据：12
分割点4下标→ StandardKey=38	12	14	23	[34]	[35]	38	56	46]	65	75	99	87	成功排序数据：35
分割点5下标→ StandardKey=56	12	14	23	34	[35]	[38]	[56	46]	65	75	99	87	成功排序数据：38
分割点7下标→ StandardKey=75	12	14	23	34	35	38	[46]	[56]	[65	75	99	87]	成功排序数据：56
分割点9下标→ StandardKey=99	12	14	23	34	35	38	46	56	[65]	[75]	[99	87]	成功排序数据：75
分割点11下标→	12	14	23	34	35	38	46	56	65	75	[87]	[99]	成功排序数据：99
结果数据→	12	14	23	34	35	38	46	56	65	75	87	99	

图 7.7 快速排序

```
            high--;
        if(low<high)
            element[low++] = element[high];    //将小于标准元素 temp 的数据往前放
        while(low<high && element[low].key<=StandardKey)
            //从 low 向 high 方向比较,直到 temp 小于比较对象
            low++;
        if(low<high)
            element[high--] = element[low];    //将大于标准元素 temp 的数据往后放
    }
    element[low] = temp;                       //标准元素 temp 移到 low、high 同时指向的位置
    return low;                                //返回标准元素位置 low(或 high)。
}
template<class ElementType>
void Qsort(ElementType element[], int low, int high)
{   //对 element[low..high]进行快速排序
    //参数 1: 数据空间;参数 2: 数据空间的起点地址;参数 3: 数据空间的终点地址
    int StandardLocation;
    if(low<high)
    {
        StandardLocation = Partition(element,low,high);
            //对 r[low..high]进行一次划分,并返回划分点,即标准位置
        Qsort(element,low,StandardLocation-1);
            //对标准位置左边的数据递归快速排序
        Qsort(element,StandardLocation+1,high);
            //对标准位置右边的数据递归快速排序
    }
}
template<class ElementType>
```

```
void QuickSort(ElementType element[], int n)
{//外部函数.用快速排序法对 element[0..n-1]数组中的 n 个数据进行排序
 //调用 Qsort 排序.
    Qsort(element, 0, n-1);
}
```

在上述 QuickSort 算法中，待排序记录序列按顺序存放在 element[low]、element[low+1]、…、element[high]中，变量 low、high 指示左右两端当前扫描到的记录的序号，变量 temp 为存放当前标准记录的临时变量。该算法采用了递归的方法，快速排序也可有非递归的方法实现，有兴趣的读者不妨将该算法改写为非递归的形式。

快速排序算法的执行时间取决于标准记录的选择。如果每次排序时所选取记录的关键字值都是当前子序列的"中间数"，那么该记录的排序终止位置应在该子序列的中间，这样就把原来的子序列分解成了两个长度基本相等的更小的子序列，在这种情况下，排序的速度最快。若设完成 n 个记录排序所需的比较次数为 $T(n)$，则有

$$f(n) \leqslant n + 2T(n/2)$$
$$\leqslant 2n + 4T(n/4)$$
$$\leqslant kn + nT(1)$$

这里 k 为序列的分解次数。如果 n 为 2 的幂且每次序列都是等长分解，则分解的过程可描述成图 7.8(a)所示的一棵满二叉树，其中每个结点都表示一个序列，结点中的值为该序列的长度，分解次数 k 就等于树的深度 $\log_2 n$，所以有

$$T(n) \leqslant n\log_2 n + nT(1) = O(n\log_2 n)$$

另一个极端的情况是每次选取的记录的关键字都是当前子序列的最小数，那么该记录的位置不变，它把原来的序列分解成一个空序列和一个长度为原来序列长度减 1 的子序列。这种情况的序列分解过程如图 7.8(b)所示，因此，总的比较次数为

$$T(n) = \sum_{i=1}^{n-1} n - i = \frac{n(n-1)}{2} = O(n^2)$$

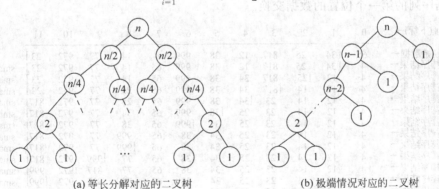

(a) 等长分解对应的二叉树　　　　　　(b) 极端情况对应的二叉树

图 7.8　快速排序时序列的分解过程

若原始记录序列已按正序排列，且每次选取的记录都是序列中的第一个记录，即序列中关键字最小的记录，此时，快速排序就变成了"慢速排序"。

由此可见，快速排序时记录的选取非常重要。在一般情况下，序列中各记录关键字的分布是随机的，每次选取当前序列中的第一个记录不会影响算法的执行时间，因此算法的平均

比较次数为 $O(n \log_2 n)$。

分析例子可知,快速排序是一种不稳定的排序方法。

递归形式的快速排序法需要栈空间暂存数据,栈的最大深度在最好情况下为 $\lfloor \log_2 n \rfloor + 1$,在最坏情况下为 n。因此快速排序法的空间复杂度为 $O(n)$。

7.5 选择排序

选择排序的基本思想是:不断从待排序的序列中选取关键字最小的记录放到已排序的记录序列的后面,直到序列中所有记录都已排序为止。

两种常用的选择排序方法是直接选择排序和堆排序。堆排序是一种时间复杂度为 $O(n \log_2 n)$ 的排序方法。

7.5.1 直接选择排序

直接选择排序(straight selection sort)是一种简单且直观的排序方法。直接选择排序的做法是:从待排序的所有记录中选取关键字最小的记录,并将它与原始序列中的第一个记录交换位置;然后从去掉了关键字最小的记录的剩余记录中选择关键字最小的记录,并将它与原始序列中第二个记录交换位置……如此重复下去,直到序列中全部记录排序完毕。

在直接选择排序中,每次完成一个记录的排序,也就是找到了当前剩余记录中关键字最小的记录的位置,$n-1$ 次排序就对 $n-1$ 个记录进行了排序,此时剩下的一个记录必定是原始序列中关键字最大的,应排在所有记录的后面,因此,具有 n 个记录的序列要做 $n-1$ 次排序。

图 7.9 为直接选择排序过程示意图,其中方括号[ ]中为未排序的记录的关键字。在排序过程中,用 small 记录当前待排序数据中最小数据的位置,将 small 位置的数据与当前待排序数据序列的第一个位置的数据交换。

地址(下标)→	0	1	2	3	4	5	6	7	8	9	10	11	
初始数据→	65	[34	25	817	12	38	999	4	14	77	972	23]	
第1遍排序结果→	4	[34	25	817	12	38	999	65	14	77	972	23]	small=7
第2遍排序结果→	4	12	[25	817	34	38	999	65	14	77	972	23]	small=4
第3遍排序结果→	4	12	14	[817	34	38	999	65	25	77	972	23]	small=8
第4遍排序结果→	4	12	14	23	[34	38	999	65	25	77	972	817]	small=11
第5遍排序结果→	4	12	14	23	25	[38	999	65	34	77	972	817]	small=8
第6遍排序结果→	4	12	14	23	25	34	[999	65	38	77	972	817]	small=8
第7遍排序结果→	4	12	14	23	25	34	38	[65	999	77	972	817]	small=8
第8遍排序结果→	4	12	14	23	25	34	38	65	[999	77	972	817]	small=7
第9遍排序结果→	4	12	14	23	25	34	38	65	77	[999	972	817]	small=9
第10遍排序结果→	4	12	14	23	25	34	38	65	77	817	[972	999]	small=11
第11遍排序结果→	4	12	14	23	25	34	38	65	77	817	972	[999]	small=10
结果数据→	4	12	14	23	25	34	38	65	77	817	972	999	

图 7.9 直接选择排序

如图 7.9 所示,第一次排序时,最小数据的位置是下标为 7 的值,所以,small=7,将 small 位置的值与这次待排序序列的第一个数据(下标 0 位置)交换,下标 7 位置的数据 4 与下标 0 位置的数据 65 交换存放。每交换一次,就排序成功一个数据,完成一次排序。每完成一次排序,待排序数据就减少一个,如此下去,直到只有一个数据时结束。

直接选择排序算法如下：

```cpp
template<class ElementType>
void SelectSort(ElementType element[], int n)
{   //用直接选择排序法对element[]数组中的n个数据排序
    int i,j,small;
    ElementType temp;
    for(i=0;i<n-1;i++)
    {
        small=i;                                    //j的初值设为待排序数据的第一个数据位置
        for(j=i+1;j<n;j++)
            if(element[j].key<element[small].key)
                small=j;                            //j位置值更小时成为最小数据的位置
        if(small!=i)
        {   //将一次排序中找到的最小位置的数据与这次排序的起点位置的数据交换
            temp=element[i];
            element[i]=element[small];
            element[small]=temp;
        }
    }
}
```

在该算法中，假定待排序的记录顺序存储在数组 element[0], element[1], …, element[$n-1$]中，外循环用于控制排序次数，内循环用于查找当前关键字最小的记录，变量small用于标记当前查找到的关键字最小的记录在数组中的位置。

在进行第i次排序时，数组元素element[0],element[1],…,element[$i-1$]已组成有序序列，这时要在element[i],element[$i+1$],…,element[$n-1$]中寻找关键字最小的记录放到element[i]中，因此，首先令small=i，然后利用内循环在element[$i+1$]到element[$n-1$]中进行比较，循环结束时的small值就是当前这次排序时所找到的关键字最小的记录在数组中的位置。若$i\neq$small，则交换element[i]与element[small]的值，这样就将当前关键字最小的记录放到了element[i]中；若$i=$small，表明element[i]就是当前关键字最小的记录，因此不需要移动。

从算法中可看出，在直接选择排序中，第一次排序要进行$n-1$次比较，第二次排序时要进行$n-2$次比较……所以总的比较次数为

$$(n-1)+(n-2)+\cdots+1=(n-1)n/2$$

在各次排序中，记录的移动次数最好为0次，最坏为3次(3个数据的交换)，因此总的移动次数最少为0次，最多为3($n-1$)次，由此可知，直接选择排序法的时间复杂度为$O(n^2)$。

显然，直接选择排序法是一种稳定的排序方法。直接选择排序法的空间复杂度为常数级$O(1)$。

7.5.2 堆排序

堆排序(heap sort)是在直接选择排序法的基础上借助于完全二叉树结构而形成的一种排序方法。从数据结构的观点看，堆排序是完全二叉树的顺序存储结构的应用，已在4.7.2节作了介绍，在此略去。

7.5.3 树形选择排序

树形选择排序也称为锦标赛排序(tournament tree sort)，按照锦标赛的思想进行，将 n 个参赛的选手看成完全二叉树的叶结点，则该完全二叉树有 $2n-2$ 或 $2n-1$ 个结点。首先，两两进行比赛(在树中是兄弟的进行比赛，否则轮空，直接进入下一轮)，胜出的在兄弟间再两两进行比较，直到产生第一名；接下来，将作为第一名的结点看成最差的，并从该结点开始，沿该结点到根的路径依次进行各分枝结点子女间的比较，胜出的就是第二名，这是因为和他比赛的均是刚刚输给第一名的选手。如此继续进行下去，直到所有选手的名次排定。例如，16 个选手的比赛($n=2^4$) 如图 7.10 所示。

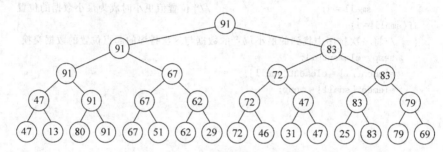

图 7.10 选出第一名 91

图 7.10 中，从叶结点开始，兄弟间两两比赛，胜者上升到父结点；胜者兄弟间再两两比赛，直到根结点，产生第一名 91。比较次数为 $2^3+2^2+2^1+2^0=2^4-1$，即 $n-1$。

图 7.11 中，将第一名的结点置为最差的，与其兄弟比赛，胜者上升到父结点，胜者兄弟间再比赛，直到根结点，产生第二名 83。比较次数为 4，即 $\log_2 n$ 次。其后各结点的名次均是这样产生的，所以，对 n 个参赛选手来说，即对 n 个记录进行树形选择排序，总的关键码比较次数至多为 $(n-1)\log_2 n+n-1$，故时间复杂度为 $O(n\log_2 n)$。该方法占用空间较多，除需输出排序结果的 n 个单元外，尚需 $n-1$ 个辅助单元。

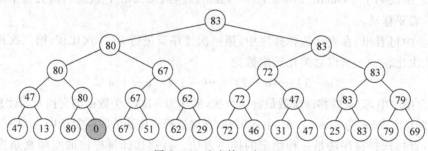

图 7.11 选出第二名 83

7.6 归并排序

归并排序(merge sort)也是一种常用的排序方法。最经常使用的归并排序方法是二路归并排序。二路归并的含义是把两个有序的序列合并为一个有序的序列。

二路归并排序的基本思想是：将有 n 个记录的原始序列看作 n 个有序子序列，每个子序列的长度为 1，然后从第一个子序列开始，把相邻的子序列两两合并，得到 $\lfloor n/2 \rfloor$ 个长度为 2 或 1 的子序列（当子序列个数为奇数时，最后一组合并得到的序列长度为 1），我们把这一过程称为一次归并排序。对第一次归并排序后的 $\lfloor n/2 \rfloor$ 个子序列采用上述方法继续顺序成对归并，如此重复，当最后得到长度为 n 的一个子序列时，该子序列便是原始序列归并排序后的有序序列。

下面分步讨论二路归并排序的实现方法。

1. 两个有序序列的合并

由二路归并排序的基本思想可看出，在归并排序过程中，最基本的问题是如何把两个位置相邻的有序子序列合并为一个有序子序列。

设有两个有序序列 $L1$ 和 $L2$，它们顺序存放在数组中：

```
L1{element[low1],…,element[high1]}
L2{element[low2],…,element[high2]}
```

其中，low1 是 $L1$ 有序序列的下限（下标地址），high1 是 $L1$ 有序序列的上限（下标地址），low2 是 $L2$ 有序序列的下限（下标地址），high2 是 $L2$ 有序序列的上限（下标地址），并且，low2＝high2＋1。

它们所对应的关键字序列为 $(K_{11}, K_{11+1}, \cdots, K_{u1})$ 和 $(K_{12}, K_{12+1}, \cdots, K_{u2})$。若两个序列归并的结果放在数组 swap[ ] 中（结果存放数组），则归并的方法可描述如下：

设置 3 个变量 i、j、sp，其中 i、j 分别表示序列 $L1$ 和 $L2$ 中当前要比较的记录的位置编号（下标），初值 i＝low1，j＝low2，sp 表示数组 swap 中当前记录存放位置的编号（下标），初值 sp＝0。归并时，反复比较两个序列中 i 下标和 j 下标位置数据的关键字 K_i 和 K_j 的值：

(1) 若 $K_i \leqslant K_j$，element[i]→swap[sp]，$i=i+1$，sp=sp+1。

(2) 若 $K_i > K_j$，element[j]→swap[sp]，$j=j+1$；sp=sp+1。

当序列 $L1$ 或 $L2$ 中的全部记录已归并到数组 swap 中，即 i＝high1+1（$L1$ 序列中的数据已经全部归并到 swap 中）或 j＝high2+1（$L2$ 序列中的数据已经全部归并到 swap 中）时，比较结束。然后将还没有归并到 swap 的 $L1$ 或 $L2$ 序列中剩余的所有记录依次存放在 swap 中，这样就完成了有序序列 $L1$ 和 $L2$ 的合并。

图 7.12 给出了 $L1$ 和 $L2$ 一次有序序列二路归并的示例。

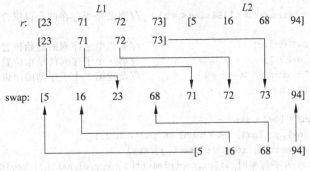

图 7.12 一次有序序列二路归并

2. 一次有序序列二路归并排序

一次有序序列二路归并排序的目的是把若干个长度为 size 的相邻有序子序列从前向后两两进行归并,得到若干个长度为 2×size 的相邻有序子序列。

若记录的个数 n 为 2×size 的整数倍时,序列的两两归并正好完成 n 个记录的一次归并;否则,当归并到一定位置时,剩余的记录个数不足 2×size 个,这时的处理方法如下:

(1) 若剩余的记录个数大于 size 而小于 2×size,把前 size 个记录作为一个子序列,把其他剩余的记录作为另一个子序列,根据假设可知,它们分别是有序的,采用前面所讲的方法对这两个子序列进行归并。

(2) 若剩余的记录个数小于 size,根据假设可知,它们是有序排列的,可以直接把它们按顺序放到数组 swap 中。

下面给出的是一次二路归并排序的算法。在该算法中,要归并的所有数据序列按顺序存放在 element[0],element[1],…,element[n−1]中,各个有序子序列的表示如下:

第一个子序列为 element[0],element[1]…,element[size−1]。
第二个子序列为 element[size],element[size+1]…,element[2×size−1]。
第三个子序列为 element[2×size],element[2×size+1]…,element[3×size−1]。
……
第 k 个子序列 element[(k−1)×size],element[(k−1)×size+1],…,element [n−1]。

除了最后一个序列外,其他每个序列的长度为 size,但最后一个子序列的长度可以小于 size,所以,最后一个序列的最后一个数据是所有数据的最后一个数据 element[n−1]。

归并时,第一个子序列和第二个子序列归并为一个新的序列,第三个子序列和第四个子序列归并为一个新的序列……如此下去。最后一个序列可能没有另外一个序列与它配对实现一次归并,这时,就视其为已经是归并好的一个序列,存放到归并成功的空间中存放。

一次二路归并排序的算法如下:

```
template<class ElementType>
void Merge(ElementType element[],ElementType swap[],int size,int n)
{//对序列 element[0],…,element[n-1]进行一次二路归并排序,
 //有序子序列的长度为 size
    int i,j;
    int low1,high1,low2,high2,sp;
    low1 = 0;                                  //第一个子序列的起始位置
    sp = 0;
    while((low1 + size <= n-1)&&size <= n)     //测试是否存在两个可以合并的子文件
    {
        low2 = low1 + size;                    //第二个子序列的起始位置
        high1 = low2 - 1;                      //第一个子序列的结束位置
        if (low2 + size -1 >= n-1)             //设置第二个子序列的结束位置
            high2 = n - 1;
        else
            high2 = low2 + size -1;
        for(i = low1,j = low2; i <= high1 && j <= high2;)     //合并两个子序列
            if(element[i].key <= element[j].key)
            //key 为字符串时,if(strcmp(element[i].key,element[j].key)<0)
                swap[sp++] = element[i++];
```

```
        else
            swap[sp++] = element[j++];
    while(i <= high1)        //序列 2 已归并完,将序列 1 中剩余的记录存放到数组 swap 中
        swap[sp++] = element[i++];
    while(j <= high2)        //序列 1 已归并完,将序列 2 中剩余的记录存放到数组 swap 中
        swap[sp++] = element[j++];
    low1 = high2 + 1;
}                                           //while
for (i = low1; i < n;)
//将原始序列中无法配对的子文件顺序存放到数组 swap 中(复制到结果文件)
    swap[sp++] = element[i++];
}
```

3. 二路归并排序

二路归并排序就是对原始序列进行若干次二路归并的排序过程。在每一次二路归并排序中,子序列的长度为上一次子序列长度的 2 倍,当子序列的长度大于等于 n 时,排序结束。

设待排序序列关键字为{65,34,25,87,12,38,56,46,14,77,92,23,55,64,75},该序列的二路归并排序过程如图 7.13 所示。

地址(下标)→	0	1	2	3	4	5	6	7	8	9	10	11	12	13	14
初始数据→	65	34	25	87	12	38	56	46	14	77	92	23	55	64	75
第0遍排序结果→	[65]	[34]	[25]	[87]	[12]	[38]	[56]	[46]	[14]	[77]	[92]	[23]	[55]	[64]	[75]
第1遍排序结果→	[34	65]	[25	87]	[12	38]	[45	56]	[14	77]	[23	92]	[55	64]	[75]
第2遍排序结果→	[25	34	65	87]	[12	38	46	56]	[14	23	77	92]	[55	64	75]
第3遍排序结果→	[12	25	34	38	46	65	87]	[14	23	55	64	75	77	92]
结果数据→	12	14	23	25	34	38	45	55	56	64	65	75	77	87	92

图 7.13 二路归并排序

在进行第一次二路归并时,共有 15 个子序列(每个数据看成一个子序列),两两归并后,共有 8 个子序列,其中前 7 个子序列的长度(数据的个数)为 2,最后一个子序列的长度为 1。

在第一次二路归并的基础上进行第二次二路归并,8 个子序列归并,两两归并后,共有 4 个子序列,其中前 3 个子序列的长度为 4,最后一个子序列的长度为 3。

在第二次二路归并的基础上进行第三次二路归并,4 个子序列归并,两两归并后,共有 2 个子序列,其中前 1 个子序列的长度为 8,最后一个子序列的长度为 7。

在第三次二路归并的基础上进行第四次二路归并,两个子序列归并,两两归并后,变成 1 个序列,所有的数据归并为一个有序的序列。即,当进行至第四次二路归并后,就得到了原始序列的有序排列。

二路归并排序算法如下:

```
template<class ElementType>
bool MSort(ElementType source[],ElementType result[],int n)
{   //使用归并排序算法对 source[0:n]进行排序
```

```
        bool flag;                          //flag 值为 false 表示源数据空间,为 true 表示交换数据空间
        int size = 1;                       //归并子文件的大小 size,初值为 1,变化为 size = size * 2
        while (size < n)
        {
            Merge (source, result, size, n);        //从 source 归并到 result
            flag = true;
            size * = 2;
            if (size > n) break;
            Merge (result, source, size, n);        //从 result 归并到 source
            flag = false;
            size * = 2;
            if (size > n) break;
        }
        return flag;
    }
    template < class ElementType >
    void MergeSort(ElementType element[ ], int n)
    {   //使用归并排序算法对 element[0..n]进行排序
        ElementType element_temp[n];
        if (MSort(element, element_temp, n))
            //排序完成后,如果结果在 element_temp 空间,则移动到 element 空间
            element = element_temp;
    }
```

显然,n 个记录进行二路归并排序时,归并的次数为 $\lfloor \log_2 n \rfloor$。在每次归并中,关键字的比较次数不超过 n,所以,二路归并排序算法的时间复杂度为 $O(n \log_2 n)$。

二路归并排序的最大缺点是需要 n 个辅助存储空间暂存记录,因此二路归并排序的空间复杂度为 $O(n)$,这是常用的排序方法中空间复杂度最差的一种排序方法。

但相对于时间复杂度均为 $O(n \log_2 n)$ 的堆排序和快速排序法来说,二路归并排序法是一种稳定的排序方法,这一点是二路归并排序法的最大优点。

7.7 基数排序

基数排序(radix sort)又称为桶排序,是按记录关键字组成的各位值逐步进行排序的一种方法。

基数排序与前面的排序方法完全不同。前面的排序方法主要是将关键字视为一个值,通过关键字之间的比较和移动记录这两种操作来实现的。

基数排序是将关键字的组成符号"拆零",即,将关键字的某位组成符号分离出来,再根据分离出来的每个符号性质,将符号对应的关键字分配到相应的桶中,当所有记录的关键字都完成了上述操作后,再将所有桶中的数据依次收集到一起。

依次收集到一起的关键字是下一次处理的基础。下一次,再将关键字的另一位符号分离,再分配,再收集;如此继续,直到关键字的所有组成符号全部分配和收集过一次,最后收集的结果就是有序序列,即排序成功的数据序列。

基数排序是利用关键字组成符号的分配和收集两种基本操作完成排序。此种排序方法一般仅适用于记录的关键字为整数类型的情况。

设待排序的记录序列中,各记录的关键字是 m 位 d 进制数(不足 m 位的关键字在高位

补 0)。在进行基数排序时,设置 d 个桶(桶的个数与关键字的进制相关),令其编号分别为 $0,1,\cdots,d-1$。

首先将序列中各个记录按其关键字最低位(或称最右位)值的大小放置到相应的桶中,然后按照桶号由小到大的顺序收集分配在各桶中的记录,对于同一桶中的各个记录则按其进桶的先后次序进行收集,从而形成了一个新的记录序列,我们称之为一次基数排序。

对收集所得到的新的记录序列中的各个记录,按其关键字次低位值的大小再次放置到相应的桶中,然后按照前面相同的方法再次收集各桶中的记录并建立新的记录序列……如此重复进行,当完成了对序列中的各个记录按其关键字的最高位值进行放置和收集,即进行了 m 次基数排序后,所得到的记录序列就是原始序列的有序排列。

设待排序的序列中有 10 个记录,它们的关键字序列为{710,342,045,686,006,841,429,134,068,264},对该序列进行基数排序,其过程如图 7.14 所示。在该例中,各记录的关键字是 3 位十进制数,因此总共只需要进行 3 次分配和收集就排序成功。

0	1	2	3	4	5	6	7	8	9
712	342	048	686	006	841	429	068	134	264

(a) 初始状态

0	1	2	3	4	5	6	7	8	9
	841	712 342		134 264		686 006		048 068	429

(b) 第一次放置后的结果

0	1	2	3	4	5	6	7	8	9
841	712	342	134	264	686	006	048	068	429

(c) 第一次收集后的结果

0	1	2	3	4	5	6	7	8	9
006	712	429	134	841 342 048		264 068		686	

(d) 第二次放置后的结果

0	1	2	3	4	5	6	7	8	9
006	712	429	134	841	342	048	264	068	686

(e) 第二次收集后的结果

0	1	2	3	4	5	6	7	8	9
006 048 068	134	264	342	429		686	712	841	

(f) 第三次放置后的结果

0	1	2	3	4	5	6	7	8	9
006	048	068	134	264	342	429	686	712	841

(g) 第三次收集后的结果

图 7.14 基数排序示例

7.7.1 用二维数组表示桶

实现基数排序的一个基本问题是如何实现桶结构,可以采用一个二维数组来实现。在二维数组中,第一个下标表示桶号,第二个下标表示在桶内各记录的存储顺序号。例如,在图 7.14 中,如果用二维数组实现桶结构,则各次排序时二维数组的内容如图 7.15 所示。

$$
\begin{bmatrix}
0 & 0 & 0 & \cdots \\
841 & 0 & 0 & \cdots \\
712 & 342 & 0 & \cdots \\
0 & 0 & 0 & \cdots \\
134 & 264 & 0 & \cdots \\
0 & 0 & 0 & \cdots \\
686 & 006 & 0 & \cdots \\
0 & 0 & 0 & \cdots \\
048 & 068 & 0 & \cdots \\
429 & 0 & 0 & \cdots
\end{bmatrix}
\quad
\begin{bmatrix}
006 & 0 & 0 & 0 & \cdots \\
712 & 0 & 0 & 0 & \cdots \\
429 & 0 & 0 & 0 & \cdots \\
134 & 0 & 0 & 0 & \cdots \\
841 & 342 & 048 & 0 & \cdots \\
0 & 0 & 0 & 0 & \cdots \\
264 & 068 & 0 & 0 & \cdots \\
0 & 0 & 0 & 0 & \cdots \\
686 & 0 & 0 & 0 & \cdots \\
0 & 0 & 0 & 0 & \cdots
\end{bmatrix}
\quad
\begin{bmatrix}
006 & 048 & 068 & 0 & \cdots \\
134 & 0 & 0 & 0 & \cdots \\
264 & 0 & 0 & 0 & \cdots \\
342 & 0 & 0 & 0 & \cdots \\
429 & 0 & 0 & 0 & \cdots \\
0 & 0 & 0 & 0 & \cdots \\
686 & 0 & 0 & 0 & \cdots \\
712 & 0 & 0 & 0 & \cdots \\
841 & 0 & 0 & 0 & \cdots \\
0 & 0 & 0 & 0 & \cdots
\end{bmatrix}
$$

(a) 第一次排序　　　　(b) 第二次排序　　　　(c) 第三次排序

图 7.15　用二维数组表示的桶结构

下面的 RadixSort 算法用于实现基数排序,其中原始记录序列存储在数组 element[0..n−1]中,记录的关键字为 m 位的整型量。

桶采用二维数组结构的基数排序算法如下:

```
template < class ElementType >
void RadixSort(ElementType element[], int n, int m )
{   //对记录 element[0..n-1]进行关键字为 m 位整型值的基数排序,桶结构为二维数组
    int i,j,k,h,Number,power;
    int count[10];                        //对应桶的计数器
    int MAXNUM = 50;
    ElementType pail[10][MAXNUM];         //二维数组结构的桶
    k = 1;
    power = 1;
    while (k < = m)
    {
        if(k == 1)
            power = 1;
        else
            power = power * 10;
        for( i = 0;i < 10;i++)
            count[i] = 0;                 //将各桶清空
        for (i = 0;i < n;i++)
        {   //将各记录关键字分离,记录分配到相应的桶中,再收集
            j = element[i].key/power - (element[i].key/(power * 10)) * 10;     //分离
            pail[j][count[j]] = element[i];    //分配
            count[j] = count[j] + 1;
            Number = 0;
```

```
            for(h = 0;h < 10;h++)
            {   //从桶中收集
                if(count[h]!= 0)
                    for (j = 0;j < count[h];j++)
                    {
                        element[Number] = pail[h][j];
                        Number++;
                    }
            }
            k++;
        }
    }
```

在上述的 RadixSort 算法中，二维数组 pail 用来实现桶结构，一维数组 count 是对应桶的计数器。count[i]表示当前排序时第 i 号桶中含有的记录的个数减 1。在进行排序时，如何求取关键字 key 第 k 位的值 x_k 是一个重要的问题，这里采用的公式为

$$X_k = \text{int}\ \frac{X}{10^{k-1}} - \left(\text{int}\ \frac{X}{10k}\right) \times 10$$

其中，求个位的值时 $k=1$。

在上述算法中，while 循环用于控制基数循环的次数。在 while 循环中，首先算 10^k 的值，这里变量 Powor=10^{k-1}，接着给计数器数组 count[i]($i=0,1,\cdots,9$)赋初值 0。下面第一个 for 循环是将各记录分配到相应的桶中，第二个 for 循环则是将各桶中的记录收集回数组 x 中。

从上述算法中可看出，采用二维数组实现桶结构不失为一种简单方便的方法，但有可能造成空间的大量浪费。例如，若有 100 个记录，它们在某次排序时，有可能均匀地分布到 d 个桶中，也有可能全部被分配到某一个桶中，因此，二维数组的大小应设为 $d \times n$。但最终实际使用的空间为 n，所以，必然要浪费$(d-1)n$ 个存储空间。当 n 或 d 很大时，显然不宜采用这种方法。

7.7.2 用链式存储结构实现桶

基数排序时，桶常用的另一种存储结构是图 7.16 所示的链式存储结构，每个链表表示一个桶。

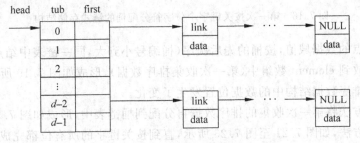

图 7.16 桶的链式存储结构

数据排序前,所有的数据是以数组结构存储的。排序过程中,将数据元素按关键字的相应位逐一地分配到桶中。

每个桶链表有一个表头结点,表头结点由两个域组成:数据域(tub)是桶编号,链接域(first)是指向链表的第一个结点 first 的指针。

分配数据元素记录到桶中,就是相当于在桶链表尾端插入结点。

收集记录就是将所有的桶链表依次首尾相连,重新形成一个数组元素序列(每次重新收集到数组中的数据元素次序与分配前比较会发生改变)。

若记录 R_i 被分配到了第 k 号桶中,则将记录 R_i 插入到第 k 号链表的尾端。在这种情况下,一次基数排序就是将序列中的所有记录按记录的关键字当前位值插入到相应的链表中,然后从第一个链表开始,从头到尾顺序地将各个链表中的元素收集回来。

假如存在 8 个待排序数据,数据序列的关键字是{635,314,3,867,38,569,846,77},待排序数据事先已经存放在 element[ ]数组中,其结构如图 7.17 所示。

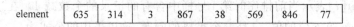

图 7.17　排序数据初始存储结构

首先,从 element 数组中将数据逐一取出,分离每个关键字的"个位"字符,并转换为一位数,这位数决定了该数据被分配的桶。申请一个链表结点空间,将该数据元素的值填入链表结点的数据域,插入到相应的桶链表的尾部。如此下去,将每个 element 数组中的数据逐一取出,并分配到桶链表中,形成如图 7.18 所示的第一次按关键字个位分配的桶链表结构。

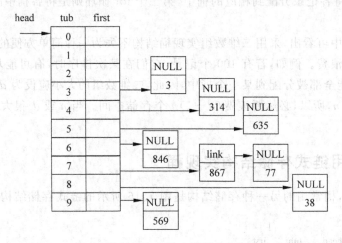

图 7.18　第一次按关键字个位字符分配桶的链式存储结构

对桶中结点的数据域值,按桶的先后次序(桶编号小到大,同一链表中结点从左至右)依次全部重新存放到 element 数组中(第一次收集排序数据),形成如图 7.19 所示的排序数据的结构。新的排序数据结构中的数据位置发生了变化。

用同样的方法将第一次收集的排序数据再分配到桶链表中,形成如图 7.20 所示的桶链表结构。按此方法,如图 7.21 至图 7.23 所示,直到按关键字的所有位都完成了分配和收集后,排序数据就是有序的序列了,如图 7.23 所示。

| element | 3 | 314 | 635 | 846 | 867 | 77 | 38 | 569 |

图 7.19　第一次收集排序数据的存储结构

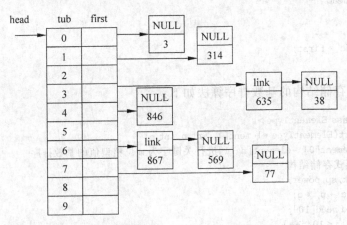

图 7.20　第二次按关键字十位字符分配桶的链式存储结构

| element | 3 | 314 | 635 | 38 | 846 | 867 | 569 | 77 |

图 7.21　第二次收集排序数据的存储结构

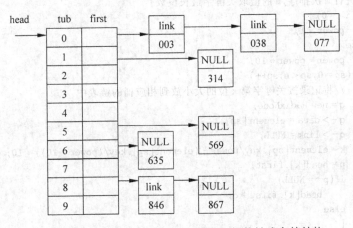

图 7.22　第三次按关键字百位字符分配桶的链式存储结构

| element | 3 | 38 | 77 | 314 | 569 | 635 | 846 | 867 |

图 7.23　第三次收集排序数据的存储结构

下面是基数排序桶链表结构下的实现算法。

桶链表的数据结点 RadixNode 及桶链表表头结点 RadixHead 结构定义如下：

```
struct RadixNode
{
```

```
    ElementType data;
    RadixNode * link;
};

struct RadixHead
{
    int tub;
    RadixNode * first;
};
```

桶采用链表存储结构的基数排序算法如下：

```
template<class ElementType>
void RadixSort(ElementType element[], int n,int m)
{//对记录 element[0]～element[n-1]进行关键字为 m 位整型值的基数排序
 //桶结构为链式存储结构
    int i,j,k,sp,power;
    RadixNode * p, * q;
    RadixHead head[10];
    for(j = 0;j<10;j++)
    {   //初始化桶
        head[j].tub = j;
        head[j].first = NULL;
    }
    power = 1;
    for(i = 0;i<m;i++)
    {   //进行 m 次排序,m 的值取关键字最长位数
        if(i == 0)
            power = 1;
        else
            power = power * 10;
        for(sp = 0;sp<n;sp++)
        {   //将记录按关键字第 k 位的大小放到相应桶的链表中
            q = new RadixNode;
            q->data = element[sp];
            q->link = NULL;
            k = element[sp].key/power - (element[sp].key/(power * 10)) * 10;
            p = head[k].first;
            if(p == NULL)
                head[k].first = q;
            else
            {
                while(p->link!= NULL)
                    p = p->link;
                p->link = q;
            }
        }
        sp = 0;
        for(j = 0;j<10;j++)
        {   //桶链表中的数据按顺序收回到 element 数值中
            p = head[j].first;
            while(p!= NULL)
            {
                element[sp] = p->data;
```

```
            sp++;
            q = p->link;
            delete p;
            p = q;
        }
        head[j].first = NULL;
    }
}
```

基数排序时,总共要进行 m 次排序,在一次排序中要将 n 个记录放到 d 个桶中,又要把各个桶中的记录依次收回来,所以,基数排序的时间复杂度为 $O(2mn)$。

待排序的数据如果以简单链表结构存储,那么分配和收集数据的过程就不需要移动数据的值,只需进行链表结点的指针的调整,效率更高。相应的算法请读者自己完成。

7.8 内部排序方法比较

上述的内部排序方法没有一种可以无条件地优于其他方法,在实际应用中要根据具体情况选择合适的算法,一般情况下遵循的原则如下。

1. 对稳定性的要求

所谓排序算法的稳定性,就是当有多个记录的关键字相同时,如果使用排序算法将记录集排好序后这些记录的相对位置没有改变,则排序算法是稳定的,否则不稳定。

实际上真正使用的时候,可能是对一个复杂类型的数组排序,而排序的关键字实际上只是这个元素中的一个属性,对于一个简单类型,数字值就是其全部意义,即使交换了也看不出什么不同,但是对于复杂的类型,可能就会使原本不应该交换的元素发生了交换了。

比如,一个"学生"数组,按照年龄排序,"学生"这个对象不仅含有"年龄",还有其他很多属性,稳定的排序会保证比较时两个年龄相同的学生一定不交换。

稳定性在某种方面反映着算法的健壮性,快速排序、希尔排序、堆排序、选择排序不是稳定的排序算法,而基数排序、冒泡排序、插入排序、归并排序是稳定的排序算法

2. 问题的规模

如果数据规模较大时,选择平均算法复杂度较低的算法,优先考虑快速排序、堆排序、归并排序、树形选择排序和希尔排序等,它们的平均时间复杂度为 $O(n \log_2 n)$,否则选择实现较简单的算法,如插入排序、交换排序、直接选择排序等。

3. 关键字的初始状态

如果初始记录基本有序,可选用直接插入、堆排序、冒泡排序、归并排序、希尔排序等方法,其中插入排序和冒泡应该是最快的,因为只有比较动作,无须移动元素。此时平均时间复杂度为 $O(n)$。

初始记录无序的情况下最好选用快速排序、希尔排序、简单选择排序等,这些算法的共同特点是通过"振荡"让数值相差不大但位置差异很大的元素尽快到位。

4. 时间和辅助空间的要求

如果空间复杂度过高，并且排序的规模也比较大，需要的空间超过了内存的大小，这时就需要频繁地从硬盘或者其他外设读写数据，导致算法性能急剧下降。在这种情况下，应避免使用归并排序、树形选择排序等空间复杂度高的算法。

5. 记录大小

如果记录所占用空间比较大，则在选择算法时尽量选择移动次数比较少的算法，如直接选择排序比直接插入排序更合适。

6. 算法的复杂性

如果算法的实现比较复杂，在实际处理数据的过程中出错的概率就比较大，进而影响整个软件的质量。另外，当问题规模较小时，复杂性高的算法并没有优势，甚至比简单算法还差。

表 7.2 中，堆排序对辅助空间的要求比快速排序低，并且堆排序不会出现快速排序最差时的情况。快速排序平均性能是最好的，当它遇到逆序序列时，退化为冒泡排序。希尔排序借鉴了插入排序，首先将序列分成多个部分，每一部分所含记录个数较少，排序比较快，随着间隔的减小，分组数下降，每组所含记录个数增多，但是由于这些序列已经基本有序，所以插入排序仍然比较快。这样也导致了希尔排序比插入排序效率高，因此希尔排序的时间复杂度介于 $O(n \log_2 n)$ 和 $O(n^2)$ 之间。归并排序和冒泡排序等算法建立在逐个比较的基础上，能保证排序的稳定。

表 7.2　各种内部排序方法的比较

排序方法	最好情况	平均时间	最坏情况	辅助空间	稳定性	复杂性
直接插入	$O(n)$	$O(n^2)$	$O(n^2)$	$O(1)$	稳定	简单
折半插入	$O(n \log_2 n)$	$O(n \log_2 n)$	$O(n \log_2 n)$	$O(1)$	稳定	简单
直接选择	$O(n^2)$	$O(n^2)$	$O(n^2)$	$O(1)$	不稳定	简单
冒泡排序	$O(n)$	$O(n^2)$	$O(n^2)$	$O(1)$	稳定	简单
希尔排序	$O(n(\log_2 n)^2)$	$O(n(\log_2 n)^2)$	$O(n(\log_2 n)^2)$	$O(1)$	不稳定	较复杂
快速排序	$O(n \log_2 n)$	$O(n \log_2 n)$	$O(n^2)$	$O(\log_2 n)$	不稳定	较复杂
二路归并	$O(n \log_2 n)$	$O(n \log_2 n)$	$O(n \log_2 n)$	$O(n)$	稳定	简单
堆排序	$O(n \log_2 n)$	$O(n \log_2 n)$	$O(n \log_2 n)$	$O(1)$	不稳定	较复杂
树形选择	$O(n \log_2 n)$	$O(n \log_2 n)$	$O(n \log_2 n)$	$O(n)$	不稳定	较复杂
基数排序	$O(2mn)$	$O(2mn)$	$O(2mn)$	$O(dn)$	稳定	较复杂

7.9　外排序

7.9.1　外部排序

由于排序表太大，不可能一次全部读入计算机内存，因而内部排序方法不再适用。假定待排序表（或文件）存储在磁盘上，而且每次从磁盘读入的单位或从内存写到磁盘的单位是

块,每块一般都包含多条记录。影响磁盘的读写速度有 3 个因素:

(1) 寻道时间。定位磁头到正确读写位置所需要的时间,这个时间是磁头移动所需磁道数目的时间。

(2) 延迟时间。扇区旋转的磁头下面所需时间。

(3) 传输时间。在内存和磁盘之间传输块数据所需时间。

对外部存储设备上的数据进行排序最常用的方法是归并排序,这种排序基本上由两个相互独立的阶段组成。首先,按可用内存大小,将外存上含 n 个记录的文件分成若干长度为 k 的子文件或段(segment),依次读入内存,利用有效的内部排序方法对它们进行排序,并将排序后得到的有序子文件重新写入外存。通常称这些有序子文件为归并段或顺串;然后,对这些归并段进行逐趟归并,使归并段(有序子文件)逐渐由小到大,直至得到整个有序文件为止。

显然,第一阶段的工作已经讨论过。以下主要讨论第二阶段即归并的过程。先从一个例子来看外排序中的归并是如何进行的。

假设有一个含 10 000 个记录的文件,首先通过 10 次内部排序得到 10 个初始归并段 $R_1 \sim R_{10}$,其中每一段都含 1000 个记录。然后对它们作如图 7.24 所示的两两归并,直至得到一个有序文件为止。

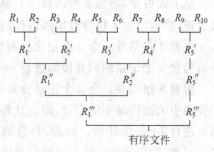

图 7.24 2 路平衡归并

从图 7.24 可见,由 10 个初始归并段到一个有序文件,共进行了 4 趟归并,每一趟从 m 个归并段得到 $\lceil m/2 \rceil$ 个归并段。这种方法称为 2 路平衡归并。

将两个有序段归并成一个有序段的过程,若在内存中进行,则很简单,前面讨论的 2 路归并排序中的 Merge 函数便可实现此归并。但是,在外部排序中实现两两归并时,不仅要调用 Merge 函数,而且要进行外存的读/写,这是由于不可能将两个有序段及归并结果同时放在内存中的缘故。对外存上信息的读/写是以"物理块"为单位的。假设在上例中每个物理块可以容纳 200 个记录,则每一趟归并需进行 50 次读和 50 次写,4 趟归并加上内部排序时所需进行的读/写,使得在外排序中总共需进行 500 次的读/写。

一般情况下,外部排序所需总时间为以下 3 个时间之和:

(1) 内部排序(产生初始归并段)所需时间 $m \times t_{is}$。

(2) 外存信息读写的时间 $d \times t_{io}$。

(3) 内部归并排序所需时间 $s \times ut_{mg}$。

其中,t_{is} 是为得到一个初始归并段进行的内部排序所需时间的均值,t_{io} 是进行一次外存读/写时间的均值,ut_{mg} 是对 u 个记录进行内部归并所需时间,m 为经过内部排序之后得到的初始归并段的个数;s 为归并的趟数;d 为总的读/写次数。由此,上例 10 000 个记录利用 2 路归并进行排序所需总的时间为:

$$10t_{is} + 500t_{io} + 4 \times 10\,000 t_{mg}$$

其中 t_{io} 取决于所用的外存设备,显然,t_{io} 较 t_{mg} 要大得多。因此,提高排序效率应主要着眼于减少外存信息读写的次数 d。

下面来分析 d 和归并过程的关系。若对上例中所得的 10 个初始归并段进行如图 7.25

所示的 5 路平衡归并(即每一趟将 5 个或 5 个以下的有序子文件归并成一个有序子文件),则从图 7.24 可见,仅需进行两趟归并,外部排序时总的读/写次数便减少至 $2 \times 100 + 100 = 300$,比 2 路归并减少了 200 次的读/写。

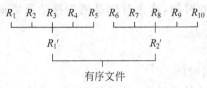

图 7.25 5 路平衡归并

可见,对同一文件而言,进行外部排序时所需读/写外存的次数和归并的趟数 s 成正比。而在一般情况下,对 m 个初始归并段进行 k 路平衡归并时,归并的趟数为

$$s = \lfloor \log_k m \rfloor$$

若增加 k 或减少 m 便能减少 s。下面分别对这两个方面加以讨论。

7.9.2 多路平衡归并

从上式可见,增加 k 可以减少 s,从而减少外存读/写的次数。但是,从下面的讨论中又可发现,单纯增加 k 将导致增加内部归并的时间 ut_{mg}。那么,如何解决这个矛盾呢?

先看 2 路归并。令 u 个记录分布在两个归并段上,按 Merge 函数进行归并。每得到归并后的含 u 个记录的归并段需进行 $u-1$ 次比较。

再看 k 路归并。令 u 个记录分布在 k 个归并段上,显然,归并后的第一个记录应是 k 个归并段中关键码最小的记录,即应从每个归并段的第一个记录的相互比较中选出最小者,这需要进行 $k-1$ 次比较。同理,每得到归并后的有序段中的一个记录,都要进行 $k-1$ 次比较。显然,为得到含 u 个记录的归并段需进行 $(u-1)(k-1)$ 次比较。由此,对 n 个记录的文件进行外部排序时,在内部归并过程中进行的总的比较次数为 $s(k-1)(n-1)$。假设所得初始归并段为 m 个,则可得内部归并过程中进行比较的总的次数为

$$\lfloor \log_k m \rfloor (k-1)(n-1) t_{mg} = \left\lfloor \frac{\log_2 m}{\log_2 k} \right\rfloor (k-1)(n-1) t_{mg}$$

由于 $(k-1)/\log_2 k$ 随 k 的增加而增长,则内部归并时间亦随 k 的增加而增长。这将抵消由于增大 k 而减少外存信息读写时间所得效益,这是我们所不希望的。然而,若在进行 k 路归并时利用败者树(tree of loser),则可使在 k 个记录中选出关键码最小的记录时仅需进行 $\lfloor \log_2 k \rfloor$ 次比较,从而使总的归并时间变为 $\lfloor \log_2 m \rfloor (n-1) t_{mg}$,显然,这个式子和 k 无关,它不再随 k 的增长而增长。

何谓败者树?它是树形选择排序的一种变形。相对地,可称图 7.10 和图 7.11 中的二叉树为胜者树,因为每个非终端结点均表示其左、右子女结点中的胜者。反之,若在双亲结点中记下刚进行完的这场比赛中的败者,而让胜者去参加更高一层的比赛,便可得到一棵败者树。败者树是一棵正则的完全二叉树,其中:

(1) 每个叶结点存放各归并段在归并过程中当前参加比较的记录。
(2) 每个非叶结点记忆它两个子女结点中记录关键码小的结点(即败者)。

因此,根结点记忆树中当前记录关键码最小的结点(最小记录)。败者树与胜者树的区别在于前者选择了败者(关键码小者),后者选择了胜者(关键码大者)。

图 7.26(a) 即为一棵实现 5 路归并的败者树 ls[0..4],图中方形结点表示叶子结点(也

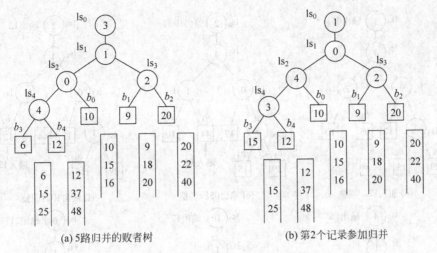

(a) 5路归并的败者树　　　　　(b) 第2个记录参加归并

图 7.26　实现 5 路归并的败者树

可看成是外结点),分别为 5 个归并段中当前参加归并的待选择记录的关键码;败者树中根结点 ls_1 的双亲结点 ls_0 为"冠军",在此指示各归并段中的最小关键码记录为第三段中的记录;结点 ls_3 指示 b_1 和 b_2 两个叶子结点中的败者即是 b_2,而胜者 b_1 和 b_3(b_3 是叶子结点 b_3、b_4 和 b_0 经过两场比赛后选出的获胜者)进行比较,结点 ls_1 则指示它们中的败者为 b_1。

在选出最小关键码的记录之后,只要修改叶子结点 b_3 中的值,使其为同一归并段中的下一个记录的关键码,然后从该结点向上和双亲结点所指的关键码进行比较,败者留在该双亲,胜者继续向上直至树根的双亲。

如图 7.26(b)所示。当第 3 个归并段中第 2 个记录参加归并时,选得最小关键码记录为第一个归并段中的记录。为了防止在归并过程中某个归并段变为空,可以在每个归并段中附加一个关键码为最大的记录。当选出的"冠军"记录的关键码为最大值时,表明此次归并已完成。由于实现 k 路归并的败者树的深度为 $\lceil \log_2 k \rceil + 1$,则在 k 个记录中选择最小关键码仅需进行 $\lceil \log_2 k \rceil$ 次比较。败者树的初始化也容易实现,只要先令所有的非终端结点指向一个含最小关键码的叶子结点,然后从各叶子结点出发调整非终端结点为新的败者即可。图 7.27 给出了利用败者树进行 5 路平衡归并的过程。

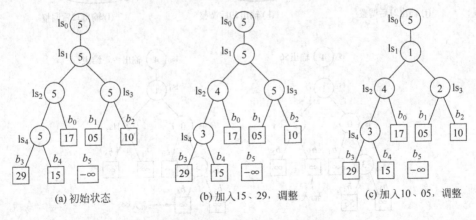

(a) 初始状态　　　　　(b) 加入15、29,调整　　　　　(c) 加入10、05,调整

图 7.27　败者树 5 路平衡归并

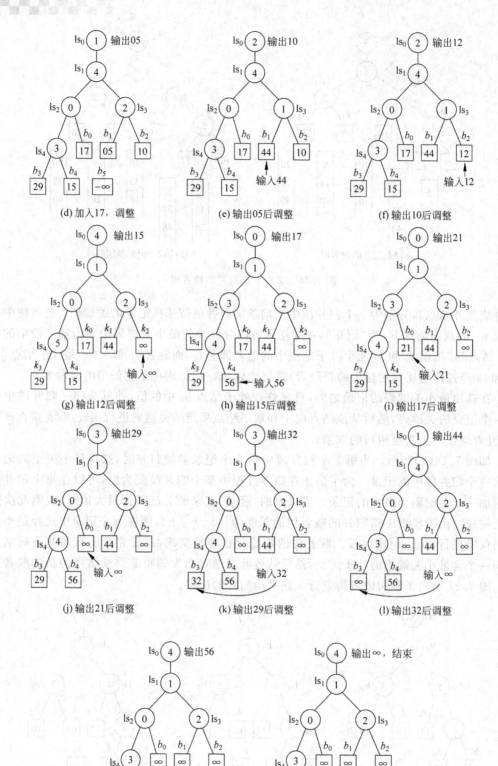

图 7.27 （续）

下面的代码中简单描述了利用败者树进行 k 路归并的过程,为了突出如何利用败者树进行归并,避开了外存信息存取的细节,可以认为归并段已存在。

(1) 顺序存储结构。败者树是完全二叉树且不含叶子,可采用顺序存储结构:

```
typedef int LoserTree[k];
```

(2) 外结点存放待归并记录的关键码:

```
typedef struct
{
    KeyType key;
}ExNode,External[k];
```

(3) 败者树调整算法。选得最小关键码记录后,从叶到根调整败者树,选下一个最小关键码。败者树调整算法如下:

```
void Adjust(LoserTree *ls,int s)
{   //沿从叶子结点 b[s]到根结点 ls[0]的路径调整败者树
    int t,temp;
    t = (s+k)/2;                        //ls[t]是 b[s]的双亲结点
    while(t>0)
    {   //ls[t]记录败者所在的段号,s 指示新的胜者,胜者将参加更上一层的比较
        if(b[s].key>b[ls[t]].key)
        s = ls[t];                      //s 指示新的胜者
        ls[t] = temp;
        t = t/2;                        //向树根退一层
    }
    ls[0] = s;                          //ls[0]记录本趟最小关键字所在的段号
}
```

以后每选出一个当前关键码最小的对象,就需要在将它送入输出缓冲区之后,从相应归并段的输入缓冲区中取出下一个参加归并的对象,替换已经取走的最小对象,再从叶结点到根结点沿某一特定路径进行调整,将下一个关键码最小对象的归并段号调整到 ls[0] 中。

(4) k 路归并处理算法如下:

```
void K_Merge(LoserTree *ls,External *b)
{//利用败者树 ls 将编号从 0 到 k-1 的 k 个输入归并段中的记录归并到输出归并段
//b[0]到 b[k-1]为败者树上的 k 个叶子结点,分别存放 k 个输入归并段中当前记录的关键码
    for(i = 0;i<k;i++)
        input(b[i].key);            //分别从 k 个输入归并段读入该段当前第一个记录的
                                    //关键码到外结点
    CreateLoserTree(ls);            //建败者树 ls,选得最小关键码为 b[0].key
    while(b[ls[0]].key!= MAXKEY)
    {
        q = ls[0];                  //q 指示当前最小关键码所在归并段
        output(q);                  //将编号为 q 的归并段中当前(关键码为 b[q].key 的记录
                                    //写至输出归并段
        input(b[q].key);            //从编号为 q 的输入归并段中读入下一个记录的关键码
        Adjust(ls,q);               //调整败者树,选择新的最小关键码
    }
}
```

```
            output(ls[0]);              //将含最大关键码 MAXKEY 的记录写至输出归并段
    }
```

(5) 建立败者树算法如下：

```
void CreateLoserTree(LoserTree *ls)
{//已知 b[0]到 b[k-1]为完全二叉树,则 ls 的叶子结点存有 k 个关键码
 //沿从叶子到根的 k 条路径,将 ls 调整为败者树
    b[k].key = MINKEY;              //设 MINKEY 为关键码可能的最小值
    for(i = 0;i < k;i++)
        ls[i] = k;                   //设置 ls 中败者的初值
    for(i = k-1;k > 0;i--)
        Adjust(ls,i);                //依次从 b[k-1],b[k-2],…,b[0]出发调整败者
}
```

归并路数 k 的选择不是越大越好。k 增大时,相应需增加输入缓冲区个数。如果可供使用的内存空间不变,势必要减少每个输入缓冲区的容量,使内外存交换数据的次数增大。

习题 7

一、单选题

1. 下面给出的 4 种排序法中,(　　)排序是不稳定排序法。
   A. 插入　　　　　　B. 冒泡　　　　　　C. 二路归并　　　　D. 堆
2. 快速排序在最坏情况下时间复杂度是 $O(n^2)$,比(　　)的性能差。
   A. 堆排序　　　　　B. 起泡排序　　　　C. 选择排序
3. 若需在 $O(n \log_2 n)$ 的时间内完成对数组的排序,且要求排序是稳定的,则可选择的排序法是(　　)。
   A. 快速排序　　　　B. 堆排序　　　　　C. 归并排序　　　　D. 直接插入排序
4. 对任意的 7 个关键字进行排序,至少要进行(　　)次关键字之间的两两比较。
   A. 13　　　　　　　B. 14　　　　　　　C. 15　　　　　　　D. 16
   E. 17
5. 已知待排序的 n 个元素可分为 n/k 个组,每个组包含 k 个元素,且任一组内的各元素均大于其前一组内的所有元素且小于其后一组内的所有元素,若采用基于比较的排序,其时间下界应为(　　)。
   A. $O(k \log_2 k)$　　B. $O(k \log_2 n)$　　C. $O(n \log_2 k)$　　D. $O(n \log_2 n)$

单选题答案：
1. D　2. A　3. C　4. C　5. C

二、填空题

1. 对 n 个记录的表 $r[1..n]$ 进行简单选择排序,所需进行的关键字间的比较次数为_____。
2. 对于关键字序列{12,13,11,18,60,15,7,20,25,100},用筛选法建堆,必须从键值

为_____的关键字开始
   3. _____排序不需要进行记录关键字间的比较。
   4. 设有关键码序列$(Q,H,C,Y,Q,A,M,S,R,D,F,X)$,要按照关键码值递增的次序进行排序,若采用初始步长为 4 的希尔排序法,则一趟扫描的结果是_____;若采用以第一个元素为分界元素的快速排序法,则一趟扫描的结果是_____。
   5. 对一组记录$\{54,38,96,23,15,72,60,45,83\}$进行直接插入排序时,如果把 60 插入到已排序的有序表时,为寻找其插入位置需比较_____次。

填空题答案:
1. $n(n-1)/2$
2. 60
3. 基数
4. $\{Q,A,C,S,Q,D,F,X,R,H,M,Y\},\{H,C,D,Q,A,M,Q,R,S,Y,X\}$
5. 3

三、判断题

1. 快速排序的速度在所有排序方法中最快,而且所需附加空间也最少。(　　)
2. 外部排序是把外存文件调入内存,可利用内部排序的方法进行排序,因此排序所花的时间取决于内部排序的时间。(　　)
3. 一般说来,外排序所需要的总时间为内排序时间、外存信息读写时间、内部归并所需要的时间之和。(　　)
4. 外排序过程主要分为两个阶段:生成初始归并段和对归并段进行逐趟归并的阶段。
5. 内排序中的快速排序方法在任何情况下均可得到最快的排序效果。

判断题答案:
1. 错　2. 错　3. 对　4. 对　5. 错

四、简答题和算法题

1. 什么是分类?什么是内部分类?什么是外部分类?
2. 待分类的文件有哪几种存储结构?
3. 什么是稳定排序?什么是不稳定排序?
4. 若在直接插入排序时,从序列的第一个元素开始查找元素的插入位置,试改写 7.3.1 节中给出的直接插入排序算法。
5. 若待排序的关键字序列为$\{25,73,12,80,116,05\}$,给出希尔排序的过程示意图。
6. 证明希尔排序是一种不稳定的排序方法,并给出一个例子加以说明。
7. 给出以单链表作为存储时的直接选择排序算法。
8. 在一个有 n 个元素的堆中删去一个元素,试给出相应的算法。
9. 若堆的根结点是堆中值最大的元素,并且从根结点到每个叶结点的路径上,元素组成的序列都是非递增有序的,给出建立该初始堆的算法。
10. 在冒泡排序过程中,会出现有的关键字在某次冒泡过程中朝着与最终排序位置相反的方向移动这种现象吗？请举例说明。

11. 在冒泡排序过程中，使相邻的两次排序向不同的方向冒泡，给出实现该要求的算法。

12. 将 7.4.2 节中给出的快速排序算法改写为非递归的形式。

13. 证明快速排序是一种不稳定排序。

14. 若待排序的关键字序列为{103,97,56,38,66,23,42,12,30,52}，给出用归并排序法进行排序的过程示意图。

15. 在你所知的排序方法中，哪些是稳定的？

16. 荷兰国旗问题：设有一个由红、白、蓝 3 种颜色组成的条块序列。请编写一个时间复杂度为 $O(n)$ 的算法，使得这些条块按红、白、蓝的顺序排列成荷兰国旗。

17. 已知有 3 个已排序的序列，每个序列的长度为 n，试构造一个归并这 3 个序列的算法。

18. 在进行基数排序时，有一种先按关键字的高位值然后按关键字的低位值进行排序的方法，试用该方法举例，给出排序过程示意图。

19. 给出用队列实现桶结构时的基数排序算法。

20. 比较本章所给的各种排序算法的时间复杂度和空间复杂度。

21. 假设文件有 4500 个记录，在磁盘上每个页块可放 75 个记录。计算机中用于排序的内存区可容纳 450 个记录。试问：

(1) 可建立多少个初始归并段？每个初始归并段有多少记录？存放于多少个页块中？

(2) 应采用几路归并？请写出归并过程及每趟需要读写磁盘的页块数。

第8章 查找

在前几章中讨论了各种线性和非线性的数据结构,而在本章中,我们将研究在实际应用中大量使用的,用于数据查找的数据结构——查找表。

8.1 查找的概念

查找表(search table)是由同一类数据元素(或记录)构成的集合。

对查找表进行的操作如下:
(1) 查找某个"给定的"数据元素是否在表中。
(2) 检索某个"给定的"数据元素的各种属性。
(3) 在查找表中插入一个数据元素。
(4) 从查找表中删除某个数据元素。

在查找过程中,把要进行的操作分为两种类型。一种是只检查某个特定的记录是否存在于给定的记录集合(即上述 4 种操作的前两种操作),这种查找表称为**静态查找表**(static search table)。另一种查找不但要检查记录集合中是否存在某个特定的记录,而且当该记录不存在时,要把它插入到记录集合中;当记录集合中存在该记录时,要对其内容进行修改或把它从记录集合中删去,这种查找表则称为**动态查找表**(dynamic search table)。

为了便于讨论,在此给出"给定的"一词的确切含义。首先要介绍"关键字"的概念。

关键字(key)是数据元素中某个数据项的值,它可以标识一个数据元素。若它可以唯一地标识一个数据元素,则称此关键字为**主关键字**(primary key);反之,则称为**次关键字**(secondary key)。若数据元素只有一个数据项时,其关键字即为此数据元素的值。

查找(search)是确定在数据元素集合(查找表)中是否存在一个数据元素关键字等于给定值关键字的过程。

查找操作一般是通过比较数据元素的关键字完成的,与第 7 章类似,在本章的各个示例中,只给出数据元素的关键字,而忽略其他数据项的内容。

查找的过程实际上是将给定值与记录集合中各记录的关键字相比较,从而确定给定值在记录集合中是否存在,以及存在时它在记录集合中的位置。如果在记录集合中能找到与给定值相等的关键字,则该关键字所属的记录就是所要查找的记录,此时称该查找是成功的,此时查找的结果为整个数据元素的信息,或者指出该数据元素在查找表中的位置;如果查遍整个记录集合(表)也未能找到与给定值相等的关键字,称该查找是失败的,此时查找的结果可给出一个 NULL 元素(或空指针)。

例如,在电话号码查询系统中,全部成员的电话号码可以用表 8.1 所示的查找表的结构存储在计算机中。表中每一行为一个数据元素,成员的电话号码为元素的关键字。假设给定值为 88042565,通过查找可得成员李鹏的各项指标,此时查找成功。若给定值为 88062565,则表中没有关键字为 88062565 的元素,查找失败。

表 8.1 通讯录

电话号码	通讯地址	姓名	邮政编码	E-mail
⋮	⋮	⋮	⋮	⋮
88042565	中南财大	李鹏	430071	lip@sina.com
67890201	洪山路特一号	查话费	430070	
86791256	湖北日报	刘老根	430077	laogen@163.com
⋮	⋮	⋮	⋮	⋮

显然,查找算法的设计与记录集合存储时所采用的存储结构有密切的关系。记录集合的存储结构主要有顺序表结构和树表结构。链表结构上的查找方法已在第 2 章中讨论过,本章不再讨论。

通常,静态查找采用顺序表结构,动态查找采用树表结构。静态查找采用顺序表可以最大限度地节省记录集合占用的存储空间,而动态查找采用树表可以减少插入或删除记录所用的时间。不同于顺序表和树表,哈希表的构造采用的是把关键字映射为数据元素存储地址的方法,因此,哈希表上的查找是把待查找关键字用同样的映射公式映射为数据元素地址的过程。

衡量查找算法效率的标准是**平均查找长度**(average search length),也就是为确定某一记录在记录集合中的位置,给定值关键字与集合中的记录关键字所需要进行的比较次数的期望值。对于具有 n 个记录的记录集合,查找某记录成功时的平均查找长度为

$$ASL = \sum_{i=1}^{n} P_i C_i$$

其中,P_i 为查找第 i 个记录的概率,假设每次查找的记录都存在,则有 $\sum_{i=1}^{n} P_i = 1$;C_i 为查找第 i 个记录所需要进行的比较次数。

在本章的讨论中涉及的数据元素将统一定义为如下的类型:

```
struct EType
{
    ETypeKey key;           //数据元素数据项中关键字(key)的定义
    DataType data;          //数据元素其他数据项的定义
};
```

8.2 静态查找技术

静态查找表是在创建过程中建立的,在对数据元素的查找与访问过程中不能对它进行修改,所以它不提供数据元素的插入与删除过程。在实现上,通常采用顺序表结构。顺序表

上的查找主要有 3 种方法：顺序查找、二分查找和分块查找，这些方法都比较简单，本节对此作一一介绍。

静态查找表的顺序存储表示如下：

```
template<class T>
struct LinearList
{   //查找表类型
    EType *r;           //指向顺序表的指针(存储空间基址，0号单元留空)
    int Length;         //顺序表的长度(即表中元素个数)
    int MaxSize;
};
```

静态查找表进行的基本操作如下：

```
void Create(LinearList &L, int &MaxListSize)
        //操作结果：构造一个含 MaxListSize 个数据元素的静态查找表 L
void Destroy(LinearList &L)      //初始条件：静态查找表存在；操作结果：销毁静态查找表 L
int Search(LinearList &L,KeyType SearchKey)
        //初始条件：静态查找表 L 存在，SearchKey 是和查找表中元素的类型相同的给定值
        //操作结果：若 L 中存在关键字等于 SearchKey 的元素，则函数值为该元素的值或在查找表
中的位置，否则为空
void Traverse(LinearList &L)     //初始条件：静态查找表 L 存在
                                 //操作结果：按某种次序输出 L 中的每个数据元素
```

8.2.1 顺序查找

顺序查找是最简单的查找方法，假设数据集合中有 n 个记录 $R_1,R_2,\cdots,R_n$，其关键字分别为 $key_1,key_2,\cdots,key_n$，它们顺序存放在某顺序表中。顺序查找的方法是，从顺序表的一端开始，用给定值的关键字 SearchKey 逐个顺序地与表中各记录的关键字相比较，若在表中找到某个记录的关键字与 SearchKey 值相等，表明查找成功；若找遍了表中的所有记录，也未找到与 SearchKey 值相等的关键字，表明查找失败。当得到查找成功或失败的结论时，查找结束。可见，顺序查找适用于表中数据元素无序的情况。

顺序查找算法如下：

```
template<class Type>
int LinearList<Type> :: Search (const T& SearchKey) const
{   //在顺序存储线性表中顺序查找关键字为 SearchKey 的记录
    //查找成功时返回该记录的下标序号，失败时返回 -1
    int i;
    i = 0;
    while(i< Length && element[i].key!= SearchKey)
        i++;
    if element[i].key == SearchKey)
        return i;
    else
        return -1;
}
```

在这个算法中，while 循环语句中包含有两个条件检测，若要提高查找的速度，应尽可

能把检测的条件减少。可以利用程序设计的一个小技巧做到这一点。做法是：在表的 0 下标处设置一个虚拟的记录（监视哨），并令查找过程自最后一个元素的关键字开始。其算法如下：

```
template <class Type>
int LinearList<Type> :: Search (const T& SearchKey) const
{ //在 L 中顺序查找关键字为 SearchKey 的记录
  //查找成功时返回该记录在表中的位置,失败时返回 0
    element[0].key = SearchKey;                                    //设置监视哨兵
    for (int i= Length; element[i].key!= SearchKey ; -- i);        //从后往前查找
    return i;                                                      //找不到时 i 为 0
}
```

顺序查找的缺点是查找时间长。假设顺序表中每个记录的查找概率相同，即

$$P_i = 1/n \quad (i = 1, 2, \cdots, n)$$

查找表中第 i 个记录所需进行的比较次数为 $C_i = i$。因此，顺序查找算法查找成功时的平均查找长度为

$$ASL_{sq} = \sum_{i=1}^{n} P_i C_i = \sum_{i=1}^{n} \frac{1}{n} i = \frac{n+1}{2}$$

在查找失败时，算法的平均查找长度为

$$ASL_{sq} = \sum_{i=1}^{n} \frac{1}{n} n = n$$

假设被查找的记录在顺序表中的概率为 p，不在顺序表中的概率为 q，则考虑了查找成功或失败两种情况下的平均查找长度为

$$ASL_{sq} = p(n+1)/2 + q(n+l) = (n+1)(1-p/2)$$

从上述的分析可以看出，顺序查找方法虽然简单，但查找效率却较低。当已知各记录的查找频率不等时，可以改变记录的存储次序，把查找频率高的记录尽可能放到序列的前面，而把查找频率低的记录放到序列的后面，这样就可以提高顺序查找的效率。另外，也可以先将各记录按其关键字重新排列，然后在排序后的顺序表中进行下述的二分查找，这样也可以大大缩短平均查找长度。

8.2.2 二分查找

二分查找又称为折半查找（binary search），是一种效率较高的有序顺序表上的查找方法。

下面介绍该方法的基本思想。设顺序表存储在一维数组 L 中，各记录的关键字满足下列条件：

$$L[0].key \leqslant L[1].key \leqslant \cdots \leqslant L[n-1].key$$

设置 3 个变量 low、high 和 mid，分别指向表的当前待查范围的下界、上界和中间位置。初始时，令 low=0, high=n-1，设待查数据元素的关键字为 SearchKey。

（1）令 mid=[low+high]/2

（2）比较 SearchKey 与 L[mid].key 值的大小，若 L[mid].key=SearchKey，则查找成功，结束查找；若 L[mid].key<SearchKey，表明关键字为 SearchKey 的记录只可能存在于

记录 L[mid]的后半部,修改查找范围,令下界指示变量 low=mid+1,上界指示变量 high 的值保持不变;若 L[mid].key>SearchKey,表明关键字为 SearchKey 的记录只可能存在于记录 L[mid]的前半部,修改查找范围,令 high=mid-1,变量 low 的值保持不变。

(3) 比较当前变量 low 与 high 的值。若 low≤high,重复执行第(1)和(2)步;若 low>high,表明整个表已查找完毕,表中不存在关键字为 SearchKey 的记录,查找失败。

下面通过一个例子说明二分查找的执行过程。

例 8.1 设顺序表中有 15 个记录,它们的关键字序列为

{6,8,15,17,27,34,45,66,74,89,100,112,124,144,160}

用二分查找法在该顺序表中查找关键字为 27(存在)和 130(不存在)的记录。

查找关键字为 27 的记录的过程如图 8.1 所示。在进行第一次查找时,low=0,high=14,因此 mid=[Low+high]/2=7,将 L[7].key 与 27 进行比较,L[7].key=66>27,说明关键字为 27 的记录只可能排在记录 L[7]的前面,所以令 high=mid-1=6;在进行第二次查找时,Low=0,high=6,mid=[0+6]/2=3,将 L[3].key 与 27 比较……直到 low=high,有 mid=4,因 L[4].key=27,因此,查找成功,关键字为 27 的记录在顺序表中的序号为 4。

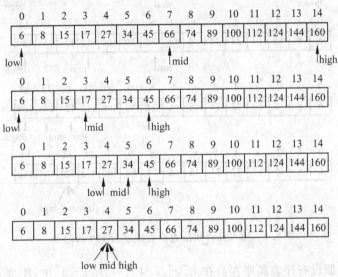

图 8.1 用二分查找法查找关键字为 27 的记录

查找关键字为 130 的记录的过程如图 8.2 所示,这是一个查找失败的例子。在做完第四次二分查找后,上界指示变量 low 的值大于下界指示变量 high 的值,说明表中不存在关键字为 130 的记录。从上述例子可看出,二分查找每经过一次比较就将查找范围缩小一半,因此不论查找成功或失败,它的效率都要高于顺序查找方法。

二分查找的循环结构的算法如下:

```
template <class Type>
int LinearList< Type > :: BinarySearch (const T& SearchKey, int n) const
{ //在 L[0]<= L[1]<= …<= L[n-1]中搜索 Searchkey
    //如果找到则返回该记录的下标序号,否则返回-1
```

```
    int low = 0;
    int high = n - 1;
    while (low <= high)
    {
        int mid = (low + high)/2;
        if (Searchkey == element[mid].key)
            return mid;
        else
            if (Searchkey > element[mid].key)
                low = mid + 1;
            else
                high = mid - 1;
    }
    return -1;                              //查找失败
}
```

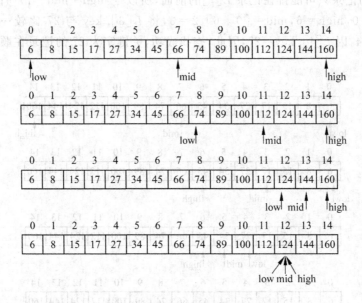

图 8.2　用二分查找法查找关键字为 130 的记录

在该算法中,假设有序表顺序存放在 $L[0],L[1],\cdots,L[n-1]$ 中,所要查找的记录的关键字为 SearchKey,函数返回值为该记录在表中的序号,当返回值为 -1 时,表示查找失败。在实际应用中,经常会遇到记录的关键字为字符串的情况,这时需调用 C 语言中的字符串比较函数 Lrcmp 来完成给定值 SearchKey(也是字符串)与各记录的关键字的比较。下面分析二分查找法的查找效率。二分查找过程通常可用一个二叉判定树表示。对于例 8.1 中所给的长度为 15 的有序表,它的二分查找判定树如图 8.3 所示。图中圆形结点表示内部结点,方形结点表示外部结点。内部结点中的值为对应记录的序号,外部结点中的两个值表示查找不成功时给定值在记录中所对应的记录序号范围。

在进行查找时,首先要进行比较的记录为 $L[7]$,因此该二叉判定树的根结点表示为 7。若 SearchKey=$L[7]$.Key,查找成功;若 SearchKey<$L[7]$.key,则沿着根结点的左子树继续和下层的结点相比较;若 SearchKey>$L[7]$.key,则沿着根结点的右子树继续和下层结

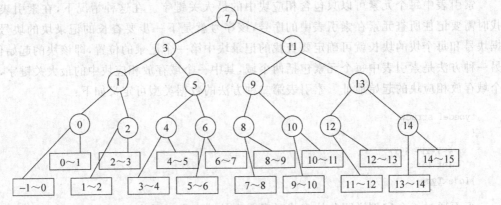

图 8.3 描述二分查找过程的二叉判定树

点相比较。一次成功的查找走的是一条从根结点到树中某个内部结点的路径，它所需要的比较次数为关键字等于给定值的结点在二叉树上的层数。因此，一次成功的查找所需的比较次数最多不超过对应的二叉判定树深度。例如，查找关键字为 27 的记录所走的路径为 7→3→5→4，所进行的比较次数为 4。一次不成功的查找走的是一条从根结点到某个外部结点的路径，所需的比较次数恰好为二叉判定树的深度。例如，查找关键字为 130 的记录所走的路径为

$$7 \rightarrow 11 \rightarrow 13 \rightarrow 12 \rightarrow \boxed{12 \sim 13}$$

所作的比较次数为 5。假设有序表中记录的个数恰好为 $n=2^0+2^1+\cdots+2^{k-1}=2^k-1$，则相应的二叉判定树为深度 $k=\log_2(n+1)$ 的满二叉树。在树的第 i 层上总共有 2^{i-1} 个记录结点，查找该层上的每个结点需要进行 i 次比较。因此，当表中每个记录的查找概率相等时，查找成功的平均查找长度为

$$\text{ASL}_{\text{bins}} = \sum_{i=1}^{n} \frac{1}{n} \times 2^{i-1} \times i = \frac{n+1}{n}\log_2(n+1) - 1 \approx \log_2(n+1) - 1$$

从分析的结果可看出，二分查找法平均查找长度小，查找速度快，尤其当 n 值较大时，它的查找效率较高。但它为此付出的代价是需要在查找之前将顺序表按记录关键字的大小排序，这种排序过程也需要花费不少的时间，所以二分查找适合于长度较大且经常进行查找的顺序表。

8.2.3 分块查找

分块查找又称**索引顺序查找**，是顺序查找法和二分查找法的一种结合。分块查找法要求把线性表中的元素均匀地分成若干块，在每一块中记录之间是无序的，但块与块之间是有序的。例如，假设有 1000 个记录，共分成了 10 块，要求块之间按关键字由小到大的顺序排列，那么第一块中所有记录的关键字都小于或等于第二块中所有记录的关键字，第二块中所有记录的关键字都小于或等于第三块中所有记录的关键字……这时，可建立一个称为索引表的顺序表，将每块中值最大的关键字依次存放在该索引表中。

在带索引表的顺序表中查找关键字等于 SearchKey 的记录时，需要分两步进行。首先根据 SearchKey 值的大小在索引表中找出该记录可能存在的块，然后在相应块中顺序查找。

索引表中每个元素可以只包含相应块中的最大关键字。在这种情况下,在索引表中查找时需要记住所查元素在索引表中的序号,该序号就是下一步要查长的记录块的块号。根据块号和每个块的块长就可确定要查找的记录块中第一个记录的位置,即该块的起始位置。另一种方法是索引表中每个元素包括两个域,其中一个域存放相应块中的最大关键字,另一个域存放相应块的起始地址。索引表第二种方法的数据类型可定义如下:

```
typedef struct
{
    KeyType key;
    int link;
}IndexType;
```

下面通过一个实例说明分块查找时索引表的建立及记录查找方法。

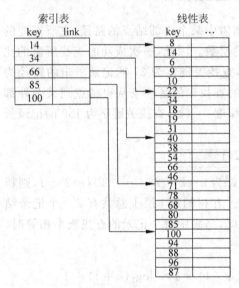

图 8.4 带索引表的线性表

例 8.2 设有一线性表,其中包含 25 个记录,该记录序列所对应的关键字序列为$\{8,40,38,22,14,34,100,71,78,94,68,6,9,80,18,88,10,19,31,96,54,66,46,85,87\}$。用分块查找法查找关键字为 80 的记录。假设将 25 个记录分成 5 块,每块中有 5 个记录,那么该线性表的索引存储结构如图 8.4 所示。

设索引表中各元素顺序存放在数组 ls 中,顺序表中各元素存放在数组 L 中。若要在顺序表中查找关键字为 80 的记录,首先比较 80 和 ls[0].key 的值,因为 80>ls[0].key,所以继续比较 80 和 ls[1].key,80 仍大于 ls[1].key,再继续比较 80 和 ls[2].key,80 还是大于 ls[2].key,再继续比较 80 和 ls[3].key,由于 80<ls[3].key,说明要查找的记录只可能在第 3 号块中。这时由 ls[3].link 值找到第 3 号块中第一个记录在数组 L 中的序号,然后由此开始,在数组 L 中顺序向后查找,当查到该块中的第 4 个记录时,发现该记录的关键字是 80,因此查找成功。

在进行分块查找时,由于块内各记录的关键字是无序的,所以在块内的查找要采用顺序查找方法;而在索引表中,各元素是按关键字的大小有序排列的,所以在索引表中的查找既可以采用顺序查找法,也可以采用二分查找法。如果线性表中记录的个数很多,被分成的块数相应地也比较多,那么索引表中元素的个数也较多,这时对索引表的查找采用二分查找法可以大大提高查找的速度。索引表和顺序表分别存储在数组 ls 和 L 中,索引表的长度为 m,顺序表中各块的长度相同,均为 blocksize。另外,在索引表和顺序表中的查找都采用顺序查找法。

分块查找的算法如下:

```
struct IndexType
{
```

```
        KeyType key;
        int link;
};
int IndexSearch(IndexType ls[],EType L[],int m,int blocksize,KeyType SearchKey)
{//分块查找关键字为 SearchKey 的记录.索引表为 ls[0..m-1]
 //顺序表为 L,块长为 blocksize
    int i,j;                                      //在索引表中顺序查找
    i = 0;
    while (i < m && SearchKey > ls[i].key)
        i++;
    if (i >= m)
        return -1;
    else
    {   //在顺序表中顺序查找
        j = ls[i].link;
        while(SearchKey!= L[j].key && j - ls[i].link < blocksize)
            j++;
        if(SearchKey == L[j].key)
            return j;
        else
            return -1;
    }
}
```

下边讨论分块查找算法的平均查找长度。分块查找的过程分为两部分,一部分是在索引表中确定待查记录所在的块,另一部分是在块里寻找待查的记录。因此,分块查找法的平均查找长度是两部分平均查找长度的和,即:

$$ASL_{blocks} = ASL_b + ASL_w$$

其中,ASL_b 是确定待查块的平均查找长度,ASL_w 是在块内查找某个记录所需的平均查找长度。假定长度为 n 的顺序表要分成 b 块,且每块的长度相等,那么块长为

$$l = n/b$$

若又假定表中各记录的查找概率相等,仅考虑成功的查找,那么每块的查找概率为 $1/b$,块内各记录的查找概率为 $1/l$。当在索引表内对块的查找以及在块内对记录的查找都采用顺序查找法时,有

$$ASL_b = \sum_{i=1}^{b} \frac{1}{b} \times i = \frac{b+1}{2}, \quad ASL_w = \sum_{i=1}^{l} \frac{1}{l} \times i = \frac{l+1}{2}$$

因此有

$$ASL_{blocks} = \frac{b+1}{2} + \frac{l+1}{2} = \frac{1}{2}\left(\frac{n}{l} + l\right) + 1$$

由此可见,分块查找时的平均查找长度不但和表的长度有关,而且和块的长度也有关。
当 $l=\sqrt{n}$ 时,ASL_{blocks} 取得最小值,有

$$ASL_{blocks} = \sqrt{n} + 1 \approx \sqrt{n}$$

从上述分析的结果可以看出,分块查找是介于顺序查找和二分查找之间的一种查找方法,它的速度要比顺序查找法快,但付出的代价是增加辅助存储空间和将顺序表分块排序;

同时它的速度要比二分查找法慢,但好处是不需要对全部记录进行排序。

如果顺序表中记录的个数非常大,例如有一个长度为 100 000 的顺序表,可以建立多级索引表。对长度为 100 000 的顺序表可以分成 1000 块,每块包含 100 个记录,从而构成一个长度为 1000 的索引表,该索引表中元素的个数仍然很大,可将这个索引表中的元素再分成 10 块,每块包含 100 个元素,又构成了一个长度为 10 的索引表,从而建立了两级索引表。多级索引表的建立可以有效地提高查找速度。

8.3 动态查找技术

在 8.2 节中介绍的几种查找算法主要适用于顺序表结构,并且限定对表中的记录只进行查找,而不做插入或删除操作,也就是说只作静态查找。如果要进行动态查找,即不但要查找记录,还要不断地插入或删除记录,那么就需要花费大量的时间移动表中的记录,显然,顺序表中的动态查找效率是很低的。本节讨论树表和用树结构存储记录集合时的动态查找算法。树表本身也在查找过程中动态地建立。树表主要有二叉排序树或分类二叉树(已在第 5 章介绍)、平衡二叉树、B 树和 B+树等。

8.3.1 平衡二叉树

1. 平衡二叉树定义

如果数据集合的关键字是有序的序列,则构造的二叉排序树是退化二叉树,查找效率为 $O(n^2)$,在二叉排序树的基础上加上平衡算法,即平衡二叉树,平衡二叉树有很多种,最著名的是由苏联数学家 Adelse-Velskil 和 Landis 在 1962 年提出的,称为 AVL 树。以下所介绍的平衡二叉树均为 AVL 树。平衡二叉树定义如下。

平衡二叉树或者是一棵空树,或者是具有以下性质的二叉排序树:

(1) 它的左子树和右子树的高度之差绝对值不超过 1。

(2) 它的左子树和右子树都是平衡二叉树。

如何保持结点分布均匀的平衡算法是平衡二叉树的关键,平衡算法是一种插入和删除结点的策略。要得到平衡二叉树,在构造二叉排序树的过程中,每当插入一个新结点时,首先检查是否因插入新结点而破坏了二叉排序树的平衡性,若是,则找出其中的最小不平衡子树,在保持二叉排序树特性的前提下,调整最小不平衡子树中各结点之间的链接关系,进行相应的旋转,使之成为新的平衡子树。具体步骤如下:

(1) 每当插入一个新结点时,从该结点开始向上计算各结点的平衡因子,即计算该结点的祖先结点的平衡因子,若该结点的祖先结点的平衡因子的绝对值均不超过 1,则平衡二叉树没有失去平衡,继续插入结点。

(2) 若插入结点的某祖先结点的平衡因子的绝对值大于 1,则找出其中最小不平衡子树的根结点。

(3) 判断新插入的结点与最小不平衡子树的根结点的关系,确定是哪种类型的调整。

- 如果是 LL 型或 RR 型,只需应用扁担原理旋转一次。在旋转过程中,如果出现冲突,应用旋转优先原则调整冲突。

- 如果是 LR 型或 RL 型,则需应用扁担原理旋转两次,第一次最小不平衡子树的根结点先不动,调整插入结点所在子树,第二次再调整最小不平衡子树。在旋转过程中,如果出现冲突,应用旋转优先原则调整冲突。

(4) 计算调整后的平衡二叉树中各结点的平衡因子,检验是否因为旋转而破坏了其他结点的平衡因子,以及调整后的平衡二叉树中是否存在平衡因子大于 1 的结点。

图 8.5 给出了两棵二叉排序树,每个结点旁边所注数字是以该结点为根的树中左子树与右子树高度之差,这个数字称为结点的平衡因子。由平衡二叉树定义可知,所有结点的平衡因子只能取 −1、0、1 这 3 个值之一。若二叉排序树中存在这样的结点,其平衡因子的绝对值大于 1,这棵树就不是平衡二叉树,例如图 8.5(a)所示的二叉排序树。

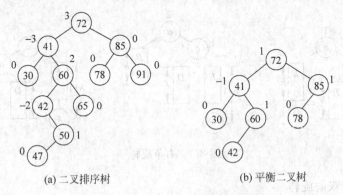

(a) 二叉排序树　　　　　　(b) 平衡二叉树

图 8.5　非平衡二叉树和平衡二叉树

2. 平衡二叉树的平衡调整

在平衡二叉树上插入或删除结点后,可能使树失去平衡,因此,需要对失去平衡的树进行平衡调整。设 a 结点为失去平衡的最小子树根结点,对该子树进行平衡调整归纳起来有以下 4 种情况:

1) 左单旋转

图 8.6(a)为插入前的子树。其中,B 为结点 a 的左子树,D、E 分别为结点 c 的左右子树,B、D、E 三棵子树的高均为 h。图 8.6(a)所示的子树是平衡二叉树。

在图 8.6(a)所示的树上插入结点 x,如图 8.6(b)所示。结点 x 插入在结点 c 的右子树 E 上,导致结点 a 的平衡因子绝对值大于 1,以结点 a 为根的子树失去平衡。

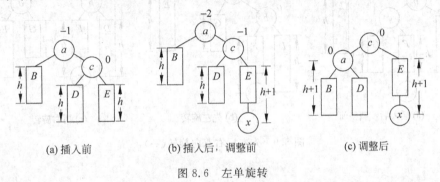

(a) 插入前　　　　　(b) 插入后,调整前　　　　　(c) 调整后

图 8.6　左单旋转

调整策略：调整后的子树除了各结点的平衡因子绝对值不超过1，还必须是二叉排序树。由于结点c的左子树D可作为结点a的右子树，将结点a为根的子树调整为左子树是B、右子树是D，再将结点a为根的子树调整为结点c的左子树，结点c为新的根结点，如图8.6(c)所示。

平衡调整操作判定：沿插入路径检查3个点a、c、E，若它们处于"\"直线上的同一个方向，则要作左单旋转，即以结点c为轴逆时针旋转。

2) 右单旋转

右单旋转与左单旋转类似，沿插入路径检查3个点a、c、E，若它们处于"/"直线上的同一个方向，则要作右单旋转，即以结点c为轴顺时针旋转，如图8.7所示。

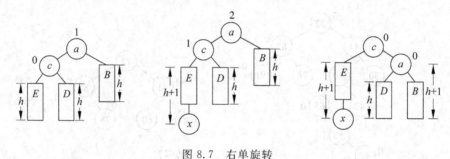

图8.7 右单旋转

3) 先左后右双向旋转

图8.8为插入前的子树，根结点a的左子树比右子树高度大1，待插入结点x将插入到结点b的右子树上，并使结点b的右子树高度增1，从而使结点a的平衡因子的绝对值大于1，导致结点a为根的子树平衡被破坏，如图8.9(a)、图8.10(a)所示。

沿插入路径检查3个点a、b、c，若它们呈"＜"字形，需要进行先左后右双向旋转：

(1) 对结点b为根的子树，以结点c为轴，向左逆时针旋转，结点c成为该子树的新根，如图8.9(b)和图8.10(b)所示。

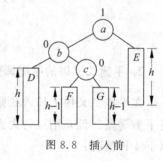

图8.8 插入前

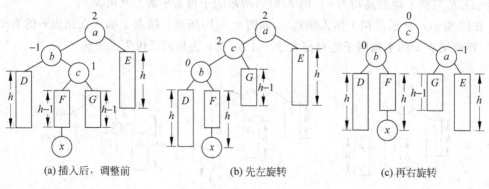

(a) 插入后，调整前　　　　　(b) 先左旋转　　　　　(c) 再右旋转

图8.9 先左后右双向旋转（一）

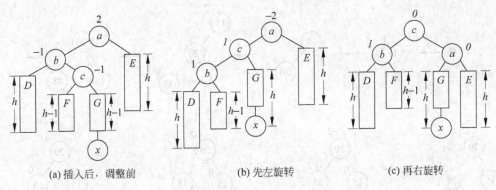

(a) 插入后，调整前　　　　(b) 先左旋转　　　　(c) 再右旋转

图 8.10　先左后右双向旋转(二)

(2) 由于旋转后，待插入结点 x 相当于插入到结点 b 为根的子树上，这样 a、c、b 这 3 个点处于"/"直线上的同一个方向，则要作右单旋转，即以结点 c 为轴顺时针旋转，如图 8.9(c) 和图 8.10(c) 所示。

4) 先右后左双向旋转

先右后左双向旋转和先左后右双向旋转对称，请自行补充整理。

在平衡的二叉排序树 T 上插入一个关键码为 kx 的新元素，递归算法可描述如下：

(1) 若 T 为空树，则插入一个数据元素为 kx 的新结点作为 T 的根结点，树的深度增 1；

(2) 若 kx 和 T 的根结点关键码相等，则不进行插入。

(3) 若 kx 小于 T 的根结点关键码，而且在 T 的左子树中不存在与 kx 有相同关键码的结点，则将新元素插入在 T 的左子树上，并且当插入之后的左子树深度增加 1 时，分别就下列情况进行处理：

① T 的根结点平衡因子为 −1(右子树的深度大于左子树的深度)，则将根结点的平衡因子更改为 0，T 的深度不变。

② T 的根结点平衡因子为 0(左、右子树的深度相等)，则将根结点的平衡因子更改为 1，T 的深度增加 1。

③ T 的根结点平衡因子为 1(左子树的深度大于右子树的深度)，则

- 若 T 的左子树根结点的平衡因子为 1，需进行单向右旋平衡处理，并且在右旋处理之后，将根结点和其右子树根结点的平衡因子更改为 0，树的深度不变。

- 若 T 的左子树根结点平衡因子为 −1，需进行先左后右双向旋转平衡处理，并且在旋转处理之后，修改根结点和其左、右子树根结点的平衡因子，树的深度不变。

(4) 若 kx 大于 T 的根结点关键码，而且在 T 的右子树中不存在与 kx 有相同关键码的结点，则将新元素插入在 T 的右子树上，并且当插入之后的右子树深度增加 1 时，分别就不同情况处理之。其处理操作和(3)中所述相对称。

例如，用关键字序列 {15,20,38,80,55} 构造一个 AVL 树的过程如图 8.11 所示。

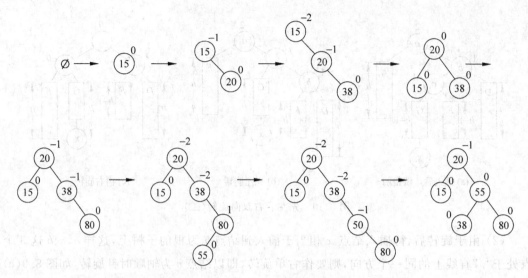

图 8.11 构造一个 AVL 树的过程

3. AVL 树算法

1) 结构表示

AVL 树的结构表示如下：

```
#define EQ(a,b) ((a)==(b))
#define LT(a,b) ((a)<(b))
#define LQ(a,b) ((a)>(b))
#define LH   +1                    //左高
#define EH    0                    //等高
#define RH   -1                    //右高
#define NULL 0
template<class T>
class BLNode;
template<class T>
class BLNode{
protected:
    BLNode<T> *LChild, *RChild;    //左、右孩子指针
private:
    int bf;                        //结点的平衡因子
public:
    int data;
};
```

2) AVL 树平衡算法

(1) 对以 *p 为根的二叉排序树作右旋处理：

```
template<class T>
void BLNode<T>::R_Rotate(Blree<T>* &p)
{
    Blree<T> *lc= p->LChild;       //lc 指向 *p 的左子树根结点
    p->LChild = lc->RChild;        //rc 的右子树挂接为 *p 的左子树
```

```
    lc->RChild = p;
    p = lc;                          //p指向新的结点
}
```

(2) 对以 *p 为根的二叉排序树作左旋处理：

```
template<class T>
void BLNode<T>:: L_Rotate(Blree<T>* &p)
{
    Blree<T> *rc = p->RChild;        //rc指向*p的右子树根结点
    p->RChild = rc->LChild;          //rc的左子树挂接为*p的右子树
    rc->LChild = p;
    p = rc;                          //p指向新的结点
}
```

(3) 对以指针 T 所指结点为根的二叉树作左平衡旋转处理：

```
template<class T>
void BLNode<T>:: LeftBalance(Blree<T>* &p)
{
    Blree<T> *lc, *rd;
    lc = T->LChild;                  //lc指向*T的左子树根结点
    switch(lc->bf)                   //检查*T的左子树的平衡度,并作相应平衡处理
    {
    case LH:                         //新结点插入在*T的左孩子的左子树上,要作单右旋处理
        T->bf = lc->bf = EH;
        R_Rotate(T);
        break;
    case RH:                         //新结点插入在*T的左孩子的右子树上,要作双旋处理
        rd = lc->RChild;             //rd指向*T的左孩子的右子树根
        switch(rd->bf)               //修改*T及其左孩子的平衡因子
        {
        case LH:
            T->bf = RH;
            lc->bf = EH;
            break;
        case EH:
            T->bf = lc->bf = EH;
            break;
        case RH:
            T->bf = EH;
            lc->bf = LH;
            break;
        }
        rd->bf = EH;
        L_Rotate(T->LChild);         //对*T的左子树作左旋平衡处理
        R_Rotate(T);                 //对*T作右旋平衡处理
    }
}
```

(4) 对以指针 T 所指结点为根的二叉树作右平衡旋转处理：

```
template<class T>
void BLNode<T>:: RightBalance(Blree<T>* &p)
```

```cpp
{
    Blree<T> *lc, *rd;
    rc = T->RChild;                 //rc指向*T的左子树根结点
    switch(rc->bf)                  //检查*T的右子树的平衡度,并作相应平衡处理
    {
    case RH:                        //新结点插入在*T的右孩子的右子树上,要作单左旋处理
        T->bf = rc->bf = EH;
        L_Rotate(T);
        break;
    case LH:                        //新结点插入在*T的右孩子的左子树上,要作双旋处理
        ld = rc->LChild;            //ld指向*T的右孩子的左子树根
        switch(ld->bf)              //修改*T及其右孩子的平衡因子
        {
        case LH:
            T->bf = EH;
            rc->bf = RH;
            break;
        case EH:
            T->bf = rc->bf = EH;
            break;
        case RH:
            T->bf = LH;
            rc->bf = EH;
            break;
        }
        ld->bf = EH;
        R_Rotate(T->RChild);        //对*T的右子树作左旋平衡处理
        L_Rotate(T);                //对*T作左旋平衡处理
    }
}
```

(5) 删除结点时作左平衡旋转处理：

```cpp
template<class T>
void BLNode<T>::LeftBalance_div(Blree<T>* &p,int &shorter)
{
    Blree<T> *p1,*p2;
    if(p->bf == 1)                  //p结点的左子树高,删除结点后p的bf减1,树变矮
    {
        p->bf = 0;
        shorter = 1;
    }
    else if(p->bf == 0)             //p结点左、右子树等高,删除结点后p的bf减1,树高不变
    {
        p->bf = -1;
        shorter = 0;
    }
    else                            //p结点的右子树高
    {
        p1 = p->RChild;             //p1指向p的右子树
        if(p1->bf == 0)
            //p1结点左、右子树等高,删除结点后p的bf为-2,进行左旋处理,树高不变
        {
```

```cpp
            L_Rotate(p);
            p1->bf = 1;
            p->bf = -1;
            shorter = 0;
        }
        else if(p1->bf == -1)       //p1 的右子树高,左旋处理后,树变矮
        {
            L_Rotate(p);
            p1->bf = p->bf = 0;
            shorter = 1;
        }
        else                        //p1 的左子树高,进行双旋处理(先右旋后左旋),树变矮
        {
            p2 = p1->LChild;
            p1->LChild = p2->RChild;
            p2->RChild = p1;
            p->RChild = p2->LChild;
            p2->LChild = p;
            if(p2->bf == 0)
            {
                p->bf = 0; p1->bf = 0;
            }else if(p2->bf == -1)
            {
                p->bf = 1;
                p1->bf = 0;
            }
            else {
                p->bf = 0;
                p1->bf = -1;
            }
            p2->bf = 0;
            p = p2;
            shorter = 1;
        }
    }
}
```

(6) 删除结点时作右平衡旋转处理:

```cpp
template<class T>
void BLNode<T>:: RightBalance_div(Blree<T>* &p, int &shorter)
{
    Blree<T> *p1, *p2;
    if(p->bf == -1)
    {
        p->bf = 0;
        shorter = 1;
    }
    else if(p->bf == 0)
    {
```

```
                p->bf = 1;
                shorter = 0;
            }
            else{
                p1 = p->LChild;
                if(p1->bf == 0)
                {
                    R_Rotate(p);
                    p1->bf = -1;
                    p->bf = 1;
                    shorter = 0;
                }
                else if(p1->bf == 1)
                {
                    R_Rotate(p);
                    p1->bf = p->bf = 0;
                    shorter = 1;
                }
                else{
                    p2 = p1->RChild;
                    p1->RChild = p2->LChild;
                    p2->LChild = p1;
                    p->LChild = p2->RChild;
                    p2->RChild = p;
                    if(p2->bf == 0)
                    {
                        p->bf = 0;
                        p1->bf = 0;
                    }
                    else if(p2->bf == 1)
                    {
                        p->bf = -1;
                        p1->bf = 0;
                    }else{
                        p->bf = 0;
                        p1->bf = 1;
                    }
                    p2->bf = 0;
                    p = p2;
                    shorter = 1;
                }
            }
        }
```

3) AVL 树插入算法

AVL 树插入算法如下：

```
template<class T>
bool BLNode<T>::InsertAVL((Blree<T>* &T,int e,bool &taller)
{
//若在平衡的二叉排序树 T 中不存在和 e 有相同关键码的结点,则插入一个数据元素为 e 的
```

//新结点,并返回 1,否则返回 0.若因插入而使二叉排序树失去平衡,则作平衡旋转处理,
//布尔型变量 taller 反映 T 长高与否

```
    if(!T)                      //插入新结点,树长高,置 taller 为 true
    {
        T = new BTree<T>();
        T->data = e;
        T->LChild = T->RChild = NULL;
        T->bf = EH;
        taller = true;
    }
    else
    {
        if(EQ(e,T->data))       //树中已存在和有相同关键字的结点
        {
            taller = false;
            printf("已存在相同关键字的结点\n");
            return 0;
        }                       //则不再插入
        if(LT(e,T->data))       //应继续在 *T 的左子树中进行搜索
        {
            if(!InsertAVL(T->LChild,e,taller))
                return 0;       //未插入
            if(taller)          //已插入到 *T 的左子树中且左子树长高
                switch(T->bf)   //检查 *T 的平衡度
                {
                case LH:        //原本左子树比右子树高,需要作左平衡处理
                    LeftBalance(T);
                    taller = false;
                    break;
                case EH:        //原本左子树、右子等高,现因左子树增高而使树增高
                    T->bf = LH;
                    taller = true;
                    break;
                case RH:        //原本右子树比左子树高,现左、右子树等高
                    T->bf = EH;
                    taller = false;
                    break;
                }
        }
        else                    //应继续在 *T 的右子树中进行搜索
        {
            if(!InsertAVL(T->RChild,e,taller))
                return 0;       //未插入
            if(taller)          //已插入到 *T 的右子树中且右子树长高
                switch(T->bf)   //检查 *T 的平衡度
                {
                case LH:        //原本左子树比右子树高,现左、右子树等高
                    T->bf = EH;
                    taller = false;
                    break;
```

```
                    case EH:           //原本左子树、右子等高,现因右子树增高而使树增高
                        T->bf = RH;
                        taller = true;
                        break;
                    case RH:           //原本右子树比左子树高,需要作右平衡处理
                        RightBalance(T);
                        taller = false;
                        break;
                }
            }
        }
        return 1;
}
```

4) AVL 树删除算法

```
template<class T>
void BLNode<T>:: Delete(Blree<T>* &q, Blree<T>* &r, int &shorter)
{    //删除结点
    if(r->RChild == NULL)
    {
        q->data = r->data; q = r;
        r = r->LChild;
        free(q);
        shorter = 1;
    }
    else
    {
        Delete(q,r->RChild,shorter);
        if(shorter == 1)
            RightBalance_div(r,shorter);
    }
}

template<class T>
int BLNode<T>:: DeleteAVL(Blree<T>* &p, int x, int &shorter)
{   //平衡二叉树的删除操作
    int k;
    Blree<T>* q;
    if(p == NULL) { printf("不存在要删除的关键字!!\n"); return 0;}
    else if(x < p->data)              //在 p 的左子树中进行删除
    {
        k = DeleteAVL(p->LChild,x,shorter);
        if(shorter == 1)
            LeftBalance_div(p,shorter);
        return k;
    }
    else if(x > p->data)              //在 p 的右子树中进行删除
    {
        k = DeleteAVL(p->RChild,x,shorter);
        if(shorter == 1)
            RightBalance_div(p,shorter);
```

```
            return k;
        }
        else
        {
            q = p;
            if(p->RChild == NULL)         //右子树空则只需重接它的左子树
            {
                p = p->LChild;
                free(q);
                shorter = 1;
            }
            else if(p->LChild == NULL)    //左子树空则只需重接它的右子树
            {
                p = p->RChild;
                free(q);
                shorter = 1;
            }
            else                          //左右子树均不空
            {
                Delete(q,q->LChild,shorter);
                if(shorter == 1)
                    LeftBalance_div(p,shorter);
                p = q;
            }
            return 1;
        }
    }
```

在平衡树上进行查找的过程和二叉排序树相同,因此,在查找过程中和给定值进行比较的关键码个数不超过树的深度。那么,含有 n 个关键码的平衡树的最大深度是多少呢? 为解答这个问题,先分析深度为 h 的平衡树所具有的最少结点数。

假设以 N_h 表示深度为 h 的平衡树中含有的最少结点数。显然,$N_0=0$,$N_1=1$,$N_2=2$,并且 $N_h=N_{h-1}+N_{h-2}+1$。这个关系和斐波那契序列极为相似。

利用归纳法容易证明:当 $h\geqslant 0$ 时,$N_h=F_{h+2}-1$,而 F_k 约等于 $\phi^h/\sqrt{5}$ (其中 $\phi=\dfrac{1+\sqrt{5}}{2}$),则 N_h 约等于 $\phi^{h+2}/\sqrt{5}-1$,反之,含有 n 个结点的平衡树的最大深度为 $\log_\phi(\sqrt{5}(n+1))-2$。因此,在平衡树上进行查找的时间复杂度为 $O(\log_2 n)$。上述对二叉平衡树的查找性能的讨论都是在等概率的提前下进行的。

8.3.2 B 树

1. 定义和表示

1970 年,R. Bayer 和 E. Mccreight 提出了一种适用于外查找的树,它是一种平衡的多叉树(并不是二叉的),即 B 树(Balance tree),又称为平衡多路查找树或外部查找树,是一种组织和维护外存文件系统的非常有效的数据结构,它以高效、易变、平衡和对硬件相对独立等特点而成为数据库系统中索引的标准组织形式。

一个 B 树的典型例子就是硬盘中的结点。与内存相比，硬盘必须花成倍的时间来存取一个数据元素，这是因为硬盘的机械部件读写数据的速度远远赶不上纯电子媒体的内存。与一个结点两个分支的二叉树相比，B 树利用多个分支（称为子树）的结点，减少获取记录时所经历的结点数，从而达到节省存取时间的目的。

一棵 m 阶的 B 树或者是一棵空树，或者是满足下列要求的 m 叉树：

(1) 树中每个结点至多有 m 个儿子结点（子树）。

(2) 除根结点之外，其他的每个结点至少有 $\lceil m/2 \rceil$ 个儿子结点（子树）。

(3) 若根结点不是叶结点，则它至少有两个儿子结点（子树）。

(4) 所有叶结点都在同一层上，叶结点不包含任何信息。可以把叶结点看成是实际上不存在的外部结点，指向这些结点的指针为空，也可以把它们看作是查找失败时的结点。

(5) 每个非叶结点中包含下列信息：

$$[n, P_0, (K_1, P_1), (K_2, P_2), \cdots, (K_n, P_n)]$$

其中，n 为该结点中关键字的个数，有 $\lceil m/2 \rceil - 1 \leqslant n \leqslant m-1$；$K_i (1 < i < n)$ 为关键字且满足 $K_i < K_{i+1}$；$P_i (0 < i < n)$ 为指向其子树根结点的指针且满足 $P_i (i=0,1,2,\cdots,n-1)$ 所指子树上的所有结点的关键字均小于 K_{i+1} 或大于等于 K_i，P_n 所指子树中所有结点的关键字均大于 K_n。

(6) 实际使用中的 B 树的每个结点中还应包含 n 个指向每个关键字的记录的指针。在这里主要讨论 B 树的构成形式以及主要操作实现方法，为图示方便，故将其省略。

B 树的结构可描述如下：

```
#define m 5                          //定义树的度
#define KeyType int                  //定义关键码
struct BTNode
{   //定义结点类型
    int         KeyNum;              //关键码个数
    BTNode      * parent;            //指向父结点的指针
    KeyType     key[m+1];            //关键码数组
    BTNode      * NodePtr[m+1];      //孩子结点指针数组
    EType       * r[m+1];            //数据元素，如文件中的记录号
};
struct Btree
{   //B树的结构定义
    BTNode      * RootPtr;           //根结点指针
    int         ElemNum;             //元素个数
    int         NodeNum;             //结点个数
    int         ChildNum;            //孩子个数(阶数)
};
//B树的结点数据结构定义
template <class T>
struct BTreeNode{
    int         KeyNum;              //关键码个数
    BTNode      * parent;            //指向父结点的指针
    KeyType     key[m+1];            //关键码数组
    BTNode      * NodePtr[m+1];      //孩子结点指针数组
    EType       * r[m+1];            //数据元素，如文件中的记录号
```

```cpp
    };
    template <class T>
    struct Result
    {   //定义结果类型
        BTNode    * NodePtr;                       //结点指针
        int       NodePos;                         //结点位置(在一个结点内)
        int       RetFlag;                         //返回标志
    };
    template <class T>
     struct Btree
    {   //B 树的结构定义
        BTNode    * RootPtr;                       //根结点指针
        int       ElemNum;                         //元素个数
        int       NodeNum;                         //结点个数
        int       ChildNum;                        //孩子个数(阶数)
    };

    //B 树类封装
    template <class T>
    class BTree{
    public:
    private:
        typedef struct BTreeNode<T>* BTreeNodeLink; //指向结点类型的指针类型定义
        BTreeNodeLink RootPtr;                      //根结点
        int ElemNum;                                //元素个数
        int NodeNum;                                //结点个数
        int ChildNum;                               //孩子个数(阶数)
    public:
        BTree(int tVal = 2);
        ~BTree();
        BTreeNodeLink searchBTree(BTreeNodeLink RootPtr, BTreeNode<T> k, int &index);
                                                    //在 B 树中搜索某关键字
        BTreeNodeLink getRoot();                    //返回当前 B 树的根结点
        void insertBTreeNode(BTreeNode<T> k);       //向 B 树中插入关键字
        void deleteBTreeKey(BTreeNodeLink T, KeyT k); //从 B 树中删除特定关键字
        void createBTree(BTreeNode<T> *keyValues);  //创建 B 树
        void printBTreeBFS(BTreeNodeLink t);        //层次遍历输出以 RootPtr 为根的子树 B 树
        void splitChild(BTreeNodeLink x, int i, BTreeNodeLink y);       //分裂满的子结点
        void insertBTreeNonFull(BTreeNodeLink x, T k);//将关键字插入到以该非满结点为根的树中
        BTreeNodeLink __allocateNode();             //产生一个新的结点
        void deleteNode(BTreeNodeLink node);        //释放一个结点所占的空间(不包括其子女结点所占空间)
        void deleteTree(BTreeNodeLink t);           //删除一棵 B 树所占空间
    };
```

下面讨论在 B 树上进行查找、插入和删除的方法。

2. B 树的查找

在一棵 B 树上查找关键字为给定值 SearchKey 的记录很方便。其方法是：从树根结点开始，将 SearchKey 与根结点中的各个关键字 $K_1, K_2, \cdots, K_j (1 \leqslant j < m)$ 进行比较。由于该

关键字序列是有序的,所以查找时既可采用顺序查找法,又可采用二分查找法。查找时有以下 4 种情况:

- 若 SearchKey$=K_i(1 \leqslant i \leqslant j)$,则查找成功。
- 若 SearchKey$<K_1$,则沿着指针 P_0 所指向的子树继续向下查找。
- 若 $K_i<$SearchKey$<K_{i+1}$,则沿着指针 P_i 所指向的子树继续向下查找。
- 若 SearchKey$>K_j$,则沿着指针 P_j 所指向的子树继续向下查找。

如果在自上向下的查找过程中找到了值为 SearchKey 的关键字,则查找成功;如果直到叶结点也未查到值为 SearchKey 的关键字,则查找失败。

B 树上的查找算法如下:

```
void B_Search (BTreeNodeLink bt,BTreeNode<T> SearchKey, Result &x)
{
    BTreeNodeLink current, parent;
    int i = 0;
    bool Found = FALSE;
    current = bt -> RootPtr;                //从根结点开始
    parent = NULL;                          //根结点的父结点为空
    while (current && !Found)
    {   //循环至查找到叶子结点或已查到值的 SearchKey 的关键字
        i = SqSearch(current,SearchKey);    //在一个结点内顺序查找
        if (i > 0 && current -> key[i] == SearchKey)
            Found = TRUE;                   //相等则查找成功
        else
        {
            parent = current;               //往下找
            current = current -> NodePtr[i];
        }
    }
    if (Found)
    {   //查找成功
        x.NodePtr = current;
        x.NodePos = i;
        x.RetFlag = TRUE;
    }
    else
    {   //查找失败
        x.NodePtr = parent;
        x.NodePos = i;
        x.RetFlag = FALSE;
    }
}
```

例如,在图 8.12 所示的 B 树中,要查找值为 50 的关键字的过程如下:

首先将给定值 50 与根结点 a 中的唯一关键字 100 相比较,由于 50 小于 100,所以沿着结点 a 中的 P_0 指针向下找到结点 b,在结点 b 中共有 3 个关键字,因 50 大于 K_0、K_1、K_2 的关键字 3、9、48 但小于 K_3 的关键字 66,所以沿着结点 b 的 P_2 指针向下找到结点 c。在结点 c 中顺序查找到了关键字 50,所以查找成功。如果要查找值为 70 的关键字,采用同样的方法自上而下查找到结点 d 时,因 70 大于 d 中 K_1 的关键字 68 而小于 K_2 的关键字 78,沿其 P_1 指针向下找,但该指针为空,所以查找失败。

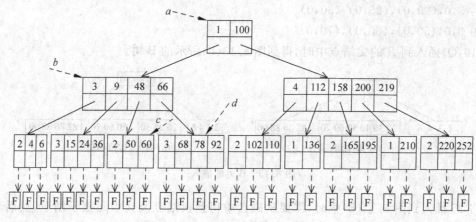

图8.12 一个5阶B树

3. B树的插入

为叙述方便,这里仅讨论在B树上插入或删除关键字,而不讨论在B树上插入或删除记录。

将关键字 SearchKey 插入到一棵深度为 $h+1$ 的 m 阶B树上要分两步进行。首先在第 h 层中找出该关键字应插入的结点 x,然后判断结点 x 中是否还有空位置。若 x 中关键字的个数小于 $m-1$,表明其中还有空位置,则可将关键字 SearchKey 插入到 x 中的合适位置上;若 x 中关键字的个数等于 $m-1$,表明结点 x 已满,要插入关键字 SearchKey 则须拆分该结点。

结点拆分可采用如下的方法:以中间关键字为界把结点一分为二,成为两个结点,并把中间关键字向上插到父结点上,若父结点已满,则用同样的方法继续拆分。在最坏的情况下,一直向上拆分到树的根结点,这时树的高度加1。结点中关键字个数 $n(\lceil m/2 \rceil -1 \leqslant n \leqslant m-1)$ 的定义使结点的上述拆分过程生成的新的结点必定仍满足B树的定义。

例如,将关键字值为25的元素插入到图8.13(a)所示的B树中,这个元素将被插入到结点{20,30,40,50,60,70}中,但该结点已经满了(又称饱和),当新元素要插入到饱和的结点中的时候,饱和结点需要被分裂开。设 B 是已满结点(饱和结点),现将带有空指针的新元素 e 插入到 B 中,得到一个有 m 个元素和 $m+1$ 个孩子的溢出结点。用下面的序列表示溢出结点:

$$m, c_0, (e_1, c_1), \cdots, (e_m, c_m)$$

其中 e_i 是元素,c_i 是孩子指针。从 e_d 处分开此结点,其中 $d = \lfloor m/2 \rfloor$。左边的元素保留在 B 中,右边的元素移到新结点 Q 中,(e_d, Q) 被插入到 B 的父结点中。新的 B 和 Q 的格式为:

$B: d-1, c_0, (e_1, c_1), \cdots, (e_{d-1}, c_{d-1})$

$Q: m-d, c_d, (e_{d+1}, c_{d+1}), \cdots, (e_m, c_m)$

注意 B 和 Q 的孩子数量至少是 d。

在本例中溢出结点是

7,0,(20,0),(25,0),(30,0),(40,0),(50,0),60,0),(70,0)且 $d=4$。从 e_4 处分开后的两个结点是

$B: 3, 0, (20, 0), (25, 0), (30, 0)$

$Q: 3, 0, (50, 0), (60, 0), (70, 0)$

当把 $(40, Q)$ 插入到 B 的父结点中时，得到图 8.13(b) 所示的 B 树。

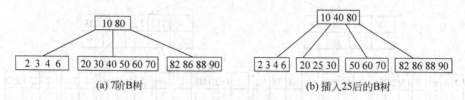

图 8.13　B 树的插入

将 25 插入到图 8.13(b) 中时，需要从磁盘中得到根结点及其中间孩子结点，然后将两个结点和修改后的根结点写回磁盘中，磁盘的访问次数一共是 5 次。

又如，将 42 插入到图 8.14 所示的 3 阶 B 树中，此元素将插入到结点 $(35, 40)$ 中，由于该结点是饱和结点，故有溢出结（如图 8.15 所示）：

$$3, 0, (35, 0), (40, 0), (42, 0)$$

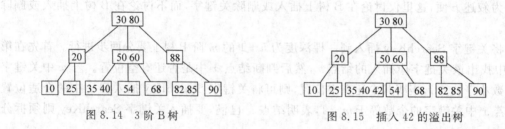

从 $e_d = e_2$ 处分开得到两个结点：

$$B: 1, 0, (35, 0)$$
$$Q: 1, 0, (42, 0)$$

当把 $(40, Q)$ 插入到 B 的父结点 F 中时，发现该结点也是饱和结点，插入后，又得到溢出结点（如图 8.16 所示）：

$$F: 3, B, (40, Q), (50, G), (60, H)$$

其中 G 和 H 是指向结点 54 和 68 的指针。溢出结点 F 被分裂开，产生结点 A。新结点 F 和 A 如下：

$$F: 1, B, (40, Q)$$
$$A: 1, G, (60, H)$$

现需要将 $(50, A)$ 插入到根结点中，在此之前根结点的结构是

$$R: 2, S, (30, B), (80, T)$$

其中 S 和 T 是分别指向根结点和第一和第三棵子树的指针。插入完成后，又得到溢出结点（如图 8.17 所示）：

$$R: 3, S, (30, B), (50, A), (80, T)$$

将此结点从关键字为 50 的元素处分开，产生一个新的结点 R 和一个新的结点 U：

$$R: 1, S, (30, B)$$
$$U: 1, A, (80, T)$$

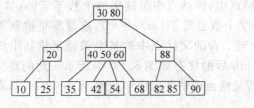
图 8.16　插入 42 结点分裂过程 1

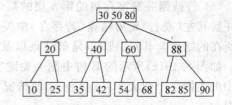
图 8.17　插入 42 结点分裂过程 2

$(50, U)$一般应插入到 R 的父结点中，但是 R 没有父结点，因此，产生一个新的根结点如下：

$$1, R, (50, U)$$

最后得到的 B 树如图 8.18 所示。

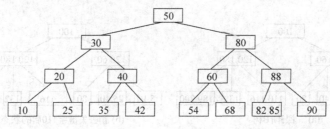
图 8.18　最后结果

读取结点$(30,80)$，$(50,60)$和$(35,40)$时执行了 3 次磁盘访问。对每次结点分裂，将修改的结点和新产生的结点写回到磁盘需执行两次磁盘访问，由于有 3 个结点被分裂，因此需要执行 6 次写磁盘操作。最后产生一个新的根结点并写回磁盘，又需要占用 1 次额外的磁盘访问，因此磁盘访问的总次数为 10。

当插入操作引起了 n 个结点的分裂时，磁盘访问次数为 h(读取搜索路径上的结点)$+2n$(回写两个分裂出的新结点)$+1$(回写新的根结点式插入后没有导致分裂的结点)。因此，所用的磁盘访问次数为 $h+2n+1$，最多可达到 $3h+1$。

上述结点的分裂方法使得 B 树在插入结点后仍能保持 B 树的全部特征。还可看出，B 树上的插入是一个由插入点向根结点递归的过程。

4. B 树的删除

设 B 树的深度为 $h+1$，在这棵 B 树上删除关键字 SearchKey 要分几种情况考虑。

(1) 若被删关键字在树的第 h 层上的某个结点中，并且该结点中关键字个数大于 $\lceil m/2 \rceil -1$，删去该关键字后该结点仍满足 B 树的定义，则可直接删去该关键字。例如，对于图 8.19(a)所示的 B 树，删去关键字 110 后的状态如图 8.19(b)所示。

(2) 若被删关键字在树的第 h 层的某个结点中，并且该结点中关键字的个数等于 $\lceil m/2 \rceil -1$，若其左(或右)兄弟结点中关键字个数大于 $\lceil m/2 \rceil -1$，则把左(或右)兄弟结点中最大(或最小)的关键字上移到其双亲结点中，同时把双亲结点中大于(或小于)上移关键字的关键字下移到被删关键字所在的结点中。在图 8.19(b)所示的 B 树中删去关键字 80 后的状态如图 8.19(c)所示。

(3) 若被删关键字在树的第 h 层的某个结点中,该结点中关键字的个数等于 $\lceil m/2 \rceil - 1$,并且其左(或右)兄弟结点(若存在)中关键字个数也等于 $\lceil m/2 \rceil - 1$,这时需将被删关键字所在的结点与其左(或右)兄弟结点以及分割二者的父结点中的某个关键字重新组织分配。如图 8.19(c)所示的 B 树中删去关键字 116 后的状态如图 8.19(d)所示。此例是父结点中的关键字个数大于 $\lceil m/2 \rceil - 1$ 的情况,若父结点中的关键字个数等于 $\lceil m/2 \rceil - 1$,则为情况(4)。

(4) 若被删关键字所在的结点在 B 树的第 L 层上($1 \leqslant L < h$),且结点中关键字个数等于 $\lceil m/2 \rceil - 1$,设被删关键字为所在结点的第 i 个关键字,则将指针 P_i 所指结点中的最小关键字放到它的位置上,或将指针 P_{i-1} 所指结点中的最大关键字放到它的位置上。在图 8.19(d)所示的 B 树中删除关键字 180 后的状态如图 8.19(e)所示。

综合情况(3)和情况(4)可知,在 B 树中删除关键字的过程是一个由被删结点向根结点递归的过程。

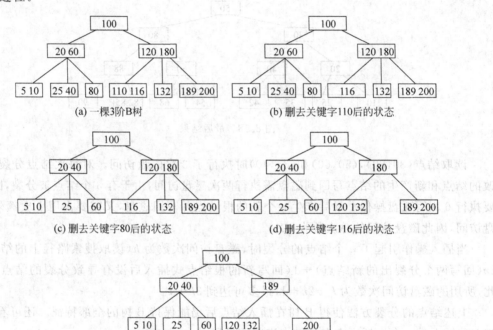

图 8.19 3 阶 B 树上的删除

8.3.3 B+ 树

B+ 树是针对文件系统所需而产生的一种 B 树的变形树,Berkerly DB、SQLite、MySQL 等数据库都使用了 B+ 树算法处理索引。

一棵 m 阶的 B+ 树和 m 阶的 B 树的差异在于:

(1) 有 n 棵子树的结点中含有 n 个关键码。

(2) 所有的叶子结点中包含了全部关键码的信息以及指向含有这些关键码记录的指针,且叶子结点本身依关键码值自小而大的顺序链接。

(3) 所有的非终端结点可以看成是索引部分,结点中仅含有其子树根结点中最大(或最小)关键码。

例如图 8.20 所示为一棵五阶的 B+树,通常在 B+树上有两个头指针,一个指向根结点,另一个指向关键码最小的叶子结点。因此,可以对 B+树进行两种查找运算:一种是从最小关键码起顺序查找,另一种是根结点开始进行随机查找。

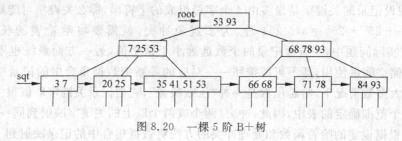

图 8.20 一棵 5 阶 B+树

在 B+树上进行随机查找、插入和删除的过程基本上与 B 树类似。只是在查找时,若非终端结点上的关键码等于给定值,并不终止,而是继续向下直到叶子结点。因此,在 B+树上不管查找成功与否,每次查找都是走了一条从根到叶子结点的路径。B+树查找的分析类似于 B 树。B+树的插入仅在叶子结点上进行,当结点中的关键码个数大于 m(m 为一个结点所能容纳的最大的关键码个数),就必须分裂成关键码数目大致相同的两个结点,并且它们的双亲结点中应同时包含这两个结点中的最大关键码。B+树的删除也仅在叶子结点进行,当叶子结点中的最大关键码被删除时,其在非终端结点中的值可以作为一个"分界关键码"存在。若因删除而使结点中关键码的个数少于 $\lceil m/2 \rceil$ 时,其和兄弟结点的合并过程亦和 B 树类似。

8.4 哈希表的查找

8.4.1 基本概念

8.2 节和 8.3 节讨论的各种查找方法中,由于记录在线性表中的存储位置是随机的,和关键字无关,因此,在查找的过程中都需要依据关键字进行若干次比较判断,最后确定在数据集合中是否存在关键字等于某个给定关键字的记录以及该记录在数据所形成的表(顺序表或树表)中的位置。查找的效率与比较次数密切相关。如果在记录的存储位置和其关键字之间建立某种直接关系,那么在进行查找时,无须作比较或只作很少次的比较,就能直接由关键字找到相应的记录。哈希表(hash table)正是基于这种思想。

哈希表法又叫杂凑法或散列法。它的基本思想是:设置一个长度为 m 的表,用一个函数 H 把数据集合中 n 个记录的关键字尽可能唯一地转换成 $0 \sim m-1$ 范围内的数值,即对于集合中任意记录的关键字 K_i,有

$$0 \leqslant H(K_i) \leqslant m-1 \quad (0 \leqslant i < n)$$

这样,就可以利用函数 H 将数据集合中的记录映射到表中,$H(K_i)$ 便是记录 R_i 在表中的存储位置。建立表与记录关键字之间映射关系的函数 H 称为哈希函数。

显然,一旦哈希表建立,进行查找时可以用给定的关键字和建立哈希表时所采用的哈希

函数直接在给定的表中进行查找。然而,由于集合中各记录关键字的取值可能是一个很大的范围,所以即使集合中记录的个数不是很多,也很难选取一个合适的哈希函数 H,保证对于任意不同的 K_i 和 K_j,有 $H(K_i) \neq H(K_j)$。这种 $K_i \neq K_j$ 而 $H(K_i) = H(K_j)$ 的现象称为冲突现象。

例如,假设记录的关键字是最多由 4 个字母组成的字符串,那么关键字可能取值的情况为 $26^4 + 26^3 + 26^2 + 26^1 = 475\,254$ 种,为了避免冲突,就需要将哈希表的长度设置为 475 254。在实际问题中,一方面记录的个数远远小于这个值,另一方面系统也不可能提供如此大的存储空间供使用,即不可能按照一一对应的关系把数据集合中的记录映射到存储空间中。在大多数情况下,哈希函数是一种"压缩映像",它把记录关键字取值很大的数据集合映射到一个范围确定的表中,因此,冲突(两个或两个以上的关键字映射到同一空间)是不可避免的。根据设定的哈希函数和处理冲突的方法将数据集合中的记录映射到一个有限的连续空间上,并以记录 R_i 的关键字 K_i 的映像 $H(K_i)$ 作为记录 R_i 的存储地址,这一过程称为哈希存储,所设定的连续空间称为哈希表。

尽管冲突现象是难免的,我们还是希望能找到尽可能产生均匀映射的哈希函数,以便尽可能地降低发生冲突的概率。另外,当发生冲突时,还必须有相应的解决冲突的方法。因此,构造哈希函数和建立解决冲突的方法是建立哈希表的两大任务。

8.4.2 构造哈希函数的方法

构造哈希函数的方法很多,但构造出"好"的哈希函数有很强的技术性和实践性。这里的"好"指的是哈希函数的构造比较简单并且用此哈希函数产生的映射发生冲突的可能性最小,也就是说,一个好的哈希函数能将给定的数据集合均匀地映射到给定的地址区间中。

我们知道,关键字可以唯一地对应一个记录,因此,在构造哈希函数时,应尽可能地使关键字的各个成分都对它的哈希地址产生影响。

下面介绍几种构造哈希函数的常用方法。

1. 直接定址法

当关键字是整型数时,可以取关键字本身或它的线性函数作为它的哈希地址。即
$$H(K) = K \quad \text{或者} \quad H(K) = aK + b \,(a、b \text{为常数})$$

例如,有一个人口调查表,表中每个记录包括出生年份、人数等情况。若取年份作为关键字,则可利用直接定址法确定各记录的哈希存储地址。

直接定址法的特点是哈希函数简单,并且对于不同的关键字不会产生冲突。但在实际应用中,关键字集合中的元素很少是连续的,用该方法产生的哈希表会造成空间的大量浪费。因此,这种确定哈希地址的方法很少使用。

2. 除留余数法

选取一个合适的不大于哈希表长的正整数 m,用 m 去除关键字 K,所得的余数作为其哈希地址,即
$$H(K) = K \bmod m$$

这种方法称为除留余数法哈希函数。

用该方法产生的哈希函数的优劣取决于 m 值的选取。若 m 取某个偶数值,其结果是将奇数关键字的记录映射到奇数地址上,将偶数关键字的记录映射到偶数地址上,因此产生的哈希地址很可能不是均匀分布的。若 m 取关键字的基数的幂,那么产生的哈希地址是关键字的某几个低位值。例如,在例 8.3 中,选取基数为 10,m 可以为 10 的幂,若取 $m=10^2=100$,关键字 159,259,359,…均会产生碰撞。

例 8.3 设有值为整型量的以下关键字序列:

$$\{2004,1849,0156,3188,4356,6349\}$$

若取 $m=10^2=100$,则该序列对应的哈希地址为

关键字: 2004　1849　0156　3188　4356　6349
地址:　　4　　 49　　 56　　 88　　 56　　 49

实际上这些地址是其关键字的最低两位值,因此产生的哈希函数不可能是一个"好"的哈希函数。大量实践证明,当 m 取小于哈希表长的最大质数时,产生的哈希函数较好。

例如,设哈希表长为 200,$m=199$,则上述关键字序列对应的哈希地址为

关键字:　 2004　1849　0156　3188　4356　6349
地址: 　 148　 58　 156　 4　 177　 180

除留余数法是一种简单且行之有效的构造哈希函数的方法。

3. 数字分析法

设关键字为 d 位数,选取其中若干位的值构造哈希地址的方法称为数字分析法。在用数字分析法构造哈希函数时,要事先知道所有关键字或大多数关键字的值,对这些关键字的各位值作分析,丢掉分布不均匀的位值,留下分布较均匀的位值构造其哈希函数。

例 8.4 设有如下的 8 个关键字,它们均为 9 位十进制数,假设采用的哈希表的范围为 0~1000,用数字分析法确定它们的哈希地址。

$$
\begin{array}{ll}
K_1: & \underline{0\ 0\ 0\ 3\ 1\ 9\ 4\ 2\ 6} \\
K_2: & \underline{0\ 0\ 0\ 7\ 1\ 8\ 3\ 0\ 9} \\
K_3: & \underline{0\ 0\ 0\ 6\ 2\ 9\ 4\ 4\ 3} \\
K_4: & \underline{0\ 0\ 0\ 7\ 5\ 8\ 6\ 1\ 5} \\
K_5: & \underline{0\ 0\ 0\ 9\ 1\ 9\ 6\ 9\ 7} \\
K_6: & \underline{0\ 0\ 0\ 3\ 1\ 0\ 3\ 2\ 9} \\
K_7: & \underline{0\ 0\ 0\ 4\ 5\ 0\ 4\ 5\ 2} \\
K_8: & \underline{0\ 0\ 0\ 5\ 2\ 7\ 3\ 6\ 8} \\
& ①\ ②\ ③\ ④\ ⑤\ ⑥\ ⑦\ ⑧\ ⑨
\end{array}
$$

为叙述简便,用①,②,…,⑨对关键字的各位编号。

由于给定的哈希表长为 1000,因此只能选取关键字中的 3 位十进制数作为其哈希地址。显然,要想避免冲突,应使选取位上各个基数值 0,1,…,9 出现的频率尽可能一致。

分析所有关键字的各位值发现:第①、②、③位只出现 0 值;第④位中 6、9、4、5 各出现 1 次,3、7 各出现 2 次;第⑤位中 1 出现 4 次,5、2 各出现 2 次;第⑥位中 9 出现 3 次,8、0 出现 2 次,7 出现 1 次;第⑦位中 4、3 各出现 3 次,6 出现 2 次;第⑧位中 0、1、4、5、6、9 均出现

1次,2出现2次;第⑨位中6、3、5、7、2、8各出现1次,9出现2次。因此,可以选取关键字的第④、⑧、⑨位组成的值作为其哈希地址,得到如下的结果:

$$H(K_1) = 326 \quad H(K_2) = 709$$
$$H(K_3) = 643 \quad H(K_4) = 715$$
$$H(K_5) = 997 \quad H(K_6) = 329$$
$$H(K_7) = 452 \quad H(K_8) = 568$$

4. 平方取中法

取关键字平方后的中间若干位作为其哈希地址,即 $H(K)=$"K^2 的中间几位"。

因为关键字平方后使得它的中间几位和组成关键字的各位值均有关,从而使哈希地址的分布较为均匀,减少了发生冲突的可能性。所取的位数取决于哈希表的表长。

例 8.5 若设哈希表长为 1000,则可取关键字平方值的中间 3 位,如表 8.2 所示。

表 8.2 平方取中哈希函数图例

关键字	关键字的平方	哈希函数值
123	15 129	512
231	53 361	336
312	97 344	734
321	103 041	304

5. 折叠移位法

根据哈希表长将关键字分成尽可能等长的若干段,然后将这几段的值相加,并将最高位的进位舍去,所得结果即为其哈希地址。相加时有两种方法:一种是顺折,即把每一段中的各位值对齐相加,称之为移位法;另一种是对折,像折纸条一样,把原来关键字中的数字按照划分的中界向中间段折叠,然后求和,称之为折叠法。

例 8.6 有一个关键字 $K=347\ 256\ 198$,若表长为 1000,可以把 K 分成 3 段,每段长为 3。采用移位法和折叠法所得的哈希地址为

$$\begin{array}{r} 347 \\ 256 \\ +198 \\ \hline H(K)=\boxed{801} \end{array} \qquad \begin{array}{r} 743 \\ 256 \\ +891 \\ \hline H(K)=1\boxed{890} \end{array}$$

与平方取中法类似,折叠移位法也使得关键字的各位值都对其哈希地址产生影响。

8.4.3 哈希冲突的解决方法

无论如何构造哈希函数,冲突都是不可避免的,因此如何处理冲突是建哈希表的一个重要方面。

假设哈希表的存储结构为一维数组,"冲突"是指由关键字 key 求得哈希地址 $H(\text{key})$ 后,表中下标为 $H(\text{key})$ 的分量不空(已有记录),则"处理冲突"就是在哈希表中为关键字为

key 的记录另外安排一个存储空间。常用的方法有两种：开放定址法和链地址法。

1. 开放定址法

开放定址法的基本思想是：在发生冲突时，按照某种方法继续探测基本表中的其他存储单元，直到找到空位置为止。可用下式描述：

$$H_i(\text{key}) = (H(\text{key}) + d_i) \bmod m \quad (i = 1, 2, \cdots, k(k \leqslant m-1))$$

其中，$H(\text{key})$ 为关键字 key 的直接哈希地址，m 为哈希表长，d_i 为每次再探测时的地址增量。

用这种方法时，首先计算出它的直接哈希地址 $H(\text{key})$，若该单元已被其他记录占用，继续查看地址为 $H(\text{key}) + d_1$ 的单元，若也已被占用，再继续查看地址为 $H(\text{key}) + d_2$ 的单元，如此下去，当发现某个单元为空时，将关键字为 key 的记录存放到该单元中。

增量 d_i 可以有不同的取法：

(1) $d_i = 1, 2, \cdots, m-1$。

(2) $d_i = 1^2, -1^2, 2^2, -2^2, \cdots, k^2, -k^2 (k \leqslant m/2)$。

(3) $d_i =$ 伪随机序列。

当 d_i 采用上述 3 种不同的取值法时，分别称为线性探测再散列、二次探测再散列和伪随机再散列。

例 8.7 有一个记录集合 $(R1, R2, R3, R4, R5, R6, R7, R8)$，要将它们存入表长为 10 的哈希表 A 中。若这 8 个记录的哈希地址分别为 $H(\text{key1}) = 2, H(\text{key2}) = 2, H(\text{key3}) = 3, H(\text{key4}) = 3, H(\text{key5}) = 8, H(\text{key6}) = 0, H(\text{key7}) = 7, H(\text{key8}) = 9$，用线性探测再散列法和二次探测再散列法构造其哈希表。

假设记录进入次序为 $R1, R2, \cdots, R8$，用这两种方法构造的哈希表如图 8.21 所示。

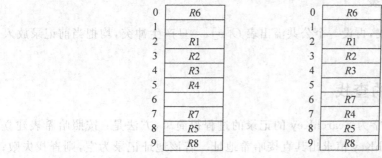

图 8.21 开放地址解决冲突的哈希表

用线性探测再散列时，首先记录 $R1$ 进入 $A[2]$ 中，当 $R2$ 进入时，与 $R1$ 发生冲突，向下探测发现 $A[3]$ 为空，所以将 $R2$ 放入 $A[3]$。当 $R3$ 进入时，其直接哈希地址单元 $A[3]$ 已被 $R2$ 占用，所以向下探测并放入 $A[4]$ 中。采用同样的方法，记录 $R4、R5、R6、R7、R8$ 分别进入 $A[5]、A[8]、A[0]、A[7]$ 和 $A[9]$ 中，如图 8.21(a) 所示。用二次探测再散列方法构造哈希表时，各记录的进入方法和上述类似，这里不再赘述，其结果如图 8.21(b) 所示。

通过上述例题可看出，在用开放定址法构造哈希表时，可能产生非哈希函数引起的冲突。

例 8.7 中用线性探测再散列法构造哈希表时,因记录 R2 与 R1 发生冲突,R2 进入了 $A[3]$ 单元,记录 R3 本来应该进入 $A[3]$ 单元,但由于该单元已被 R2 占用,所以必须再向下散列到 $A[4]$ 单元中,记录 R2 与 R3 的冲突不是因哈希函数引起的,而是由再散列方法本身造成的。

2. 链地址法

设基本哈希表为 $CT[m]$,将所有具有相同哈希地址的记录放在同一单链表中,哈希表中的第 i 个元素 $CT[i]$ 存放哈希地址为 i 的记录组成的单链表的头指针。

例如,设有 8 个元素 $\{a,b,c,d,e,f,g,h\}$,采用某种哈希函数得到的哈希地址分别为 $\{0,8,4,0,1,3,4,6\}$,当哈希表长为 10 时,采用链地址法解决冲突的哈希表如图 8.22 所示。链地址法适用于冲突现象比较严重的情况。

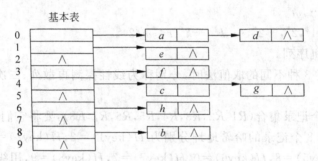

图 8.22 链地址法解决冲突的哈希表

3. 建立一个公共溢出表

设 $A[m]$ 为基本哈希表,再设一个公共溢出表 $O[v]$,一旦产生冲突,均把当前记录放入公共溢出表的当前表尾。

8.4.4 哈希表的查找

在哈希表上查找关键字为 SearchKey 的记录的过程很简单,方法是:按照哈希表建立时的哈希函数,根据 SearchKey 值求出其直接哈希地址。若该地址记录为空,则查找失败;若该地址记录不为空,将 SearchKey 与该地址的记录的关键字相比较,若二者相等,则查找成功;否则按照哈希表建立时采用的解决冲突的方法,继续在"下一个哈希存储地址"中查找。若在某个"下一个哈希存储地址"中有 SearchKey 与该地址中记录的关键字相等,则查找成功;若找完所有"下一个哈希存储地址"都未找到时,查找失败。

这里,"下一个哈希存储地址"根据哈希表的冲突解决办法具体决定。例如,解决冲突采用链地址法时,"下一个哈希存储地址"指的是对应链表的下一个结点,解决冲突采用开放定址法时的"下一个哈希存储地址"指的是哈希再探测的哈希地址。

哈希查找的方法是一种直接计算地址的方法,在查找过程中所需的比较次数很少。由查找的方法可以看出,在进行哈希查找时,要根据记录的关键字由哈希函数以及冲突时解决冲突的方法找出记录的哈希地址。因此，在考虑哈希查找的效率时，不但要考虑查找时所需的比较次数，还要考虑求取哈希地址的时间。

8.4.5 哈希算法

1. 开放定址法

散列表的定义算法如下：

```
template <class T>
class Hashtable
{
private:
    EType * ht;                                 //散列表的数组
    int m;                                      //散列表数组的大小
    bool * empty;                               //散列表数组
public:
    void HashTable(int m){                      //构造函数,分配哈希函数
        ht = new EType[m];
        empty = new bool[m];
        for (int i = 0; i < m; i++)             //所有桶置空状态
            empty[i] = true;
    };
    ~ HashTable(void)                           //析构函数
    { delete []ht;}
    int HaHashSearch( T &SearchKey);            //开放地址查找
    bool Search(KType &SearchKey ,EType &result) //查找
    bool HashInsert(EType &x);                  //插入
    bool HashDelete(EType &x);                  //删除
};
```

SearchKey 用来计算起始地址。哈希表有两个数组：ht 和 empty，当且仅当 ht[i] 中不含有元素时，empty[i] 为 true。

基于开放定址法哈希查找算法如下：

```
int HashTable::HaHashSearch(KeyType &SearchKey)
{   //查询一个开地址表,如果存在,则返回 k 位置,否则返回插入点(若空间足够)
    int i = SearchKey % m;                      //起始桶
    int j = i;                                  //在起始桶处开始
    do
    {
        if (empty[j] || ht[j].key == SearchKey)
            return j;
        j = (j + 1) % m;                        //下一个桶
    }while (j!= i);                             //又返回起始桶
    return j;                                   //表已经满
}
bool HashTable::Search(KType &SearchKey, EType &result)
{   //搜索与 k 匹配的元素并放入 e,如果不存在这样的元素则返回 false
    int b = HashSearch(SearchKey)
```

```
        if (empty[b] || ht[b] != SearchKey)
            return false;
    result = ht[b];
    return true;
}
```

在上面的函数中,共享成员函数 Search 在没有找到关键字值 SearchKey 的元素时返回 false,否则返回 true。若找到该该元素,则在参数 result 中返回该元素。Search 函数调用了函数 hSearch。在满足如下 3 种情况之一时,HashSearch 用来返回 b 号桶:①empty[b]为 false 且 ht[b]的关键字值为 SearchKey;②表中没有关键字值为 SearchKey 的元素,empty[b]为 true,可把关键字值为 SearchKey 的元素插入到 b 号桶中;③表中没有关键字为 SearchKey 的元素,empty[b]为 false,ht[b]的关键字值不等于 SearchKey,且表已满。

基于开放定址法哈希表的插入算法如下:

```
bool HashTable::HashInsert(EType &x)
{   //在哈希表中插入
    KeyType SearchKey = x.key;                  //抽取 key 值
    int b = HashSearch(SearchKey);
    if(empty[b])                                //检查是否能完成插入
    {
        empty[b] = false;
        ht[b] = x;
        return true;
    }
    return false;
}
```

上面程序给出了 HashInsert 算法。它首先调用 HashSearch。若 HashSearch 返回的 i 号桶为空,则表中没有关键字为 SearchKey 的元素,可直接将该元素 x 插入到该桶中。若返回的桶非空,则要么是桶中已包含了关键字为 SearchKey 的元素,要么是表已满。

2. 链地址法

哈希冲突解决办法是链地址法。

```
template < class T >
class linkedlist
{
private:
    ChainNode<T> * link;                        //指向后继指针的结点
public:
    T data;                                     //数据域
    T key;
    ChainNode (const T&data, ChainNode<T> * next = 0);          //构造函数
    void insertAfter(ChainNode<T> * p);         //在本结点之后插入一个同类的结点 P
    ChainNode<T> * deleteAfter();               //删除本结点的后继结点,并返回其地址
    ChainNode<T> * nextNode();                  //获取后继结点的地址
    const node<T> * nextNode()const;            //获取后继结点的地址
    ChainNode<T> * linkedlist<T>::HashSearch(ChainNode<T> * a[], T SearchKey, int mod)
```

```
                                        //哈希查找
    friend linkedlist<T>;               //因操作需要将 linkedlist<T>作为 node 的友元(新添)
};
```

基于链地址法哈希查找算法如下：

```
template<class T>
ChainNode<T>* linkedlist<T>::HashSearch(ChainNode<T> *a[], T SearchKey, int mod)
{   //在链地址的哈希表 a 中查找关键字 SearchKey,a 中存放指向链结点的指针
    ChainNode<T> * p;
    int i;
    i = SearchKey % mod;                //这里的哈希函数可改变
    p = a[i];
    while(p!= NULL && p->key!= SearchKey)
        p = p->link;
    if(p == NULL)
        return NULL;                    //查找不到时返回空值
    else
        return p;                       //查找到时返回该记录的地址
}
```

基于链地址法哈希表的插入算法如下：

```
template<class T>
bool linkedlist<T>::HashInsert(ChainNode<T> *a[],T SearchKey, int mod)
{   //在链地址的哈希表 a 中若查找不到关键字为 SearchKey 的记录,则插入该记录
    ChainNode<T> * pre, * p;
    int i;
    i = SearchKey % mod;
    p = a[i];
    while(p!= NULL && p->key! = SearchKey)
    {   //在对应的链表中查找关键字为 SearchKey 的记录
        pre = p;
        p = p->Link;
    }
    if(p == NULL)
    {   //未查找到时插入该记录到对应的链表尾
        q = new ChainNode<T>;
        q->key = SearchKey;
        q->link = NULL;
        if(a[i] == NULL)
            a[i] = q;                   //在该链插入第一个记录
        else
            pre->link = q;              //在该链插入后续记录
        return true;                    //插入新结点返回
    }
    return false;                       //未插入返回(已存在)
}
```

8.4.6 哈希表的查找分析

哈希表的查找过程基本上和造表过程相同。一些关键码可通过哈希函数转换的地址直接找到,另一些关键码在哈希函数得到的地址上产生了冲突,需要按处理冲突的方法进行查找。在上面介绍的 3 种处理冲突的方法中,产生冲突后的查找仍然是给定值与关键码进行比较的过程。所以,对哈希表查找效率依然用平均查找长度来衡量。

查找过程中,关键码的比较次数取决于产生冲突的多少,产生的冲突少,查找效率就高,产生的冲突多,查找效率就低。因此,影响产生冲突多少的因素,也就是影响查找效率的因素。影响产生冲突多少有以下 3 个因素:

(1) 哈希函数是否均匀。
(2) 处理冲突的方法。
(3) 哈希表的装填因子。

分析这 3 个因素,尽管哈希函数的"好坏"直接影响冲突产生的频度,但一般情况下,我们总认为所选的哈希函数是"均匀的",因此,可不考虑哈希函数对平均查找长度的影响。就线性探测法和二次探测法处理冲突的例子看,相同的关键码集合,同样的哈希函数,但在数据元素查找等概率情况下,它们的平均查找长度却不同:

线性探测法的平均查找长度 $ASL=(5×1+3×2+1×4)/9=5/3$。

二次探测法的平均查找长度 $ASL=(5×1+3×2+1×2)/9=13/9$。

哈希表的装填因子定义为

$$\alpha = \frac{\text{填入表中的元素个数}}{\text{哈希表的长度}}$$

α 是哈希表装满程度的标志因子。由于表长是定值,α 与"填入表中的元素个数"成正比,所以,α 越大,填入表中的元素越多,产生冲突的可能性就越大;α 越小,填入表中的元素越少,产生冲突的可能性就越小。

实际上,哈希表的平均查找长度是装填因子 α 的函数,只是不同处理冲突的方法有不同的函数。表 8.3 给出几种不同处理冲突方法的平均查找长度。

表 8.3 几种不同处理冲突方法的平均查找长度

处理冲突的方法	平均查找长度	
	查找成功时	查找不成功时
线性探测法	$S_{nl} \approx \frac{1}{2}\left(1+\frac{1}{1-\alpha}\right)$	$U_{nl} \approx \frac{1}{2}\left[1+\frac{1}{(1-\alpha)^2}\right]$
二次探测法	$S_{nr} \approx -\frac{1}{\alpha}\ln(1-\alpha)$	$U_{nr} \approx \frac{1}{1-\alpha}$
拉链法	$S_{nr} \approx 1+\frac{\alpha}{2}$	$U_{nr} \approx \alpha+e^{-\alpha}$

哈希方法存取速度快,也较节省空间,静态查找、动态查找均适用,但由于存取是随机的,因此,不便于顺序查找。

一、单选题

1. 设有一个按各元素的值排好序的线性表且长度大于2,对给定的值 X,分别用顺序查找法和二分查找法查找一个与 K 相等的元素,比较次数分别是 s 和 b;在查找不成功的情况下,s 和 b 正确的数量关系是(   )。
   A. 总有 $s=b$ B. 总有 $s>b$
   C. 总有 $s<b$ D. 与 K 值大小有关

2. 下面关于 B 树和 B+树的叙述中,不正确的结论是(   )。
   A. B 树和 B+树都能有效地支持顺序查找
   B. B 树和 B+树都能有效地支持随机查找
   C. B 树和 B+树都是平衡的多分树
   D. B 树和 B+树都可用于文件索引结构

3. 关于杂凑查找说法不正确的是(   )。
   A. 采用链地址法解决冲突时,查找一个元素的时间是相同的
   B. 采用链地址法解决冲突时,若规定插入总是在链首,则插入任一个元素的时间是相同的
   C. 采用链地址法解决冲突易引起聚集现象
   D. 再哈希法不易产生聚集

4. 对有 18 个元素的有序表作二分(折半)查找,则查找 $A[3]$ 的比较序列的下标为(   )。
   A. 2、3   B. 5、2、3   C. 5、3   D. 4、2、3

5. 具有 5 层结点的 AVL 树至少有(   )个结点。
   A. 10   B. 12   C. 15   D. 17

6. 下面关于 B 树和 B+树的叙述中不正确的是(   )。
   A. B 树和 B+树都能有效地支持顺序查找
   B. B 树和 B+树都能有效地支持随机查找
   C. B 树和 B+树都是平衡的多分树
   D. B 树和 B+树都可用于文件索引结构

单选题答案
1. B   2. A   3. B   4. D   5. B   6. A

二、填空题

1. 在分块检索中,对 256 个元素的线性表分成_____块最好,每块的最佳长度是_____;若每块的长度为 8,其平均检索长度为_____。

2. 在顺序表上施行的 3 个查找算法,就平均查找长度来看,_____最小,_____最大。

3. 一棵深度为 h 的 B 树,任一个叶子结点所处的层数为_____,当向 B 树插入一个

新关键字时,为检索插入位置需读取_____个结点。

4. 二分查找的存储结构仅限于_____,且是_____。

5. 对闭散列表来说,_____的方法就是处理冲突的方法。

填空题答案

1. 16,17,21
2. 折半法,顺序法
3. h,h
4. 顺序存储结构,有序的
5. 构造后继散列地址序列

三、判断题

1. 无论是顺序表还是树表,其结点在表中的位置与关键字之间存在着唯一的对应关系。因此进行查找时,总是实施一系列和关键字的比较操作来体现。( )
2. 就平均查找长度而言,分块查找最小,折半查找次之,顺序查找最大。( )
3. 散列表的结点中包含数据元素自身的信息,不包含任何指针。( )
4. 任一二叉排序树的平均查找时间都小于用顺序查找法查找同样结点的线性表的平均查找时间。( )
5. 哈希表的查找效率主要取决于哈希表造表时选取的哈希函数和处理冲突的方法。( )

判断题答案

1. 错 2. 错 3. 错 4. 错 5. 对

四、简答题和算法题

1. 若顺序表中的记录是有序排列的,试给出相应的顺序查找算法,并分析在查找成功或查找失败时的平均查找长度。
2. 将二分查找算法改写为递归的形式。
3. 在二分查找算法中,如果作下述改动:

    (1) 将 low= mid+1 改为 low= mid。

    (2) 将 high=mid-1 改为 high=mid。

    (3) 同时做(1)、(2)所给的两种改动。

    在这三种情况下,二分查找算法是否正确?试给出一例加以说明。

4. 若记录集合采用单链表进行存储,给出相应的二分查找算法。
5. 在分块查找过程中,如果索引表采用二分法进行查找,顺序表采用顺序法进行查找,给出相应的算法。
6. 给出在二叉排序树上进行查找的递归算法。
7. 已知一个长度为 12 的线性表{Dec,Feb,Nov,Oct,June,Sept,Aug,Apr,May,July,Jan,Mar}。

    (1) 按各元素的顺序构造一棵二叉排序树。

    (2) 若各元素的查找概率相等,给出该二叉排序树的平均查找长度。

8. 从空树开始,给出按以下次序向一个深度为 2 的 3 阶 B 树上插入关键字 20,30,50,52,60,68,70 的建树过程。

9. 给出在题 8 所建的树中删去关键字 50 和 68 的过程。

10. 如果哈希表采用开放定址法解决冲突,并应用线性探测再散列的方法,试给出相应的插入算法。

11. 对于题 7 所给的元素序列,若采用哈希函数 $H(X) = \lfloor i/2 \rfloor$,其中 i 为元素的第一个字母在字母表中的序号,把它们映射到区间 0~16 中,并采用链地址法解决冲突,给出相应的哈希表。

12. 比较本章介绍的各种查找方法,分析它们的优缺点及适用的范围。

第 9 章 文件

在实际数据处理中,往往有着大量的数据需要处理。对于各种原始数据、中间数据和最终处理结果,在很多情况下需要进行存储。而文件就是存储数据的一种最基本的方法。本章讲解文件的概念、逻辑特性、物理结构和基本操作等内容。

9.1 外部存储设备

计算机的存储设备一般可以分为外部存储设备(外存)和内部存储设备(内存)。内存的存取速度快,CPU 可以直接访问,但容量比较小,数据不能长久保存(例如,停电则数据丢失)。外部存储器有随机存储设备,也有顺序存储设备,数据能长时间地存储在相应的存储介质上。外部存储器容量大,但存取速度相对于内存来说要慢得多,一般可以忽略内存的存取时间,而外存储器的存取时间必须认真考虑。

9.1.1 磁带

磁带作为一种大容量、低价格、高可靠性的存储介质,目前仍然被广泛使用。磁带是一种顺序存储设备。磁带机一般由磁带、读/写磁头和磁带驱动器组成。使用时,磁带装在磁带机上,磁带驱动器带动磁带正转或反转,同时通过读/写磁头对磁带进行读/写操作,如图 9.1 所示。

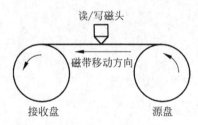

图 9.1 磁带和读/写磁头

磁带格式一般有 1/4in、1/2in、4mm、8mm 等,容量为 60MB～70GB。磁带带面上涂有磁性材料,可以用来存储二进制位。整个带宽被划分成 7 道或 9 道,每道存储一位二进制位,所以每横排可以存储 7 位或 9 位二进制信息。每英寸磁带上存储的位数也称作磁带的密度,常见的密度有 800bpi 或 1600bpi。

磁带不是连续运转的设备,而是一种启停设备,磁带机从开始启动到达到稳定速度需要一定的时间,从开始停止到完全停止也需要一定的时间,在这段时间内是不能对磁带进行读/写的,而这段时间磁带还是在转动的,所以在磁带上就有相应的一段空白区,称为间隙(IRG)。在磁带机上,间隙与间隙之间存放的是紧密相连的字符组,而不是单个字符,这样的字符组称为记录。为了有效地利用磁带,可以把多个记录组成一个块,这样记录之间的间隙就变成了块之间的间隙,间隙数就减少了,提高了磁带的利用率,如图 9.2 所示。从用户来看,他每次存取的单位是记录,而实际上有专门的软件完成记录组成块、块分解成记录等操作,最终以块为单位进行读/写操作。

| 记录 | IRG | 记录 | IRG | 记录 | IRG | 记录 | IRG |

(a) 以记录为单位存放

| 20条记录 | IRG | 20条记录 | IRG | 20条记录 | IRG |

(b) 以块为单位存放

图 9.2 记录存储

在读/写数据的时候,可以在内存中开辟一块缓冲区,其大小为块的长度,所有的读/写操作都通过缓冲区进行。缓冲区不能太大,一方面是因为太大后读/写的出错概率就大,另一方面是受到内存数量的制约。

在磁带上读/写一块数据所需要的时间为

$$T_{I/O} = t_a + nt_w$$

其中,t_a 为延迟时间,即磁头到达传输信息所在物理块起始位置所需时间;t_w 为传输一个字符所需时间,n 为块中的字符数。从公式中可以看到,延迟时间影响到整个的存取时间,而延迟时间依赖于磁头当前位置与所要读/写的块所在位置之间的距离。若磁头当前位置在第一个 IRG,要读/写最后一个块,延迟时间就很长;要是读/写第二个块,延迟时间就非常短了。

9.1.2 磁盘

磁盘是在金属基或塑料基的盘片上涂上磁性物质,用来存储信息。磁盘既可以顺序存取,也可以直接存取,它的存取速度要比磁带快得多。磁盘的盘面被划分成若干磁道,每个磁道又被划分成若干个扇区。磁盘可以分为软盘和硬盘,软盘具有单个盘片,一般硬盘具有多个盘片,每个盘片有两个面。硬盘的盘片组中,最上面的一面和最下面的一面一般不用。

盘片套在一个主轴上,并绕主轴作高速旋转。当磁道通过磁头时,就可以对该磁道进行读/写操作。硬盘可以分为固定头硬盘和活动头硬盘。固定头硬盘在每一个磁道上都有独立的磁头,它的位置是固定不动的,专门用来读/写某一磁道的数据。活动头硬盘中每个盘面上只有一个磁头,磁头可以在多个磁道间移动,且不同面上的磁头同时移动,处在半径相同的磁道上,这些半径相同的磁道构成一个柱面,如图 9.3 所示,所以在描述一个数据的地址时,必须要使用三维地址:柱面号、盘面号和块号。

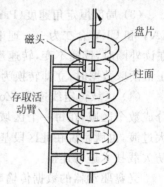

图 9.3 磁盘柱面

对于活动头硬盘,在存取某块数据时,磁头必须先定位到相应的柱面,当被访问的数据从磁头通过时,就可以对数据进行存取了。所以在磁盘上读/写一块数据所需要的时间为

$$T = t_{seek} + t_{ia} + nt_{wm}$$

其中，t_{seek}表示寻道时间，t_{ia}表示等待数据旋转到磁头下面所需等待时间，t_{wm}为传输一个数据块所需时间。

对于7200转/分的硬盘来说，平均寻道时间一般在10ms以内，外部数据传输速率一般可以达到100MB/s。在向磁盘上存放数据的时候，如果能够尽可能把相关的数据放在同一个或相近的柱面上，存取时间就要短一些。

9.1.3 光盘

标准的CD-ROM盘片直径为120mm，共有3层：聚碳酸酯材质的透明衬底、铝反射层、漆保护层。CD-ROM盘是单面盘。

CD-ROM盘区划分为3个区：导入区、用户数据区和导出区。这3个区都含有物理光道，即连续的阿基米德螺旋线形光道。3个区中的所有物理光道组成了信息区。在信息区，有些光道含有信息，有些光道不含信息。含有信息的光道称为信息光道。每条信息光道可以是物理光道的一部分，也可以是一条完整的物理光道，还可以由许多物理光道组成。

在导入区、用户数据区和导出区这3个区中都有信息光道。导入区只有一条信息光道，称为导入光道。导出区也只有一条信息光道，称为导出光道。用户数据记录在用户数据区中的信息光道上。

对光盘的读取，有以下几种方式。

(1) 恒定线速度(Constant Linear Velocity，CLV)。这是早期低速光驱所采用的方式，当读/写光盘数据时，以恒定的线速度对光道操作。因此，对内圈操作时主轴转速较快，对外圈操作时转速较慢，采用不同的角速度实现恒定的线速度。在这种方式下，无论读/写光盘上的哪一部分数据，都会得到相同的数据传输率。随着光驱速度的提高，为保持恒定的线速度，主轴电机旋转速度要随时变化，不但技术难度较大，而且电机负担加重，造成光驱寿命减短，并难以保证整体性能提升，因此单一的恒定线速度被淘汰。

(2) 恒定角速度(Constant Angular Velocity，CAV)。这种方式的技术难度相对恒定线速度而言大为降低。由于光盘以恒定角速度旋转，所以光盘内圈的数据传输率比外圈的数据传输率低。

(3) 局部恒定角速度(Partial Constant Angular Velocity，P-CAV)。就是将上面说到的CAV和CLV合二为一。理论上是在读内圈时采用CAV模式，转速不变，读速逐渐提高；在读外圈时，读速不变，转速逐渐减小。实际上它是在随机读取时采用CLV，一旦激光无法正常读取数据时，立即转换为CAV。

(4) 区域恒定线速度(Zone Constant Linear Velocity，Z-CLV)。将CD的内圈到外圈分成数个区域，在每一个区域用稳定的CLV速度进行刻录。区段与区段的扇区也不断扩大过渡，也就是说在此区段基础上逐渐提高传输率到下一个区段。区段与区段之间用缓存防欠载技术进行连接。

光盘驱动器的数据传输率以150KB/s为基本单位，数据传输率为该指标的整数倍。40倍速光驱的平均寻道时间一般为80～100ms。

9.1.4 闪存

闪存(flash)作为一种安全、快速的存储体，具有低功耗、密度高、体积小、容量大、成本低、掉电数据不丢、可擦除、可重写、可重复编程失等一系列优点。目前已经逐步取代其他半导体存储元件,成为嵌入式系统中主要的数据和程序载体。

从结构上来看,闪存主要分为 NAND 和 NOR 两种类型。

在 NAND 型闪存中,存储单元被分成页,由页再组成块。根据容量不同,块和页的大小将有所不同,而且组成块的页的数量也会不同。例如 8MB 的模块中,页的大小为 512B+16B,块的大小为 8KB+256B。其中,对于页,512B 就是一般的数据存储区,16B 称为 OOB(Out Of Band)区。通常在 OOB 区存放坏块标记和前面 512B 的 ECC 校验码;对于块,8KB 是一般数据,256B 是效验位。这些性质决定了 NAND 型闪存存储单元的读写是以块和页为单位来进行的。但 NAND 型闪存的随机存取速度较慢,而且没有办法按字节随机编程。数据和地址采用同一总线,实现串行读取。512B 的读操作耗时 25ms,写操作耗时 250ms,一个块的擦写需要 3ms。

NOR 型闪存中,程序和数据可存放在同一芯片上,拥有独立的数据总线和地址总线,能快速随机读取,允许系统直接从 Flash 中读取代码执行,而无须先将代码下载至 RAM 中再执行;能够以单字节或单字编程,但不能单字节擦除,必须以块为单位或对整片执行擦除操作,在对存储器进行重新编程之前需要对块或整片进行预编程和擦除操作。一般来说,一个块的擦写时间为 100ms 到几秒,读一个字节约为 100ns,写一个字节用 10~20ms。

很多产品以闪存作为基本存储单元,再加上 IDE、PCMCIA 或者 USB 接口控制电路,可以像使用磁盘一样直接使用它们。典型的有 Disk On Modal(DOM)、Disk On Chip(DOC)和优盘等。DOM 的读速度一般不低于 2MB/s,写速度一般不低于 1MB/s。DOC 的读速度一般不低于 1MB/s,写速度一般不低于 500KB/s。优盘的读速度一般不低于 6MB/s,写速度一般不低于 2MB/s。

9.2 基本概念

下面先介绍有关文件的一些基本概念。

数据项:文件中可处理的数据的基本单位。数据项不能再分解。

记录:由一个或多个数据项按照一定的目的组合而成的数据项的集合。

文件:由多个性质相同的记录组合而成的集合。如表 9.1 中,文件是由 5 条记录组成的,每条记录又是由学号、姓名、性别、系别和年龄这几个数据项组成的。

表 9.1 文件

学号	姓名	性别	系别	年龄
034	张三	男	信息系	21
003	李萍	女	会计系	22
068	鲁智	男	信息系	20
009	宋芳	女	金融系	22
012	卢林	男	会计系	21

关键字:在文件中,如果某个数据项能够唯一地标识不同的记录,称为关键字。一个文件中可以有多个关键字,可以指定一个为主关键字,其余的为候选关键字。关键字可以是一

个数据项,也可以是多个数据项的组合,后一种情况称为复合关键字。

在有些文件中,每条记录的结构和长度都是一样的,称为定长记录,由定长记录构成的文件叫做定长文件。如果在表 9.1 的文件中再增加一个备注数据项,并且指定最大宽度为 100 个字符,且只有"卢林"有备注内容(90 个字符),其余记录都没有备注内容,在这种情况下,如果再采用定长文件,就有些浪费空间。所以可以定义一个不定长文件来保存这些数据,在不定长文件中,每条记录的长度和结构不一定相等。

文件操作主要有两种:查询和修改。

查询操作有以下 4 种:

(1) 简单查询。查询关键字等于给定值的记录,如在表 9.1 表示的文件中查询学号为 001 的记录。

(2) 范围查询。查询关键字属于某个范围内的记录。如在表 9.1 表示的文件中查询学号为 010~020 的记录。

(3) 函数查询。给定关键字的某个函数进行查询。如在表 9.1 表示的文件中查询年龄小于平均年龄的记录。

(4) 布尔查询。把前 3 种查询用布尔运算组合起来的查询。如在表 9.1 表示的文件中查询学号在 080~100 之间并且年龄大于 22 岁的记录。

修改操作包括插入记录、删除记录和更新记录。

对文件的操作可以分为实时操作和批量操作两种。

(1) **实时操作**。在实时操作方式下,当提出请求后,系统必须立即进行响应和处理,对应答时间有严格要求,系统一般应在几秒内完成操作。如股票交易系统,当用户输入数据后,本地系统必须及时进行处理,及时传递到交易所进行撮合。如果本地系统处理不及时,就有可能造成巨大损失。

(2) **批量操作**。在批量操作方式下,系统不必立即进行响应和处理,如电算化系统中,每做完并审核一张记账凭证后,并不要求马上将其记账,而是输入一批凭证后再一起记账。

文件的物理结构:指文件在存储介质上的组织方式。常见的组织方式有顺序文件、索引文件、索引顺序文件、散列文件、倒排文件等。

9.3 顺序文件

将记录按其在文件中的逻辑顺序依次存入存储介质而建立的文件称为顺序文件。顺序文件是物理结构最简单的一种文件,记录的逻辑顺序和物理顺序是一致的。如果顺序的两个物理记录在存储介质上的存储位置是相邻的,则称为连续文件;如果物理记录之间的顺序是通过指针相连的,则称为串联文件。

顺序文件在顺序查找时非常方便,比如要查找 7、8、9 这 3 条记录,当找到 7 号记录后,再找后面两条记录就非常容易了。磁带文件只能是顺序文件。磁盘文件可以是顺序文件,也可以是其他组织方式的文件。

前面介绍了对文件的操作主要有查询和修改,顺序文件同样有这两种操作。

要查找第 i 条记录的时候,必须先顺序读取前 $i-1$ 条记录,这样查询效率就不是很高。为了提高查询效率,可以把多个查询请求放在某个文件中,并按和顺序文件本身相同的顺序排序,这个文件称为待办文件,也称为事务文件。被查询的文件称为主文件。查询工作可以批量进行。在依次读出主文件中的每条记录的同时,也依次读出事务文件中的每条查询请求,进行处理。

在对磁带顺序文件进行修改操作时,需要把原文件复制到另外一条磁带上去,在复制的过程中完成插入、删除和更新操作。为了提高效率,可以采用批量的操作方式。为了修改某个磁带顺序文件,把各种操作作为记录放入某个文件并排序,构成一个待办文件。在复制文件的过程中,依次读出待办文件中的每一条记录,进行相应的操作。3个文件放在3条不同的磁带上。

如图 9.4 所示,原主文件是职工的工资文件,在做工资报表前需要对数据做修改,修改内容如待办文件所示,待办文件根据编号排序。操作过程如下:读出待办文件的第一条记录,赋予变量 D,读出原主文件的第一条记录,它的编号小于 D 的编号,所以这条记录原样复制到新主文件中;再读出原主文件的下一条记录,它的编号等于 D 的编号,执行更新操作,把这条记录的工资增加 90 后复制到新主文件中;然后读出待办文件的下一条记录,再赋予变量 D,再读出原主文件的下一条记录,它的编号大于 D 的编号,执行插入操作,根据 D 所描述的内容形成一条新记录,并复制到新主文件中,再把从原主文件中读出的记录复制到新主文件中;然后读出待办文件的下一条记录,再赋予变量 D,再读出原主文件的下一条记录,它的编号等于 D 的编号,执行删除操作,即不向新主文件复制任何内容;再读出原主文件的下一条记录,复制到新主文件。最后,新主文件的内容就是所需要的数据。

编号	工资
001	800
002	780
010	900
011	700
012	880

原主文件

编号	工资	操作
002	+90	更新
008	890	插入
011		删除

待办文件

编号	工资
001	800
002	870
008	890
010	900
012	880

新主文件

图 9.4 职工的工资文件

对于磁带顺序文件只能顺序查找,其平均查找长度为 $n(n+1)/2$,n 为文件中的记录个数。对于磁盘顺序文件,也可以采用分块查找或二分查找,但如果文件很大,存储在多个柱面上时,二分查找将会引起磁头的来回移动,反而可能会降低查找的效率。

9.4 索引文件

借助索引文件,可以提高查询操作的效率。

索引文件包含两个部分,数据区和索引表。索引表是一张指示逻辑记录和物理记录之间一一对应关系的表,数据区中存放具体的记录。索引表中的索引项总是按照关键字顺序排放,如果数据区中的记录也按关键字顺序排放,称为索引顺序文件,否则称为索引非顺序文件。索引文件只能是磁盘文件。

建立文件时,依次输入每一条记录并存储起来,输入和存储的顺序就是记录的物理顺序,在录入数据的同时,在索引区中建一张索引表,在其中为每一条记录建立一条索引项。

数据录入结束后，索引表中的索引项再按关键字升序或降序重新排列。在这种索引表中，因为物理记录不一定是按关键字顺序排列，所以要为每一条记录建立一个索引项，称为稠密索引，它的特点是直接通过索引表就能够判断某个记录是否存在。在索引顺序文件中，因为物理记录已经按关键字顺序排列，所以可以对一组记录建立一个索引项，称为非稠密索引，通过非稠密索引不能直接判断某个记录是否存在，但它体积小，所以开销也小。

图 9.5 是一个学籍文件。在建立文件时，每录入一条记录，就建立一个索引项，如图 9.5（b）所示。数据录入结束后，对所有索引项按关键字排序，就得到最后的索引表，如图 9.5（c）所示。

	学号	姓名	性别	系别	年龄
31	034	张三	男	信息系	21
32	003	李萍	女	会计系	22
33	068	鲁智	男	信息系	20
34	009	宋芳	女	金融系	22
35	012	卢林	男	会计系	21

(a) 索引非顺序文件

关键字	记录地址
034	31
003	32
068	33
009	34
012	35

(b) 索引表(未排序)

关键字	记录地址
003	32
009	34
012	35
034	31
068	33

(c) 索引表(已排序)

图 9.5　学籍文件

对索引文件同样有查询和修改两种操作。

索引文件的查询方式为直接存取或按关键字查询。步骤如下：因为索引表一般比较小，所以首先把索引表读入内存，在索引表中查找相应的记录。如果有所要找的记录，则根据索引项的指示在外存上读取该记录；否则表明不存在该记录。查询过程中最多访问两次外存：读索引，读记录。

删除一个记录时，只用删除索引表中相应的索引项即可。插入记录时，将记录添加到数据区的尾部，同时在索引表中相应的位置插入索引项。

如果记录很多，相应的索引表也会变大，可能无法一次将整个索引表读入内存，可以把整个索引表再分成若干块，再为每块建立一个二级索引。二级索引由关键字和指针组成，关键字表明某一块中的最大记录号，指针指向块中第一个索引项的地址。在这种方式下，查询数据最多要访问 3 次外存，但在数据量大的情况下还是很有用的。

9.5　索引顺序文件

记录的物理顺序按关键字的顺序存放的索引文件叫做索引顺序文件。对这类文件可以采用特殊的方式来建立索引。

由于在访问磁盘时要用到盘组、柱面和磁道 3 级地址结构，所以存放在磁盘上的文件可以根据盘组、柱面和磁道（同一柱面上的不同磁道）建立索引。当数据文件存放在同一个盘组上时，应该先集中存放在同一个柱面上，如果空间不够，再存放到相邻的柱面上，依此类推。在同一柱面内，又按盘面的顺序存放。

如图 9.6 所示，一个文件存储在多个柱面时，可以先根据柱面创建一个索引，在其中为每个柱面生成一个索引项，索引项的第一部分表示该柱面中最后一个记录的关键字，第二部分指向该柱面的磁道索引，这里的磁道索引是指为该柱面的不同磁道建立的索引。在同一个柱面内部，数据又是按盘面的次序顺序存放的，所以又可以为同一柱面的不同磁道再建立一个索引，每个索引项由基本索引项和溢出索引项组成，每一部分又都包括关键字和指针，基本索引项的关键字表示该磁道中最后一个关键字的值（该磁道中的最大关键字），指针指向该磁道第一个记录的位置。溢出索引项的关键字表示该磁道溢出区中记录的最大关键字，指针指向该磁道在溢出区中第一个记录的位置。每个柱面中各磁道的数据是顺序存储的，而溢出区是链式结构，通过指针连接。如果柱面索引本身很大，占据多个磁道，可以再建立柱面索引的索引。

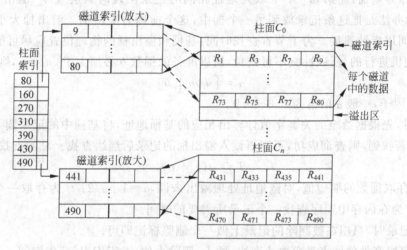

图 9.6　索引顺序文件

在查询数据的时候，先查询柱面索引，找到相应的索引项，再根据这个索引项找到数据所在柱面的磁道索引，从磁道索引找到记录所在磁道的第一个记录的位置，从这个位置开始在该磁道上进行查找，包括溢出区。如在图 9.6 中查找关键字为 77 的记录，首先查柱面索引，因为 77＞80，所以数据在第一个柱面索引项指示的柱面上，再根据它找到相应的磁道索引，在磁道索引中再查找，最后一项的关键字 80＞77，所以数据在该项所指示的磁道上，顺着指针找到该磁道上的第一个数据项，顺序查找，就找到了关键字为 77 的记录。

插入新记录时，首先找到它应该插入的位置，把待插入的记录和该磁道原有记录按关键字排序，如果溢出，把最后一个记录移到溢出区，否则插入该磁道。记录插入后，要修改相应的磁道索引项。溢出区有 3 种设置方法：①集中存放，整个文件设一个溢出区；②分散存放，每个柱面设一个溢出区；③集中与分散相结合，溢出时记录先移到本柱面的溢出区，溢出区满之后再使用公共的溢出区。常见的是第二种方法。删除记录时，只要在相应记录的位置上做一个删除标记即可。

经过多次插入和删除操作后，溢出区中存在大量记录，而记录基本区中又有许多记录做了删除标记但仍然占据空间，空间的利用率和查询效率降低。为了解决这个问题，需要定期对文件进行整理，重新排序，生成新的索引顺序文件。

9.6 直接存取文件

利用散列(hash)技术组织的文件称为直接存取文件。它的特点是利用一个散列函数根据记录的关键字产生记录的地址。它主要用于关键字范围分布广泛，而实际关键字取值的数目又很小的数据集，如某文件记录的关键字的取值范围是 000 001～892 789，而实际记录个数只有 1893 个。

经散列函数散列到磁盘上的记录成组存放，每组有若干个记录，构成一个存储单位，称为桶。如果一个桶能够存放 m 个记录，即 m 个散列地址相同的记录可以存放在同一个桶中，这个桶称为基桶，而第 $m+1$ 个散列地址相同的记录出现时就会发生"溢出"，即冲突。解决冲突的办法是把这条记录放到另一个桶中，这个桶称为溢出桶。溢出桶大小和基桶相同，相互之间用指针连接。为了节省查找时间，基桶和溢出桶的物理位置应尽可能地近。由于分配是随机进行的，所以冲突不可避免，所以准备的桶数 b 必须大于 $\lceil n/m \rceil$，则

$$\alpha = \lceil n/m \rceil / b$$

α 叫做装载因子，一般 α 的值为 0.8～0.9。

查询时，先根据给定的关键字值计算出相应的基桶地址，将基桶中的记录读入内存进行顺序查找，若找到，则查询成功，否则再读入溢出桶的记录后继续查找。总的查找时间为

$$T = a(t_e + t_i)$$

其中，a 为存取桶数的期望值，对链地址处理溢出来说，$a = 1 + \alpha/2$；t_e 为存取一个桶所需要的时间；t_i 为在内存中顺序查找一个记录所需要的时间。

删除记录时，只用在被删除的记录上做一个删除标记即可。

直接存取文件的优点是存取速度快，插入、删除方便，无需索引，节省空间。缺点是不能顺序存储，只能进行简单查询，多次插入、删除后，文件结构会变得不合理，需要整理。

9.7 倒排文件

在许多查询中，不仅要对主关键字进行查询，而且要对次关键字进行查询。例如，在图 9.7 中，要查找 21 岁的男同学，如果只有关键字索引，只能顺序读出每一条记录和条件进行比较，效率比较低。可以用倒排文件简化这个问题。

倒排文件中有多关键字索引。在每个关键字索引中，该关键字的每一个取值都对应一个索引项，在每个索引项中，记录着关键字相同的一到多个记录的地址。图 9.7 列出了学籍文件的倒排文件。

倒排文件的优点在于：处理多关键字查询时，可以先根据索引得到结果，进而得到最终结果。例如前面提到的要查询 21 岁的男同学，可以先在性别索引查找男性得到集合{31,33,35}，再在年龄索引中查找得到集合{31,35}，两个集合的交集{31,35}就是要找的数据，

即地址为 31、35 的记录就是要查找的数据。

在进行插入、删除操作时,倒排文件也要做相应的改动。

倒排文件的缺点在于索引表中的各项长度不一,维护困难。

记录地址	学号	姓名	性别	系别	年龄
31	034	张三	男	信息系	21
32	003	李萍	女	会计系	22
33	068	鲁智	男	信息系	20
34	009	宋芳	女	金融系	22
35	012	卢林	男	会计系	21

(a) 学生信息表

主关键字	记录地址
003	32
009	34
012	35
034	31
068	33

(b) 主关键字索引

次关键字值	记录地址
男	31 33 35
女	32 34

(c) 性别索引

次关键字值	记录地址
20	33
21	31 35
22	32 34

(d) 年龄索引

图 9.7 学生信息

习题 9

一、单选题

1. 散列文件又称按桶散列文件,若散列文件中含有 m 个基桶,每个桶能够存储 m 个记录,若不使用溢出桶,则该散列文件最多能够存储(　　)个记录。
   A. $m+k$　　　　B. $m \times k - 1$　　　　C. $m \times k + 1$　　　　D. $m \times k$

2. 对文件进行直接存取的依据是(　　)。
   A. 按逻辑记录号存取某个记录
   B. 按逻辑记录的结构存取某个记录
   C. 按逻辑记录的关键字存取某个记录
   D. 按逻辑记录的具体内容存取某个记录

3. 直接存取文件的特点是(　　)。
   A. 记录按关键字排序　　　　B. 记录可以进行顺序存取
   C. 存取速度快但占用较多的存储空间　　D. 记录不需要排序且存取效率高

4. 索引顺序文件的记录在逻辑上按关键字的顺序排列,但物理上不一定按关键字顺序存储,故需建立一张指示逻辑记录和物理记录之间一一对应关系的(　　)。
   A. 索引表　　　　B. 链接表　　　　C. 符号表　　　　D. 交叉访问表

5. 以下说法错误的是(　　)。
   A. 在磁带上的顺序文件的最后添加新记录时不必复制整个文件
   B. 索引顺序文件既能顺序访问又能随机访问
   C. 变更磁盘上的顺序文件记录的内容时,不一定要复制整个文件

D. 索引顺序文件是一种特殊的顺序文件,因此通常放在磁带上

单选题答案

1. D 2. A 3. D 4. A 5. D

二、填空题

1. 索引顺序文件既可以顺序存取,也可以_____存取。
2. 顺序文件是指记录按进入文件的先后顺序存放,其_____一致。
3. 文件是多个性质相同的记录的集合。一般说来,文件的操作有_____和_____。
4. 索引文件由_____和主文件两部分组成。
5. 对文件的检索有_____、_____和_____3种方式。

填空题答案

1. 直接
2. 逻辑顺序的物理顺序
3. 检索,维护
4. 索引表
5. 顺序,直接,按关键字

三、判断题

1. 检索出文件中关键码值落在某个连续范围内的全部记录,这种操作称为范围检索。对经常需要作范围检索的文件进行组织,采用散列法优于采用顺序索引法。(　　)
2. 顺序文件是利用磁带的特有性质实现的,因此顺序文件只能存放在磁带中。(　　)
3. 变更磁盘上顺序文件的记录内容时,不一定要复制整个文件。(　　)
4. 索引顺序文件是一种特殊的顺序文件,因此通常存放在磁带上。(　　)
5. 对于满足折半查找和分块查找条件的文件而言,无论它存放在何种介质上,均能进行顺序查找、折半查找和分块查找。(　　)

判断题答案

1. 对 2. 错 3. 对 4. 错 5. 错

四、简答题和算法题

1. 简述磁带文件、磁盘文件的特点。
2. 假设有一个书籍管理文件,有以下数据项:编号、书名、购买日期、单价、出版社。创建一个顺序文件,并编程实现如下功能:录入数据,根据编号或书名查找,统计单价大于20元的书的数量。
3. 在上题的文件中输入8条记录,写出其倒排文件结构。
4. 光盘驱动器在读取光盘数据的时候,除了可以采用恒定线速度的方法,还可以采用什么方法?它们各有什么特点?
5. 对于第2题所描述的数据,编写程序,在录入数据的同时,按照书名建立索引文件,然后根据索引文件实现按照书名查询的功能。
6. 直接存取文件的优缺点是什么?

附录 A

VC++ 6.0编译环境介绍

数据结构课程的特点是逻辑性强，概念多且比较抽象，同时该课程实践性也较强。通过实验理解和掌握数据结构理论，通过数据结构理论指导实践问题的解决，两者相辅相成，缺一不可。数据结构的实验程序在Windows操作系统下，以VC++6.0为编程集成环境开发而成，因此了解并掌握VC++6.0的开发环境及其使用技巧，对理解和掌握复杂数据结构算法的实现代码有着极大的帮助，即所谓"工欲善其事，必先利其器"的道理。

数据结构课程研究的重点是典型的数据逻辑结构、物理结构及其上的基本操作的实现。为了避免图形用户界面程序设计(Windows编程课程)中界面设计上的代码复杂性，所有的实验程序都属于控制台应用程序。下面介绍什么是控制台应用程序以及VC++的开发模式，包括建立工程、编写代码、编译、调试等。

A.1 控制台应用程序

控制台应用程序是为了兼容DOS程序而设立的，这种程序可以在DOS窗口中执行，而没有自己的界面。例如某个可执行文件"G:\数据结构\代码\线性表\顺序表\Debug\顺序表.exe"是一个控制台应用程序，如图A.1所示。

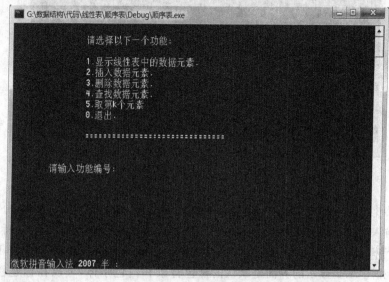

图A.1 控制台程序"顺序表.exe"

启动控制台应用程序的方法有 4 种：

(1) 在 VC++6.0 开发环境选择菜单"组建"→"执行"命令，或按快捷键 Ctrl+F5，或单工具栏的"！"按钮。

(2) 在资源管理器中，打开"顺序表.exe"所在的文件目录，双击该可执行文件图标即可。注意，如果控制台程序代码中没有暂停的功能，如函数 system("pause")，则启动后即会结束，黑屏一闪而过。

(3) 在桌面状态栏单击"开始"→"运行"，输入可执行文件路径，单击"确定"按钮，执行效果和方法(2)一样，如图 A.2 所示。

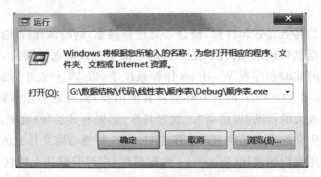

图 A.2　"运行"对话框

(4) 在桌面单击"开始"→"运行"，输入 cmd，进入命令行窗口，如图 A.3 所示。

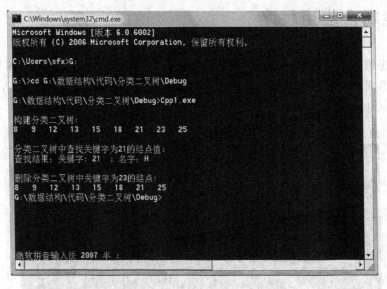

图 A.3　命令行窗口

利用命令行启动可执行文件，首先切换目录到"G:\数据结构\代码\分类二叉树\Debug"下，输入可执行文件名后回车即可，程序执行结束回到当前命令行下，而不会一闪而逝。在命令行模式下可以运行任何类型的可执行文件，如 explorer.exe、notepad.exe 等。

图 A.1 和图 A.3 显示的界面是默认的黑色背景和白色字体，可以在标题栏右击，在快捷菜单中选择"属性"命令,如图 A.4(a)所示,在弹出的属性对话框中设置控制台程序界面,如图 A.4(b)所示。

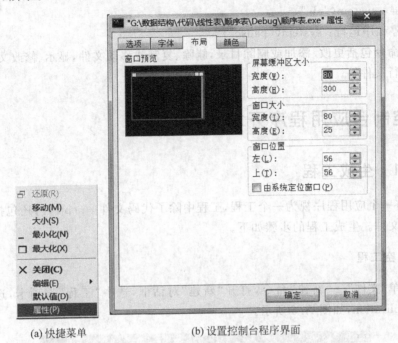

(a) 快捷菜单　　　　　　(b) 设置控制台程序界面

图 A.4　控制台程序属性对话框

也可以在命令行窗口直接用命令实现界面控制或设置,常用的命令有 color、mode con、pause、cls 等,使用方法可以参见帮助,例如输入 help color,则会显示关于 color 命令的以下帮助信息:

设置默认的控制台前景和背景颜色。
　　COLOR [attr]
　　attr　　　指定控制台输出的颜色属性
颜色属性由两个十六进制数字指定 -- 第一个为背景,第二个则为前景。
每个数字可以为以下任何值之一:
　　0 = 黑色　　　8 = 灰色
　　1 = 蓝色　　　9 = 淡蓝色
　　2 = 绿色　　　A = 淡绿色
　　3 = 浅绿色　　B = 淡浅绿色
　　4 = 红色　　　C = 淡红色
　　5 = 紫色　　　D = 淡紫色
　　6 = 黄色　　　E = 淡黄色
　　7 = 白色　　　F = 亮白色
如果没有给定任何参数,该命令会将颜色还原到 CMD.EXE 启动时的颜色。这个值来自当前控制台窗口、/T 命令行开关或 DefaultColor 注册表值。
如果用相同的前景和背景颜色来执行 COLOR 命令,COLOR 命令会将 ERRORLEVEL 设置为 1。
例如:COLOR fc 在亮白色上产生亮红色。

在控制台程序中使用 system() 函数可以让代码直接控制或设置控制台界面和流程,例如:

(1) 修改显色：system("COLOR 6f")。
(2) 修改界面宽高度：system("mode con：cols=140 lines=130")。
(3) 清屏：system("cls")。
(4) 暂停程序运行：system("pause")。

其他的命令包括更改、添加或删除目录，删除、复制或移动文件，显示、修改文件属性，调用其他可执行文件等。

A.2 控制台应用程序开发

A.2.1 生成工程

VC++将一个应用程序视为一个工程，工程中除了代码文件 *.cpp 外，还包括其他自动生成的相关文件。生成工程的步骤如下。

1. 建立空工程

执行菜单"文件"→"新建"命令，打开"新建"对话框，选中"工程"选项卡，选择 Win32 Console Application，如图 A.5 所示。

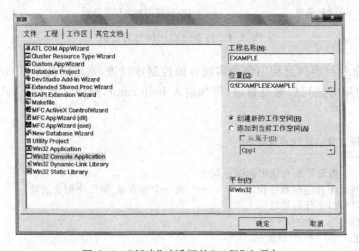

图 A.5 "新建"对话框的"工程"选项卡

在"新建"对话框的"位置"文本框设置项目路径，"工程名称"文本框设置应用程序名称。

工程类型选择对话框如图 A.6 所示，通常选择一个空工程即可，其他的工程类型会自动生成预编译头文件 Stdafx.h and Stdafx.cpp，这里不需要。

一个空工程建立后，在对应的工程文件夹下自动生成如图 A.7 所示的文件。

自动生成的工程文件解释如下：

(1) DSP 是 VC 开发环境生成的工程文件。

(2) DSW 是 VC 开发环境生成的工作区文件，用来把多个工程组织到一个工作区中。工作区文件与 DSP 差不多。

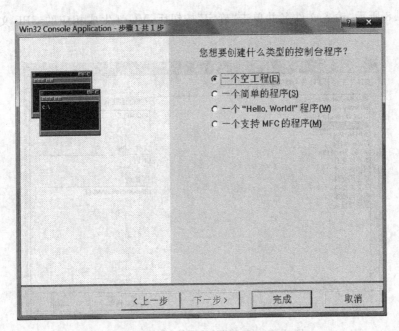

图 A.6　工程类型选择对话框

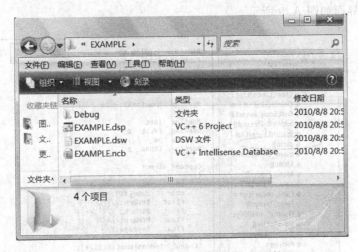

图 A.7　建立空工程后自动生成的文件

（3）NCB 是 No Compile Browser 的缩写，其中存放了供 ClassView、WizardBar 和 Component Gallery 使用的信息，由 VC 开发环境自动生成。无编译浏览文件。当自动完成功能出问题时可以删除此文件。编译工程后会自动生成。

（4）OPT 是 VC 开发环境自动生成的用来存放工作区中各种选项的文件和工程关于开发环境的参数文件，如工具条位置信息等。

2. 生成和编辑源程序文件

本书的源程序文件主要用到 C++Source File(即 CPP 文件)和 C/C++ Header FILE。执行菜单"文件"→"新建"，打开"新建"对话框，选中"文件"选项卡（默认），选择 C++ Source

File，如图 A.8 所示，输入文件名并单击"确定"按钮后，VC++生成相应的 CPP 文件，并进入编辑模式。

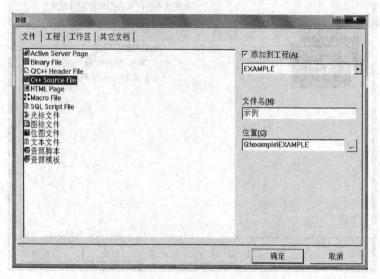

图 A.8 "新建"对话框的"文件"选项卡

VC++开发界面如图 A.9 所示。

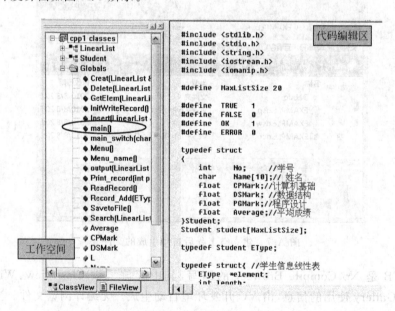

图 A.9 VC++开发界面

VC++开发界面通常包括工作空间和代码编辑区，工作空间有两个选项卡：ClassView 和 FileView。

ClassView 显示当前源程序文件中几乎所有信息，包括定义的结构体（图标 ）、函数（图标 ）、全局变量（图标 ），如果查看或编辑 main 函数，只需在 ClassView 中双击 main，代码编辑区立刻定位 main 函数所在的位置，十分便利。如果某个结构体、函数或全局变量定义错误,则在 ClassView 中不会显示。

　　FileView 显示当前工程中包含的源程序文件,简单工程通常只有一个 CPP 文件,复杂工程通常有多个 CPP 文件和 H 文件。在 FileView 中可以添加或删除源程序文件,相应的 ClassView 显示变化结果。

　　工作空间可以通过执行菜单"查看"→"工作空间"命令打开,如图 A.10 所示。

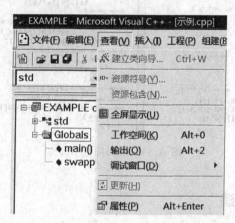

图 A.10　选择菜单"查看"→"工作空间"命令

3. 打开和编辑工程

　　当重新打开并编辑已经存在的控制台应用程序时,注意要作为一个工程打开,在资源管理器中双击相应的 DSW 文件,或选择菜单"文件"→"打开工作空间",选择相应的 DSW 文件。如果选择 CPP 文件打开,图 A.9 所示的 VC++开发界面只包含代码编辑区,将失去工程环境下的所有便利,如快速查看、定位、C 库函数编辑提示、结构体变量成员提示等,出错几率大为上升。

A.2.2　代码书写规范

　　代码是数据结构中算法逻辑或思路的反映和实现,算法逻辑具有层次性,代码书写也应有层次性,即代码规范问题,如图 A.11 所示。

　　控制台应用程序主体由头文件(C 库函数及变量、结构声明)、常量定义、结构体定义、全局变量定义和函数定义等几个部分构成,各个部分在书写时应以空行隔开。在函数体内,不同的逻辑部分之间也应以空行隔开,嵌套的逻辑或语法应该设置相应的缩进格式,如图中的"↔"是一个制表符(Tab)(默认 4 个字符宽,可以在菜单"工具"→"选项"中设置)。

　　另外,代码规范还包括成对编码的书写,如函数定义、for 循环或 if 语句,先写上面的大括号"{",然后马上写下面的大括号"}"。这样一个函数体就已经形成了,即使两个大括号之间什么也没有,仍然可以进行编译或调试。

　　代码规范书写可以很清晰地表达代码层次以及算法的步骤和逻辑,十分便于阅读、调试或纠错等工作。

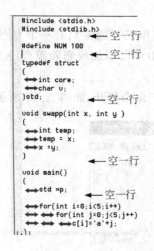

图 A.11 代码规范书写

A.2.3 代码组建

VC++组建可执行文件的流程大致分为两步：编译和连接，组建菜单如图 A.12 所示。

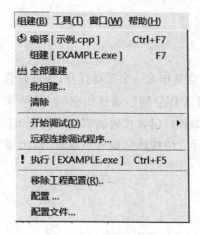

图 A.12 组建菜单

（1）"编译[示例.cpp]"选项：只编译当前文件（生成"示例.obj"文件）而不调用链接器或其他工具。输出窗口将显示编译过程检查出的错误或警告信息，在错误信息处双击或右击，可以得到错误代码的位置。

（2）"组建[EXAMPLE.exe]"选项：对最后修改过的源文件进行编译和链接。EXAMPLE 是工程名称，"示例.cpp"是该工程的一个文件，这里工程 EXAMPLE 只有一个 CPP 文件。

（3）"全部组建"选项：该选项允许用户编译所有的源文件，而不管它们何时曾经被修改过。

（4）"批组建"选项：该选项能单步重新建立多个工程文件，并允许用户指定要建立的项目类型。VC++提供了两种目标应用程序类型：Win32 Release（发行版）、Win32 Debug（调试版）。

源文件通过编译生成 obj 文件，所有 OBJ 文件和.LIB 文件通过连接生成 EXE 文件或 DLL 文件。通过 VC++安装自带的工具 Dependency Walker 查看 EXE 或 DLL 文件，可以查看可执行文件用到了哪些库函数（DLL）。例如图 A.13 展示了 notepad.exe 文件，其中任何一个 DLL 缺失，则意味着该程序需要的一组功能函数无法定位或调用，notepad.exe 不可执行，Windows 系统会提示无法找到某个 DLL 文件，依据提示可以上网下载相应的 DLL 文件，存放在系统目录 System32 下即可。

应用程序类型 Win32 Release（发行版）、Win32 Debug（调试版）分别在 Release 目录和 Debug 目录下：

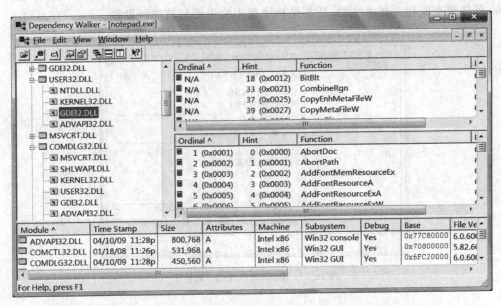

图 A.13 Dependency Walker

（1）默认系统 Debug 类型包含调试信息，但并不作任何优化，以便于调试。对应的 exe 文件较大，如 EXAMPLE.exe 有 200KB 以上。

（2）Release 类型往往进行了各种优化，程序代码大小和运行速度上都是最优的，如发行版 EXAMPLE.exe 只有 48KB。

Debug 和 Release 的真正区别在于一组编译选项，编译器依据不同的编译选项集合生成不同类型的应用程序，技术细节这里就不列举了。通过组建菜单中的"移去工程配置"子菜单，显示图 A.14 所示的对话框，选中 Release，确定后即可实现 Debug 到 Release 的转化，反之亦然。

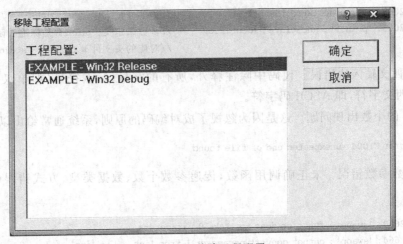

图 A.14 移除工程配置

执行菜单"工程"→"设置"，打开 Project Settings 对话框，如图 A.15 所示，可以查看或设置更多的工程选项，较为复杂的程序设计要求熟练掌握 Project Settings 对话框中的相关内容,具体请查阅相关技术文档,数据结构课程实验无须对其进行设置。

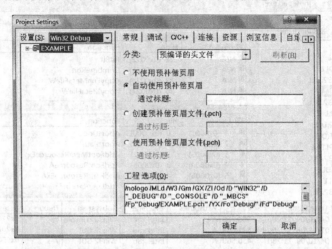

图 A.15 Project Settings 对话框

A.2.4 错误和警告

在数据结构算法设计时,编译错误很难避免,掌握纠错的技巧十分重要。编译器对 CPP 文件的编译方向是从上至下的,一般次序是头文件、常量定义、结构体定义、全局变量定义和函数定义及其实现,程序设计时也应按这个次序编写,也就是说被调用或引用的变量或函数必须在调用或引用者前面声明和定义,以避免"未定义"错误,一般比较常见的错误有以下几类:

(1) 未定义错误。除声明和定义的位置外,可能是书写错误,也可能是没有把相关文件包含进来。

```
error C2065: 'I' : undeclared identifier        //局部变量未定义
error C2065: 'printf' : undeclared identifier   //函数未定义,'printf'是标准 C 函数,未添加
                                                //对应的头文件 # include < stdio.h >
```

(2) 中西文输入法错误。代码中除注释外,所有的字母、标点符号(如单双引号、冒号等)必须是西文字符,即 ASCII 码字符。

(3) { }的个数出现问题。这是因为忽视了成对编码的原则,系统通常给出以下提示:

```
fatal error C1004: unexpected end of file found
```

(4) 函数参数错误。未正确调用函数,传递参数个数、数据类型、方式错误(传址或传值)等。

```
error C2660: 'swapp' : function does not take 0 parameters
error C2664: 'swapp' : cannot convert parameter 1 from 'int * ' to 'int'
```

(5) 语法错误。违反了 C 语言的基本语法,如下面的提示:

```
error C2146: syntax error : missing ';' before identifier 'printf'
```

(6) 预编译头文件错误。

预编译头的概念：所谓的预编译头就是把一个工程中的那一部分代码预先编译好，放在一个文件里（通常是以.pch为扩展名的），这个文件就称为预编译头文件。

unexpected end of file while looking for precompiled header.

如出现以上错误，则在图A.15中选中"不使用预补偿页眉"选项，重新编译即可。

复杂的程序还可能出现其他的编译错误，总之，只要是编译器能够识别的错误都是好解决的，需要注意的是纠错的次序，往往一个语法错误引发系统多个编译错误提示，如图A.16中由于指针p未定义，导致8个编译错误，因此纠错的正确做法是：定位到第一个编译错误修正后，立刻编译，再修正新的第一个编译错误，再编译，依次进行。

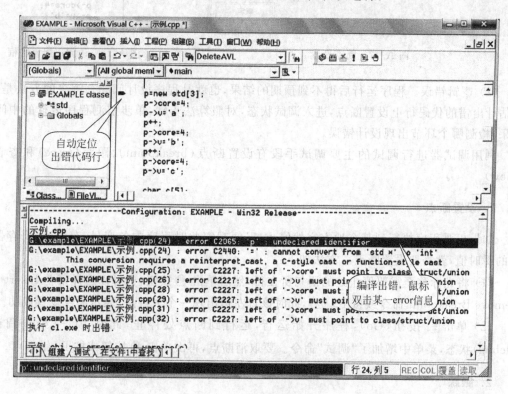

图A.16　编译错误

VC++警告提示一般可以忽视，例如：

warning C4101: 'x' : unreferenced local variable(声明但未使用的局部变量。可以直接删除)
warning C4700: local variable 't' used without having been initialized(局部变量未初始化，即赋值)

警告提示不影响EXE文件生成。

A.2.5　调试

程序调试有助于我们加深对C语言的理解，深入学习和体会如何运用C语言实现数据

结构的算法。然而编译成功并不意味着程序运行成功,常见的错误有以下两类:

(1) 运行错误。程序运行中出现错误而中途停止,如使用未初始化(new 分配内存)的指针,除 0 等。查找这类错误的方法是:在调试下执行程序(不设断点),当出现如图 A.17 所示的提示框时,意味着程序运行到出错的代码,单击"确定"按钮后程序暂停,系统用⇨指示出错的代码,如图 A.18 所示。

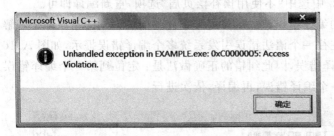

图 A.17 断点设置

图 A.18 访问违规警告框

(2) 逻辑错误。程序运行后得不到预期的结果,也就是程序设计问题。解决的方法是:在估计出错的代码行上设置断点,进入调试状态,对照算法步骤,单步监测程序运行的中间结果,检测哪个环节出现设计错误。

利用调试器进行调试的主要调试手段有设置断点(breakpoint)、跟踪(trace)和查看(view)。

1. 设置断点

如果想要程序执行到某个地方突然停止,以便观察此时程序中各变量、存储区、寄存器等的瞬时值,就需要设置断点。方法如下:

(1) 将光标移至需要停止处的语句所在行,然后单击 按钮(也可以选择菜单 Insert→Remove Breakpoint 命令或按 F9 键),此时该行左边出现一个大红点,表示断点设置成功。

(2) 单击 按钮(Go),程序开始运行,运行到断点处停止,此时 VC++ 处于调试(debug)状态,菜单中增加了"调试"命令。要取消断点,再次单击 按钮或按 F9 键即可。

2. 跟踪

单步运行程序,注意观察每执行一步各变量的变化情况,菜单和快捷键如图 A.19 所示。

其中,F10 键为单步调试,F11 键为进入函数内部调试,Shift+F11 键为从函数内部回到调用函数(如 main),Ctrl+F10 键为运行到光标处,Shift+F5 键为终止调试过程。

3. 查看

VC++ 提供了多个调试窗口查看各变量的瞬时值,通过如图 A.20 所示菜单或工具栏 按钮控制各个窗口的弹出/隐藏,如图 A.21 所示。

1) Watch

这里可以查看各种信息,如变量、数值、错误信息等,而且可以设置输出的格式。

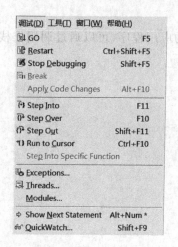

图 A.19　调试菜单

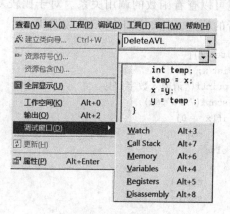

图 A.20　查看菜单

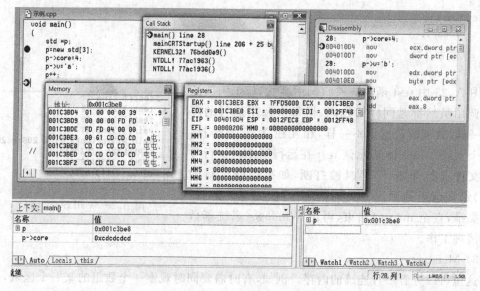

图 A.21　调试窗口

例如一组记录{{彭亮,97},{王明,95},{李智,90},{刘丹,88},{肖象,78}},用 C 语言结构描述如下：

```
typedef struct {
    char * name;
    int score;
}Student;
```

如果该组记录用链表 L 存储,则可以通过 Watch 窗口查看指针 L 中的内容,如图 A.22 所示。

对链表 L 的操作得不到预期的结果,则可通过附图 A.22 内容的动态变化检查哪个环节设计错误。

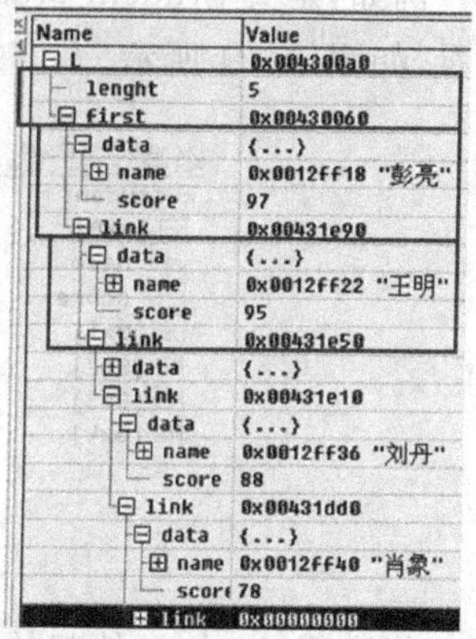

图 A.22　Watch 窗口

2) Call Stack

这里可以查看函数的调用关系。对于比较复杂的应用程序,可以通过调用堆栈来跟踪程序运行的轨迹。比如以下递归函数调用:

```
void test(){
    int x;
    printf("请输入数字:");
    scanf("%d",&x);
    if(x==0)
        sum = 0;
    else
    {
        test();
        sum += x;
    }
    printf("%d\n",sum);
}
int main(){
    test();
    return 0;
}
```

图 A.23 中 test 函数被递归调用 3 次,test 函数的每次调用虽然都是同样的代码,但每次调用运行的环境不一样,处理的数据也不一样,相互独立,互不干扰。第一个 test() line 18 表示该 test 在运行第 18 行(行号是从文件首行开始计算)时被打断,如果当前运行的 test() 结束就返回到该 test 的第 18 行代码继续运行,以此类推,直至 main() 结束,再由 Windows 系统函数完成清理工作。

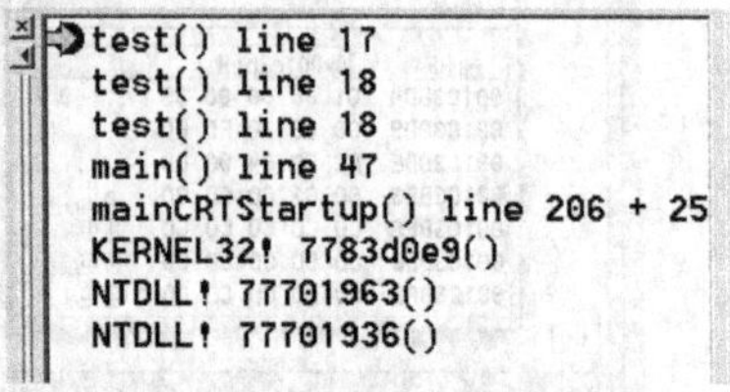

图 A.23 Call Stack 窗口

3) Memory

这里可以查看一片连续的内存。例如,有时需要同时观察一个数组的某一个区域,可以直接查看该区域对应的内存。

例如,定义 Student student[10],该数组占用一片连续的内存,可以通过 Memory 窗口查看,如图 A.24 所示。

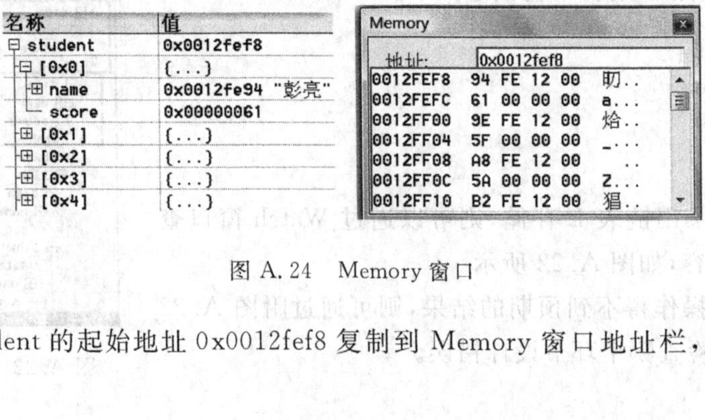

图 A.24 Memory 窗口

将数组 student 的起始地址 0x0012fef8 复制到 Memory 窗口地址栏,则可以查看该地址后的内存区域的内容。例如 0x0012fef8～0x0012feff 的 8 个字节存放第一个学生记录，前 4 个字节存放的是指针 0x0012fe94(指向文本"彭亮"的起始存放地址)，而后 4 个字节存放数字 97(十六进制 0x00000061,整数(int)占 4 个字节)，以此类推。可见记录在内存的映像严格依据结构体 Student 定义存储。

4) Variables

这里可以查看当前函数内的所有变量信息，"上下文"可以选择函数范围。

5) Registers

这里可以查看寄存器的当前状态。有时无法定位异常代码位置，可以通过查看寄存器来判断可能发生的错误，这需要对寄存器的状态标志位有一些了解。

6) Disassembly

可以控制当前调试 C/C++ 源码还是汇编源码。

本课程实验中常用到的调试窗口是 Variables、Watch、Memory、Call Stack。

附录 B

实践内容及要求

B.1 线性表和串

实验一：顺序表的建立、查找、插入和删除

目的：构建顺序表，并完成顺序表中数据元素的插入和删除。

内容：建立包含至少 10 个数据元素的带表头结点的顺序表，在第 K 个数据元素之后插入一个新数据元素；删除第 K 个数据元素。

要求：给出构建程序及查找、插入和删除后顺序表的结果。

实验二：单链表的建立、插入和删除

目的：构建单链表，并完成单链表中数据元素的插入和删除。

内容：建立包含 10 个数据元素的带表头结点的单链表，在第 K 个数据元素之后插入一个新数据元素；删除第 K 个数据元素。

要求：给出构建程序及插入和删除后单链表的结果。

实验三：单链表的逆向

目的：完成单链表中数据元素的逆向。

内容：将单链表数据元素指向其前驱结点。

要求：给出程序及逆向单链表的结果。

实验四：双向链表的建立、查找、插入和删除

目的：构建双向链表，并完成双向链表中数据元素的插入和删除。

内容：建立包含 10 个数据元素的带表头结点的双向链表，在第 K 个数据元素之后插入一个新数据元素；删除第 K 个数据元素。

要求：给出构建程序及插入和删除后双向链表的结果。

实验五：模拟链表的建立、查找、插入和删除

目的：构建模拟链表，并完成模拟链表中数据元素的插入和删除。

内容：建立包含 10 个数据元素的带表头结点的模拟链表，在第 K 个数据元素之后插入一个新数据元素；删除第 K 个数据元素。

要求：给出构建程序及插入和删除后模拟链表的结果。

实验六：求顺序串的子串

目的：字符串以顺序方式存储，求一个子串。

内容：给出包含 20 个字符的数组，求出起点为 i、长度为 m 的子串。
要求：给出程序及子串结果。

B.2 栈和队列

实验一：顺序栈的进栈、出栈、栈满、栈空
目的：初始化一个顺序栈，完成数据元素的进栈和出栈。
内容：初始化一个顺序栈，并从键盘输入若干数据元素，完成数据元素的进栈；从栈中逐个地将数据元素出栈。
要求：给出程序及进栈、出栈结果。

实验二：顺序队列的进队、出队、队满、队空
目的：初始化一个队列，完成数据元素的进队和出队。
内容：初始化一个顺序队列，并从键盘输入若干数据元素，完成数据元素的进队；从队列中逐个地将数据元素出队。
要求：给出程序及进队、出队结果。

实验三：背包问题求解
目的：利用堆栈完成背包问题的求解。
内容：设定若干个数据为背包应用中的数据，运用背包算法实现多个背包方案的求解。
要求：给出程序及结果。

实验四：列车重排
目的：利用队列完成列车重排的求解。
内容：设定若干个数据为列车重排应用中的数据，运用列车重排的算法实现数据有序排列的求解。
要求：给出程序及结果。

B.3 树及二叉树

实验一：二叉树构建及前序、中序、后序递归遍历
目的：构建一棵二叉树，完成前序、中序、后序递归遍历。
内容：从键盘输入若干个字符，构建一棵二叉树，用前序、中序、后序递归方式遍历二叉树。
要求：给出构建程序及遍历结果。

实验二：二叉树前序、中序、后序非递归遍历
目的：用前序、中序、后序非递归方式遍历二叉树。
内容：对实验一构建的二叉树，用前序、中序、后序方法递归遍历二叉树（堆栈及队列程序自己构建）。
要求：给出程序及遍历结果。

实验三：二叉树层次遍历
目的：层次遍历二叉树。
内容：从上至下，从左至右（从右至左）方式遍历二叉树（堆栈及队列程序自己构建）。
要求：给出程序及遍历结果。

实验四：分类二叉树的构建及遍历
目的：构建一棵左小右大的分类二叉树。
内容：给出 10 个数据，构建一棵左小右大的分类二叉树。
要求：给出程序及中序遍历结果。

实验五：构建堆树并实现堆排序
目的：构建一棵二叉树最大堆。
内容：给出 15 个数据，初始化为一棵二叉树最大堆，并进行堆排序。
要求：给出程序及排序结果。

实验六：构建赫夫曼树
目的：构建一棵赫夫曼树。
内容：给出 10 个数据，生成赫夫曼树。
要求：给出程序及层次遍历结果。

B.4 图

实验一：无向图的遍历
目的：无向图以邻接表方式存储，并进行深度优先遍历和广度优先遍历。
内容：给出包含 6 个数据的以邻接表存储的无向图，进行深度优先遍历。
要求：给出程序及遍历结果。

实验二：构建最小生成树
目的：用 Prim 算法构造最小生成树。
内容：给出包含 6 个数据的以邻接表存储的无向图，用 Prim 算法构造最小生成树。
要求：给出程序及层次遍历生成树的结果。

实验三：求图的最短路径
目的：用代价邻接矩阵存储图，求图的最短路径。
内容：给出包含 8 个数据的以邻接矩阵存储的有向图，求图的单源点出发的最短路径。
要求：给出程序及结果。

B.5 数组

实验一：稀疏矩阵的转置
目的：给定一个稀疏矩阵，以三元组方式存储并转置。
内容：给出 10 行 10 列的稀疏矩阵，将存储为三元组，实现转置运算的算法。
要求：给出程序及转置结果。

B.6 排序

实验一：希尔排序

目的：用希尔排序方法对数组中的数据排序。

内容：给出包含 100 个随机数的数组，用希尔排序方法（增量序列为 1,3,5,7）对数组中的数据排序。

要求：给出程序及排序结果。

实验二：快速排序

目的：用快速排序方法对数组中的数据排序。

内容：给出包含 100 个随机数的数组，用快速排序方法对数组中的数据排序。

要求：给出程序及排序结果。

实验三：堆排序

目的：用堆排序方法对数组中的数据排序。

内容：给出包含 20 个随机数的数组，用堆排序方法对数组中的数据排序（可使用第 3 章中构造的堆）。

要求：给出程序及排序结果。

B.7 查找

实验一：折半查找

目的：用折半查找方法查找一个数据。

内容：给出包含 30 个有序数的数组，以折半查找方法查找给定关键字的数据。

要求：给出程序及查找结果。

数据结构课程实验报告格式范本

实验项目：线性表存储及运算

学　号		姓　名		课程号	
实验地点		指导教师		时间	

评语： 按时完成实验；实验内容和过程记录完整；回答问题完整、正确；实验报告撰写认真，格式符合要求；无抄袭的行为。	成绩
	教师签字

线性表链式存储（双向链表）插入、删除运算

1. 预习要求

线性表的插入、删除相关概念及运算，完成线性表元素的插入、删除。

2. 实验目的

(1) 了解线性表的插入、删除相关概念。

(2) 理解线性表的插入、删除过程和结构定义。

(3) 掌握算法转换为程序的过程中的变化。

3. 实验内容及要求

(1) 分别建立包含 10 个数据元素的链式存储线性表。

(2) 从键盘输入一个数据元素，插入到线性表中第 k（包含 0 号位置）个位置。

(3) 从键盘输入一个数据元素关键字或位置 k（包含 1 号位置），从线性表中删除相应数据元素。

(4) 给出程序及插入、删除前和插入、删除后线性表的结果。

4. 实验设备（环境）及要求

硬件：支持 Intel Pentium Ⅱ 及其以上 CPU，内存 128MB 以上、硬盘 1GB 以上的微机。

软件：配有 Windows 操作系统，安装 Visual C++。

5. 实验时间

6 学时。

实验结果

要求：给出运行结果界面及源程序，运行结果界面放在前面。

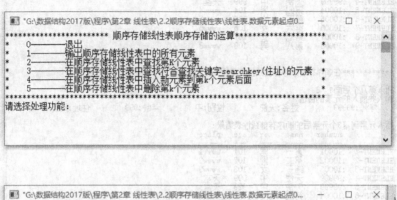

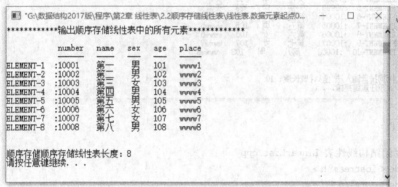

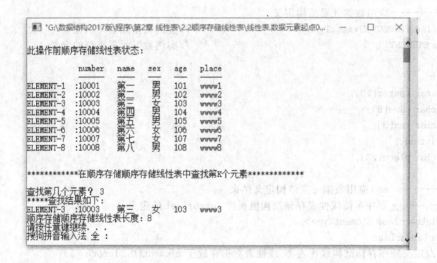

```
■ "G:\数据结构2017版\程序\第2章 线性表\2.2顺序存储线性表\线性表.数据元素起点0...    —    □    ×

此操作前顺序存储线性表状态:

              number   name    sex    age    place
ELEMENT-1   :10001    第一     男     101    www1
ELEMENT-2   :10002    第二     男     102    www2
ELEMENT-3   :10003    第三     女     103    www3
ELEMENT-4   :99999    天使     中     999    天堂
ELEMENT-5   :10004    第四     男     104    www4
ELEMENT-6   :10005    第五     男     105    www5
ELEMENT-7   :10006    第六     女     106    www6
ELEMENT-8   :10007    第七     女     107    www7
ELEMENT-9   :10008    第八     男     108    www8

************在顺序存储顺序存储线性表中插入新元素到第k个元素后面***********
插入第几个后面? 3
输入要插入的元素的各值:
  学号:99999     姓名:天使      性别:中      年龄:999      住址:天堂
插入元素到第3个元素后的顺序存储线性表结果:
              number   name    sex    age    place
ELEMENT-1   :10001    第一     男     101    www1
ELEMENT-2   :10002    第二     男     102    www2
ELEMENT-3   :10003    第三     女     103    www3
ELEMENT-4   :99999    天使     中     999    天堂
ELEMENT-5   :99999    天使     中     999    天堂
ELEMENT-6   :10004    第四     男     104    www4
ELEMENT-7   :10005    第五     男     105    www5
ELEMENT-8   :10006    第六     女     106    www6
ELEMENT-9   :10007    第七     女     107    www7
ELEMENT-10  :10008    第八     男     108    www8

搜狗拼音输入法 全 :表长度: 10
请按任意键继续. . .
```

程序如下:

```cpp
//顺序存储结构线性表 LinearList.cpp
#include <iostream.h>
#include <cstring>
#include <stdlib.h>
//1-------应用数据元素结构定义
#define STUDENT ElementType                         //实例数据元素句柄化
class STUDENT                                        //实例数据元素类型的定义
{
public:
    char number[10];
    char name[8];
    char sex[3];
    int age;
    char place[20];
};
//1-------end 应用数据元素结构定义结束
//2-------顺序存储线性表存储结构模板类 LinearList 的定义
template<class ElementType>
class LinearList
{   //定义顺序存储结构线性表类,线性表数据存放于 element[0..length-1]
public:
    LinearList(int MaxListSize = 10);                //构造函数
    ~LinearList()                                    //析构函数
    {
```

```cpp
        delete []element;                         //释放元素空间
    }
    int LengthLinearList(){return length;};
    //求顺序存储线性表长度
    bool GetElementAddessLinearList(){return element;};
    //返回顺序存储线性表中 element 空间的首地址
    bool GetElementLinearList(int k,ElementType &result);
    //在顺序存储线性表中查找第 k 个元素,存入 result 中
    int SearchElementLinearList(char * searchkey);
    //在顺序存储线性表中查找值为 searchkey(字符类型)的元素,返回元素位置(下标)
    int SearchElementLinearList(int searchkey);
    //在顺序存储线性表中查找值为 searchkey(数值型)的元素,返回元素位置(下标)
    bool InsertElementLinearList(int k, ElementType &newvalue );
    //插入值为 newvalue 元素到顺序存储线性表中第 k 个数据元素之后
    bool DeleteElementLinearList(int k);
    //在顺序存储线性表中查找第 k 个元素,存入 result 中
    void DisplayElementLinearList(ElementType result);
    //显示输出数据元素的值
    void DisplayLinearList(LinearList< ElementType > &AppList);
    //显示输出线性表中的所有数据元素的值
private:
    ElementType * element;
    int length;
    int MaxSpaceSize;
};
template< class ElementType >
LinearList< ElementType >::LinearList(int MaxListSize)
{   //构造函数
    //定义顺序存储线性表空间大小 MaxSpaceSize,申请元素空间 element,定义长度初值 length
    MaxSpaceSize = MaxListSize;
    element = new ElementType[MaxSpaceSize];
    length = 0;
}
template< class ElementType >
bool LinearList< ElementType >::GetElementLinearList(int k,ElementType &result)
{   //在顺序存储线性表中查找第 k 个元素,存入 result 中,如不存在返回 false,找到返回 true
    if (k < 1 || k > length) return false ;
    result = element[k - 1];
    return true;
}
template< class ElementType >
int LinearList< ElementType >::SearchElementLinearList(char * searchkey)
{   //在顺序存储线性表中查找值为 searchkey 的元素
    //如果找到,返回所找元素所在的位置(下标); 如果未找到返回 - 1
    for (int i = 0; i< length; i++)
        if (!strcmp(element[i].place, searchkey)) return i;
    return - 1;
}
template< class ElementType >
int LinearList< ElementType >::SearchElementLinearList(int searchkey)
{   //在顺序存储线性表中查找值为 searchkey 的元素
```

```cpp
        //如果找到,返回所找元素所在的位置(下标);如果未找到返回-1
        for (int i = 0; i < length; i++)
            if (element[i].key == searchkey) return i;
        return -1;
    }
    template < class ElementType >
    bool LinearList < ElementType >::InsertElementLinearList(int k, ElementType &newvalue)
    {   //插入值为 newvalue 元素到顺序存储线性表中第 k 个数据元素之后,并返回 true
        //如果不存在第 k 个元素或顺序存储线性表空间已满,则返回出错状态码 false
        if (k < 0 || k > length)
            return false;
        if (length == MaxSpaceSize)              //判断顺序存储线性表是否满
            return false;
        for (int i = length-1; i >= k; i--)      //插入点后的数据后移
            element[i+1] = element[i];
        element[k] = newvalue;                   //新数据元素插入
        length ++;                               //顺序存储线性表长度加 1
        return true;
    }
    template < class ElementType >
    bool LinearList < ElementType >::DeleteElementLinearList(int k)
    {   //删除顺序存储线性表中第 k 个数据元素并返回 true
        //如果不存在第 k 个元素,返回出错状态码 false
        if (k < 1 || k > length) return false;
        {
            for (int i = k; i < length; i++)
                element[i-1] = element[i];
            length --;
            return true;
        }
    }
    //2------ end 顺序存储线性表结构模板类 LinearList 的定义结束
    //3------- 主程序应用函数的定义
    template < class ElementType >
    void LinearList < ElementType >::DisplayElementLinearList(ElementType result)
    {   //输出顺序存储线性表中的第 k 个数据元素,此算法不属于模板类 LinearList
        cout << result.number <<"       ";
        cout << result.name <<"      ";
        cout << result.sex <<" ";
        cout << result.age <<" ";
        cout << result.place << endl;
    }
    template < class ElementType >
    void LinearList < ElementType >::DisplayLinearList(LinearList < ElementType > &AppList)
    {   //输出顺序存储线性表中的所有数据元素,此算法不属于模板类 LinearList
        //算法的参数类型是模板 LinearList 类型,对象(实例)使用引用变量
        ElementType result;
        cout <<"            number    name   sex  age   place"<< endl;
        cout <<"            ------    ----   ---  ---   -----"<< endl;
        for (int i = 1; i <= AppList.LengthLinearList(); i++)
        {
```

```cpp
//          cout << element[i] << endl;
            AppList.GetElementLinearList(i,result);
            cout <<"ELEMENT - "<< i <<" :";
            DisplayElementLinearList(result);
        }
        cout << endl << endl;
}
//3-------- end 主程序应用函数的定义结束
//4-------- 主程序定义
int main()
{
    int MaxListSize = 20;
    int k,choice;
    ElementType newvalue,result;
    char number[][8] = {" ","10001","10002","10003","10004","10005","10006","10007",
        "10008"};
    char name[][8] = {" ","第一","第二","第三","第四","第五","第六","第七","第八"};
    char sex[][8] = {" ","男","男","女","男","男","女","女","男"};
    char place[][8] = {" ","wwww1","wwww2","wwww3","wwww4","wwww5","wwww6","wwww7",
        "wwww8"};
    int age[] = {0,101,102,103,104,105,106,107,108};
    LinearList<ElementType> AppList(MaxListSize);
    for (int i = 8; i >= 1; i--)            //利用插入算法建立实例顺序存储线性表的实验数据
    {
        strcpy(newvalue.number,number[i]);
        strcpy(newvalue.name,name[i]);
        strcpy(newvalue.sex,sex[i]);
        newvalue.age = age[i];
        strcpy(newvalue.place,place[i]);
        AppList.InsertElementLinearList(0, newvalue);
                                            //从顺序存储线性表的最前面插入数据元素
    }
    //假设一个新数据元素值 newvalue
    strcpy(newvalue.number,"99999");
    strcpy(newvalue.name,"天使");
    strcpy(newvalue.sex,"中");
    newvalue.age = 999;
    strcpy(newvalue.place,"天堂");
    while (true)
    {
        cout <<" *************** 顺序存储线性表顺序存储的运算 ************* "<< endl;
        cout <<" *       0-------- 退出   * "<< endl;
        cout <<" *       1-------- 输出顺序存储线性表中的所有元素  * "<< endl;
        cout <<" *       2-------- 在顺序存储线性表中查找第 k 个元素  * "<< endl;
        cout <<" *       3-------- 在顺序存储线性表中查找符合查找关键字 searchkey(住址)的
            元素  * "<< endl;
        cout <<" *       4-------- 在顺序存储线性表中插入新元素到第 k 个元素后面  * "<< endl;
        cout <<" *       5-------- 在顺序存储线性表中删除第 k 个元素  * "<< endl;
        cout <<" ***************************************************** "<< endl;
        cout <<"请选择处理功能: "; cin >> choice;
        system("cls");                      //调用清屏指令
```

```cpp
//---------- 输出顺序存储线性表中的所有数据元素
cout << endl <<"此操作前顺序存储线性表状态: "<< endl << endl;
AppList.DisplayLinearList(AppList);
switch(choice){
    case 0:
    {   //退出
        system("cls");                      //清屏
        return 0;
    }
    case 1:
    {   //1-------- 输出顺序存储线性表中的所有元素
        cout <<" ******* 输出顺序存储线性表中的所有元素 ******* "<< endl << endl;
        AppList.DisplayLinearList(AppList);
    break;
    }
    case 2:
    {   //2-------- 在顺序存储线性表中查找第 K 个元素
        cout <<" ******* 在顺序存储线性表中查找第 k 个元素 ******* "<< endl << endl;
        cout <<"查找第几个元素? "; cin >> k;
        cout <<" **** 查找结果如下: "<< endl;
        if ( AppList.GetElementLinearList(k,result) )
        {
            cout <<"ELEMENT - "<< k <<" :";
            AppList.DisplayElementLinearList(result);
        }
        else
            cout <<"ERROR K 值的范围不对！无此元素！ERROR"<< endl << endl;
    break;
    }
    case 3:
    {   //3------- 在顺序存储线性表中查找符合查找关键字 searchkey 的元素
        cout <<" ************ 在顺序存储线性表中查找符合查找关键字 searchkey 的元
                素 *********** "<< endl << endl;
        char searchkey[8];
        cout <<"输入查找关键字 searchkey(住址)的值: "; cin >> searchkey;
                                        //键盘输入查找关键字的值 searchkey
        k = AppList.SearchElementLinearList(searchkey);
        cout << endl <<" **** 查找结果如下: "<< endl;
        if(k!= -1) //k是查找运算执行后返回的地址值(相当地址)。k 为 -1 时,表示空
        {
            AppList.GetElementLinearList(k+1,result);
            cout <<"ELEMENT - "<< k+1 <<" :";
            AppList.DisplayElementLinearList(result);
        }
        else
            cout <<"ERROR 无此关键字的元素！ERROR"<< endl << endl;
    break;
    }
    case 4:
    {   //4------- 在顺序存储线性表中插入新元素到第 k 个元素后面
```

```cpp
            cout<<" ************ 在顺序存储线性表中插入新元素到第 k 个元素后面 ****
                ******* "<<endl<<endl;
            cout<<"插入第几个后面？";        cin>>k;

            cout<<"输入要插入的元素的各值："<<endl;

            cout<<"      学号:"<<newvalue.number<<"         ";        //cin>>x.number;
            cout<<"      姓名:"<<newvalue.name<<"         ";          //cin>>x.name;
            cout<<"      性别:"<<newvalue.sex<<"         ";           //cin>>x.sex;
            cout<<"      年龄:"<<newvalue.age<<"         ";           //cin>>x.age;
            cout<<"      住址:"<<newvalue.place<<endl<<endl;          //cin>>x.place;

            if (AppList.InsertElementLinearList( k, newvalue ))
            {
                cout <<"插入元素到第"<<k<<"个元素后的顺序存储线性表结果："<<endl;
                AppList.DisplayLinearList(AppList);
            }
            else
                cout <<"ERROR 找不到插入点,K 值范围不对或空间不足!ERROR"<<endl<<endl;
            break;
        }

        case 5:
        {   //5 ------- 在顺序存储线性表中删除第 k 个元素
            cout<<" ************ 在顺序存储线性表中删除第 k 个元素 ************ "<<
                endl<<endl;

            cout<<"删除第几个元素？";        cin>>k;

            if (AppList.DeleteElementLinearList( k ))
            {
                cout <<"删除元素后的顺序存储线性表结果："<<endl;
                AppList.DisplayLinearList(AppList);
            }
            else
                cout <<"ERROR 找不到要删除的结点,K 值范围不对!ERROR"<<endl<<endl;
            break;
        }

        }                               //end switch

        cout<<"顺序存储线性表长度："<< AppList.LengthLinearList()<<endl;
        system("pause");                //调用暂停指令,便于查看结果
        system("cls");                  //调用清屏指令


    }                                   //end while(true)
    return 0;
}
//4-------- end 主程序定义
```

参 考 文 献

[1] 王少波. 数据结构教程[M]. 北京：清华大学出版社，2011.
[2] Sartaj Sahni. 数据结构算法与应用[M]. 北京：机械工业出版社，2001.
[3] 严蔚敏. 数据结构及应用算法教程[M]. 北京：清华大学出版社，2010.
[4] Roert L Kruse, Alexander J Ryba. C++数据结构与程序设计[M]. 北京：清华大学出版社，2004.
[5] 李春葆，等. 数据结构教程[M]. 北京：清华大学出版社，2007.

图书资源支持

感谢您一直以来对清华版图书的支持和爱护。为了配合本书的使用,本书提供配套的素材,有需求的用户请到清华大学出版社主页(http://www.tup.com.cn)上查询和下载,也可以拨打电话或发送电子邮件咨询。

如果您在使用本书的过程中遇到了什么问题,或者有相关图书出版计划,也请您发邮件告诉我们,以便我们更好地为您服务。

我们的联系方式:

地　　址: 北京海淀区双清路学研大厦 A 座 707

邮　　编: 100084

电　　话: 010-62770175-4604

资源下载: http://www.tup.com.cn

电子邮件: weijj@tup.tsinghua.edu.cn

QQ: 883604(请写明您的单位和姓名)

用微信扫一扫右边的二维码,即可关注清华大学出版社公众号"书圈"。

扫一扫
资源下载、样书申请
新书推荐、技术交流